KB122931

Q&A 지식백과

날씨의 모든 것

THE HANDY WEATHER ANSWER BOOK
2ND ED. BY KEVIN HILE

날씨의 모든 것

초판 1쇄 발행 2014년 9월 1일

지은이 케빈 하일
옮긴이 박선엽 · 박정재 · 최종남

펴낸이 김선기
펴낸곳 (주)푸른길
출판등록 1996년 4월 12일 제16-1292호
주소 (152-847) 서울특별시 구로구 디지털로 33길 48 대륭포스트타워 7차 1008호
전화 02-523-2907, 6942-9570-2
팩스 02-523-2951
이메일 purungilbook@naver.com
홈페이지 www.purungil.co.kr

ISBN 978-89-6291-262-3 03450

*이 도서의 국립중앙도서관 출판시도서목록(CIP)은 서지정보유통지원시스템
홈페이지(http://seoji.nl.go.kr)와 국가자료공동목록시스템(http://www.nl.go.kr/kolisnet)에서
이용하실 수 있습니다.(CIP제어번호 : CIP2014024366)

날씨의 모든 것

THE HANDY WEATHER ANSWER BOOK

케빈 하일(Kevin Hile)
박선엽 · 박정재 · 최종남 옮김

푸른길

날씨는 사람이 생활하는 모든 곳에 영향을 미친다고 해도 과언이 아니다. 날씨에 따라 옷을 달리 입고, 야외 활동 계획이 바뀌며, 각종 스포츠 경기가 취소되거나 공항이 폐쇄될 수도 있고, 전쟁에서의 경로가 바뀌기도 하며, 산이 깎이거나 마을 또는 도시 전체가 파괴되고, 1986년 우주 왕복선 챌린저호에 일어난 불의의 폭발 사고와 윌리엄 해리슨 미국 전 대통령의 사망 원인이 되기도 했다.

악천후 때문에 불편함이 생기고 심지어 사람이 죽기도 하지만, 농업을 지속하고 건강을 유지하기 위해 우리의 삶은 날씨에 의존할 수밖에 없다. 날씨가 없다면 지구 대기는 정체된 상태로 머무를 것이고, 하천과 호수는 바닥을 드러낼 것이며, 지구의 대륙과 섬에서 생명체가 번성해 가기란 힘들 것이다. 하지만 긍정적으로 생각해 볼 때 날씨는 우리에게 많은 재미난 일들을 가져다주기도 한다. 날씨 때문에 연을 날릴 수 있고, 스키를 즐길 수도 있으며, 눈싸움을 할 수 있을 뿐만 아니라, 새로 고인 빗물에 발을 담그고 첨벙거리며 노는 즐거움을 만끽할 수도 있다.

사람에게 주는 혜택과 고통, 그리고 그 영향력으로 인해 날씨는 고대로부터 사람들에게 많은 관심과 탐구의 대상이 되었다. 미국의 작가 마크 트웨인은, "누구든지 날씨에 대해 이야기하지만, 날씨에 대해 무언가를 할 수 있는 사람은 아무도 없다."라고 말한 적이 있다. 하지만 이 말은 완전한 사실은 아니다. 인간은 지난 수천 년 동안 날씨를 예측해 왔고, 심지어는 의지에 따라 변화시키고자 노력한 적도 있다. 예를 들어, 북아메리카 원주민 샤먼들은 비를 내리게 하기 위해 '기우제'를 지낸 것으로 알려져 있다. 기우제는 다른 여러 지역에서도 전통적인 문화의 일부로 받아들여져 왔는데, 고대 이집트에서부터 현대 발칸 반도에 이르기까지 다양하게 분포한다. 고대 그리스 인들은 날씨를 매우 중요하게 여겼는데, 신의 제왕인 제우스가 비와 번개를 관장한다고 생

각하였다. 따라서 그리스 인들은 제우스 신에게 날씨에 관한 제를 올리곤 하였다. 유일신 종교인 유대교, 기독교, 이슬람교 등이 생겨나면서 날씨를 관장하는 것은 오로지 신의 영역으로 간주되었다.

과학자와 철학자들은 날씨의 복잡성을 이해하는 데 오랫동안 어려움을 겪어 왔다. 아리스토텔레스와 테오프라스토스 같은 그리스 인들은 전통적인 믿음과 상식의 상당 부분을 자신들이 알아낸 것과 결합하여 날씨를 설명하고 예측하였다. 르네상스 시대, 18~19세기 이성의 시대, 그리고 산업 혁명을 거치면서 온도계와 기압계, 도플러 레이더, 인공위성에 이르는 매우 정교한 장비와 과학적 방법을 동원하여 한층 정확하게 날씨를 관측하고 분석할 수 있게 되어 구름의 형성, 기온, 기압 등에 관한 이론화가 가능해졌다.

현대 과학 기술의 비약적인 발전에도 불구하고 날씨 예측은 여러 측면에서 어려운 작업이다. 어떤 사람들은 업무 시간의 반 이상을 잘못 일하고도 직장을 잃지 않는 유일한 직업이 기상학자라는 우스

갯소리를 하곤 한다. 하지만 허리케인이나 토네이도와 같은 악천후를 예측하는 중요한 분야에서 현대 기상학은 분명히 많은 발전을 이룩한 공로가 있기 때문에 이러한 비판은 온당치 못한 것이다. 사실 기상청과 같은 관련 기관의 노력으로 최근 수십 년간 많은 생명을 구할 수 있었다.

이러한 발전 속에서도 날씨를 완벽하게 예측하는 일은 여전히 요원한 일이다. 카오스 이론에 따르면 완벽한 날씨 예측은 사실 불가능한 일로 알려져 있다. 중국에서의 나비의 날갯짓으로 미국 오클라호마에서 토네이도가 발생할 수 있다는 이른바 나비 효과가 일어난다고 해도, 그것을 올바로 예측할 확률은 과연 얼마나 될까? 일기 예보의 불확실성 때문에 차라리 사람들은 날씨를 직접 변화시키는 노력을 경주하기도 했다. 예를 들어, 과학자들은 구름 씨를 뿌려 가뭄이 지속되는 지역에 비를 뿌리는 연구를 해 왔다.

인간에 의해 날씨가 변해 온 것은 사실이다. 하지만 많은 환경 보호론자들이 주장하듯, 이것은 인간이 의도적으로 행한 것은 아니다. 기후 변화, 오존홀, 지구 온난화 등은 이제 과학자, 정치가, 일반인 사이에서 관심을 끄는 캐치프레이즈가 되었다. 공업, 농업, 자동차로부터 발생하는 각종 공해 물질, 즉 일산화탄소, 이산화탄소, 메탄, CFC, 산업 폐기물 등이 이러한 환경 변화의 주요 요인임은 주지의 사실이다. 많은 사람들은 지금 즉시 무언가 행하지 않으면 해수면이 상승하고 가뭄과 폭풍이 심화될 뿐만 아니라, 대규모 인구 이동으로 토지, 식량, 기타 자원 확보를 위한 전쟁이 벌어질 것이라고 걱정하고 있다. 또 어떤 사람은 인류는 이미 돌아올 수 없는 단계를 지났고 기후 변화가 우리 앞에 이미 닥쳤다고 주장한다.

기상학, 기후학, 수문학, 기타 관련 분야에 대한 이해가 없으면 지금 진행되고 있는 기후 변화에 관한 논란의 의미를 제대로 파악하기 어렵다. 이 책은 쉽게 이해할 수 있는 형식으로 독자들이 갖는 의문에 답하고자 하였다. 또 주제에 따라 몇 개의 장으로 구분하였다. 전체적으로 1,000개가 넘는 질문에 대응하는 답변을 달았는데, 내용적으로는 아주 기본적인 것에서부터 최신 과학 이론에 이르기까지 매우 다양하게 편집하였다.

여기에 제시된 질문과 답변은 날씨를 논할 때 흔히 등장하는 통상적인 주제들을 포함할 뿐만 아니라, 날씨에 영향을 주는 다양한 현상에 대해서도 논하고 있다. 이런 이유로 이 책은 기상 현상, 지리적 변화와 해양의 영향, 외부 우주 공간의 영향, 기후 변화 이론과 같은 주제들을 다루고 있다.

이 책은 기상학에서의 궁금증을 이끌어 내고, 여기에 다소간의 흥미와 재미를 가미하고자 노력하였다. 날씨에 대한 독자들의 관심이 높아졌다면, 마지막 장에서 다루어지는 대기 과학 분야에서의 직업과 경력에 대한 정보를 보고 이 분야에서의 학업을 고려해 볼 수도 있을 것이다.

적지 않은 사람들이 날씨에 대한 불만을 가지고 있다. 경우에 따라서는 원치 않은 날씨를 피해 이사를 하기도 한다. 하지만 날씨에 대한 올바른 이해를 구함으로써 자연의 섭리를 감상할 수 있고 그 힘을 깨닫게 된다. 심미적인 사람은 눈 결정 속에서도 신이 주는 아름다움을 발견할 수 있을 것이고, 과학자들은 회오리바람과 허리케인 속에 숨겨진 물리학에 경이로움을 느낄 것이며, 우리 모두가 결코 길들일 수 없는 자연의 힘 앞에 겸손해질 것이다. 영국의 수필가 조지 기싱이 표현했듯이, "건강한 몸과 평온한 마음을 가진 이에게는 악천후란 없다. 하루하루가 그 나름대로의 아름다움을 품고 있는 법이고, 심장을 뛰게 하는 폭풍은 이들의 맥박을 더 힘차게 고동치게 할 뿐이다."

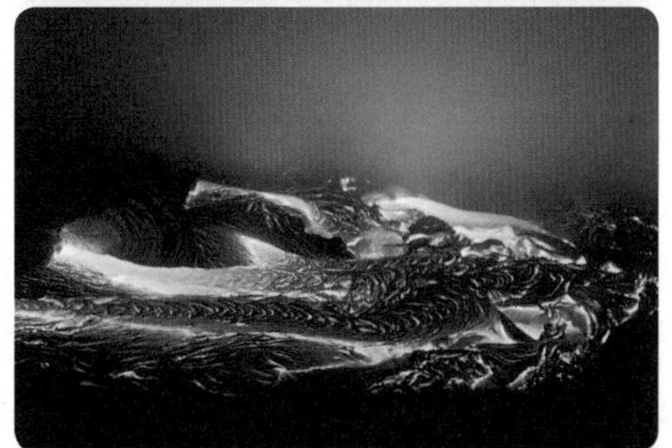

케빈 하일 *Kevin Hile*

옮긴이 서문

우리의 삶에 날씨와 기후가 주는 영향은 지대하다. 물속을 헤엄치는 물고기처럼 거대한 대기의 밑바닥에서 살아가고 있는 인간은 날씨와 기후의 영향에서 한시도 벗어날 수 없다. 날씨와 기후는 의식주를 포함한 우리 삶의 많은 부분을 결정하고, 우리는 날씨와 기후의 변화에 적응하면서 생존한다. 인간은 기후 변화와 기상 이변에 의해 수많은 정치 · 사회 · 경제적 격변을 경험해 왔으며, 과학 기술이 발전한 오늘날에도 인간 사회에 미치는 날씨와 기후의 영향력은 예전 못지않다. 최첨단 장비를 동원한 인류의 대응에도 불구하고 각종 기상 이변으로 인한 자연재해는 오히려 급증하고 있다. 다양한 풍토병과 계절 질환의 발생 빈도와 강도가 증가하고 있는 작금의 상황은 기상과 기후가 우리에게 미치는 영향이 매우 광범위함을 보여 준다.

지구 온난화로 대표되는 오늘날의 기후 변화는 자연환경뿐 아니라 인간의 건강과 경제 · 사회 활동에도 직접적인 영향을 미치기 때문에 기상과 기후에 대한 이해가 사회적으로 확산될 필요가 있다. 이 책의 저자가 서문에서 밝혔듯이, 인간은 날씨와 기후를 원하는 방향으로 바꿀 수 없다. 또한 인간은 재난 피해를 야기하는 악천후를 완벽하게 예측할 능력도 갖고 있지 않다. 하지만 인간은 날씨와 기후를 결정하는 요소와 과정을 이해하고 미래의 날씨를 예측하려는 노력을 지속해 왔다. 이러한 노력에 힘입어 오랜 기간 순수 학문의 영역 내에 국한되어 있던 기상학과 기후학이 최근 들어서는 포괄적이고 실용적인 주제들까지 다루기에 이르렀다.

기후 변화가 재화와 자원의 이동 등 경제 활동에 영향을 주는 것을 넘어 국가 간의 갈등을 야기하는 경우가 빈번해지면서, 기후는 지역적인 문제가 됨과 동시에 지구촌의 공동 관심사가 되었다. 이에 따라 국제 사회는 각종 환경 협약들을 통해 국제적인 환경 공조 체제를 구축하고 기후 변화 관련 규제들을 무역과 연계시키며 새로운 국제 경제 질서를 만들고 있고, 기후 변화와 관련한 환경 이슈들은 21세기 국제 협력 질서 정립과 관련된 새로운 패러다임으로 자리 잡았다. 결과적으로 미래 기후에 대한 정확한 예측과 각종 기후 관련 이슈들에 대한 효율적인 대처가 국가와 기업의 경쟁력과 생존을 결정하는 핵심 요소가 되었다고 볼 수 있다.

이 책은 이와 같이 대중의 관심 대상이 되고 있는 기상과 기후를 이해하기 위해 필요한 기초적인 지식을 담은 책이다. 이 책은 전문적인 기상 용어에 대한 설명과 함께 우리가 일상생활에서 흔히 갖게 되는 질문에 대해 간결하고 쉽게 답하고 있다. 옮긴이 일동은 날씨와 기후에 대한 일반인들의 관심을 확대하고, 날씨와 관련하여 미처 인식하지 못했던 사소하면서도 중요한 궁금증을 해소하는 데 이 책이 좋은 역할을 하리라고 기대한다. 대부분 미국의 상황을 기준으로 서술된 내용이기에 다소 현장감이 떨어지는 경우도 있지만, 부분적으로 우리나라의 사정을 반영하고자 노력하였다.

이 책에는 대중에게 널리 알려져 있는 용어에서부터 대다수 독자에게는 생소한 전문 기상 용어까지 다양한 용어들에 대한 설명이 혼재되어 있으므로 비교적 폭넓은 독자층의 관심을 끌 수 있을 것이다. 기상과 기후에 흥미를 느끼는 초등학생부터 기상, 기후, 지리, 해양, 생태, 수문 등 연관된 학문 분야를 전공하는 대학생, 그리고 이 분야의 지식을 넓히고자 하는 일반인에 이르는 다양한 독자들이 이 책으로부터 도움을 얻을 수 있기를 바란다. 기상과 기후에 대한 지속적인 관심으로 서적 출판을 지원하고 있는 푸른길의 김선기 사장님과 편집진을 비롯한 임직원들에게 이 지면을 빌려 감사의 말씀을 드린다.

옮긴이 일동

차 례 Contents

THE HANDY WEATHER
ANSWER BOOK

제1장

날씨의 기초

용어 정리

날씨란?

날씨는 '상대적으로 짧은 시간 동안 일정 장소에서 나타나는 대기의 상태'로 정의된다.

날씨에 영향을 주는 요인은?

중국에서 나비가 날갯짓을 하면, 멕시코 만 연안에서 허리케인이 일어날 수도 있다는 이야기가 있다. 날씨는 매우 복잡한 현상으로, 일기 예보는 다분히 추측의 성격을 띤 일이다. 어떤 사람들은 업무 시간의 반 이상을 잘못 일하고도 직장을 잃지 않는 유일한 직업이 기상 캐스터라고 우스갯소리를 하기도 한다. 날씨는 온도, 대기 조성, 지형, 복사 에너지, 대륙 이동, 지열 에너지, 태양풍, 생물 활동, 공해 등과 같은 다양한 요인들에 의해 영향을 받는다. 이 모든 요인들이 이 책에서 다루어질 것이다.

기상학이란?

기상학은 날씨 또는 더 구체적으로 날씨의 변화가 어떻게 일어나는지에 대한 과학적 연구이다.

수문학이란?

수문학은 지구 상의 물 공급과 물의 분포, 이동, 변화에 대한 과학적 연구이다. 수문학자들은 수자원에 관심을 가지고 있으며, 응용 분야는 토목 공학과 도시 계획에서부터 환경 보호론 및 환경 보전에 걸쳐 있다.

수문 기상학이란?

수문 기상학은 하층 대기와 지표면 간에 발생하는 수분의 상호 교환에 대한 연구

이다.

기후학이란?

기후학은 세계에 분포하는 기후에 대한 연구로, 이 기후들이 시간에 따라 어떻게 변화하는지를 연구하는 분야이다.

생물 기후학이란?

생물 기후학은 기후가 생물에 미치는 영향을 연구하는 분야이다. 날씨와 대기 조건은 다양한 경로를 통해 긍정적이든 부정적이든 인간에게 영향을 주고 있다. 기후는 사람의 감정, 신체의 화학 구성물, 질병에 걸릴 확률 등 다양한 부문에 걸쳐 영향을 미친다. 유럽의 경우, 생물 기후학의 중요성을 인식함으로써 언젠가 발생할지도 모르는 보건 재해의 경보를 동반한 일기 예보 정책을 마련할 수 있었다. 미국은 이와 같은 수준에 이르지는 못했지만, 미국의 기상학자들은 대기 오염, 알레르기 주의보, 동상이나 열사병을 유발할 수 있는 극한 기온과 같은 위험에 대한 경보를 알린다.

대기 화학이란?

용어 자체가 의미하듯이, 대기 화학은 기체와 다른 화학 물질, 그리고 대기 물질들이 어떻게 상호 작용하는지를 연구하는 분야이다. 예를 들면, 상층 대기에 존재하거나 지상에 공해 물질로 존재하는 오존의 형성 및 파괴와 같은 현상을 다룬다. 대기 화학은 매우 복잡한 과학 분야인데, 이는 대기의 조성이 항상적으로 변화하기 때문이다. 대기 구성 성분은 지표면으로부터 지속적으로 공급되고, 바람의 흐름은 항상 변화하며, 지구에 유입되는 복사 에너지 역시 대기와 상호 작용한다. 대기 화학을 전문적으로 다루는 기상학자는 이와 같은 현상들을 이해하기 위해 지질학, 생물학, 산업공해 물질(수백만 가지의 화학 물질들이 매일 대기로 유입된다)에 대해 공부해야만 한다. 화학적 수준에서 발생하는 대기 현상에 대한 이해가 매우 부족하기 때문에 대기 화학 분야에는 아직 해야 할 연구들이 산적해 있다.

대기 물리란?

대기 화학에 보완적 연구를 하는 분야가 대기 물리이다. 이 분야는 파동, 소립자 물리학, 음향학, 분광학, 광학 등과 같은 다양한 주제들과 관련된다. 이 분야를 전공하고자 하는 사람에게는 수학에 관한 해박한 전문성이 요구된다. 이론적인 연구 분야에는 위성, 레이더(radar), 라이다(lidar)와 같은 기술의 응용 등이 포함된다.

회절이란?

회절은 빛이 작은 물체 주위나 작은 틈을 통해 휘어지는 현상이다. 회절에 관여하는 물체는 크기가 충분히 작아서 통과하는 빛의 파장을 간섭할 수 있어야 한다. 적색 에너지는 상대적으로 파장이 길기 때문에 푸른색 스펙트럼의 빛에 의해 더 큰 영향을 받는다. 회절은 빛의 어른거림이나 눈에 보이지 않는 엑스선(X-ray)과 라디오파의 투과를 간섭할 수 있다.

굴절이란?

굴절은 빛이 하나의 투명한 물질에서 다른 물질 또는 매질(예를 들어 대기에서 물로)로 진행할 때 꺾이는 현상이다. 이 같은 현상은 빛이 통과하는 매질에 따라 속도가 변화하기 때문에 발생한다. 우리가 보는 무지개는 굴절로 인해 만들어진다.

에어로졸이란?

많은 사람들이 '에어로졸'이란 말을 들으면 헤어스프레이 캔에서 나오는 화학 에어로졸을 생각한다. 에어로졸이란 용어는 사실 대기 중에 부유하는 모든 액체상 또는 고체상의 입자들을 가리킨다. 이들 입자의 크기는 매우 작지만 구름처럼 대기 중에 떠다닐 뿐만 아니라 중력에 의해 하루에 약 10cm의 속도로 지면으로 떨어진다. 물론 비가 내리면 빗물에 의해 훨씬 빨리 씻겨 나간다. 한반도 일대의 에어로졸 연구는 아직 미미한 형편이다. 그 일례로 'aerosol' 용어의 국문 표기조차 '에어러솔', '에어로솔', '에어러졸' 등으로 통일되지 않은 채 사용되다가 최근에야 학술 용어 통일 사업

에어로졸에 대해 얘기할 때 사람들은 대부분 스프레이 캔을 떠올리지만, 기상학자들은 대기 중에 부유하는 모든 액체상 · 고체상의 입자들을 생각한다.

에 근거하여 '에어로졸'로 사용되고 있다.

증발과 **증산**은 무엇인가?

많은 사람들이 알고 있듯이, 증발은 액체상의 물이 기체상으로 전환되어 주위 대기 중으로 빠져나갈 때 발생한다. 증발의 속도는 증발계를 이용하여 계측할 수 있다. 증산은 식물로부터 수증기가 빠져나가는 것을 가리키는데, 사람과 동물의 피부를 통해 땀의 형태로 배출되는 것(발한)도 포함한다.

대류란?

대류는 열에너지가 대기 중에서 액체상 매질(예를 들어 물 입자)을 통해 수직으로 이동하는 것을 가리킨다.

수렴이란?

수렴(收斂)은 공기가 서로 다른 방향에서 접근하여 만나는 현상을 말한다. 공기가 서로 충돌하면 이들 사이의 기압이 올라가서 공기가 상승하게 된다.

기온 역전이란?

고도가 높을수록 기온이 떨어지지 않고 오히려 상승하는 현상이다.

이온이란?

이온은 양성자(한 원자핵에서 양전하를 띤 입자)와 전자(원자핵 주위를 도는 음전하를 띤 입자)의 수적인 차이로 발생한 양전하 또는 음전하를 띤 원자 또는 분자를 말한다. 기상학자들은 특히 전리권(電離圈)과 관련하여 이온에 관심을 갖는다. 왜냐하면 이들이온은 대기 중의 화학 물질이나 다른 구성 요소들에 민감하게 반응하기 때문이다.

플라스마란?

플라스마(plasma)는 물질의 상태로 볼 때 고체, 액체, 기체에 이은 제4의 상태라고 정의된다. 플라스마는 전자가 원자로부터 제거된 자유 전자들의 혼합체와 이를 통해 생성된 이온들이 공존하게 될 때 형성된다. 플라스마는 여러 별에서 관측되는데, 실제로 우주에서 가장 흔하게 존재하는 물질상이다. 하지만 플라스마는 태양으로부터 뿜어져 나와 자기권과 충돌하는 태양풍에서도 찾을 수 있다. 일부 플라스마 복사 에너지는 전리권에 도달하기도 한다. 번개 역시 플라스마의 한 형태이다.

방위각이란?

항법이나 별, 행성, 또는 다른 천체의 위치를 언급할 때 사용되는 방위각은 북쪽(0°) 방향과 주어진 물체 간의 각도 거리를 관측자의 입장에서 측정한 것을 말한다. 좀 더 수학적인 용어를 쓰자면, 방위각은 결국 두 개의 수직면 사이의 각도로 표현된다. 그 하나는 관측자와 관측 대상을 지나는 수직면이고, 다른 하나는 관측자와 정북(正北) 지점을 통과하는 수직면으로 규정한다.

관련 기관

미국 국립해양대기국의 설립 목적은?

미국 국립해양대기국(National Oceanic and Atmospheric Administration, NOAA)은 미국 상무부 산하 기관이다. 상무부는 날씨, 기후, 환경에 영향을 주는 육지와 해양의 상태를 관측하는 책무를 맡고 있다. 따라서 미국 국립해양대기국은 대기 연구와 기상 예보 활동에 깊이 관여하고 있을 뿐만 아니라, 수산업 관리 등 해양 산업 진흥의 책무를 지고 있기 때문에 해양 침식 방지 등의 연구에도 참여하고 있다.

미국 국립기상청은 어떤 곳인가?

미국 국립해양대기국 소속 기관인 국립기상청은 1870년 국립기상대(National Weather Bureau)로 창립되어 1891년 미국기상대(U.S. Weather Bureau)로 개칭되었다가, 1967년 현재의 이름인 국립기상청(National Weather Service)으로 다시 바뀌었다. 국립기상청은 자국 국민을 대상으로 위험한 기상 상태나 사건에 대한 사전 경보를 제공하는 것을 주요 업무로 하고 있다. 미국의 전국 122지점에 기상 예보 센터를 두고 있으며, 여기에는 괌, 아메리칸사모아, 푸에르토리코와 같은 자국 영역들이 포함된다.

미시간 주 랜싱에 위치한 미국기상대의 1900년경 사진. 이 건물은 지금의 미시간 주립대학에 위치해 있었다. 미국 국립해양대기국 산하 국립기상청의 전신이다. (출처: NOAA)

미국 국립기상센터(National Weather Center, NWC)는 오클라호마 대학에 위치한 국립해양대기국 산하의 기관이다. 대기 현상과 관련된 다양한 규모의 연구 활동과 교육이 이루어지고 있다. (출처: http://www.nwc.ou.edu)

대한민국 기상청은 어떤 곳인가?

대한민국 기상청은 기상 업무를 전문적으로 담당하는 기관으로, 그 역사는 1949년 문교부 산하에 설치된 국립중앙관상대로 거슬러 올라간다. 1956년에는 세계기상기구(WMO)에 68번째 정회원국으로 가입하면서 국제적 교류가 궤도에 오르기 시작했다. 1963년 국립중앙관상대가 중앙관상대로 변경되었고, 중앙관상대가 중앙기상대로 개명된 것은 1981년의 일이다. 이어서 기상청으로 승격된 것은 1990년이었다. 1990년대에 들어 기존의 '측후소'가 '기상대'로 명칭이 변경되었고, 2008년에 기상청은 환경부 소속이 되었다. 2000년대에는 지진, 황사, 태풍 등을 관장하는 전문 부서가 생겨났고, 각종 레이더 장비는 첨단 관측 시설로 기상 예보의 정확도를 높여 왔다. 특히 2010년 6월에는 국내 최초 정지 궤도 기상 위성인 '천리안'이 성공적으로 발사되어 동아시아 일대의 기상 위성 정보를 스스로 생산하는 능력을 갖추게 되었고, 관련 정보를 외국에 제공하는 선진화를 이루게 되었다.

미국기상학회 기상방송인상이란?

날씨에 대한 정확하고 유용한 정보를 각종 방송 매체를 통해 전한 예보관에게 수여하는 미국 기상학회(AMS)의 권위 있는 상이다. 이는 기상 예보를 위해 단순히 국립기상청의 예보 기사를 방송을 통해 잘 전달하는 것 이상의 업적을 치하하고자 제정된 상이다. 따라서 시청자들은 이러한 고급 정보를 접함으로써 스스로 기상 정보를 공신력 있는 전문가로부터 전달받는지, 아니면 단순히 기상 예보 기사를 읽어 주는 사람으로부터 전달받는지를 구분해 내게 된다. 기상학 전문가로서의 예보관은 라디오 또는 텔레비전, 각 해당 매체에 대한 공로로 이 상을 수상한다. 수상자 선발의 기준은 전달하는 정보의 질, 예보관으로서의 전문성, 기상 분야에서의 투철한 교육적 사명감, 그리고 기상학회 회원으로서의 참여도 등이 포함된다. 수상 자격은 이 분야 전문가들로 구성된 심사위원회가 심사한다. 끝으로, 이 상은 영원히 간직할 수 있는 것이 아니라 매년 갱신된다는 특징이 있다.

미국 국립대기연구센터는 어떤 곳인가?

미국 국립대기연구센터(National Center for Atmospheric Research, NCAR)는 1956년 미국 국립과학원(National Academy of Sciences)이 설립한 기구이다. 본부는 콜로라도 주 볼더에 있으며, 기상에 영향을 주는 다양한 프로세스를 이해하기 위해 슈퍼컴퓨터, 항공기, 레이더 등을 활용하는 대학 연구진에 의해 운영되고 있다. 국립대기연구센터의 목표는 대학 간의 공동 연구를 활성화시키고 연구 자원을 공유하여 단일 대학이 독자적으로 이루기 힘든 연구 성과를 달성하는 것이다.

기상 관련 연구 기관들이 하는 일은?

각국의 기상학회는 기상학, 해양 과학, 대기 과학 등 관련 분야에 종사하는 전문가와 일반인들의 조직으로 상호 교류, 교육 촉진, 자원 공유를 위해 만들어졌다. 미국의 경우 미국기상학회(American Meteorological Society, AMS)가 있는데, 해당 분야 교수를 비롯한 박사급 전문가는 물론, 학위가 없는 일반인과 학생을 망라한 모든 관심 있는 사람들이 회원으로 가입하여 활동할 수 있는 조직이다. 미국 매사추세츠 주 보스턴에 본부를 두고 다양한 종류의 기상 관련 도서뿐만 아니라 다수의 전문 학회지를 발간하고 있으며, 이들 학회의 개최를 지원하고, 기상 분야 업적에 대한 상을 제정하여 연구자들에게 시상하고 있다. 한국의 경우, 기상 관련 학회로 한국기상학회(http://www.komes.or.kr/)를 들 수 있다. 1963년에 창립되어 2013년 창립 50주년을 맞는 한국기상학회는 기상학, 기후학, 대기 과학 연구를 발전시키고, 빈번해지는 자연재해에 대비하며, 기상 예보의 정확도를 높여 기후 변화 예측의 불확실성을 줄이기 위한 다양한 학술 활동을 지원하고 있다.

국가태풍센터는 어떤 곳인가?

각국마다 태풍을 관측하고 연구하는 전문 기관을 운영하고 있다. 한국에서는 기상청 산하 기관인 국가태풍센터(http://typ.kma.go.kr/index.jsp)가 이 역할을 담당하고 있다. 매년 태풍 관련 악천후로 인해 많은 재산과 인명 피해를 입고 있는 한국은 비교적 최근인 2008년에 정식으로 태풍 센터를 개소하였다. 한국의 남단에 위치한 제주특별자치도는 지리적으로 태풍의 피해를 빈번히 받는 지역인데, 신속 정확한 태풍 예보를 위해 태풍의 길목에 해당하는 제주도에 국가태풍센터를 설립하게 되었다.

세계기상협회란?

기상 현상은 세계의 모든 나라에 영향을 주는 국제적인 문제이기 때문에, 세계기상협회(World Meteorological Organization, WMO)는 다양한 기상 자료들을 상호 교환할 수 있도록 돕는 매우 중요한 역할을 수행한다. 이전에 국제기상협회(International Meteorological Organization, 1873년 창립)로 불리던 세계기상협회는 1950년에 설립되었고, 이듬해 유엔(UN)의 후원 아래 놓이게 되었다. 악천후 예보와 기후와 기상에 변화를 줄 수 있는 인간 활동의 환경 영향에 관심을 가지고 있다.

우주기상예보센터란?

미국에는 국립기상청 산하 기관으로 우주기상예보센터(Space Weather Prediction Center, SWPC)가 있는데, 통신·전력·인공위성·항법 시스템에 영향을 끼칠 수 있는

태양과 지구 물리학적 현상을 관측한다.

미국의 국립항공우주국이나 **한국항공우주연구원**은 **기상 예보**와 어떻게 관련되어 있나?

미국 국립항공우주국(National Aeronautics and Space Administration, NASA)과 한국의 한국항공우주연구원(Korea Aerospace Research Institute, KARI)은 기상 관측 위성 제작에 관여하기 때문에 기상 예보 활동에도 중요한 역할을 담당한다. 미국 국립항공우주국은 유인 또는 무인 우주선을 우주로 발사하는 임무뿐만 아니라 지구 기상 관측에도 많은 노력을 하고 있다. 기상 및 지구 관측 위성들은 기후, 토지 이용, 그리고 해양 환경 변화에 대한 중요한 정보를 기록하고 있다.

측정 관련 해설

트리플 포인트란?

트리플 포인트(triple point, 三重點)는 한 물질이 기체, 액체, 고체의 세 가지 상태 모두에 대해 평형을 이룰 수 있는 온도를 의미한다. 증류수의 경우 수은주 4.58mm 기압에서 트리플포인트는 0.01℃이다. '트리플 포인트'라는 용어는 폐색 전선이 온난 전선을 만나는 위치를 가리키기도 한다.

날씨에 대한 세계 기록에는 왜 많은 **차이**가 있을까?

자료의 불일치는 우리가 기상 관측 기간을 서로 다르게 사용하기 때문에 발생할 수 있다. 일부 기록들은 수십 년간의 기상 관측에 기반한 것인 반면, 어떤 기록들은 단지 수개월이나 수년간, 심지어 몇 시간 또는 몇 분 동안에 발생한 것이다. 기상 기록의 차이는 장기간 사용된 관측 장비가 유형이 다양하여 서로 다르거나, 기상 정보

계측을 위해 어떻게 관리되어 왔는지에 따라서도 나타날 수 있다.

합성 세계시란?

다른 과학자들과 마찬가지로 기상학자들 역시 기상 관측치를 표준화하기 위해 협정 세계시(Universal Coordinated Time, UTC)를 세계 기준으로 사용한다. 그리니치 표준시(Greenwich Mean Time, GMT, 영국 그리니치를 기준으로 정해졌다) 또는 Zulu시(혹은 'Z'시)라고도 알려져 있는 UTC는 군대에서 사용되는 24시 체계를 적용한다. 따라서 0000UTC는 자정을, 1200UTC는 정오를 각각 나타낸다. 기상학자들이 정해 놓은 표준에 따르면 주요 관측은 6시간마다, 즉 0000, 0600, 1200, 1800 UTC에 이루어진다.

등압선이란?

등압선은 일기도에서 기압이 같은 점들을 연결하여 나타낸 선이다. 등압선을 통해 온난 전선, 한랭 전선, 저압대, 고압대 등을 지도상에 편리하게 표현할 수 있다.

접두어 **'등-(iso-)'**으로 시작하는 다른 **기상학 용어**로는 어떤 것이 있을까?

한국어에서 '등(等)-'으로 해석되는 영문 접두어 'iso'(그리스 어 'isos')는 '동일한' 또는 '같은'의 의미를 표현할 때 유용하게 쓰인다. 다음 표에 나오는 용어는 모두 이러한 그리스 어원의 접두어를 활용한 경우이다.

용어 사용	의미
isobar(등압)	기압 변화가 동일
isobathytherm(등심수온)	같은 수심에서의 수온이 동일
isobront(등명선)	천둥의 양이 동일
isoceraunic(등뇌전)	천둥·번개의 빈도가 동일
isochasm(오로라 등빈도선)	오로라 관측 빈도가 동일
isochrone(등시선)	같은 현상이 나타나는 시간이 동일
isodrosotherm(등이슬점선)	이슬점이 동일

isogon(등각)	풍향이 동일
isohel(등일조선)	일조량이 동일
isohume(등습도선)	습도가 동일
isohyet(등우량선)	강우량이 동일
isokeraun(등뇌우선)	폭풍 강도가 동일
isometrics(등척운동)	고도가 동일
isoneph(등운량선)	구름양이 동일
isonif(등설량선)	강설량이 동일
isopectic(등결빙 시기선)	동절기 한파와 결빙이 같은 때에 일어나는 장소
isopleth(등치선)	어떤 것이든 동일한 수치를 나타내는 선
isopycnal(등밀도선)	공기 밀도가 동일
isotach(등풍속선)	풍속이 동일
isothere(등하온선)	평균 하절기 기온이 동일한 장소
isotherm(등온선)	기온이 동일

우량계란?

강우량을 측정하는 장치를 일반적으로 우량계라고 부르는데, 영문 용어 ombrometer는 이를 보다 전문적으로 표현한 것이다.

강설량은 어떻게 **측정**하는가?

강설량은 가장 실용적이며 간단한 방법, 즉 자를 이용하여 측정한다. 일정 지역을 대표하는 평균적인 강설량을 얻기 위해 기상청은 몇 군데 지점에서 다수의 측정치를 얻고 이를 평균한다. 눈이 많이 내리는 곳에서는 긴 장대와 같은 장치를 세워 놓고 몇 피트 또는 몇 미터 깊이까지 쌓여 가는 눈의 양을 측정한다. 강설량은 가열된 우량계를 이용하여 측정하기도 하는데, 눈을 녹여 물로 만든 다음 이 양을 정해진 공식을 통해 다시 강설량으로 추정해 낸다. 여기에 사용되는 공식에 의하면, 1cm의 물은 약 10cm 깊이의 강설량으로 환산된다. 하지만 미국의 경우, 이 방법은 정확도가 매우 떨어지기 때문에 실제적으로 사용되지 않는다.

1978년 남극 기지에서 촬영한 AC-130 항공기. 이런 종류의 항공기가 흔히 미국 국립해양대기국의 연구 활동을 위해 사용되었다. (사진: John Bortniak, NOAA Corps)

강설량을 측정하는 다른 방법으로는 강설베개측정법이 있는데, 이는 저울을 이용하여 눈의 무게를 측정하는 방법이다. 눈이 많은 곳에서는 스노보드(겨울철 재미로 타는 스노보드와는 다른 것이다!)가 사용된다. 스노보드는 가로세로 각각 60cm 길이의 베니어합판으로, 흰색 페인트칠을 하여 쌓인 눈이 움직이지 않는 장소에 설치된다. 흰색으로 칠하는 이유는 태양 복사에 의해 눈이 녹는 것을 최대한 억제하기 위함이다. 눈이 쌓인 깊이는 6시간마다 측정한다. 6시간의 간격은 엄격하게 지켜져야 하는데, 그 이유는 1997년에 국립기상청의 한 관측자가 미국 뉴욕 주 몬터규에서 24시간 동안 측징한 강설량이 196cm를 기록하면서 생겨났다. 당시 이 관측치는 세계 기록으로 남을 뻔했지만 검사관의 분석 결과, 당시 관측자가 6시간이 아닌 4시간마다 강설량을 기록했기 때문에 공식적인 관측값으로 인정받지 못했다.

에이커푸트란?

에이커푸트(acre-foot)는 164,875l의 물과 동일한 부피에 해당하고, 이는 1에이커 땅 전체에 1피트의 깊이로 채워질 수 있는 양이다. 이 단위는 통상 지표 위를 흐르는 유수량, 저수지 용량, 관개수량을 측정할 때 사용된다.

해수 염도는 어떻게 측정되는가?

바닷물의 염분은 해류에 영향을 끼치고, 이는 다시 지구 전체의 기후에 영향을 주기 때문에 해수 염도가 중요하다. 해수는 염소, 나트륨, 마그네슘, 칼슘, 황, 칼륨 등 다양한 종류의 용해 물질을 함유하고 있다. 과거에는 염도 측정을 위해 바다로 나가 해수 샘플을 채취해 온 후 전기 전도도를 측정하였다. (즉 염도가 높을수록 샘플의 이온량이 많아져 전기 전도도가 높아진다.) 염소나 다른 용해 물질의 농도를 측정하는 방법도 있다.

최근에는 보다 정교해진 장비를 사용하여 원격으로 해수 염도를 측정할 수 있게 되었다. 항공기에 설치된 저주파 복사계를 이용하여 항공기가 해수면 위를 지나가며 스캔하면 시간당 약 100km² 면적에 대한 염분 측정이 가능하다. 유럽우주국(European Space Agency, ESA)은 '토양 수분과 해수 염도를 측정하는 인공위성(Soil Moisture and Ocean Salinity, SMOS)'을 2009년 말에 쏘아 올렸다. 이 위성은 1.4GHz 주파수의 마이크로파를 통해 측정된 2차원의 이미지 신호를 획득하는 임무를 갖고 있다.

풍속은 어떻게 **측정**되는가?

바람의 속도는 풍속계로 측정되는데, 이 장치는 영국의 물리학자 로버트 훅(Robert Hooke, 1635~1703)이 처음으로 발명하였다. 가장 흔한 형태는 'rotating cup anemometer'라 불리는데, 우리말로 표현하면 회전 컵형 풍속계라고 할 수 있다. 이는 3~4개의 컵 모양 부속을 달아 중앙 회전축 주위로 돌아가게 만들어졌다. 현대적인 풍속계는 전기와 자석을 사용한다. 컵이 회전함에 따라 중앙 회전축 안에 내장된 스위치가 컵 속 자석의 움직임을 포착하는 원리이다. 컵이 회전하면서 발생하는 전기 신호는 일정한 관계식에 따라 풍속으로 계산되어 최종적으로는 관측소로 전송된다.

존 로빈슨(John T. R. Robinson)이 1846년에 디자인한 초기 풍속계. (사진: Sean Linehan, NOAA)

다른 형태의 풍속계에는 어떤 것들이 있나?

회전 컵형 풍속계 외에도 풍속을 측정하는 장치로는 음향 풍속계, 날개 풍속계, 풍압계, 풍차형 풍속계가 있다. 측후소에서는 일반적으로 음향 풍속계를 사용하는데, 이것은 풍속과 풍향을 동시에 측정한다. 네 개의 초음파 변환기가 원형을 이루어 규칙적 간격을 두고 두 쌍이 서로 교차하도록 설치된다. 한 변환기가 초음파 신호를 반대편 변환기로 보내게 된다. 이 경로를 가로질러 흐르는 바람의 조건에 따라 초음파 신호의 속도는 증가하거나 감소하고 혹은 방향을 바꿀 수도 있다. 풍압계는 판에 부딪치는 바람, 또는 관 속을 흐르는 바람이 압력을 형성하는 원리로 작동한다. 풍차형 풍속계는 풍속과 풍향을 함께 측정할 수 있다. 풍속계의 날개가 회전하는 속도에 따라 풍속이 계산되며, 바람이 불어오는 방향에 따라 풍속계가 방향을 전환하기 때문에 풍향을 기록하게 된다.

일반적으로 **풍향**은 어떻게 측정되나?

풍향계는 흔히 바람의 방향을 알기 위해 사용되는 장치이다. 풍향계는 보통 장대 위에 풍차가 달려 있는 것처럼 생겼는데, 풍차는 바람이 불어오는 쪽을 향해 회전하게끔 제작된다. 역사적으로 풍향계는 장식을 달아 만들곤 했는데, 종종 수탉이나 다른 가축의 모습을 맨 꼭대기에 올려놓는다. 이외에도 풍향을 측정하는 방법에는 아주 원시적인 형태에서부터 도플러 레이더 또는 라이다(lidar)에 이르기까지 종류가 다양하다. 항공기에 장착된 자이로스코프(gyroscope)와 위성 항법 장치(GPS)를 통해 비행 속도와 지상 거리를 비교하여 풍속을 계산해 낸다(즉 맞바람 또는 순풍에 따라 항공기의 프로펠러나 제트 엔진의 추진력이 증감한다).

풍속을 측정하는 **표준 단위**는?

미국에서는 대다수 일기 예보에서 풍속을 시간당 마일(mil.)로 표시한다. 하지만 미국을 제외한 나라들은 시간당 킬로미터(km)로 표기하고 있으며, 많은 과학자들 역시 미터법을 선호한다. 대기와 해양 교통을 다루는 미국 연방항공청, 국립기상청, 그 밖의 기관들은 노트(1노트는 시속 1.85km에 해당)를 사용한다. 국제적으로 풍속은 시간당 킬로미터를 쓰는 미터법이 주로 사용된다. 수직 풍속에 대해서 기상학자들이 쓰는 단위는 초당 센티미터 또는 초당 마이크로바(microbars/second)인데, 이는 일정 시간 동안의 고도 변화에 따른 압력 변화를 뜻한다.

날씨에 관한 역사

과거 그리스인들은 **공기**에 대해 **어떤 추측**을 했을까?

그리스 철학자 아낙시만드로스(Anaximandros, B.C. 610~546)가 생각하기에, 공기는 아무것도 아닌 무의미한 대상이 아니라, 사실은 무언가로 구성된 물질이었다. 하지만 그는 세상 만물이 상이한 상태로 변화 가능한 공기로부터 생성된다고 믿었다. 이러한 생각에는 일정 부분 과학적 사실의 근간을 이루는 내용이 포함되어 있는데, 예를 들어 습한 공기 속의 수분이 비가 되어 내릴 수 있고, 물은 다시 증발하여 대기로 돌아가기도 한다. 아낙시만드로스는 다분히 이러한 생각을 너무 확장하여, 공기가 불이나 다른 여러 가지 물질로 변화할 수 있다는 등 극단적인 설명에 귀결하는 오류를 범했다.

『메테오롤로지카』를 저술한 사람은?

그리스 철학자 아리스토텔레스(Aristoteles, B.C. 384~322)는 그의 저서 『메테오롤로

지카(Meteorologica)』를 기원전 340년경에 출간하였다. 이 저서가 나옴에 따라 '기상학(meteorology)'이라는 용어가 만들어지게 되었다. 아리스토텔레스 시대에 '메테오르(meteor)'라는 단어는 외계에서 대기를 통과하여 온 암석을 뜻하기보다는 하늘 위에 존재하는 모든 것, 즉 구름, 비, 눈 등을 가리키는 것이었다. 『메테오롤로지카』는 이 분야의 전문 서적으로는 서양에서 최초로 저술된 책이다. 하지만 아리스토텔레스의 저작에서 표현된 많은 이론들은 신화와 날씨 생성에 대한 잘못된 사고를 바탕에 두고 있다. 예를 들어 아리스토텔레스는 폭풍이 '선한' 바람과 '악한' 바람 간의 '도덕적 갈등'으로부터 만들어진다고 믿었다.

『메테오롤로지카』 이후로 출간된 **날씨와 관련된 중요** 서적은?

아리스토텔레스의 학생이었던 테오프라스토스(Theophrastos, B.C. 372~287년경)는 자기 스승의 날씨 연구를 계속하여 『날씨의 징후에 대하여(On Weather Signs)』란 저서를 남겼는데, 이는 날씨를 언급한 마지막 출판물이 되고 말았다. 이 책은 비잔틴 제국의 학자들에 의해 12세기경까지도 읽혔다. 날씨를 예측하는 서적으로서 이 책은 어떻게 비, 바람, 폭풍의 발생을 미리 예상할 수 있는지에 대해 설명하고자 노력하였다. 하지만 테오프라스토스가 말하는 기상학은 여전히 논리적인 관찰과 미신적 요소가 혼재된 것이었다.

눈 결정의 구조에 대해 최초로 정확히 기술한 사람은?

눈 결정에 대해 처음으로 정확히 설명한 사람은 기원전 135년에 『한시외전(韓詩外傳)』을 저술한 중국 한나라 학자 한영(韓嬰)이다. 한영은 다양한 종류의 구조를 가진 눈결정이 어떻게 항상 (깨지지 않는 한) 육각형의 구조를 가지는지에 대해 정확하게 설명하였다. 서구의 과학계는 독일의 수학자이자 천문학자인 요하네스 케플러(Johannes Kepler, 1571~1630)가 『육각 구조의 눈 결정에 대하여(A New Year's Gift; or, On the Six-Cornered Snowflake)』를 1611년에 출간하기 전까지 정확한 답을 찾아내지 못했다. 영국의 수학자이자 천문학자인 토머스 해리엇(Tomas Harriot, 1560~1621)은 이미

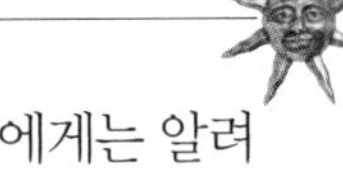

1591년에 눈 결정의 육각 구조에 대해 올바른 설명을 했지만, 일반 대중에게는 알려지지 않았다.

기상학 역사에서 **『박물지』**가 중요해진 이유는?

『박물지(Historia Naturalis)』는 대(大)플리니우스(Gaius Plinius Secundus, 23~79)가 저술하였는데, 로마, 그리스, 이집트, 바빌론의 기상 상태에 대한 과학적 관측과 대담한 조사 결과를 담고 있다. 하지만 기존에 출간된 『메테오롤로지카』나 『날씨의 징후에 대하여』와 같이, 『박물지』는 객관적인 과학과 미신적인 요소가 부정확하게 혼재된 내용을 담고 있다.

기상학의 역사에서 **알렉산드리아의 헤론**을 중요한 인물로 다루어야 하는 이유는?

헤론(Heron 또는 Hero, 10~70년경)은 대기가 물질로 구성되어 있음을 과학적으로 증명한 최초의 인물이다. 초기 증기 기관을 설계하고 풍차를 이용하여 풍력 발전을 할 수 있음을 밝힌 천재적 인물로 주사기 원리를 통해 공기가 부피, 즉 물질로 구성되어 있음을 밝혀냈다.

태양풍 개념을 처음으로 논한 고대 **중국 서적**은?

'기(氣)' 개념을 통해 중국인들은 태양 에너지의 존재를 설명했지만, 635년에 와서야 비로소 『진서(陳書)』를 통해 혜성의 꼬리가 항상 태양으로부터 멀어지는 방향으로 놓인다는 관측 사실을 기술하였다. 작자 미상의 이 저술에 따르면, 저자는 관측된 혜성 움직임이 대기의 바람 때문이 아니라 태양 자체로부터 방출된 힘에 의한 것임을 이해하고 있었다.

기후 변화에 대한 가설을 처음으로 밝힌 **중국 학자**는?

11세기 중국의 작가 심괄(沈括, 1031~1095)은 대나무가 산베이(陝北) 인근 땅 밑에 묻혀 있는 것을 발견하였다. 이 지역은 당시 대나무가 서식할 수 있는 북한계(北限界)

를 넘어서는 곳이었기 때문에, 심괄은 과거의 기후가 당시와는 크게 달랐음을 추론하였다.

아부 알리 알하산 이븐 알하이삼은 기상학 발전에 얼마나 중요한 인물이었나?

아부 알리 알하산 이븐 알하이삼(abū 'Ali al-Hasan ibn al-Haytham, 965~1039년경)은 공학, 물리학, 철학, 수학, 천문학, 해부학, 약학, 심리학 등 다양한 방면에서 유능한 과학자였다. 그는 많은 업적을 통해 '현대 광학의 아버지'이자 '실험 물리학의 아버지'로 칭송된다. 그의 7권짜리 『광학 전서(Book of Optics)』(1011~1021)는 안과학에서 천문학, 그리고 기상학에 이르는 응용 학문의 원리들을 설명하고 있다. 기상학과 관련해서는 그의 저서가 반사, 굴절, 투명도, 반투명, 복사, 광학적 착시 현상(신기루 현상 등) 등을 설명했다는 점에 중요한 의미를 갖는다. 그는 또 무지개 현상과 대기 밀도 연구에 공헌하기도 했다.

온도경이란 어떤 것이며 누가 **발명**하였나?

온도계의 역사는 고대 그리스 시대로 거슬러 올라간다. 온도계를 누가 맨 처음 발명했는지는 알려져 있지 않지만, 가장 오래된 기록은 기원전 2세기경 비잔티움의 필로(Philo)가 '온도경(thermoscope)'으로 불리는 장치를 제작한 것이다. 온도에 따른 물부피의 팽창 원리를 이용한 조악한 형태의 온도 측정 장치가 수 세기 동안 사용되었다. 르네상스 시대의 발명가이자 예술가였던 갈릴레오 갈릴레이(Galileo Galilei, 1564~1642)는 1593년 기온계를 개량하였다. 그가 제작한 온도계는 기존 온도계의 방식과는 다른 신기술을 적용한 것이었다. 수은과 같이 온도에 아주 민감한 액체상의 물질을 사용하는 대신, 그의 온도계는 투명한 관 내부에 몇 가지의 물질을 부유시켜 작동하였다. 이 물질들은 다양한 종류의 액체 및 기체를 담고 있는 작은 유리구인데, 각기 금속 부속에 연결되어 있다. 이 부유체는 연결된 금속 부속의 크기에 따라 부력이 조정되는 구조였다. 갈릴레오는 물의 밀도가 온도에 따라 달라진다는 점을 이해하고 있었기 때문에, 온도에 따라 상이한 색으로 구분되어 상승 또는 하강하는 유리관 속

고대 마야 인들은 날씨를 연구했을까?

고대 마야 인들이 달력과 천문학에 관심을 기울이고 있었다는 점은 많은 사람들이 잘 알고 있는 사실이다. 그런데 마야 인들은 날씨에도 크게 매료되어 있었다. 1200~1400년 사이에 마야 인들은 지금의 멕시코 코수멜 지역에 '달팽이의 무덤(Tumba del Caracol)'이라고 불린 등대를 설치하였다. 이들은 이 등대 안에 촛불을 켜 놓고 근접해 오는 낯선 배들을 경계하는 전통적인 기능을 수행하였다. 또 이 등대의 꼭대기에는 영리한 마야 인들이 전략적으로 다양한 종류의 조개껍데기를 올려놓았는데, 이것은 풍속과 풍향에 따라 조개껍데기가 서로 다른 소리를 낸다는 원리를 알고 이용한 것이었다. 즉 어떤 조개가 소리를 내며, 또 어떤 높낮이로 소리를 내는가에 따라 그들이 오랫동안 축적해 놓은 날씨 상황과의 관련성을 이용하여 카리브 해로부터 몰려오는 폭풍을 예견했다고 한다.

부유체의 성질을 이용하였다. 즉 어느 부유체가 유리관 안에서 떠오르고 가라앉는지를 관찰함으로써 온도를 가늠할 수 있었다. 1610년, 갈릴레오는 유리관 속의 물을 와인(즉 알코올)으로 대체하였다. 그의 친구 산토리오(Santorio Santorio, 1561~1636)는 자신의 임상 진료에서 갈릴레오의 온도계를 이용하여 체온을 측정하였다.

현대적인 온도계를 발명한 사람은?

토스카나의 통치자였던 페르디난도 2세 데메디치(Ferdinando II de' Medici, 1610~1670) 대공은 뛰어난 물리학자이기도 했다. 그는 1641년 최초의 현대적 온도계를 발명한 사람이다. 그의 온도계는 내부가 알코올로 채워져 봉인된 유리관으로 제작되었다. 이와 같은 온도계는 '스피릿(spirit) 온도계'로도 불렸는데, 이는 술을 스피릿으로 부르기도 했기 때문이다. 오늘날 알코올 온도계는 여전히 이러한 예스러운 이름으로 불리고 있다. 페르디난도 2세는 1654년 온도계의 디자인을 개량하였고, 10년이 지나 로버트 훅(Robert Hooke, 1635~1703)은 페르디난도의 온도계를 사용하면서 녹는점과 끓는점을 기준으로 한 측정 단위의 논리적인 표준화를 이룩하였다.

뉴턴은 기상학 발전에 어떤 공헌을 했는가?

아이작 뉴턴(Isaac Newton, 1642~1727)은 물리학과 그의 운동 법칙이 날씨 변화를 이해하는 데에 기초적인 역할을 하는 까닭에 기상학과 관련하여 매우 중요한 인물로 평가된다. 하지만 뉴턴이 무지개 현상과도 관련되어 있다는 것을 아는 사람은 그리 많지 않다. 뉴턴은 백색광이 유리 프리즘을 통과하면서 어떻게 다양한 색상을 지닌 스펙트럼으로 퍼지는지를 입증한 최초의 인물이다.

벤저민 프랭클린이 기상학 발전에 기여한 바는?

벤저민 프랭클린(Benjamin Franklin, 1706~1790)은 폭풍이 부는 날씨에 연을 날리면서 전기를 발견한 이후 피뢰침을 발명한 것으로 알려져 있는데, 그는 저기압 시스템이 대기의 순환을 일으킨다는 중요한 사실을 발견하였다. 이러한 발견은 그가 1743년 10월 21일 일식 관찰에 실패한 후에 이루어진 일이다. 당시 필라델피아에는 폭풍이 있었지만, 같은 날 지리적으로 가까운 보스턴은 날씨가 맑았다는 사실을 프랭클린은 나중에 알게 되었다. 물론 그가 비행기를 타고 매사추세츠 주 지역으로 가진 못했지만, 다음 날 발견한 것은 필라델피아를 지나간 그 폭풍이 보스턴으로 이동했다는 사실이었다. 이와 같은 정보를 토대로 그는 그날 폭풍이 남서쪽에서 북동쪽, 시계 방향으로 선회해 갔음을 추정하게 되었다. 이러한 정보를 조합하여 프랭클린은 결국 저기압 시스템이 폭풍의 진로를 유도했다고 결론을 내렸다.

벤저민 프랭클린은 날씨와 관련한 그의 번개 실험으로 유명하지만, 기상학에 대해서도 다른 많은 공헌을 하였다. (출처: NOAA)

미국의 **헌법 제정자** 중에서 기상학에 매료되었던 사람은?

토머스 제퍼슨(Thomas Jefferson, 1743~1826)의 관심 분야는 농업에서 건축, 법, 정치에 이르기까지 다양했는데, 그는 날씨에 관해서도 특별한 흥미를 갖고 있었다. 그는 프랑스의 자연주의자 조르주루이 르클레르 뷔퐁(Georges-Louis Leclerc de Buffon, 1707~1788)의 주장, 즉 기후에 의한 좋지 않은 영향으로 미국인들이 유럽인에 비해 다소 열등하다는 주장에 몹시 불쾌해하였다. 이러한 주장이 그릇된 것임을 증명하기 위해 제퍼슨과 그의 동료 제임스 매디슨(James Madison, 1751~1836)은 본격적인 날씨 연구를 하기로 결정했다. 제퍼슨은 버지니아에 있는 자택에서 1772~1778년까지 매일의 날씨를 관측하였고, 매디슨은 제퍼슨을 따라 1784~1802년까지 관측을 수행하였다. 매일의 날씨 관측은 그리 쉬운 일은 아니었지만, 기온 관측이 실내에서 이루어져야 한다는 영국의 상식을 깨뜨린 것은 매디슨이었다. 그는 전례 없이 온도계를 야외에 설치하였다. 오늘날 많은 대학들은 기후 변화에 대한 비교 연구를 위해 매디슨이 남긴 기온과 강수량 측정 기록을 사용하고 있다.

미국 최초의 공식 기상학자는?

개척기 기상학자였던 제임스 에스피는 열역학 원리가 구름 형성에 어떤 영향을 주는지 밝혀냈다. (출처: NOAA)

제임스 에스피(James Pollard Espy, 1785~ 1860)는 『폭풍우의 원리(The Philosophy of Storms)』(1841)의 저자로 잘 알려져 있다. 이 책이 출판된 지 1년 후에 미국 의회는 그를 연방 정부 기상학자로 선임하였다. 그는 열역학이 구름 생성에 어떤 역할을 하는지, 그리고 저기압의 역학에 대해 최초로 정확한 기술을 한 공로를 인정받았다.

1851년 만국박람회란?

1851년 5월 1일부터 5월 15일까지 영국 런던에서 열린 만국박람회는 나중에 세계 박람회로 불리는 대회의 첫 전시회였다. 대회가 열린 건물이 하이드 파크였던 까닭에, 이 전시회는 크리스털 궁전 전시회라고도 불린다. 많은 전시물 가운데 조지 메리웨더(George Merryweather)가 발명한 거머리 기압계(Tempest Prognosticator라고도 불린다)와 함께 기상도가 최초로 여기에 전시되었다.

최초로 조직된 **기상 관측 네트워크**는 무엇이었나?

1855년 프랑스의 천문학자 위르뱅 르베리에(Urbain Jean Joseph Leverrier, 1811~1877)는 기상 자료를 처음으로 공동 관리하기 시작한 유럽 지역에서 기상 관측을 조직화하기 위해 노력하였다. 1863년, 전신 기술로 인해 많은 측후소들이 프랑스에 세워진 중앙 본부를 통해 상호 연결되기에 이르렀다.

클리블랜드 애비는 누구인가?

시간대 사용을 제안한 것으로 유명한 클리블랜드 애비(Cleveland Abbe, 1838~1916)는 미국의 기상학자이자 기상 예보를 담은 최초의 일간지 『날씨 단신(Weather Bulletin)』(1869년 창간)의 창간인이었다. 그는 또한 1870년에 국립기상대를 설립하기도 했는데, 이 기관은 미국 국립기상청의 전신이다.

클리블랜드 애비는 『날씨 단신』을 창간하고 국립기상대를 설립하였다. (출처: NOAA)

맨 처음 **일일 기상 예보**를 시작한 **일간 신문**은?

1860년 최초로 일일 기상 예보를 시작한 신문은 영국 런던의 『타임스(The Times)』였다. 기상 예보는 원래 퇴역 장성 로버트 피츠로이(Robert FitzRoy, 1805~1965)가 작성하였는데, 당시 그는 선물 거래소 기상과장이었다. 초기의 보고서는 기온, 기압, 강우량 등만을 다루었으며, 1861년부터는 폭풍 예보가 추가되었다.

기후 변화와 **대기 중 기체**가 열을 흡수하는 작용 간의 연관 관계를 처음 논한 사람은?

1884년 미국의 물리학자이자 천문학자였던 새뮤얼 랭글리(Samuel Pierpont Langley, 1834~1906)는 대기 중 기체가 열을 흡수하여 결과적으로 지구 기후에 영향을 준다는 사실을 처음으로 논문에 발표하였다.

알렉산더 버컨은 누구인가?

19세기 가장 눈에 띄는 기상학자는 스코틀랜드의 알렉산더 버컨(Alexander Buchan, 1829~1907)으로, 흔히 '기상학의 아버지'로 불린다. 그는 일기도 작성법 발전에 큰 공헌을 했는데, 이를테면 동일한 기압을 가진 지점을 연결한 등압선을 사용함으로써 지금은 일기도를 보는 모든 사람들의 눈에 익숙해지게끔 되었다. 그는 또한 당시에는 아무도 생각하지 않았던 해양과 대기의 순환의 중요성을 인식하기도 했다. 1868년 출간된 그의 저서『기상학 안내서(A Handy Book of Meteorology)』에 장기 기상 예측을 함으로써 그는 인쇄물을 통해 기상 연구를 한 최초의 인물이 되었다. 그의 빼어난 아이디어 중 하나는 현재 '버컨 스펠(Buchan Spells)'이라고 불리는 현상이다. 통상적으로 계절 사이에 날씨의 연속적인 변화 속에는 기온의 갑작스런 변화와 같은 예측 가능한 일시적인 상황 변화가 존재한다. 예를 들어 그는 한랭기가 일상적으로 밸런타인데이의 직전 주에 발생한다고 예측하였다. 하지만 이러한 규칙성은 항상 무조건적으로 발생하는 것은 아니어서, 버컨 스펠은 어느 정도 변동성을 지니고 있으며, 때에 따라서는 전혀 나타나지 않을 수도 있음을 인정하였다.

계절

계절은 언제 **시작되고** 언제 **끝나는가**?

기후 및 날씨와 관련된 계절은 지구상 관찰자의 위치에 따라 각기 일 년 중 서로 다른 시기에 시작된다. 천문학적으로 따지면 봄의 시작은 춘분에 해당되며, 여름의 시작은 하지, 가을은 추분, 겨울은 동지에 해당된다.

공식적인 기상 통계에 의하면, 계절의 구분은 다음과 같다. 즉 겨울은 12월부터 2월, 봄은 3월부터 5월, 여름은 6월부터 8월, 가을은 9월부터 11월까지이다. 따라서 "지난 여름은 기록상 가장 더웠다."라는 발표를 듣는다면, 언급된 여름은 6월 21일부터 9월 21일까지가 아니라 6월 1일부터 8월 31일에 해당되는 것으로, 통상적으로 달력에 표시된 구분법이다.

황도면이란?

황도면(黃道面)은 태양 주위를 공전하는 지구의 궤도이다. 고대 천문학자들은 지구의 공전 사실을 알지 못했지만, 하늘을 가로지르는 선으로 황도를 추적할 수 있었다. 이들은 하늘에 위치한 별들에 비해 태양의 위치를 정확하게 가늠하지 못했음에도 태양이 매일 어느 지점에 위치하는지 알아냈고, 약 365일마다 그 위치가 처음 위치로 되돌아와 반복됨을 관찰하게 되었다. 이러한 연속적인 움직임은 천구상에서 루프 형태를 이루었다. 천문학자들은 이 루프를 따라서 또는 그 주위로 황도 12궁, 즉 12개 별자리를 만들어 선으로 연결하였다.

황도면과 **적도면**의 **차이**는?

적도면(赤道面)은 지구의 적도로부터 끝없이 뻗어 나와 이룬 가상의 면을 뜻한다. 자전축을 중심으로 회전하는 지구의 공전 궤도면을 황도면이라고 하는데, 이것은 적도면과 일치하지 않고 약 23.5°가량 기울어져 있다. 이와 같은 기울기가 지구 계절

날씨는 지구 자전에 어떤 영향을 줄까?

물, 구름, 기타 기체들이 지각 위에 거대한 질량으로 놓여 있어서 태양, 달, 다른 행성에 의해 이끌리는 힘을 받으며 자전하는 지구를 따라 회전한다고 상상해 보자. 바다와 대기는 조수(潮水)의 힘에 따라 첨벙거릴 것이기 때문에 어느 한쪽으로 가득 몰려 지구의 자전 속도를 늦출 수 있다. 지구 전체 무게에 비해 바닷물과 대기의 무게는 미미하지만 이들의 움직임에 따른 관성은 실제로 지구 운동 속도를 변화시킨다. 이러한 변화의 양은 우리가 느낄 수 없을 정도, 즉 수천 분의 1초 정도밖에 되지 않는다. 하지만 이러한 변화도 수백만 년 동안 지속되면 축적된 효과를 나타낼 수 있다.

변화의 주요 원인이다.

지구의 공전은 어떻게 계절을 변화시키는가?

일부 사람들은 태양에서 지구까지의 거리가 멀어지고 가까워짐에 따라 겨울과 여름 등 계절이 변화한다고 잘못 생각하고 있다. 태양 주위를 도는 지구의 궤도는 완전한 원에 가까운 타원형이기 때문에, 태양-지구 간의 거리가 계절 변화의 주요 요인이라고 하는 것은 옳지 않다. 사실 지구는 1월 초에 태양과 가장 가깝고 7월 초에 가장 멀게 위치하므로, 우리의 여름과 겨울 계절과는 완전히 정반대의 관계를 갖는다. 계절 변화의 원인은 태양 광선이 어떤 시점에 지구의 일정 지역과 만나는 각도에 있다. 이 입사각은 지구 자전축이 황도면의 그것과 다르기 때문에 일정 지역에서 연중 변화한다. 지구 자전축은 23.5°가량 기울어져 있기 때문에 태양 광선은 북반구와 남반구에 걸쳐 동일한 각도로 입사되지 않는다. 태양 광선이 어느 한쪽 반구를 직접적으로 비추면, 나머지 반구는 산란된 복사 에너지를 받게 된다. 태양의 직사광선을 받는 반구는 계절적으로 여름철에 해당되고, 그렇지 못한 반구는 겨울철에 해당된다. 따라서 북반구가 여름철이라면 남반구는 겨울철이 되며, 반대의 경우에도 마찬가지이다.

지구의 자전은 **느려지고** 있는가?

그렇다. 약 4억 년 전의 지구는 일 년에 현재의 365회보다 많은 400회 정도를 자전하였다. 만약 태양이 먼저 소멸하지 않는다면, 지구는 언젠가 자전을 완전히 멈출 것이다.

지구의 기울기는 **변화**하는가?

그렇다. 지구는 사실 기력을 다한 팽이처럼, 회전하면서 동시에 자전축의 기울기를 바꾸고 있다. 현재 지구 자전축의 '기울기'는 약 23.5°인데, 이는 자전축 기울기의 가능 범위인 22.1~24.5° 사이에 속하는 것이다. 이 기울기는 약 41,000년 정도의 주기를 가지고 변화한다.

세차 운동이란?

세차 운동(歲差運動)은 지구의 자전축 기울기가 바뀌게 되는 현상을 말한다. 이것은 마치 회전하는 팽이의 축이 전후좌우로 진동하는 것과 같다. 약 12,900년 후가 되면 북극은 지금과는 달리 1월에 태양 쪽을 향해 기울어지고, 6월에는 그 반대쪽으로 기울어질 것이다. 다시 말해 북반구의 겨울은 지금의 여름 시기(6월 말~9월 초)에 나타나고, 여름은 지금의 1~3월에 걸쳐 나타나게 된다. 이러한 변화는 점진적으로 서서히 진행되며, 현대 인류는 알아차릴 수 없는 것이다.

궤도 경사각이란?

지구의 자전축은 전후좌우로 진동할 뿐만 아니라 궤도면에 대한 기울기 역시 변화한다. 지구 궤도면을 하나의 CD면으로 가정하면, 이 CD면이 불변 평면(태양계의 질량 중심을 통과하는 평면)에 대해 일정 각도를 유지하지 않고 전후좌우로 움직이는 셈이 된다. 이와 같은 현상을 통해 궤도 경사각의 개념을 이해할 수 있다. 현재의 지구 궤도 경사각에 따르면, 불변 평면을 통과하는 시점은 1월 초와 7월 초가 된다. 불변 평면 상에는 이 면의 위와 아래에 비해 우주 먼지와 파편 물질이 더 많이 분포해 있다. 따라서 지구가 불변 평면을 지나면 대기가 우주 먼지와 더 많이 접촉하게 되어 유성우와 운석의 관측 빈도가 증가한다. 우주 먼지는 야광운의 경우처럼 상층 대기에서의 구름 생성을 돕기도 한다.

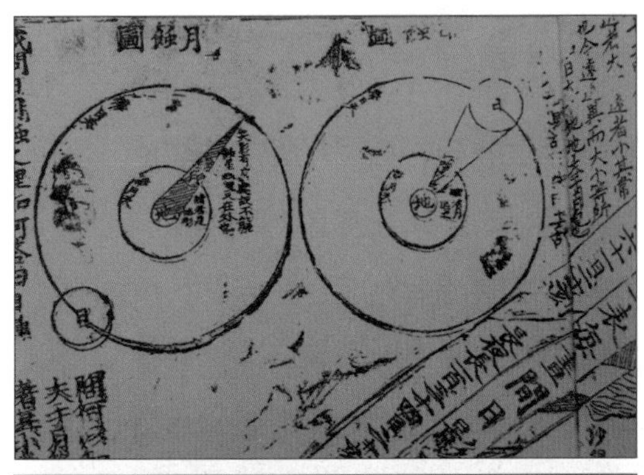

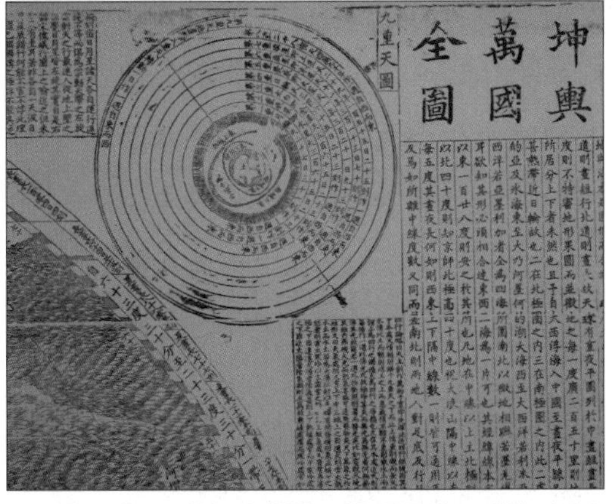

「곤여만국전도」: 서양 지리학을 처음 중국에 소개한 마테오 리치(Matteo Ricci, 1552~1610)와 중국 명나라 학자 이지조(李之藻, 1571~1630)가 제작하여 목판 인쇄한 것으로, 우리나라에는 1603년에 소개되었다. 이 세계 지도 주위에는 일식도, 월식도, 천문학적 주기 등이 수록되어 있어 서양의 축적된 지도 기술을 엿볼 수 있다. (출처: 도호쿠대학교 부속도서관 카노문고 화상DB)

근일점과 **원일점**의 차이는?

근일점은 태양에서 지구까지의 거리가 최소가 되는 지점을 말한다(1억 4700만km). 근일점은 매년 1월 3일경에 해당한다. 원일점은 반대로 태양과 지구의 거리가 최대가 되는 지점으로 매년 7월 4일경에 나타난다(1억 5200만km). 이러한 연중 변화는 날씨 변화나 계절성에 큰 영향을 미치지는 않는다.

지점(하지점과 동지점)은 무엇이며 언제 나타나는가?

지점(至點)이란 연중 지구가 태양에 가장 가깝거나 가장 먼 위치에 존재하는 때를 말한다. 하지는 낮 시간이 연중 가장 길어지는 시점이고, 동지의 경우에는 반대로 낮 시간이 최소가 된다. 북반구에서 하지는 6월 21일경에 나타나는데, 이때 북극점은 태양에 가장 가까운 쪽을 향한다. 또한 동지는 매년 12월 21일경에 나타나며, 북극점은 태양과 가장 먼 쪽을 향하게 된다.

고고학자들에 따르면 영국 윌트셔 근처에 있는 스톤헨지(Stonehenge)가 오래전 하지/동지와 춘분/추분을 표시하기 위해 사용되었다고 한다.

분점(춘분점과 추분점)은 무엇이며 언제 나타나는가?

분점(分點)은 지구의 궤도에서 지구 적도면이 황도면과 교차하는 시기이다. 다시 말하면 지구 자전축이 지구-태양 간을 잇는 직선과 직각을 이루는 시점을 의미한다. 지구의 극점은 태양 쪽으로 '숙여지지도', 반대편으로 '향하지도' 않지만 '옆으로' 기운 상태가 된다. 춘분이나 추분날에는 밤과 낮의 길이가 같아지는데, 분점을 뜻하는 'equinox'란 단어는 '동일한 밝기'를 뜻한다. 북반구에서 춘분은 3월 21일경에, 추분은 9월 21일경에 나타난다.

광역적인 기후 패턴은 **계절적 경향**으로 이어지는가?

일반적으로 그렇지 않다. 예를 들면, 평년보다 온화한 겨울이 지난 후에는 평균 이상의 더운 봄과 여름이 이어질 것으로 생각하는 사람이 있을 수 있다. 실제로 기상학자들은 그렇게 믿을 만한 패턴을 발견한 적이 없다. 사실 많은 경우, 온화한 겨울 다음에는 추운 봄이 찾아오곤 한다. 이와 같은 예는 1994년 겨울부터 1995년에 걸친 시기에서 찾아볼 수 있다. 미국 북부 지역에서 당시 아주 적은 양의 강설과 결빙이 있었는데, 미네소타 주 미니애폴리스와 같은 도시 지역에서는 제설제에 소요되는 많은 액수의 예산을 절약할 수 있었다. 하지만 이어진 봄은 매우 추웠고, 미네소타 거주민들은 얼어붙은 호수와 연못이 5월까지 이어지는 현상을 목격하였다. 과거로 거슬러 올라가면, 1930년대 모래바람이 몰아치는 미국 대초원의 서부 지대인 더스트볼(Dust Bowl) 시기 동안에는 1933, 1934, 1936, 1937년에 걸쳐 사상 유례없는 저온과 고온 현상이 기록되었다.

여름철 **'도그 데이즈'**란?

여름철 서양에서 말하는 '도그 데이즈(dog days)'는 매우 높은 기온과 높은 습도가 이어지는 기간을 포함하는데, 북반구에서는 통상적으로 7월 3일에서 8월 11일경 사이에 발생한다. 이 용어는 큰개자리 성좌의 천랑성(天狼星), 즉 시리우스(Sirius)에서 유래하였다. 이 기간이 되면 하늘에서 가장 밝게 보이는 천랑성은 태양과 함께 동쪽에서 떠오른다. 고대 이집트 인들은 이 밝게 빛나는 별의 열이 태양의 열에 보태어져 가장 뜨거운 날씨를 만들어 낸다고 믿었다. 이 시기에 식물이 시드는 가뭄, 열병, 불쾌함이 모두 천랑성에 기인한다고 본 것이었다.

핼시언 데이즈란?

서양에서 말하는 핼시언 데이즈(halcyon days)라는 용어는 흔히 평화롭거나 풍요로운 시기를 나타낼 때 사용된다. 선원들 사이에서는 낮 시간이 가장 짧은 12월 21일경을 전후로 2주간에 걸쳐 잔잔한 날씨를 보이는 기간으로 알려져 있다. 핼시언은 고대 그리스 인들이 물총새에게 붙인 이름인데, 전설에 따르면 물총새가 바닷물 위에 둥지를 틀고 부화를 하는 동안 바닷바람을 잠재웠다고 한다.

춘분에 계란을 한쪽 모서리로 세울 수 있을까?

춘분(3월 21일경)에 계란이 균형을 이루어 한쪽 모서리로만 설 수 있다는 속설이 예전부터 있어 왔다. 사실 춘분을 맞아 마술처럼 지구의 중력 변화가 생겨 계란이 한 모서리로 바로 서는 일은 없다. 계절과 상관없이 어느 때든 끈질긴 인내와 연습을 통해서만 계란을 모로 세울 수 있을 것이다!

인디언 서머란?

인디언 서머(Indian summer)라는 용어의 역사는 최소한 1778년으로 거슬러 올라가는데, 인디언 원주민들이 좋은 날씨를 활용하여 겨울철 식량을 더 많이 비축할 수 있었던 것과 관련된다. 이것은 가을 중순에서 늦가을로 이어지는 기간의 건조하고 온화한 날씨를 가리키며, 주로 첫서리가 내린 다음에 나타난다.

1월 해빙이란?

미국 북동부와 영국에서 주로 관측되는 1월 해빙은 짧은 한겨울의 기간을 말하는데, 보통 1월 하순에 해당하며 기온이 다소 상승하는 기간이다. 미국 중서부에서도 이와 같은 기온 상승을 경험할 수 있다. 예를 들어 1992년 1월 아이오와 주 북서부에 1월 해빙 현상이 나타났는데, 기온이 −51℃에서 2주 만에 급작스럽게 영상으로 올랐다. 이러한 변화는 사람들에게 환영받을 일이었지만, 아쉽게도 이 해빙 현상으로 미네소타 주 세인트폴의 동계 축제에 전시되어 있던 거대한 얼음 궁전 조각이 녹아내리고 말았다.

일기 예보가 **첫서리**를 예고할 경우 어떤 **준비**를 해야 하나?

집을 소유하고 있다면 겨울의 시작에 앞서 몇 가지 할 일이 있다. 우선 벽난로가 정상적으로 작동하는지, 그리고 공기 필터가 깨끗한 상태인지 확인해야 한다. 집에 굴뚝과 장작을 때워 사용하는 난로가 있다면 전문 굴뚝 청소부를 통해 연소되지 못

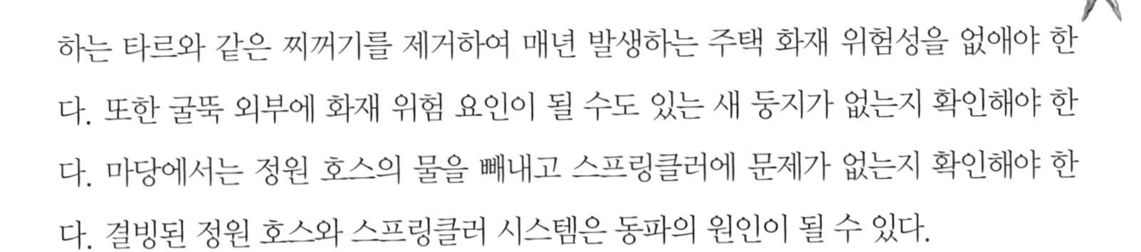

하는 타르와 같은 찌꺼기를 제거하여 매년 발생하는 주택 화재 위험성을 없애야 한다. 또한 굴뚝 외부에 화재 위험 요인이 될 수도 있는 새 둥지가 없는지 확인해야 한다. 마당에서는 정원 호스의 물을 빼내고 스프링클러에 문제가 없는지 확인해야 한다. 결빙된 정원 호스와 스프링클러 시스템은 동파의 원인이 될 수 있다.

THE HANDY WEATHER
ANSWER BOOK

제2장

대기권

대기에 대하여

대기권의 상한선은 얼마나 되나?

대기권의 끝은, '여기가 땅이 끝나고 대기권이 시작되는 지점이다.'라고 이야기할 수 있는 지평선과는 다르다. 대기의 밀도는 높이 올라갈수록 점점 옅어진다. 좀 더 현실적으로는 상층 대기는 상공 약 700km쯤에서 대기권 외부와 뚜렷하게 구분하기 힘들어진다고 얘기하는 것이 맞지만, 이마저도 대기권의 경계를 그리기에는 다분히 임의적인 표현이다. 대기의 밀도는 고도 600km에서부터 매우 낮아지기 시작한다. 이 정도 상공에서는 개별 대기 분자 간의 거리는 약 10km(이 거리를 '평균 자유 행로'라고 부른다) 정도로 벌어진다. 이곳에서의 기압은 실질적으로 0에 가깝다.

지구의 대기는 어떻게 **생성**되었나?

지구 대기의 일부는 아마도 45억 년 전에 지구가 생성될 때 태양 성운으로부터 포획된 가스일 것이다. 대기는 지구 표면 아래에 갇혀 있다가 화산 분출이나 지각 균열 및 틈새를 통해 방출되었다. 수증기는 그중 가장 많은 양이 분출되었고, 응결을 거쳐 해양, 호수, 그리고 다른 지표수를 형성하였다. 이산화탄소는 그 다음으로 많은 양을 차지했을 것으로 짐작되며, 대부분은 물에 녹거나 지표 암석과 화학적으로 결합되었다. 질소는 그리 많은 양이 생성되지 않았기에 응결이나 화학 반응 규모는 크지 않았다. 이 때문에 과학자들은 현재 대기 중에 질소가 가장 풍부한 기체가 되었을 것으로 믿고 있다.

산소는 화학 반응력이 높고 다른 원소들과 쉽게 화학적으로 결합하기 때문에 대기 중 산소 농도가 높은 것은 매우 특이한 현상이라고 볼 수 있다. 산소가 기체 형태로 유지되기 위해서는 지속적으로 재충전되어야만 한다. 지구에서 이러한 재충전 작용은 식물과 조류(藻類)의 광합성 작용으로 이루어진다. 약 3억 년 전 석탄기(石炭紀)에는 식물 성장으로 대기 조성이 급격히 변화하여 산소 농도가 35%까지 증가하였다.

'가스'란 단어의 유래는?

'가스'라는 단어를 처음 생각해 낸 사람은 네덜란드의 의학자이자 화학자였던 얀 밥티스타 판 헬몬트(Jan Baptista van Helmont, 1577~1644)이다. 기체와 부피에 관한 경험을 통해 그는 기체가 항상 일정 공간 안을 모두 채울 수 있다고 보았다. 따라서 기체 상태의 물질은 무정형의 혼돈스러운 상태로 존재한다고 추정하게 되었다. 혼돈스러움을 뜻하는 '카오스(chaos)'를 네덜란드 어로 발음하면 '가스(gas)'에 가깝기 때문에 이 단어가 생겨나게 되었다.

오늘날 산소의 양은 그보다는 현저히 낮은 21%에 머무르고 있다.

지구의 대기는 지구 **생명체**에게 얼마나 중요한가?

대기 없이 잠시라도 생명 활동을 이어 갈 수 있는 지구 상의 생명체는 찾아보기 힘들다. 우리 인간 역시 대기를 통해 숨을 쉬고, 대기를 통해 우주로부터 들어오는 유해한 복사 에너지가 걸러진다. 대기가 주는 압력으로 인해 지표수가 액체 상태로 유지될 수 있고, 온실 효과를 통해 온화한 지구 환경이 유지될 수 있다.

지구의 대기층은 얼마나 **두꺼운가**?

지구의 대기는 지상에서 수백 킬로미터 상공까지 분포해 있지만, 상층에 비해 지표의 대기 밀도가 현저히 높다. 대기권 내 기체의 절반 정도는 지상 수 킬로미터 이내에 집중되어 있으며, 기체의 95%는 지상 19km 이내에 존재한다.

대기의 양은 **줄어들고** 있는가?

그렇다. 하지만 걱정할 필요는 없다. 대기권을 떠나는 이온과 분자의 수는 아주 미미한 양이기 때문에 앞으로 수십 억 년 동안에도 대기층이 고갈될 일은 없을 것이다. 자기권(magnetosphere)을 연구하는 과학자들의 견해에 따르면, 자기권의 주기적인 변화로 입자, 특히 이온들의 활동성이 높아져 지구 중력을 극복하고 대기권을 벗어나

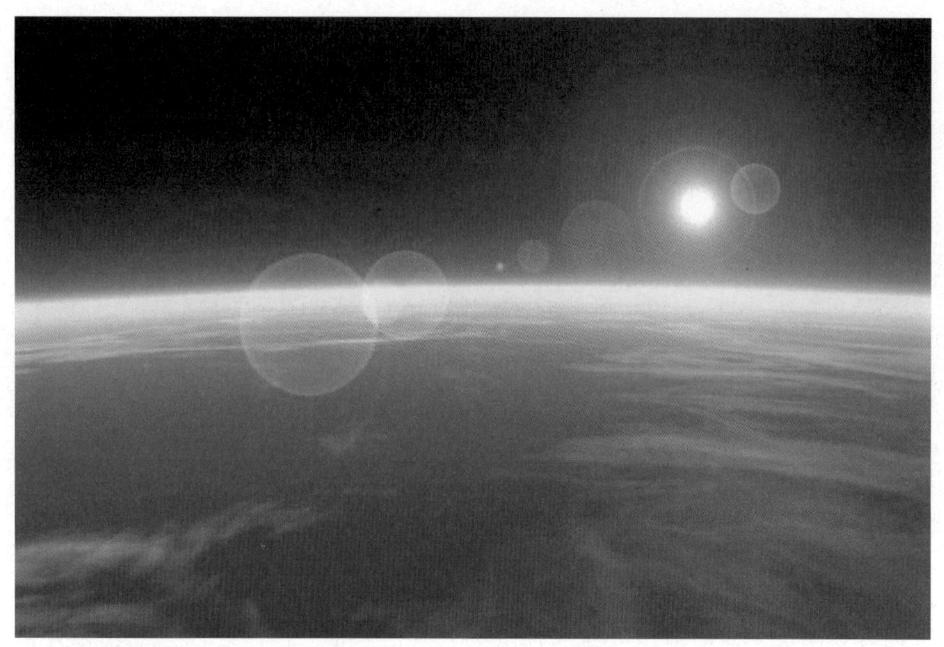

지구의 아름다운 대기층은 지난 수십 억 년에 걸쳐 생성되었다.

게 된다고 한다. 하지만 지구 중력의 힘이 지금보다 약했다면, 이와 같은 상호 작용을 통해 대기의 양이 상당한 속도로 줄어들었을 것이다. 실제로 일부 천문학자들은 이와 같은 대기 축소 현상이 화성의 대기에서 일어났을 것으로 추정하고 있다.

하늘이 **파란** 이유는?

이 질문은 아주 단순하지만 오랜 세대에 걸쳐 호기심 많은 아이들의 부모들을 당황하게 만들었다. 이에 대한 답은 간단치가 않다. 지구 대기는 기체, 물, 고체 입자들의 산란으로 구성되어 있다. 태양으로부터의 빛이 대기를 통과하면서 대부분의 태양광은 대기를 투과하지만, 일부는 레일리 산란(Rayleigh scattering)이라고 불리는 현상으로 대기 중에 흩어진다. 파장이 짧은 광선일수록 기체 분자에 쉽게 흡수된 후 상이한 각도로 재방출된다. 파란색 빛은 이와 같은 과정을 통해 산란되는데, 청색광은 사람의 눈이 식별할 수 있는 가장 짧은 파장의 빛 에너지에 해당한다. 지평선에 가까워질수록 빛은 더 두터운 대기층을 통과하여 사람의 눈에 도달하므로 파란빛의 양은 점차 줄어들게 된다. 이와 같은 이유로 관찰자의 위쪽에 보이는 하늘색은 더 푸르게 보이고, 지평선에 가까워질수록 점점 더 희미한 색을 띠게 된다.

하늘이 **파란에서 검은색으로 변화**하는 때는 언제인가?

파란 하늘색은 대기층 고도가 높아지면 점차 옅어진다. 제트기가 비행하는 낮은 대류권(약 10,600m)에 이르면 대기의 밀도는 매우 낮아지고 대기의 색은 점점 어두워진다. 약 45,750m 이상에서는 하늘이 점점 어두워져 성층권에 진입하면서 검은색에 가까워진다.

지평선은 어디에 있는가?

산악 지대와 같은 시야 방해물이 없고 하늘이 청명하다는 전제 아래, 지평선의 위치는 관찰자의 해발 고도에 따라 거리가 달라진다. 육안으로 식별할 수 있는 지평선까지의 거리를 계산하기 위해서는 우선 지면에서 눈높이까지의 길이를 재야 한다. 그 다음 관찰자가 위치한 지점의 해발 고도를 더한다. 측정 단위가 미터라면 계산된 길이에 13을 곱한 다음 제곱근을 구한다. 그 결과는 킬로미터 단위의 거리가 된다. 예를 들어 180cm의 키를 가진 사람이 해발 100m 고도의 지점에서 관찰하는 상황이라면, [(0.18+100)×13]0.5, 즉 지평선까지의 거리는 36.4km로 계산된다.

대기를 통해 얼마나 **멀리** 볼 수 있는가?

연무와 공해가 없는 맑은 날에는 322km까지 떨어져 있는 사물을 육안으로 볼 수 있다. 야간에는 약 800km 떨어져 있는 도심의 밝은 빛을 볼 수 있다.

대기 운동의 규모는 어떻게 다른가?

기상학자들은 날씨 패턴과 대기 운동을 다양한 크기와 규모를 기준으로 분류한다. 경제학자들이 미시 경제학과 거시 경제학 분야로 나뉘는 것처럼, 기상학자들도 편의상 이와 유사한 방법으로 기상 현상을 구분한다. 규모별 구분을 설명하면 다음과 같다.

- 대규모(또는 종관 규모) 구분은 기압 시스템, 전선, 제트 기류와 같이 광역적으로 영향을 주는 기상 현상에 해당한다.
- 소규모 구분은 토네이도, 짙은 안개, 소나기와 같이 수백 제곱미터에 걸쳐 매우 국지적으로 나타나는 현상에 해당한다.
- 중간 규모 구분은 대규모와 소규모 구분의 중간 단계에 해당하는 기상 현상, 즉 수 킬로미터에서 수십 킬로미터에 이르는 현상을 포함한다. 뇌우, 구름 생성, 국지풍 전선 등이 이에 해당되는 기상 현상의 예이다. 경우에 따라 중간 규모는 더 나아가, ① meso-감마(2~20km 규모), ② meso-베타(20~200km 규모), ③ meso-알파(200~2,000km 규모)로 세분화되기도 한다.

공기와 기압

공기란?

일반인들이 '공기'에 대해 생각할 때 주로 연상하는 기체는 산소이다. 사실 산소 분자(O_2)는 대기를 구성하는 기체 중 소수이다. 지구 대기의 21%만이 산소이며, 대부분은 질소가 차지한다(78%). 나머지 기체는 아르곤(0.9%), 이산화탄소(0.035%), 수증기, 헬륨, 크세논, 메탄, 이산화질소, 네온, 크립톤과 같은 미량 기체와 분진, 화분(꽃가루), 기타 입자 등으로 구성된다.

해양 공기에는 실제 **염분**이 포함되어 있는가?

그렇다. 해안을 따라 바다 위에 존재하는 공기는 염분을 함유하고 있다. 평균적으로 바다 공기의 염분 농도는 약 10만ppm으로 측정된다. 염분을 함유한 공기는 바람

대기 중에는 매우 다양한 식물의 꽃가루가 가득 차 있으며 때때로 사람들의 알레르기 증상을 유발하기도 한다.

과 기압 조건에 따라 수천 킬로미터까지 내륙으로 진입해 들어가 구름을 형성하는 데 영향을 줄 수도 있는데, 이것은 염분 입자 자체가 강수를 형성하는 핵으로 기능하기 때문이다. 해안의 연무 역시 염분 입자의 영향으로 발생하는데, 일반적으로 습도가 75% 이상 되면 응결되어 방울을 이룬다.

공기에는 얼마나 많은 **화분(꽃가루)**이 존재하는가?

미국 내에 국한된 식물의 꽃가루만 치더라도 매년 90만 7,184톤(국민 1인당 3.2kg에 해당)의 입자가 생성되고 있다.

대기 중에 **기체**는 **균일하게 분포**되어 있는가?

길을 거닐다가 갑작스럽게 높은 농도의 산소나 혼합되지 않은 아르곤 기체를 만난다거나 하는 일은 일어나지 않는다. 전선, 기압 변화, 기온 변화, 폭풍 등과 같은 현상 때문에 일어나는 날씨의 변화는 마치 믹서에 대기를 넣고 '혼합' 버튼을 누른 채

영영 끄지 않는 것과 같다. 따라서 고도 80~95km 이하에서 각 기체의 분포 비율은 거의 일정하게 나타난다.

대기가 만들어 내는 **압력**은 얼마나 큰가?

해수면 평균 기압은 1.03kg/cm²인데, 이를 수은의 높이로 계산하면 1,013mb(밀리바)에 해당한다. 다시 말해 1m²의 부피를 가진 공기의 무게는 약 0.7kg이 된다.

기압 측정 단위인 **밀리바**는 누가 제안하였나?

영국의 기상학자 윌리엄 쇼(William Napier Shaw, 1854~1945)는 그의 전공 분야에서 탁월한 연구자 중 한 사람이었고, 1905년부터 1920년까지 영국 기상청장을 역임하기도 했다. 그는 1909년 기압을 밀리바(millibar) 단위를 사용하여 측정하기를 제안하였지만, 그의 제안이 국제적 표준으로 채택된 것은 1929년에 이르러서였다.

해발 고도가 높아짐에 따라 **기압**은 **변화**하는가?

그렇다. 고도가 높아질수록 기압은 낮아진다. 기압은 기상 시스템에도 영향을 준다. 지표 가까이에서는 고도가 3m 증가하면 수은주 높이가 0.25mm 감소한다. 고도 5,500m에서는 해수면 기압의 절반 수준으로 떨어진다. 저기압 시스템은 일반적으로 건조한 고기압에 비해 비와 악천후를 동반할 가능성이 높다.

게이뤼삭 법칙이란 무엇이며, 기상학에서 중요한 이유는?

조제프 루이 게이뤼삭(Joseph Louis Gay-Lussac, 1778~1850)은 프랑스 물리학자이자 화학자로 기체에 대한 두 가지 물리 법칙으로 잘 알려진 인물이다. 그중 한 가지는, 화학 반응에서 기체는 부피에 대한 간단한 비율에 따라 결합한다는 원리이다. 예를 들어 하나의 산소 분자는 두 개의 일산화탄소 분자와 결합하여 이산화탄소를 생성하게 된다. 이러한 원리를 '게이뤼삭 법칙(Gay-Lussac's Law)'이라고 부르는데, 대기 중 기체 반응을 이해하는 데에 매우 중요하다. 게이뤼삭은 또 온도에 따른 기체 부피 팽창이 선형으로 나타난다는 물리 법칙을 발표하였다. 이것은 게이뤼삭의 두 번째 법칙으로 불리기도 하지만, 좀 더 정확한 이름은 '샤를 법칙(Charle's Law)'이다. 이 원리는 또 다른 프랑스의 물리학자이자 수학자였던 자크 샤를(Jacques Alexandre César Charles, 1746~1823)에 의해 발견되었다. 샤를은 산소나 질소와 같은 기체의 부피가 온도 섭씨 1° 증가할 때마다 1/273만큼 늘어난다는 사실을 발견하였다. 이와 같은 사실을 통해 그는 절대 영도(−273℃)에서 기체의 부피는 0이 될 것으로 추론하였다. 이 두 과학자는 모두 열기구를 이용하여 기상 자료를 수집한 학자들이었다.

돌턴의 법칙이란?

영국의 기상학자 존 돌턴(John Dalton, 1766~1844)은 혼합된 기체에서 각 기체가 담당하는 압력의 합은 기체 혼합물 전체가 생성하는 압력과 같다는 사실을 발견하였다. '돌턴의 법칙(부분 압력의 법칙)'은 1801년에 고안되었다.

대기 전체의 무게는 얼마인가?

대기 중의 기체를 모두 가져다 저울 위에 올려놓을 수 있다면 전체 무게는 아마도 5100조 톤쯤 될 것이다.

고도 증가에 따라 **기압**이 감소한다는 것을 증명한 **사람**은?

프랑스의 물리학자이자 수학자였던 블레즈 파스칼(Blaise Pascal, 1623~1662)은 동료 물리학자 에반젤리스타 토리첼리(Evangelista Torricelli, 1608~1647)에 자극받아, 대기 중에 존재하는 공기가 마치 해양의 바닷물과도 같다는 생각을 증명해 보이고자 했다. 파스칼은 호수나 해양의 압력이 수심이 깊어질수록 증가하는 것처럼, 계곡의 기압은 산 정상의 기압보다 높을 것으로 가정하였다. 이러한 생각의 진위를 밝히기 위해 1646년 그는 처남 페리에(Florin Perier, 1605~1672)로 하여금 당시 최신 장치였던 기압계를 사용하여 프랑스의 화산 봉우리 퓌드돔(Puy-de-Dôme) 산 정상과 산 아래의 지방 오베르뉴(Auvergne)의 클레르몽페랑(Clermont-Ferrang)이라는 마을에서 기압을

에베레스트 산 정상에서의 기압은 얼마일까?

에베레스트 산을 오르는 등반가들은 산 정상(8,848m)의 기압이 평지의 1/3에 불과하다는 사실을 알고 있다. 이러한 사실이 중요한 것은 기압 자체 때문이 아니라 호흡할 수 있는 산소의 양이 2/3 이상 줄어든다는 의미이기 때문이다. 등반가들이 고도 8,000m에 이르면, 이른바 '데스존(death zone)'에 다다르게 된다. 많은 사람들이 산소통을 지고 정상에 오르지만, 일부는 산소통의 도움 없이 스스로의 패기를 시험하기도 한다. 고산병(산소 결핍증)은 피로감, 시각 이상, 정신 혼란, 기억 상실, 식욕 부진 등의 증세를 일으킨다. 너무 오랫동안 정상 기압 상태로 되돌아가지 못하면, 뇌와 폐의 부종이 나타나고 수일 내로 치명적인 영향을 주기도 한다. 세계 최고봉 정복을 시도했던 많은 산악인이 혹한과 산소 부족으로 목숨을 잃기도 했다. 지금까지 총 150명 이상의 산악인들이 에베레스트 산에서 운명을 달리했다.

측정하게 하였다. 이 두 지점 간의 고도차는 약 1,200m였다. 증인을 동반한 가운데 페리에는, 마을에서의 기압은 수은 높이로 71.1cm인 반면 산 정상에서는 62.5cm임을 확인하게 되었다. 프랑스 중부의 클레르몽페랑이라는 이 마을에는 이를 기념하기 위해 파스칼의 비석이 세워졌고, 퓌드돔 산 정상에는 측후소가 건립되었다.

대기의 농도는 정말 '**옅은**'가?

다른 현상에서도 마찬가지지만, '옅다'라는 것은 상대적인 말이다. 우주의 진공 상태에 비해 대기의 밀도는 매우 높다. 하지만 대리석 조각 또는 물 한 병에 비해서도 대기는 매우 옅은 것이 사실이다. 기체 상태로 존재하는 여타 물질에 비해서 공기는 사실 농도가 꽤 높은 편이다. 해수면 기준으로 대기 중에 기체 분자들 간의 거리는 100만 분의 1인치에 불과하다.

전선이란?

전선(前線)은 성격이 다른 공기, 즉 온도와 습도가 전반적으로 상이한 기단이 만나는 경계를 말한다. 전선은 온난 전선, 한랭 전선, 정체 전선, 폐색 전선의 네 가지 유형으로 구분된다. 온난 전선은 따뜻한 기단이 차가운 기단 위를 오르는 경우이며, 한

덴버 브롱코스는 왜 덴버 구장인 마일하이 인베스코필드에서 유리할까?

마일하이(Mile High, 덴버의 애칭) 스타디움이 2001년 철거된 후, 덴버 브롱코스(Denver Broncos, 미국 콜로라도 주 덴버의 미식축구팀)는 전용 구장을 인베스코필드(Invesco Field)로 옮기게 되었다. 콜로라도 로키스와 같은 다른 스포츠 팀처럼 브롱코스 선수들은 원정 팀에 비해 큰 이점을 갖게 되었는데, 이것은 다름이 아니라 고도가 아주 높은 덴버에서 선수들의 폐 활동이 이미 잘 적응되었기 때문이다. 하지만 다행스럽게도 사람의 몸은 적응이 빨라서 덴버로 이동해 오는 원정 팀 선수들도 경기 며칠 전에 도착한다면 덴버 팀 선수와 비슷한 조건에서 경기를 치를 수 있다.

랭 전선은 이와 반대의 경우를 가리킨다. 정체 전선은, 용어가 의미하듯이, 따뜻한 공기와 차가운 공기가 상대적으로 평형을 이루어 만들어지는 전선을 말하는데, 실상이 두 기단은 지속적으로 수백 킬로미터 정도를 위아래로 움직이면서 정체 현상을 유지한다.

폐색 전선은 한랭 전선이 온난 전선을 단순히 대체하는 것이 아니라, 온난 전선을 가르고 분할하는 경우를 뜻한다. 폐색 전선은 온난한 경우와 한랭한 경우 모두에서 발생할 수 있다. 온난 폐색 전선이란 온난 전선의 진행 방향 전방에 위치한 공기가 온난 전선을 따라잡는 한랭 전선 상의 공기보다 더 차가운 경우이다. 한랭 폐색 전선은 온난 전선의 진행 방향 전방에 위치한 공기가 진행하는 한랭 전선 상의 공기보다 더 따뜻한 경우이다.

건조선이란?

건조선(dry front, dry line 또는 dew point front라고도 불린다)은 습한 기단과 건조한 기단을 가르는 경계선을 뜻한다. 미국 로키 산맥 동쪽에서 흔히 관측되는 이 경계선은 멕시코 만으로부터 발달하는 습윤한 기단이 건조한 미국 남서부에서 진행하는 건조 기단과 만나면서 발생한다. 일반적으로 고온 건조한 공기가 앞쪽 상공에 위치한 습윤 공기를 밀어 올리게 되지만, 고도가 높은 지역에서는 따뜻한 습윤 공기가 차가운

일부 기상 전선은 아주 선명하게 만들어져서 누구든지 이를 눈으로 식별할 수 있다.

건조 공기보다 가벼워 기온 역전 현상을 일으킨다. 이러한 밀도 차이로 기압 경사가 바뀌면 습한 공기의 상승으로 적란운(積亂雲)을 형성하고, 자주 뇌우와 토네이도를 동반하는 악천후가 발생한다. 일반적으로 미국 그레이트플레인스(Great Plains, 대평원)에 남북 방향으로 흔히 나타나는데, 봄철에 그 빈도가 가장 높다.

기압계란?

기압계는 대기의 압력을 측정하는 장치이다. 표준 기압계는 수은(액체 금속)이 채워진 유리관이 또 다른 수은으로 채워진 저장 장치에 끼워져 있는 구조이다. 주위의 기압이 유리관 내부 압력보다 높아서 저장된 수은에 무게를 가하면 수은주 높이가 올라가고, 그 반대의 경우 내려가는 원리이다.

기압은 무엇이며, 그 뜻하는 바는?

기압은 어떤 표면 위에 존재하는 공기의 무게가 그 면을 누르는 힘을 말하는데, 기압계라는 기구를 통해 측정된다. 압력은 고도가 낮은 지점에서 높아지게 되는데, 이것은 기체 분자들이 공기 무게에 눌려 압축되기 때문이다. 따라서 해수면에서 평방인치당 공기의 무게는 6.66kg인 데 반해 304m 고도에서는 6.39kg, 그리고 5,486m 고도에서는 3.31kg, 즉 해수면 기압의 절반 수준으로 감소하게 된다. 기압의 변화는 날씨의 변화를 가져온다. 고기압 환경에서는 맑은 하늘과 청명한 날씨가 이어지지만, 저기압 환경에서는 비가 내리고 폭풍우가 치는 악천후가 나타난다. 기압이 현저히 낮은 지역에서는 허리케인과 같은 심각한 재해 현상이 발생한다.

기압계는 누가 **발명**했나?

에반젤리스타 토리첼리(Evangelista Torricelli, 1608~1647)가 1644년 발명한 기압계(barometer)는 기압을 측정하는 장치이다. 토리첼리는 석 달 동안 잠시 갈릴레오 갈릴레이의 학생이었는데, 피스톤 작용으로 물을 10m 정도 끌어올릴 수 있지만 그 이상의 높이로는 불가능하다는 것을 발견한 스승에게 영감을 받게 되었다. 갈릴레오가 죽고 난 후, 토리첼리는 갈릴레오의 발견에 대한 관심을 이어 갔다. 토리첼리는 공기가 무게를 갖기 때문에 누르는 힘을 지닌다는 것을 올바로 이론화하고 있었다. 그는 이 이론을 증명해 보이기 위해 접시에 수은을 채워 실험을 했는데, 이는 물에 비해 수은이 무거워 압력 변화에 따른 변화량이 적기 때문이었다. 그 다음으로 길이의 한쪽 끝이 열린 유리관에 다시 수은을 채워 수은 접시 안에 유리관의 열린 쪽이 수은 아래로 잠기도록 거꾸로 세웠다. 전부는 아니었지만 일부 수은은 유리관 밖으로 빠져나가 유리관 수은의 높이는 76cm가 되었다. 유리관에 수은이 그 정도 높이로 남아 있다는 것은 대기 압력이 접시에 담긴 수은에 압력을 가하기 때문임을 의미하는 것이었다. 이 실험은 기압에 관한 토리첼리의 이론을 증명했을 뿐만 아니라, 그가 최초로 진공('토리첼리의 진공'으로 불린다) 상태를 만들게 된 계기가 되었다.

'기압 측정'의 뜻을 가진 '바로미터(barometer)'라는 용어는 1665년에 와서 아일랜드 과학자이자 신학자였던 로버트 보일(Robert Boyle, 1627~1691)이 만들었다. 보일은 이후 새로운 디자인의 기압계를 제작했는데, 기존의 유리관 대신 U자형의 유리관을

'폭풍의 예언자'란?

1851년, 조지 메리웨더 박사는 런던 만국박람회에서 '폭풍의 예언자(Tempest Prognosticator)'라는 기압계를 전시하였다. 놀랍게도 이 '거머리 기압계'는 악명 높은 흡혈 벌레를 이용하여 기압 변화를 예측함으로써 좋지 않은 날씨를 예보하였다. 거머리는 습한 환경을 필요로 하기 때문에 비 오는 날 강이나 연못 밖으로 나오는 것 외에는 항상 물속에 산다. 거머리는 본능적인 기압 감지력을 지니고 있어서 언제 저기압으로 비가 내릴지를 판단하여 외부의 먹잇감을 찾아 나선다고 한다. 메리웨더 박사의 이 장치는 3~4cm 정도 물이 채워진 12개의 병마다 거머리 한 마리씩을 넣어 작동시키는 원리이다. 이 병들은 원형으로 배치되었고, 각 병마다 위로는 선으로 종과 연결되었다. 기압이 높아지면 거머리들은 병 속에 그대로 있게 된다. 하지만 기압이 떨어지기 시작하면 거머리들의 활동성이 높아져 병 위로 기어 올라와 결국에는 종을 울리도록 고안되었다.

사용하여 수은을 담아야 했던 접시 부분을 없앨 수 있었다. 영국 물리학자 로버트 훅(Robert Hooke, 1635~1703)은 이를 더욱 새롭게 개량하여 쉽게 읽을 수 있는 다이얼식 계기판을 추가로 장착하였다.

아네로이드 기압계란?

'아네로이드(aneroid)'라는 용어는 '유체(流體)가 없다'라는 뜻이므로, 아네로이드 기압계는 수은을 사용하지 않고 동작하는 것이 특징이다. 프랑스 발명가 뤼시앵 비디(Lucien Vidie, 1805~1866)는 독일 수학자 고트프리트 라이프니츠(Gottfried Wilhelm von Leibniz, 1646~1716)가 처음 제안한 개념, 즉 진공으로 둘러싸인 금속 캡슐을 이용하여 기압을 측정할 수 있다는 점에 착안하여 기압계를 제작하였다. 비디는 아주 얇은 금속 조각을 사용하여 제작한 캡슐 부속을 매우 민감한 다이얼 장치와 연결하였다. 이와 같은 장치는 세공 수준이 상당히 높아서 고가의 시계 공예 기술에 필적하는 것이었다. 따라서 아네로이드 기압계는 당시의 기술 수준에서는 제작하기 매우 힘든 것이었지만, 오늘날에는 청동 합금을 용접할 수 있는 전자 빔 용접 기술 등을 사용하여 첨단 장비가 생산되고 있다. 아네로이드 기압계는 금속으로 만들어지기 때문에

기압계는 다양한 유형으로 제작되지만, 기압을 측정한다는 동일한 목적을 가지고 만들어진다.

온도와 고도 변화에 매우 민감하다. 바이메탈(bimetal)을 사용하여 온도 변화를 보정할 수 있지만, 고도의 영향은 더 큰 문제가 된다. 이러한 이유로 아네로이드 기압계는 고도 915m 이하에서는 문제없이 가장 잘 작동하는 반면, 그 이상의 높은 고도에서는 필요에 따라 관측치에 대한 보정이 필요하다.

디지털 기압계란?

디지털 기압계는 두 조각의 금속 사이에 전류를 흘려보내어 작동하는 아네로이드 기압계를 말한다. 전류는 기압에 따라 변하는 금속 조각 사이의 거리를 측정하게 되는데, 이러한 측정값이 전기적으로 표현된다.

밴조 기압계란?

밴조 기압계(banjo barometer)는 밴조, 즉 작은 기타 형태의 현악기처럼 생긴 용기에 장치된 기압계이다. 이 기압계는 로버트 훅(Robert Hooke, 1635~1703)에 의해 고안되었는데, 대형 다이얼이 장착된 디자인으로 읽기 쉬웠을 뿐만 아니라 세밀한 측정이 가능했기 때문에 많은 인기를 얻었다.

해수면 기압이란?

해수면에서의 기압은 평균적으로 29.92in(인치) 높이의 수은, 또는 1,013.25mb(밀리바)이다. 고도에 상관없이 측후소 기압 측정치는 해수면에 기준하여 각기 기압을 측정한다. 이에 따라 기압의 기록은 어느 장소에서든지 서로 일정하게 유지될 수 있다.

수은주 높이를 **밀리바**로 전환하는 방법은?

기압을 측정할 때 경우에 따라 수은의 높이가 사용될 수도 있고, 밀리바로 표시될 때도 있다. 수은의 높이를 밀리바로 전환하기 위해서는 수은 높이를 나타내는 센티미터에 86.0139316을 곱한다. 반대의 경우에는 밀리바에 0.075006454를 곱하여 수은의 높이를 센티미터로 표시할 수 있다.

헥토파스칼이란?

헥토파스칼(hectopascal, hPa)은 밀리바와 같은 것이다. 일부 기상학자들, 특히 미국 이외의 국가에서 밀리바나 수은주 높이 대신 헥토파스칼 단위를 사용하는데, 이것은 헥토파스칼이 국제 표준 단위로 통용되기 때문이다.

가장 극한적인 기압 측정치는 얼마였나?

2004년 12월 29일, 몽골 서부 지역에서 수은주 높이 81.92cm라는 세계 최고 기록이 관측되었다. 최저 기록은 1979년 10월 12일 태풍 팁(Tip)의 태풍의 눈 안에서 65.10cm가 기록되었다.

기압계 기록은 지진계 기록과 형태상 유사하지만, 지진을 추적하는 대신 기압의 변화를 종이 위에 선을 그어 표시한다.

자기 기압계란?

자기 기압계(barograph)는 지진계와 비슷하게 생긴 장치를 말하는데, 시간에 따른 기압 변화를 기록하는 기계이다. 펜이 달린 기록 축이 좌우로 흔들리면서 회전하는 원통형 장치에 말아 놓은 종이나 알루미늄 포일 용지 위에 선을 연속적으로 그려 가는 원리이다.

대기층의 구분

지구 대기권은 몇 개의 **층**으로 되어 있나?

지구를 덮고 있는 일종의 기체층에 해당하는 대기는 온도로 규별되는 6개의 층으로 구성되어 있다.

1. 대류권은 가장 아래에 위치한 대기층이다. 경계를 이루는 고도는 평균 약 11km인데, 극지에서 8km 두께인 데 반해 적도에서는 16km에 이른다. 구름 생성과 기상 현상 등이 대류권에서 나타난다. 대류권 온도는 고도에 따라 낮아진다.
2. 성층권은 지표면 위로 11~48km 고도 범위에서 나타난다. 태양으로부터의 유해한 자외선을 흡수하는 오존층이 성층권에 속해 있다. 성층권에서의 온도는 고도에 따라 증가하며, 그 최대치는 약 0℃에 달한다.
3. 중간권은 48~85km 고도 범위에 걸쳐 있다. 온도는 고도에 따라 감소하는데, 최소치는 −90℃에 이른다.
4. 열권은 이질권이라고 불리기도 하는데, 고도 약 85~700km 범위에 걸쳐 있다. 열권의 최대 온도는 1,475℃에 달한다.
5. 전리층은 다른 대기층과 겹치는 권역으로 고도 65~400km 범위에 존재한다. 전리층에서 공기는 태양의 자외선에 의해 이온화한다. 전리층은 다시 3개의 하부 층으로 나뉜다. 1) D층(65~90km). 2) E층(90~150km), 케넬리-헤비사이드 층(Kennelly-Heaviside layer)이라고 불린다. 3) F층(고도 150~400km에 걸쳐 있는 층), 이 층은 다시 F1과 F2 층으로 나뉘며, 애플턴 층(Applton layer)이라고도 불린다.
6. 외기권은 열권 바깥에 존재하는 층으로 고도 700km 이상의 범위를 모두 포함한다. 외기권에서 온도는 더 이상 의미가 없다.

대류권을 정의하면?

대류권은 지구 표면에 가장 가까운 층으로, 기온이 고도에 따라 꾸준히 감소하는 범위이다. 대류권은 지구 적도에서 17~18km로 가장 두텁고, 이 경계 지점에서 대류권 최저 온도가 나타난다. 지구에서 가장 더운 열대림 상공에서 −79℃까지 내려가는 최저 온도가 관측된다는 것은 한편으로 아이러니한 일이기도 하다.

블루힐 기상관측소 설립자이자 기상학자였던 애벗 로치(Abbott Lawrence Rotch, 1861~1912)와 1900년에 함께 포즈를 취하고 있는 테스랑 드보르(왼쪽). (출처: NOAA)

고도에 따라 **온도가 상승하는 성층권의 구조**를 밝힌 **사람**은?

프랑스의 선구적 기상학자였던 테스랑 드보르(Léon Philippe Teisserenc de Bort, 1855~1913)는 헬륨 풍선과 온도계를 이용하여 한 가지 실험을 수행하였다. 이 실험에서 그는 하늘로 띄운 풍선이 상공 11km까지 올라간 이후 온도가 더 이상 내려가지 않고 상승 활동도 멈춘다는 사실을 발견하였다. 이 실험의 결과로 그는 대기가 두 개의 층으로 나누어져 있다고 결론짓고, 이 층을 각각 대류권과 성층권으로 명명하였다. 이후 1920년대에 이르러 기상학자 고든 돕슨(Gordon Miller Bourne Dobson, 1889~1976)과 프레드리크 린드먼(F. A. Lindemann, 1886~1957), 처웰(First Viscount Cherwell, 1886~1957)은 유성 궤적을 연구하면서 48km 상공에 이를 때까지 대기 온도가 상승한다는 것을 알게 되었다. 돕슨은 성층권 내 온도 상승은 결국 자외선이 오존층에 흡수되기 때문인 것으로 결론지었다.

성층권에 **높은 농도**로 존재하여 과학자들을 놀라게 한 **미네랄**은 무엇이었나?

과학자들은 예상 밖의 염분량이 성층권 안에 존재한다는 것을 발견하였다. 현재의 이론에 따르면, 관측되는 염분은 유성 활동으로 남겨진 것이다.

왜 라디오파 세기는 주간보다 야간에 더 약할까?

밤에는 당연히 현저히 적은 양의 빛이 대기층을 통과하기 때문에 이온화 정도가 감소하여 라디오파를 전달할 전자의 수가 적어진다. 이러한 결과로 라디오파는 야간에 약해진다.

대류권 계면이란?

대류권 계면(界面)은 대류권과 성층권의 경계로서, 지표면으로부터 약 16km 고도에 위치한다. 대류권 계면 안에는 대류권 계면 불연속면이 있는데, 이 부분을 통해 수증기와 공기가 대류권에서 성층권으로 쉽게 통과해 나갈 수 있다.

라디오 전파 통신에 **전리층**이 얼마나 중요한가?

자외선은 대기권으로 유입되면서 광(光)이온화 과정을 통해 원소를 이온화하게 되는데, 이 결과로 자유 전자가 전리층으로 방출된다. 라디오 전파 통신을 가능하게 하는 것은 바로 이 자유 전자 때문이다. 라디오 전파의 파장에 따라 전파의 이동 거리가 길어지거나 짧아진다. 주파수가 낮은 전파는 낮은 고도에서 전리층에 부딪치며 고주파보다 이동 거리가 짧아 멀리 가지 못한다. 위성을 비롯한 우주의 장치와 교신하기 위해서는 주파수가 높은 전파가 사용되는데, 이는 대기층을 완전히 벗어날 수 있기 때문이다.

영국의 물리학자 올리버 헤비사이드(Oliver Heaviside, 1850~1925)와 미국의 전기 공학자 아서 케널리(Arthur Edwin Kennelly, 1861~1939)는 각자 전리층의 존재에 대한 이론을 정립하고, 특정 파장 에너지는 전리층에 부딪치며 이동하게 되어 결국 지구로 되돌아옴을 밝혔다. 굴리엘모 마르코니(Guglielmo Marconi, 1874~1937)는 1901년 이 이론을 적용하여 처음으로 영국 콘월에서 뉴펀들랜드까지 전파를 보낸 인물이 되었다. 이 전파는 라디오 전파로 알려지게 되었고, 마르코니는 라디오의 창안자로 기록되었다. 전리층의 E층은 케널리와 헤비사이드의 공헌을 인정하여 두 사람의 이름을 따서 명명되었다.

전리층 폭풍이란?

태양 표면에서 코로나 질량 방출(coronal mass ejection, 태양 폭발)이 일어나면 전리층의 광이온화 작용을 급격히 높이게 된다. 어마어마한 양의 자유 전자가 대기권 상층에 발생하면서 라디오 통신 장애를 일으킨다.

중간권이란?

중간권은 성층권 최상부에 존재한다. 중간권 아래 40~65km 고도에서는 자외선을 막는 오존 분자의 농도가 높고 온도가 높은 성층권이 자리한다.

열권의 온도는?

열권의 온도는 1,982℃를 상회하지만, 이곳의 대기 밀도는 매우 낮아서 보통의 온도계로는 온도 측정이 어렵다. 대신에 특수한 온도계를 사용하여 열권에 존재하는 매우 적은 입자들의 이동 속도를 측정하는데, 이때 온도는 매우 높다. 열권의 분자와 원자들은 외부 우주로부터의 복사에 의해 활성화된다.

오존층

오존층이란?

오존층은 성층권의 일부로 고도 16~48km 범위에 이르는 지구 대기층을 일컫는다. 오존(O_3)은 일반적인 산소 분자(O_2)에 산소 원자가 추가로 붙는 구조를 갖는다. 오존은 짧은 파장을 가진 자외선 에너지가 산소 분자와 상호 작용한 결과로 생성된다. 이 단파 에너지는 산소 분자 구조를 해체시킨 후에 다시 오존 분자로 재결합시킨다.

오존층 발견 이전에 오존을 발견한 사람은 누구일까?

네덜란드의 화학자 마르티뉘스 판마뤔(Martinus van Marum, 1750~1837)은 1785년경 전기 실험을 하던 중에 오존을 발견하였다. 오늘날 과학을 공부하는 많은 고등학생들이 그렇듯이, 마뤔은 산소와 전기를 다루면서 아주 특이한 냄새를 맡게 되었다. 하지만 일산화탄소를 발견한 사람으로도 알려진 마뤔은 독특한 기체 분자의 종류인 이 냄새의 근원은 찾아내지 못하였다. 1840년에 와서야 독일-스위스계 화학자 크리스티안 쇤바인(Christian Friedrich Schönbein, 1799~1868)은 기체의 종류로서 오존을 정확히 찾아낼 수 있었고, 그리스 어로 '냄새'를 의미하는 'ozein'을 따서 이 기체의 이름을 붙였다. 마지막으로 스위스 화학자 소레(Jacques-Louis Soret, 1827~1890)는 오존의 화학적 구조가 3개의 산소 원자가 상호 결합된 것임을 밝히게 되었다.

오존층은 생물체에 유해한 자외선 에너지를 걸러 줌으로써 생명 활동에 매우 중요한 역할을 한다. 그러나 오존층이 모든 자외선 에너지를 차단하는 것은 아니며, 그랬다면 햇볕에 피부가 그을릴 일도 없겠지만, 지구에 도달하는 자외선의 약 80%를 막아 주는 것이다. 악성 종양인 흑색종(黑色腫, melanoma)과 같은 치명적인 피부 질환처럼, 과다한 자외선은 암 질환을 일으킬 수 있다.

오존층을 **발견한 사람**은?

1913년 프랑스 물리학자 앙리 뷔송(Henri Buisson, 1873~1944)과 샤를 파브리(Charles Fabry, 1867~1945)는 상층 대기에 오존층이 존재함을 이론화하였다. 오존층의 존재는 아일랜드의 하틀리(W. N. Hartley, 1846~1913)와 프랑스 화학자 코르뉴(A. Cornu, 1841~1902)가 1879년부터 1881년까지 수행한 일련의 자외선 에너지 측정 결과로 확인되었다.

샤를 파브리는 어떻게 **오존층이 자외선을 흡수한다는 사실**을 알게 되었나?

파브리는 동료 프랑스 물리학자 알프레드 페로(Alfred Pérot, 1863~1925)와 함께 간섭계(광파가 상호 간섭하는 현상을 측정하는 계기)를 발명하였다. 그는 이 파브리-페로 간섭계를 사용하여 실험실 조건에서 빛에 대한 도플러 효과(Doppler effect)를 측정하였다. 이후 1913년 이 간섭계를 이용한 실험을 통해 파브리는 자외선이 오존층에 흡수된다는 사실을 알게 되었다.

오존층은 **항상 존재했던** 것이었나?

아니다. 식물이 지구 상에서 진화하기 전에는 오존층이 존재하지 않았다. 이는 식물이 대기 중의 이산화탄소를 받아들여 산소 분자로 변환하는 역할을 했기 때문이다. 따라서 지구상의 생명체는 오존층이 생겨나기 이전부터 진화한 것이다.

오존이 우리에게 이롭다면, **오존 경보와 '유해한 오존'**은 무슨 의미인가?

오존은 상층 대기에 있을 때는 아무 문제가 없으며, 유해한 복사 에너지를 막아 줌으로써 우리에게 이로운 일을 한다. 하지만 오존이 지표 가까이에 있으면 그것을 호흡하는 사람에게 해롭다. 자동차는 배기가스와 오존을 포함한 다른 오염 물질을 배출하는데, 오존은 스모그 아래에서 볼 수 있다. 오존 공해는 사람들에게 질병을 유발하고 농작물에 피해를 입힌다. 적은 양의 오존은 전기적 작용으로도 발생한다(학교 실험실의 작은 전기적 실험에서 발생하는 특유의 냄새를 기억할지도 모르겠다. 낮은 볼트의 전기 작용으로도 이 오존 냄새를 경험할 수 있다).

자외선의 **다른 영향**은 어떤 것들인가?

소량의 자외선은 비타민 D의 생성을 돕기 때문에 사람의 몸에 도움이 되기도 한다. 하지만 이러한 효과를 얻기 위해서는 하루에 10분 내지 15분 동안 햇빛을 쬐는 것만으로도 충분하다. 햇빛을 충분히 받지 못할 경우에는 비타민 D 결핍으로 우울증과 같은 증상이 생기는데, 이는 고위도 지역에 사는 사람들에게는 만성적인 질환으로 이어진다.

흑색종과 같은 암 발생의 위험 외에도, 자외선에 과다하게 노출되면 각막염(설맹)이나 백내장을 유발할 수도 있다. 자외선 노출이 지나치게 길지 않다면 우리 눈은 스

움케르(umkehr) 효과란?

스위스의 천문학자 파울 괴츠(Paul Götz)는 1931년 출간한 그의 논문을 통해, 자외선 빛이 어떻게 오존층에 영향을 받는지를 기술하였다. 오존은 자외선 파장대에서 파장에 따라 빛의 흡수 정도를 달리한다. 이러한 차이는 다시 태양 고도에 영향을 받는다('umkehr'는 독일어로 '변화' 또는 '전환'을 뜻한다). 두 개의 서로 다른 파장에 대해 측정되는 빛의 양 차이를 통해 연구자들은 대기 중에 오존이 얼마나 존재하는지를 가늠할 수 있다.

스로 치유하는 능력을 발휘하지만, 장기적인 자외선 노출은 영구적 실명으로 이어질 수 있고, 암이 발생할 가능성도 있다. 아직 건강에 미치는 이러한 위험 요소들을 더욱 충분히 이해하기 위한 더 많은 연구가 필요하지만, 과다한 자외선은 면역 체계를 약화시키는 것으로 보고되고 있다. 흥미롭게도 오존 농도가 낮아 많은 양의 자외선이 지표까지 투과되는 지역에서 목재나 플라스틱과 같은 일부 건설 자재가 평균보다 빠른 속도로 노후화한다는 보고도 있다.

또한 높은 자외선 강도는 정도의 차이는 있지만 당연히 동물과 식물에도 영향을 준다. 예를 들어, 과학자들의 주장에 따르면 콩과 일부 벼는 오존층이 과도하게 줄어들면 더 이상 자라지 못한다. 또 어린 소나무 잎은 자외선에 피해를 입지만, 잎에 코팅 물질을 지닌 성장목의 경우에는 자외선으로부터 보호받을 수 있다. 해양의 경우, 오존층이 감소하면 일부 플랑크톤은 죽거나 개체수가 현저히 줄어든다. 이것은 결국 해양 생태계 먹이사슬을 끊게 되어 치명적인 피해를 가져올 수 있다. 야생 동물에 대한 오존층의 영향은 아직 잘 알려지지 않았지만, 야행성 동물은 그다지 큰 영향을 받지 않을 것으로 보이고, 털이나 깃털 등으로 보호된 주행성(晝行性) 동물들은 자외선으로부터 보호받을 개연성이 크다. 하지만 눈이나 귀 주위의 피부는 보통 태양 광선에 더 쉽게 노출되는 경향이 있으며, 동물들의 경우에도 눈과 관련된 피해에 관한 한 인간과 같은 정도의 민감도를 가질 것으로 추정된다.

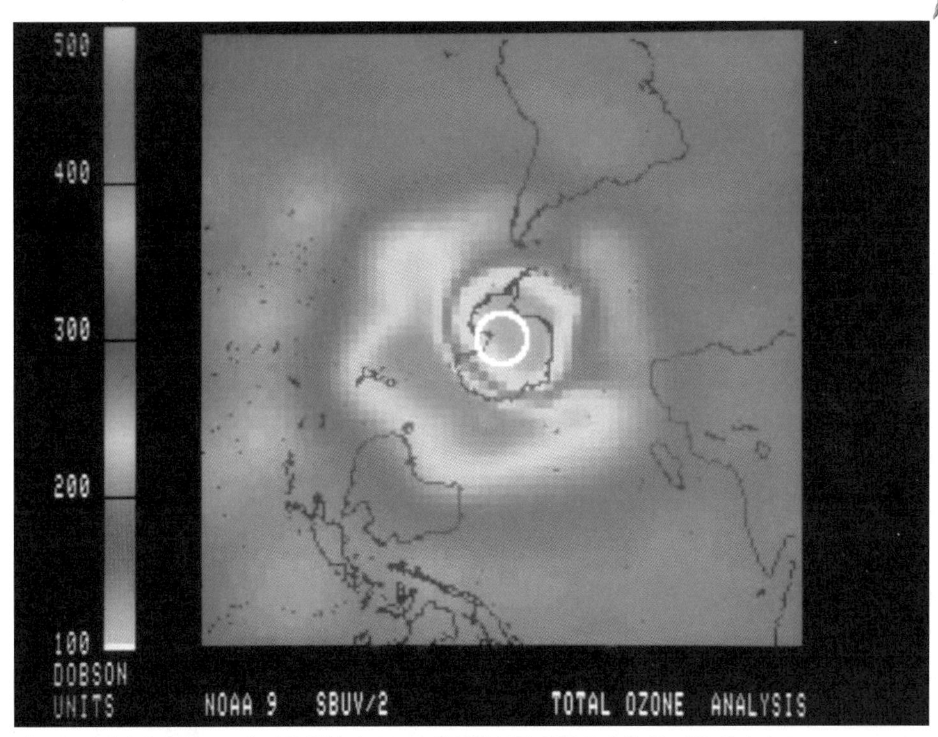

미국 국립해양대기국(NOAA) 기상 위성이 1987년 촬영한 남극 상공의 오존 홀 자료 이미지

미국 국립항공우주국의 **오라 위성**의 임무는?

2004년 7월 15일 쏘아 올린 오라(Aura) 위성의 임무는 지구 대기의 변화, 그중에서도 특히 오존층의 변화를 모니터하는 것이다. 위성에 실린 센서는 상층 대기의 움직임과 화학 조성을 관측한다. 기록된 자료는 대기 질의 변화와 기후 변화를 예상하는 데에 사용될 것이다.

오존층에는 왜 **구멍**이 생기는가?

오존층은 지구 대기 전체에 균일하게 분포되어 있지 않다. 적도 지역에서 더 두텁고, 위도가 높아질수록 얇아진다. 이것은 지구 대기층에도 마찬가지로 적용되는데, 지구 자전으로 적도 지역에서 지구 둘레가 늘어나기 때문이다. 즉 중력이 미치는 힘이 적도 지역에서 다소 작아지고, 결과적으로 대기층의 두께는 두터워진다. 극지방의 경우에는 대기층뿐만 아니라 오존층의 두께도 얇아진다. 게다가 오존은 산소와 태양 광선 간의 상호 작용에 의존하기 때문에 극지방에서의 오존양은 줄어들게 된다. 더욱이 오존층은 기후와 태양 에너지양에 영향을 주는 다양한 요인들로 인해 시간에 따라 자연적으로 변동한다.

1975년 이후 과학자들은 오존층의 33% 이상이 사라졌다고 믿고 있다. 1년 중 일정 시점에서 오존양이 감소하는 데에는 계절적인 요인도 있다. 상이한 시점에서 오존층은 자연적으로 늘어나기도 하고 줄어들기도 한다. 하지만 과학자들은 냉방 장치, 에어로졸 스프레이, 소화기의 할론 가스(halon gas)로 쓰이는 염화불화탄소(CFC)와 메탄(CH_4), 아산화질소(NO_2)의 분자 구조가 자외선에 의해 해체되면서 방출되는 유리 탄소, 염소, 질소 원자가 오존 분자를 파괴한다는 사실 또한 알고 있다. 이 중 CFC는 대기 중에 체류하는 시간이 길어서 특별히 유해한 물질로 분류된다. 하나의 CFC 분자는 10만 개의 오존 분자를 파괴할 수 있다!

오존층 파괴와 CFC를 **연관**시킨 사람은?

멕시코의 대기 화학자 마리오 몰리나(Mario José Molina-Pasquel Henríquez, 1943~)와 미국의 대기 화학자 프랭크 롤런드(Frank Sherwood Rowland, 1927~2012)는 염화불화탄소(CFC)가 어떻게 오존층을 파괴하는지를 처음 설명한 학자로 알려져 있다. 이들이 1974년 함께 출간한 논문은, 과학자들이 대기 상층에서 오존층이 감소하고 있음을 알게 된 후 4년이 지나서야 그 과정을 설명하기에 이르렀다. 이들의 연구 결과로 인해 미국 정부는 1978년부터 에어로졸 용기에 CFC 사용을 금지하였다.

오존층 홀은 어떻게 **발견**되었니?

유명한 기상학자 고든 돕슨(Gordon Miller Bourne Dobson, 1889~1976)은 1920년대에 오존에 대한 정확한 측정을 한 최초의 인물이었지만, 오존의 감소는 1979년 남극 지역에서 님버스(Nimbus) 7호 위성에 의해 처음 관측되었다. 오늘날에는 '돕슨의 분광 광도계' 네트워크가 전 세계적으로 구축되어 오존의 변화를 모니터링하고 있다.

독화살개구리(dart poison frog)는 여러 가지 이유로 멸종 위기에 처해 있는 종 가운데 하나이다. 환경의 변화 역시 멸종 위기의 한 원인이다.

오존 홀로 인해 개구리 **멸종**이 일어나는가?

생물학자들은 오래전부터 개구리가 환경 변화에 매우 취약하다는 것을 알고 있었다. 개구리는 전 세계에 걸쳐 다리가 하나 더 달린 개구리와 같은 기형들이 발견되고 있으며, 많은 개구리 종이 멸종되고 있다. 1990년대 중반까지 이러한 돌연변이의 원인을 오존층이 악화되어 과다한 자외선이 지표에 투과된 결과일 것이라고 추정하고 있었다. 하지만 현재 대다수 과학자들은 그 원인을 개구리 서식지인 호수와 하천으로 흘러 들어가는 화학 비료로 지목하고 있다. 화학 비료는 일부 달팽이 종을 번성시키는 요인이 되기도 하는데, 이 달팽이들은 대부분 기생충을 가지고 있다. 이 기생충들은 다시 올챙이 단계의 개구리를 감염시키며, 이로 인해 올챙이에 물혹이 생기고 결과적으로 돌연변이를 낳게 된다.

개구리의 기형 사례 외에도 더욱 심각한 걱정거리가 있다. 많은 개구리 종(일부 학자의 추정으로는 약 100여 종이 위험에 처해 있다고 한다)이 멸종 위험에 놓여 있고, 또 많은 종들은 이미 멸종되었다. 이러한 경우에 멸종의 주범은 지구 온난화로 지목된다. 개구리는 아주 얇은 피부를 가지고 있기 때문에 환경 변화에 매우 취약하다. 기온이 올라감에 따라 곰팡이 번식이 늘어나(과학자들은 특히 항아리곰팡이류를 원인으로 본다) 개구리 피부에 전염되고, 이는 다시 치명적인 질병인 항아리곰팡이병(*Batrachochytrium dendrobatidis*, BD)을 불러온다. 다행스러운 것은 개구리 치료가 쉽다는 점이고, 불행스러운 것은 개구리가 치료되더라도 자연으로 되돌아갔을 때 재감염되기 쉽다는 점이다. 멸종의 진행을 막기 위해서 전 세계 동물원으로부터의 샘플 개체수를 확보하여 번식시키고 있다.

기상 예보관이 '서풍'이 분다고 할 때, 이것은 바람이 '서쪽에서' 불어 온다는 것일까, 아니면 '서쪽으로' 불어 간다는 것일까?

기상청과 기상학자들이 얘기하는 풍향은 바람이 어느 쪽으로 불어 가는지를 말하는 것이 아니라, 어느 쪽에서 불어 오는지를 나타낸다. 따라서 어느 일정 지역에서 '북서풍'이 분다는 것은 바람이 북서 방향에서 불어 와 남동 방향으로 불어 나간다는 뜻이다.

오존 홀은 왜 **남극**에만 있고 **북극**에는 없는가?

오존층을 파괴하는 유해한 화학 물질은 오존과 반응하기 위해 구름을 따라 성층권까지 도달해야 한다. 남극 대륙에서는 이와 같은 과정이 일어나기에 적합한 기상 조건이 나타나지만, 북극은 물로 덮여 있기 때문에 상층 대기의 바람이 오존과 반응할 물질을 날려 버린다. 하지만 불행스럽게도 일부 과학자들은 공해 물질의 증가로 약 20년 후에는 북극에서도 오존층의 구멍이 발생할 수 있다고 우려하고 있다.

오존층의 구멍은 얼마나 **큰가**?

2007년 조사된 바에 따르면 오존 홀의 크기는 2400만km^2로 밝혀졌다. 하지만 이 크기는 2006년 9월에 최대치로 측정된 2750만km^2보다는 작은 면적이다.

오존 홀은 **회복**될 수 있는가?

그렇다. 최근의 관측 결과에 따르면 오존 홀의 면적이 전년도에 비해 증가하고 있지만, 긍정적인 소식도 있다. 1980년대와 비교했을 때 오존층의 구멍은 보다 느린 속도로 확장하고 있다. 만약 공해 물질을 줄여 간다면 이 같은 오존 홀의 확장은 궁극적으로 중단되고 다시 원상태로 되돌아갈 것이다. 과학자들은 오존 수치가 자연 상태로 회복되기 위해서는 앞으로 약 50년의 세월이 필요할 것으로 내다보고 있다.

바람

바람이란?

간단히 말해서 바람은 대기 중 공기의 움직임이다. 바람은 공기가 기압이 높은 곳에서 낮은 곳으로 이동하기 때문에 발생한다. 다시 말해 고기압 지역은 보다 높은 밀도로 꽉 찬 기체 분자들을 함유하고 있기 때문에 공기의 밀도가 낮은 곳으로 이동하려 하는 경향이 있다. 이러한 원리는 그리스 철학자 아낙시만드로스(Anaximandros, B.C. 610~546)에 의해 바람은 자연적 현상이며 일부 사람들이 생각하듯 신이나 나뭇잎의 흔들림으로 발생하는 것이 아니라는 사실이 처음 설명되었다.

바람은 화석 연료 사용을 줄일 만큼 충분한 **에너지**를 갖는가?

만약에 우리가 풍차를 사용하여 지구 상의 모든 바람 에너지를 모을 수 있다면 360만kW의 전력을 생산할 수 있는데, 이것은 미국인 36억 명에게 필요한 에너지를 제공해 줄 수 있는 양이다. 미국인이 세계에서 다른 어떤 지역보다도 많은 에너지를 소비하고 있음을 감안할 때, 이 전력은 풍력만으로 생산할 수 있는, 70억 명에 가까운 사람들이 필요로 하는 전력에 해당한다. 불행스럽게도 이 모든 에너지를 모으는 것은 불가능한 일이다. 풍력 터빈은 경제성이 높기는 하지만 모든 대륙과 바다에 건설할 수는 없는 일이다.

무언가가 **바람그늘 쪽**에 있다는 것은 무슨 뜻인가?

어떤 사람이 한 대상 물체의 바람그늘(lee side) 쪽에 서 있다는 말은, 해당 물체가 그 사람과 불어오는 바람 사이에 놓여 있어서 바람으로부터 보호됨을 의미한다.

바람그늘 기압골이란?

바람그늘 기압골(lee trough, lee depression 또는 dynamic trough라고도 한다)은 남북 방

향의 산맥으로부터 불어 내려오는 바람을 생성하는 저기압대를 말한다. 리 디프레션(lee depression)은 기본적으로 리 트로(lee trough)와 같은 것이지만, 전자가 길게 뻗어 있는 형태인 반면, 후자는 국지적으로 범위가 한정된 것을 의미한다.

바람공포증이란?

바람에 대한 두려움을 말한다.

바위스발롯의 법칙이란?

네덜란드의 기상학자이자 화학자였던 바위스발롯(C. H. D. Buys Ballot, 1817~ 1890)은 기상학의 선구자로서, 특히 대규모 기상 시스템상의 공기 흐름에 관한 큰 업적을 남겼다. 그의 이름을 딴 이 법칙은, 바람을 등지고 서면 북반구에서는 왼쪽의 기압이 오른쪽보다 낮다는 사실을 설명해 주고 있다(남반구의 경우 그 반대가 적용된다). 잘 발달된 기상 상태에서 맞아떨어지는 이 현상은 미국의 기후학자 윌리엄 페렐(William Ferrel, 1817~1891)에 의해서도 발견되었다. 페렐은 사실 바위스발롯보다 몇 달 앞서 이 이론을 공식화하였다. 바위스발롯은 기꺼이 이 발견의 공로를 페렐에게 돌렸지만, 법칙의 이름은 이미 바위스발롯의 이름을 따라 지어진 터라 바뀌지 않았다.

기후학자 윌리엄 페렐은 '지구 물리학적 유체 역학의 아버지'로 불린다.

무역풍이란?

무역풍은 열대 지역에서 시속 18~22km의 속도로 지속적으로 부는 탁월풍을 말하는데, 때때로 며칠 동안 연일 지속된다. 무역풍은 북반구에서 북동쪽에서부터 적도 쪽으로 불고, 남반구에서는 남동쪽에서 적도 쪽으로 불어 간다. '무역풍'이란 이름은 항로를 따라가는 무역선의 항해 기간이 이 바람에 의존했기에 붙여진 것으로 생각하

풍성음이란 무엇일까?

바람이 나뭇가지, 전선, 또는 둥근 물체를 지나갈 때 만들어지는 음악적이면서 때로는 슬픈 울음소리 같은 소리를 '풍성음(aeolian souds)'이라고 부른다. 아이올로스(Aeolos)는 그리스의 바람의 신이며, 에올리언(aeolian)은 관악기 또는 온음계를 지칭할 때 쓰는 음악 용어이다.

게 만드는데, 사실 '무역(trade)'이라는 단어는 독일어에서 유래한 것으로 '경로' 또는 '길'을 뜻한다.

무역풍은 맨 처음 누구에 의해, 언제 소개되었나?

천문학자 에드먼드 핼리(Edmund Halley, 1656~1742)는 그의 이름을 딴 혜성의 발견자로 잘 알려져 있는데, 지도학, 해양학, 대기에도 관심을 가진 사람이었다. 예를 들어, 그는 일식 그림자의 경로를 표시한 조석도(潮汐圖)와 지도를 제작한 바 있다. 1686년에는 무역풍이 왜 존재하는지를 설명하는 이론을 만들었다. 그는 무역풍이 따뜻한 열대 공기가 고위도로부터의 찬 공기와 섞이면서 발생하게 됨을 정확하게 추정하였다. 그러나 그의 생각은 바람이 왜 남에서 북으로 불지 않고 동에서 서로 부는지를 충분히 설명하지 못했다. 이 이론은 영국의 기상학자 조지 해들리(George Hadley, 1685~1768)가 대류 셀을 발견하면서 1735년에야 비로소 올바르게 수정되었다.

편서풍이란?

중위도 지역(위도 30~60°에 이르는 지역)에서 서쪽에서 동쪽으로 지구 전체에 걸쳐 부는 바람이다. 높은 고도에서 부는 제트 기류 역시 편서풍에 해당한다.

치누크란?

고온 건조한 바람으로 눈을 녹이기 때문에 '스노이터(snow eater)'라 불리기도 하는 치누크(chinook)는 일반적으로 로키 산맥 동쪽 사면으로부터 불어오는 따뜻한 바람을 말한다. 태평양의 습한 공기가 산지를 오르면서 습윤 단열 체감에 따라 비를 뿌리고 반대편 바람그늘 사면에서 건조 단열 체감하여 푄(Föhn) 현상을 일으킨 결과이다. 치누크는 기온을 현저하게 상승시켜 로키 산맥 동쪽 평야 지역의 기온을 높인다. 강한 치누크 바람은 30cm 깊이로 쌓인 눈도 한나절에 녹여 버린다.

닥터란?

닥터(The Doctor)는 카리브 해 등지에서 쓰이는 애칭으로, 매우 더운 날씨를 견딜 수 있게 도와주는 시원하고 신선한 바닷바람을 가리킨다.

하르마탄이란?

사하라 사막 이남 지역에 부는 국지적인 서안풍을 하르마탄(harmattan)이라고 하는데, 고온 건조하고 분진을 포함하지만 중간 규모의 풍속을 갖는 바람이다.

활강 바람이란?

활강(滑降) 바람은 무겁고 찬 공기가 사면 아래로 흘러내려(예를 들어 치누크) 가볍고 따뜻한 공기를 밀어내면서 발달하는 바람이다. 공기가 사면 아래로 흘러 내려가면서 온도는 상승하고 건조해진다. 때때로 하강하는 공기의 온도가 밀어내는 공기보다 더 높아지기도 한다.

활강 바람을 부르는 다른 이름은?

치누크 외에도 캘리포니아 남부 시에라 산맥 아래로 부는 산타아나 지역의 국지풍, 알래스카의 추운 바람인 타쿠(Taku) 등도 활강 바람의 예이다.

노리스터란?

노리스터(Nor'easter)는 시속 121km 이상의 속도를 가진, 북아메리카 동해안에 영향을 주는 사이클론(cyclone)이다. 이러한 사이클론은 저기압 시스템이 대서양 또는 멕시코 만의 습한 공기를 축적하고 강한 제트 기류와 함께 캐나다로부터 유입되는 차고 건조한 공기와 합쳐지면서 발달한다. 이 폭풍 시스템은 반시계 방향으로 회전하면서 남쪽 지역에 강한 폭풍우를, 겨울철에는 북동부 지역에 눈을 가져온다.

노리스터는 여러 차례 미국에 막대한 피해를 입혔다. 예를 들어, 1969년 2월 노리스터는 메인 주 럼퍼드에 178cm, 뉴햄프셔 주 핑컴노치에 416.5cm의 폭설을 내리게 하였다. 최악의 노리스터 피해 중 하나는 1993년 3월에 발생한 초대형 폭풍으로, 아직까지도 '세기의 폭풍'으로 기록되고 있다.

노더란?

블루 노더(Blue Northers)라고도 불리는 노더(Northers)는 미국 텍사스 평야 지대로부터 멕시코 만까지 남쪽으로 부는 차가운 북풍이다.

산타아나 바람이란?

고기압 시스템이 미국 서부 대분지인 그레이트베이슨에(흔히 가을철에) 형성되면, 이 고기압이 공기를 하강시켜 압축 효과로 인해 38℃까지 온도가 높아진 공기가 캘리포니아에 바람을 발생시킨다. 이 바람은 많은 경우 시속 120km 이상의 속도를 내며 해안 인구 밀집 지역으로 불어 내려간다. 산타아나(Santa Ana)에 부는 이 건조풍으로 로스앤젤레스를 비롯한 다른 도시 주변의 건조 지대에 산불이 빈번히 발생한다. 캘리포니아 역사상 가장 참담했던 산불 중 하나로 기록된 시더 화재(Cedar Fire)는 매우 강한 산타아나 바람에 의해 2003년 10월에 발생하였다. 이 산불로 2,921km²(721,791에이커)에 달하는 피해 면적을 낳았고, 이로 말미암아 3,640가구가 파괴되었다.

이름이 붙은 바람에는 어떤 것들이 있으며, 어디에 위치하는가?

전 세계적으로 풍향, 온도, 습도 등 독특한 특성을 갖는 통상적인 바람이 부는 지역은 다양하게 나타난다. 여기서는 앞서 언급된 바람 외에 국지풍(local wind)에 이름을 붙인 사례를 열거한다.

국지풍의 이름들

이름	지역	풍향
치누크	미국 서부	서풍
산타아나	미국 남동부	북동풍
노더	미국 중부	북풍
파파가요	멕시코	북서풍
노르테	멕시코	북풍
테랄	남아메리카 서부	북동풍
비라손	남아메리카 서부	남서풍
손다	남아메리카 남동부	북서풍
팜페로	남아메리카 남부	남서풍
미스트랄	프랑스	북풍
비즈	독일	북풍
보라	동유럽	북동풍
트라몬태나	동유럽	북풍
레반터	이탈리아, 스페인	동풍
레베체	사하라 서부, 스페인	남풍
칠리	사하라 서부	남서풍
기블리	사하라 서부	남서풍
레스테	사하라 서부	남동풍
하르마탄	사하라 서부	북동풍
시로코	사하라 중부	남풍
캄신	이집트, 수단	남풍
하부브	수단	남서풍
베르그	남아프리카	북동풍
샤말	중동	북서풍
세이스탄	이란, 투르크메니스탄, 우즈베키스탄	북풍
노르웨스터	인도, 파키스탄, 아프가니스탄	북서풍

미국에서 양호한 바람의 조건으로 혜택을 보는 지역은?

하와이는 자연적인 해풍이 하와이 섬들의 더위를 식혀 주는 기후 특성을 가지고 있는데, 만약 이 바람이 없었다면 지리적으로 열대 지역에 위치한 이곳은 매우 더운 곳이 되었을 것이다. 서늘한 해풍으로 인해 기온은 32℃를 넘는 일이 드물고, 여름철인데도 야간에는 서늘한 느낌을 준다.

카라부란	중국 서부	북동풍
부란	시베리아, 러시아 중부	북동풍
푸르가	시베리아, 러시아 동부	북동풍
보호로크	말레이시아, 인도네시아	서풍
코엠방	인도네시아	서풍
브릭필더	오스트레일리아 남동부	북풍
서덜리 버스터	오스트레일리아 남동부	남서풍

지금까지의 기록 중 **가장 빠른 풍속**은?

1999년 5월 3일, 미국 오클라호마 주 무어를 강타한 토네이도를 기록한 비디오 녹화물 중 파편의 속도를 기초로 추정한 최고 풍속은 시속 512km에 달했다. 또 다른 믿기 힘든 강풍으로는 1991년 4월 26일 오클라호마 주 레드록에서 발생한 토네이도로부터 측정된 시속 431km의 바람이 있다. 모든 기록적인 강풍이 토네이도를 동반하는 것은 아니다. 뉴햄프셔 주 워싱턴 산은 세계에서 가장 바람이 많이 부는 곳의 하나로 알려져 있다. 이곳에서는 시속 160km를 넘는 강풍이 흔하게 발생하는데, 그 중 하나는 시속 372km를 기록하기도 했다.

마우카 바람이란?

마우카(mauka)는 하와이 말로, 마우카 바람은 화산에서 불어 내려오는 서늘한 바람으로 저지대의 더운 해안 지역을 식혀 준다.

이 사진은 제트 기류의 영향을 명확하게 보여 주고 있다. 습한 기단이 미국 북서 해안 주변의 강한 바람에 의해 이동해 가는 모습이다. (출처: NOAA)

제트 기류란?

제트 기류(jet stream)는 대기 상층부에서 띠 형태로 빠르게 이동하는 바람으로, 폭풍의 이동이나 지표 근처의 기단에 영향을 준다. 서쪽에서 동쪽으로 부는 기류는 통상 수 킬로미터의 두께와 160km의 폭, 그리고 1,600km 이상의 길이를 유지한다. 제트 기류가 이동하는 속도는 시속 92km 이상이며, 때때로 시속 386km에 달하기도 한다.

제트 기류에는 두 개의 극 제트 기류가 있는데, 남반구와 북반구에 각각 하나씩 존재한다. 제트 기류는 대류권과 성층권을 가로질러 위도 30~70° 범위에서 파형을 이루며 이동한다. 아열대 제트 기류 역시 반구별로 하나씩 존재하는데, 위도 20~50° 범위에 위치한다. 아열대 제트 기류는 고도 9,150~13,700m 사이에서 극 제트 기류보다 더 빠르게 이동하는데, 그 속도는 시속 550km 이상이다.

로스뷔파란?

스웨덴의 기상학자 칼구스타프 로스뷔(Carl-Gustaf Rossby, 1898~1957)의 이름을 따라 지어진 로스뷔파(Rossby wave)는 대규모의 파형(波形) 대기로서, 대기층 중간에 위치한 제트 기류와 고기압 및 저기압 시스템 등을 포함한다.

제트 기류는 어떻게 **발견**되었나?

고도 9,000m 이상의 상공을 비행할 수 있는 항공기가 개발되자, 제2차 세계대전 때 폭격기 조종사로 일본과 지중해 상공을 비행했던 조종사들이 항공기 조종을 통해 제트 기류의 존재를 발견하게 되었다.

하층 제트 기류란?

미국 중부 지역에서 나타나듯, 하층 제트 기류는 멕시코 만으로부터 중부 대평원으로 불어오는 기류이며, 인도양에서 아프리카로 부는 기류도 이에 포함된다. 하층 제트 기류는 수백 미터 고도에 국한하여 나타나며, 고온 다습한 공기를 공급하여 토네이도나 폭풍우를 유발한다. 단, 중부 대평원에서는 야간에만 발생한다.

북극 진동이란?

북극 진동은 북극권 안과 북극권 외부에서 북위 55° 사이에 있는 공기의 기압차를 나타내는 지표이다. 이것은 수치로 볼 때 양수(북극권 기압이 낮을 때) 또는 음수(반대로 높을 때)로 나타난다. 전자의 경우, 바람은 중위도 지역에서 강해지고, 유라시아는 온난해지며, 미국 서부와 지중해 지역에는 건조 현상이 지속된다. 또한 폭풍 현상은 북쪽으로 이동하여 알래스카와 북유럽까지 확장된다. 북극 진동이 음수가 되면 반대의 현상이 일어나서, 미국 서부 해안과 지중해 지역은 습해지고 유라시아는 서늘해진다.

윈드 시어란?

윈드 시어(wind shear)는 풍속과 풍향의 갑작스러운 변화를 의미하며, 통상 뇌우(thunderstorm)와 관련된다. 때로는 강한 전선이 이동할 때나 산지 주변의 기단이 갑자기 변화할 때 발생하기도 한다. 윈드 시어는 특히 항공기의 운항에 위험한데, 공항의 도플러 레이더는 조종사에게 이러한 위험을 경고해 주는 데 도움이 된다.

항공기에 미치는 **순간돌풍**의 영향은?

순간돌풍은 직경 4km 이하의 공기가 아래로 급격히 하강하는 것을 말한다. 보통 폭풍과 관련되어 나타나는 순간돌풍은 허리케인과 같은 힘으로 이동 방향을 순식간에 변화시킨다. 맞바람이 불과 수초 만에 뒷바람으로 바뀌어 항공기의 속도와 비행 고도를 변화시킨다. 순간돌풍으로 1970년대와 1980년대에 대규모 재난을 경험한 이후, 미국 연방항공청(Federal Aviation Administration, FAA)은 공항에 경고 레이더 장비를 설치하여, 윈드 시어나 순간돌풍이 발생할 수 있는 조건이 형성되면 조종사들에게 통보하고 있다.

난류의 원인은?

난기류는 보통 상층 대기에서 발생하기 때문에 비행기 안이 아니라면 경험하기 힘들다. 상승 및 하강하는 기류가 서로 만나 합쳐질 때 난류가 발생한다. 흔히 구름 속을 비행하거나 제트 기류 근처를 비행할 때 경험할 수 있다.

기상학자들은 난류를 설명할 때 왜 **레이놀즈 수**를 언급하는가?

레이놀즈 수(Reynolds number)는 관성과 점도 간의 비율을 계산한 값이다. 쉽게 얘기하면, 레이놀즈 수는 유체가 주어진 직경을 가진 면적을 어떻게 이동하는지를 설명한다. 이 명칭은 영국의 물리학자이자 공학자인 오즈번 레이놀즈(Osborne Reynolds, 1842~1912)의 이름을 따서 지어졌는데, 레이놀즈는 물이 하천을 따라 흐르는 방식, 그리고 조석(潮汐) 현상과 파도에 대해 관심을 갖고 있었다. 레이놀즈 수는 대기

속을 흐르는 공기에 대해서도 사용될 수 있기 때문에 기상학에 응용될 수 있었으며, 난기류를 계산하기 위해 레이놀즈의 공식이 적용되었다.

'에어 포켓'이란?

에어 포켓(air pocket)은 난기류에 의해 발생한다. 비행기를 타 본 사람들은 쉽게 경험한 현상인데, 상승 기류를 지난 직후 양력(揚力)이 줄어들어 급격하게 하강하는 현상을 뜻한다.

저기압 또는 고기압 시스템 주위의 **대기**는 어떻게 흐르는가?

공기는 고기압 시스템에서 멀어져서 저기압 시스템 방향으로 움직이는 경향이 있다. 북반구에서 공기는 저기압 중심부를 향해 반시계 방향으로 진행하며, 고기압 중심부로부터는 시계 방향으로 불어 나오게 된다.

열대 수렴대란?

열대 수렴대는 북반구와 남반구로부터의 바람이 서로 만나 수렴하는 곳으로, 지구를 둘러싸는 띠 형태의 영역이다. 이러한 수렴의 결과로 공기는 상승하여 열대 폭풍이 발생하기 좋은 조건을 지니게 된다. 지리적으로 적도 부근에 위치하는 열대 수렴대는 태양의 영향과 계절적 변화로 그 위치를 이동한다. 보통 하나의 열대 수렴대가 존재하지만, 경우에 따라서는 두 개의 열대 수렴대가 형성되기도 한다. 열대 수렴대에 속하는 지역에서는 외부에 비해 많은 양의 비가 내리며, 열대 수렴대의 이동에 따라 날씨는 맑아지거나 흐려질 수 있다.

습윤혀란?

기상학자들은 간혹 독창적이고 묘사적인 용어를 만들어 내기도 한다. 습윤혀(moist tongue)란 용어도 이에 속한다고 볼 수 있다. 이 용어는 남극이나 북극 방향으로 부는 습윤한 열대 공기를 뜻한다. 습윤혀는 미국 중부 그레이트플레인스(대평원)에서 봄철

'돌드럼'이란?

항해사들은 적도 인근의 저기압 지대를 '돌드럼(doldrum)'이라고 불러 왔는데, 이는 이 지역의 바람이 매우 약하고 불규칙적이어서 항해가 어려웠기 때문이다. 돌드럼은 무역풍이 발생하는 지역 근처에서 나타난다. 또 'in the doldrum'이라는 표현은 힘없이 무기력하고 활발하지 못한 사람을 가리킬 때 사용된다.

열대 수렴대는 적도 주위로 무역풍이 수렴되어 지구를 둘러싸는 일종의 띠 모양의 지역이다. 이 사진은 적외선 대역을 사용하여 촬영한 일종의 열 이미지이다. 차가운 곳은 밝은 회색, 따뜻한 곳은 검은색 음영으로 표시되어 있다. 육지 부분은 어둡게, 상대적으로 온도가 낮은 구름 대역은 흰색 계열로 표현되었다. (출처: NASA Earth Observatory)

과 여름철에 규칙적으로 발생하는데, 이 지역에서 제트 기류와 합세하여 폭풍을 발생시킨다.

회귀 무풍대란?

회귀 무풍대는 두 개의 고기압대인데, 남북위 30° 지역에서 나타나는 약한 바람으로 특징지어진다. 과거 항해사들이 두려워했던 이 지역은 바람이 잘 불지 않는 곳이다. 북반구에서는, 특히 버뮤다 근해에서 말을 싣고 스페인에서 신대륙으로 가는 범선이 무풍지대에서 종종 갈 곳을 잃었다. 비축한 물이 고갈되어 가면 먼저 이 동물들이 마실 물을 소량으로 배급하게 되었고, 갈증으로 죽어 가면 사람이 마실 물을 확보하기 위해 동물들을 바다로 던져 버리기에 이르렀다. 항해사와 탐험가들의 기록에 따르면 바다는 '죽은 말들로 넘실댔다.'라고 했는데, 아마도 이것이 '호스 레티튜드(horse latitude)'라는 이름이 붙여진 이유인 듯하다. 이 용어는 또한 배가 속도를 못 내어 미리 선급을 받은 항해사들이 추가 노동 시간에 대한 보수를 받지 못하게 된 불만에서 유래했을 수도 있다. 이 지대에서 항해사들은 '돈도 안 되는 일을 한다'라는 소리를 듣게 되었다.

폭풍

보퍼트 풍력 계급을 개발한 사람은?

1806년 아일랜드 태생의 습도 전문가 보퍼트(Francis Beaufort, 1774~1857)가 창안한 보퍼트 풍력 계급(Beaufort wind scale)은 풍속을 가늠하는 일종의 주관적인 방법이었다. 풍속계가 이미 로버트 훅(Robert Hooke, 1635~1703)에 의해 발명되었지만 보퍼트 시대에는 아직 널리 사용되지 못했다. 보퍼트는 1790년에 해군에 입대하여, 1805년

보퍼트 풍력 계급

보퍼트 지수	설명	풍속 (kph/knots)	진폭 (m)	육지/바다 상태 설명
0	고요	<1/<1	0	잔잔하고 연기 수직으로 상승/수면 평평함
1	실바람	1~5/1~2	0.1	연기 통해 바람기 감지/작은 여울 관찰됨
2	남실바람	6~11/3~6	0.2	피부로 바람 느낌/작은 파장; 파고 보임
3	산들바람	12~19/7~10	0.6	나뭇잎과 작은 가지 흔들림/큰 파장; 파도 부서짐
4	건들바람	20~28/11~15	1	먼지가 일고 종잇조각이 날림; 작은 가지 움직임/작은 파고
5	흔들바람	29~38/16~20	2	중간 크기 나뭇가지 흔들림; 작은 나무 흔들림/중간 규모 파고; 약간의 포말과 물보라
6	된바람	39~49/21~26	3	큰 가지 흔들림; 공중의 전선이 떨리는 소리; 우산 사용 곤란; 빈 플라스틱 쓰레기통이 넘어짐/포말 동반한 파고, 약간의 물보라
7	센바람	50~61/27~33	4	나무 전체 흔들림; 걷기 불편; 고층 건물 흔들리는 느낌, 특히 위층에 있는 사람들/파도 높아짐, 포말이 바람에 날리기 시작
8	큰바람	62~74/34~40	5.5	나뭇가지 부러짐; 운전하는 차량이 바람에 밀리는 느낌/중간 정도 높은 파고와 부서지는 파도, 물보라 발생; 포말 날림
9	큰센바람	75~88/41~47	7	큰 나뭇가지 부러짐, 작은 나무 넘어짐; 공사 안내 표지, 바리케이드 넘어짐; 대형 천막과 캐노피 피해/많은 포말 동반한 높은 파고; 높은 파도가 침; 대규모 물보라
10	노대바람	89~102/48~55	9	나무가 쓰러지거나 뽑힘, 어린 나무 부러짐, 불량한 아스팔트 노면 및 지붕널 벗겨짐/매우 높은 파고; 큰 포말로 파도가 하얗게 보임; 파도가 심하게 치고 부서짐; 공중의 많은 물보라로 시야 흐려짐
11	왕바람	103~117/56~63	11.5	식생 피해 넓게 나타남; 대부분 지붕 피해, 균열 있는 아스팔트 조각이 완전히 날림/예외적으로 높은 파고; 매우 큰 포말 덩어리가 바다 표면 대부분을 덮음; 공중의 대규모 물보라로 시야 확보 어려움.
12	싹쓸바람	≥118/≥64	≥14	심각한 식생 피해 넓게 나타남, 일부 유리창 깨짐, 이동식 가옥·창고·가건물 파손; 각종 파편 및 잔해물 위험하게 날림/엄청나게 큰 파고; 포말과 물보라로 바다는 전체가 하얗게 보임; 공중이 물보라로 채워져 시야 확보 불가

에는 자신의 함정을 지휘하는 함장에 오르게 된다. 그는 남미 해양으로 항해를 나갈 때면 습도계를 지니고 다니면서 관측을 수행하여 풍력 계급과 일기도 개발에 힘썼다. 보퍼트 풍력 계급은 그 어떤 새로운 전문 용어도 사용하지 않았지만, 과학자들이 반복적으로 쓸 수 있는 표준 기호를 제시하였다. 지극히 상세한 기록으로 인해 상관으로부터 큰 치하를 받고 1829년에 해군성 공식 습도 전문가가 된 보퍼트였지만, 영국 해군은 그의 표준 기호를 1838년까지 사용하지 않았다. 1848년 그는 국가로부터 작위를 받고 1855년 은퇴하였다. 보퍼트 풍력 계급은 1874년에 국제기상협회에 의해 일부 수정되어 해양과 육지에 대한 바람의 영향의 세부적 사항이 추가되었다.

모래 폭풍이란?

모래 폭풍은 사하라나 고비 사막과 같은 지역에서 규칙적으로 발생한다. 모래 폭풍은 농경지를 파괴할 뿐만 아니라 주택과 건물에 큰 영향을 주고, 눈의 통증부터 폐 질환 등 각종 호흡기 질환에 이르기까지 많은 건강상의 문제를 일으킬 수 있다. 또한 모래 폭풍은 가시거리를 감소시켜 눈보라에 버금갈 만큼 교통사고 유발 요인이 된다고 알려져 있다. 예를 들어, 1995년 모래 폭풍이 고속 도로를 덮쳤을 때 뉴멕시코-애리조나 주 경계 지역에서 8명이 사망하였다.

모래 폭풍은 얼마나 **멀리 이동**하는가?

중앙아시아와 중국의 사막 지역에서는 거의 매년 4월경에 모래 폭풍을 경험하며, 이들 모래 폭풍으로 발생한 흙먼지는 멀리 하와이까지 날아가는 것으로 알려져 있다. 또한 아프리카의 모래 폭풍은 미국 플로리다 주까지 이동한다. 모래와 분진이 날리는 것은 토양 양분이 지구 전체로 흩어진다는 측면에서 나쁘지 않은 현상이다. 예를 들어, 아마존의 열대 우림 토양은 북아메리카 남서부 토양처럼 아프리카로부터의 토양 입자에 의해 재보충된다.

2010년 가을 한반도에 발생한 모래 폭풍. 한국의 기상 위성 천리안이 촬영한 모습이다. 선명한 모래 폭풍의 띠가 중국에서 일본 북부 해안까지 이어지고 있다.

하부브 발생 지역은?

'분다'라는 뜻을 가진 아랍 어 '하브(habb)'에서 유래한 하부브(haboob)는 매우 강렬한 모래 폭풍이다. 하부브는 오스트레일리아, 아시아, 북아메리카 사막과 사하라 사막 지역에서 흔하게 발생한다.

지구 상에서 **가장 바람이 센 곳**은?

뉴햄프셔 주의 워싱턴 산은 지구 상의 풍속이 관측되는 곳 중에서 가장 바람이 강한 곳이다. 1934년 풍속 기록은 시속 372km로 측정되었다. 이곳의 연평균 풍속은 시속 56.8km에 달한다. 공식적인 측정 기록은 없지만, 세상에서 가장 바람이 센 곳은 아마도 남극 대륙의 해안 지역일 것으로 추정된다.

시카고는 실제로 '**바람의 도시**'인가?

미국 일리노이 주에 위치한 시카고는 미국에서 가장 바람이 센 도시는 아니다. 시카고가 '바람의 도시'라는 애칭을 갖게 된 것은 허풍이 센 정치인들의 중심 도시로 알려진 탓이다. 시카고의 평균 풍속은 시속 16.7km인데, 이는 보스턴(20.1km/h), 호놀룰루(18.2km/h), 댈러스·캔자스시티(17.2km/h)보다도 낮은 수치이다.

THE HANDY WEATHER ANSWER BOOK

제3장

온도에 대하여

온도 측정

화씨 눈금은 어떻게 만들어졌나?

화씨 눈금(Fahrenheit scale)은 아직 미국에서 사용되고 있는데[기타 다른 나라에서는 셀시우스(Celsius)의 미터법, 즉 섭씨온도 눈금을 사용하고 있다], 화씨를 뜻하는 파렌하이트(Fahrenheit)란 용어는 독일의 기술자이자 물리학자인 가브리엘 파렌하이트(Daniel Gabriel Fahrenheit, 1686~1736)의 이름을 따서 만들어졌다. 파렌하이트는 1708년 덴마크의 천문학자 올라우스 뢰메르(Olaus Römer, 1644~1710)를 만나고 난 후 자신의 단위를 개발하였다. 뢰메르는 알코올 온도계를 사용하여 자신이 최대한 온도를 낮출 수 있는 상태(실험실에서 얼음, 물, 소금 혼합물을 이용하여 얻어 낸 최저 온도)를 0도로 하고 물의 끓는점을 60도로 하여 눈금을 표시하였다. 이러한 과정은 섭씨온도 시스템이 만들어진 기본 원리와 유사하다.

파렌하이트는 자신이 기준으로 선택한 최고와 최저 온도값에 대한 기록을 남기지 않았지만, 그동안 이 문제에 대한 추측은 있어 왔다. 알려진 바로는 파렌하이트가 자신의 체온을 온도계의 상한으로 하고, 그 값을 96도로 정하였다고 한다. 일부 연구자들의 생각에 따르면, 그가 이 특정 숫자를 선택한 것은 96이 2와 3으로 쉽게 나누어지기 때문이었다. 최저치로 사용한 0도는 뢰메르가 사용한 값을 적용한 것이었다. 파렌하이트는 나중에 자신의 눈금에 의하면, 물이 정상 상태에서 32도에서 결빙되며 212도에서 끓게 된다는 사실을 알아냈다.

켈빈 단위란?

켈빈(Kelvin) 단위는 매우 낮은 온도를 다루는 실험실 환경에서 주로 사용된다. 켈빈 온도 0도는 절대 온도 0도(절대 영도)를 가리키는데, 이것은 모든 분자 활동이 멈추는 상태를 의미한다. 이 단위는 영국의 물리학자이자 수학자였던 윌리엄 톰슨(William Thomson, 1824~1907)의 작위인 켈빈의 이름을 따서 명명되었다. 톰슨은 절대적

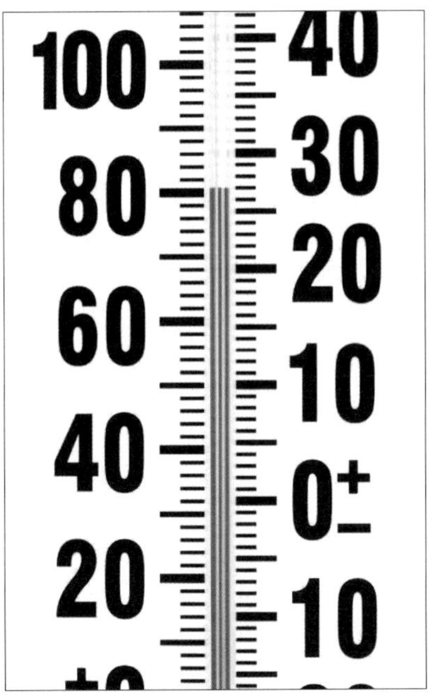

미국에서 제작되는 온도계에는 단위 변환이 필요 없도록 섭씨온도와 화씨온도가 같이 표시되어 있다.

인 온도 측정 단위를 제안하였는데, 이 온도 체계는 섭씨온도 체계를 따르고, 분자 활동이 멈추는 절대 영도를 −273℃에 대응시켰다(현재는 −273.15℃로 적용되고 있다). 이러한 극도의 저온 측정은 일반적인 기상 연구에는 쓰이지 않는다.

백분도 단위는 왜 **섭씨**라는 용어로 바뀌었나?

백분도(百分度) 온도 단위는 스웨덴의 천문학자 안데르스 셀시우스(Anders Celsius, 1701~1744)에 의해 1742년에 만들어졌다. 그는 과학자들이 사용할 국제적인 표준 단위를 제정하고자 하였다. 이를 위하여 실험실 환경에서 용이하게 재현될 수 있는 고온과 저온의 기준치로 각각 0도와 100도를 설정하였다. 0도와 100도에 대응하는 조건은 바로 어는점과 끓는점이었다. 그는 이 두 온도 사이의 간격을 100개 눈금으로 나누어, 이를 백분도 단위로 이름 붙였다. 이러한 그의 업적을 기리기 위하여 1948년 제9차 국제도량형총회에서 공식적으로 이름을 셀시우스, 즉 섭씨로 바꾸었다. 다행스럽게도 백분도를 뜻하는 'centigrade'와 섭씨를 나타내는 'celsius', 이 두 단어는 같은 영문자 C로 시작하는 탓에 단위 기호 ℃는 그대로 남게 되었다.

화씨에서 **섭씨**로, 섭씨에서 **켈빈** 온도로 **변환**하는 방법은?

화씨와 섭씨는 모두 세계적으로 흔히 사용되는 온도 눈금 단위이다. 화씨를 섭씨로 바꾸기 위해서는 32도를 빼고 5를 곱한 후 9로 나누면 된다[$C=5/9(F-32)$]. 반대로 섭씨를 화씨로 변환하려면, 32를 더하고 9를 곱한 다음 5로 나누면 된다[$F=(C+32)\times 9/5$]. 과학계에서 주로 쓰이는 켈빈 단위는 섭씨와 동일한 눈금 체계를 가지고 있다. 따라서 간단히 섭씨에 273을 더하면 켈빈 온도로 변환된다. 즉 켈빈 온도 0도는 영하 273℃에 해당한다.

최저 최고 기온과 **최고 최저** 기온이란?

기상학자들이 매일의 기온을 살필 때 일별로 최고치와 최저치가 있게 마련이다. 최고 기온이 해당 일자 또는 해당 월의 최고 기온 기록 중 가장 낮다면, 이는 새로운 최저 최고 기온 기록이 된다. 반대로 일 최저 기온이 기록적으로 높게 관측되었다면 이것은 최고 최저 기온이 된다.

온도계에는 어떤 **화학 물질**이 사용되는가?

온도계 제작에는 두 가지 액상 물질이 널리 쓰이는데, 바로 수은과 알코올이다. 온도계에 쓰이는 알코올은 붉은색으로 처리되어 쉽게 식별할 수 있도록 만들어지고, 수은은 은빛을 띤다. 두 물질 모두 온도를 가늠하는 데에 효과적이지만, 알코올 온도계가 상대적으로 더 안전하다. 수은 온도계가 파손되거나 새는 경우에는 액체 금속 수은이 증발하여 유해한 연기가 발생할 수 있다. 또한 수은은 알코올에 비해 팽창하거나 수축하는 속도가 늦다. 이외에도 수은은 −38.9℃ 미만의 온도에서는 고체로 변화하기 때문에 온도 측정을 할 수 없다는 단점이 있다. 알코올의 단점이라면 시간이 지남에 따라 증발하거나 중합(重合)한다는 점이다.

자기 온도계와 **자기 온습도계**란?

자기 온도계는 시간에 따른 온도 변화를 마치 지진의 진동을 자동적으로 기록하는 지진계처럼, 회전하는 종이 차트 위에 연속적인 곡선을 그리는 장치이다. 자기 온습도계도 같은 일을 하는데, 습도를 함께 계측한다는 것이 다른 점이다.

알래스카가 **하와이보다 따뜻해지기도** 할까?

이상하게 들릴지 모르지만 이들 두 주는 같은 기록을 갖고 있다. 열대 지역에 위치한 하와이는 서늘한 무역풍과 섬 지형의 영향으로 연중 온화한 기온을 유지한

귀뚜라미를 온도 측정에 사용할 수 있을까?

귀뚜라미의 울음소리가 온도에 따라 달라진다는 것은 오래전부터 알려진 일이다. 이러한 사실에 기초하여 기온을 계산하는 것은 합리적인 일은 아니지만, 아주 추운 한겨울이 아니라면 온도계가 없을 때 개략적인 정보를 제공해 줄 수는 있다. 대략적인 규칙은 귀뚜라미가 14초 간격으로 몇 번을 우는지 세어 보는 일이다. 울음의 횟수에 40을 더하면 화씨온도가 된다. 조금 더 참을성 있게 1분 동안 귀뚜라미 울음소리를 센다면, 그 숫자에서 72를 빼고 4로 나눈 결과에 다시 60을 더하면 역시 화씨온도가 된다[(울음 횟수−72)/4+60=화씨온도(F)]. 예를 들어 68번의 귀뚜라미 울음소리를 들었다면, (68−72)/4+60=59℉가 된다.

다. 그러나 하와이의 산악 지역은 사실 상당히 추운 기온을 나타내는데, 마우나케아(Mauna Kea)와 마우나로아(Mauna Loa) 산 정상부에서는 계절에 따라 강설 현상이 있다. 하와이 주의 평균 기온은 알래스카보다 높지만, 하와이 제도에는 극한적인 기온이 잘 나타나지 않는다. 알래스카 내륙은 실제로 온도가 상당히 올라가는데, 때로는 32℃에 이르기도 한다. 지금까지의 알래스카 최고 기온은 1915년 6월 27일 포트유콘에서 관측된 37.8℃이다. 1931년 4월 27일 하와이 주 파할라에서도 같은 최고 기온이 기록된 바 있다.

북극은 **남극**에서와 같은 **평균 기온**을 가지는가?

많은 사람들이 지구의 양극에서는 아마도 서로 비슷한 연중 기온을 나타낼 것으로 생각할 것이다. 사실 남극은 북극보다 훨씬 더 춥다. 그 이유는 거대한 빙하가 남극 대륙을 덮고 있기 때문이다. 남극의 내륙 빙하의 두께는 평균 2,450m에 이르는데, 이 두꺼운 얼음층 때문에 남극의 온도는 북극보다도 약 23.6℃ 정도 낮다.

일교차란?

일교차는 하루 동안 일정 지점에서 측정된 최고 기온과 최저 기온 간의 차이를 의미한다. 일교차는 계절과 장소에 따라 편차가 아주 크게 나타난다. 예를 들면 북아메

냉풍기란?

냉풍기는 일반적인 냉방 기기(에어컨)의 대체품이다. 일반 냉방기는 응축된 프레온 가스를 냉매로 공기를 차갑게 만든다. 이러한 원리는 습도가 30% 이상 되는 대부분의 기후 환경에서 잘 적용된다. 건조한 기후(습도 30% 미만)에서는 냉풍기가 매우 효과적이다. 증발 냉각기라고도 불리는 냉풍기는 습구 온도계와 같은 원리로 작동한다. 냉풍기 안쪽에 있는 천이 물을 흡수하고, 냉각 팬이 이 천을 불어 습도를 높이는 동시에 공기를 냉각시킨다. 냉풍기는 일반 냉방기에 비해 에너지 효율이 더 높은데, 그 이유는 냉각 팬을 돌리는 것 외에는 더 이상의 전기 소모가 필요하지 않기 때문이다. 당연히 응축기도 필요 없다.

리카 로키 산맥의 지맥인 프런트 산맥 기후에서는 24시간 범위 내에서 무려 100℃가량의 연교차가 나타나는 반면, 열대 지역의 일교차는 안정적이어서 특정 날짜에서의 일교차는 10℃ 정도에 불과한 경우가 많다.

기온 역전이란?

간단히 말해서 대류권 기온이 낮은 고도보다 높은 고도에서 더 높은 현상을 뜻하는데, 이것은 통상적인 온도 분포와는 반대되는 현상이다. 기온 역전은 일정 지역을 지나는 기상 전선에 의해 발생하거나, 눈이나 얼음으로 덮인 지표면 위를 지나는 바람, 또는 결빙된 호수나 바다 때문에 발생한다. 기온 역전 현상이 일어나면 공기의 수직적 순환이 방해를 받게 되어 흔히 공해 물질이 저지대에 축적되는 결과를 낳는다. 또한 기온 역전은 라디오나 레이더 전파 장애를 일으키기도 한다.

건구 온도와 **습구 온도**란?

습구(濕球) 온도의 관측은 습도 측정을 위해 필요하다. 이것은 습도 100%가 될 때까지 단열 냉각된 다음, 냉각 이전의 기압으로 응축된 공기의 온도를 말한다. 습구 온도계와 더불어 건구(乾球) 온도계는 추가적인 온도를 측정한다. 이 두 온도의 차가 클수록 공기 중 습기의 양은 낮아진다. 이 두 온도계를 한꺼번에 계측하는 장치가 건습계(건습구 온도계)이다. 건습계는 건구 온도와 습구 온도를 측정한 후 습도 계산표에 따라 공기의 습도를 계산한다.

습구 온도계는 어떻게 **만들어지는가**?

습구 온도계의 기본 형태는 온도계를 증류수 저장 장치 속에 끼워 넣는 방식이었다. 온도계 주위를 천 조각(주로 면직물)으로 싸서 등잔의 심지와 같은 역할을 하게 하여, 모세관 현상에 의해 물이 저장고로부터 올라오도록 하는 구조이다. 수면 위 천 조각 속의 물기가 증발하면 온도계로부터 열을 빼앗게 되고, 결과적으로 주위 공기가 포화 상태에 이를 때까지 온도는 떨어진다. 건구 온도계는 단순한 일반 온도계이므로 물속에 장치하거나 천으로 감싸지 않는다.

공공 기업체들은 '냉방 도일'이란 지표를 사용하여 사람들이 한 해에 며칠 동안 냉방 장치를 가동할지 추정한다.

건습계의 **유형**에는 어떤 것들이 있는가?

예전 형태의 휘돌이 건습계(sling psychrometer)는 앞서 설명한 두 개의 온도계를 금속 부속에 부착하여 습구 온도가 내려갈 때까지 수 분 동안 매달아 놓도록 고안되었다. 보다 현대적인 건습계는 다양한 센서들을 사용하고 있는데, 습도 변화에 따라 전기 전도율을 스스로 변화시키는 화학 물질이 이용되기도 한다.

냉방 도일과 **난방 도일**이란 무엇이며, **공기 조절**과는 어떤 관계가 있는가?

미국의 공공 기업체들이 '냉방 도일(冷房度日)'과 '난방 도일(暖房度日)'이란 용어를 사용한 것은 연간 며칠이나 냉방 장치 또는 난방 장치가 작동되어야 하는지를 가늠하기 위해서였다. 가정마다 또는 사업장을 일일이 방문하여 냉난방기의 작동 여부를 확인하는 것은 현실적으로 불가능한 일이므로, 이들 공공 기업체는 기온이 18.3℃일 때 고객들이 가장 쾌적하게 느끼며 이에 맞추어 냉난방을 할 것으로 가정하였다. '도일(degree days)'의 개념은 24시간을 기준으로 한 것은 아니다. 사실 이것은 최적 온도로 가정한 18.3℃(화씨 온도 65°F에 기반한 것이다)와 주어진 날짜의 평균 기온 간의 차이를 의미하는 것이다. 따라서 텍사스 주 댈러스의 7월 중 특정일의 평균 기온이 85°F라면, 공공 기업체들은 이를 20냉방 도일(85°F−65°F=20냉방 도일)로 계산할 것이다. 미국에서 연평균 냉방도일이 큰 주로는 플로리다, 텍사스, 애리조나, 캘리포니아, 그리고 일부 남부에 위치한 주들이 포함되는데, 평균적으로 이들 주의 냉방 도일은 연간 4,000에 달한다. 난방 도일 역시 동일한 개념을 통하여 난방기 사용일을 계산해 낸다. 쉽게 예상하듯이, 북부에 위치한 주들이 남부의 주보다 높은 난방 도일을 기록한다.

기온 차가 **가장 큰 달**은?

전 세계적으로 7월이 가장 극심한 온도 변화를 나타내는 달로 꼽힌다. 지구 상의 극한 기록으로 치면 리비아와 남극의 기온을 비교할 만하다. 이 두 곳의 기온 차는 무려 129.4℃(265°F)에 달한다.

'120 클럽'이란?

120°F(48.9℃) 이상의 기온을 기록으로 가지고 있는 미국의 모든 주들이 120 클럽의 멤버가 된다. 다음의 10개 주가 이런 놀라운 기록을 가지고 있다.

- 캘리포니아 134°F(56.7℃)
- 애리조나 128°F(53.3℃)
- 네바다 125°F(51.7℃)
- 뉴멕시코 122°F(50℃)
- 캔자스 121°F(49.4℃)
- 노스다코타 121°F(49.4℃)

- 오클라호마 120°F(48.9℃)
- 아칸소 120°F(48.9℃)
- 사우스다코타 120°F(48.9℃)
- 텍사스 120°F(48.9℃)

'−60 클럽'이란?

앞서 이야기했듯 이 또한 쉽게 예측할 수 있는 것이다. 화씨온도로 −60°F(−51℃) 이하를 기록한 주들이 추운 클럽에 속한다.

- 알래스카 −80°F(−62.2℃)
- 몬태나 −70°F(−56.6℃)
- 유타 −69°F(−56℃)
- 와이오밍 −63°F(−54.4℃)
- 콜로라도 −61°F(−51.6℃)
- 아이다호 −60°F(−51℃)
- 미네소타 −60°F(−51℃)
- 노스다코타 −60°F(−51℃)

열

열파란?

열파(熱波)는 이틀 이상 국립기상청 열지수가 105~110°F(40~43℃)를 넘는 기간을 의미한다. 온도 표준은 국지적으로 상당히 달라진다. 열파는 치명적인 위험성을 가지고 있다. 국립기상청 자료에 의하면 175~200명에 이르는 미국인이 매년 여름 열파로 사망한다. 1936년과 1975년 사이에 15,000명의 미국인이 혹서와 관련된 질환으로 사망하였다. 1980년에는 1,250명이 중서부 지역의 심각한 열파로 사망하였고, 1995년 시카고에서는 열 관련 질병 사망자 수가 700명이 넘기도 했다. 사망자 대부분은 고층 아파트에 냉방기 없이 거주하는 노인층이었다. 밀집된 빌딩, 주차장, 도로에 의해 낮 시간 동안 빠르게 흡수된 열 때문에 '도시 열섬'이 쉽게 만들어지는 대도시 환경에서는 열파에 대한 취약성이 현저히 높아진다.

땅바닥에서 계란 프라이를 하고자 한다면 뜨거운 여름날 아스팔트가 제격이다.

열지수란?

열지수는 더운 날씨가 기온과 습도 변화에 따라 일반 사람들에게 어떻게 느껴지는지를 나타내는 지표이다. 열지수가 40℃를 넘어서면 열사병과 일사병이 발생할 소지가 매우 커진다. 사람들이 습도가 높을 때 상대적으로 더 덥게 느끼는 것은 몸이 땀을 흘림으로써 체온을 내리기 때문이다. 즉 땀방울이 증발하면서 열을 빼앗아 냉각 효과가 나타나는데, 습도가 높아지면 상대적으로 증발이 잘 일어나지 않아 이러한 자연 냉각 작용이 효과를 발휘하지 못하게 된다.

열지수가 32℃에서 40℃에 이르면 건강에 위협이 될 수 있고, 이 범위를 넘으면 사람에게 치명적인 조건이 될 수 있다. 이와 같은 심각한 고열 환경에서는 열사병이나 일사병이 쉽게 일어날 수 있는데, 특히 야외 활동 동안에는 더욱 빠르게 발생할 수 있으니 반드시 그늘에서 머무는 것이 중요하고 물을 자주 마셔야 한다. 다음 표는 기온과 습도에 따른 열지수를 보여 준다.

길바닥에서 계란 프라이를 할 수 있을까?

사실은 잘 되지 않는다. 콘크리트 보도는 사실 계란 요리를 하기에 최적의 장소는 아니다(비위생적인 것은 말할 것도 없고). 아주 뜨거운 날 콘크리트 보도의 표면 온도는 62.8℃까지 올라갈 수 있지만, 계란을 충분히 익히기 위해서는 최소한 70℃는 되어야 한다. 반면에 아스팔트 포장도로 위에 계란을 올린다면 검은 표면이 열을 더 흡수하기 때문에 계란 요리에 성공할 가능성이 높다. 이보다 더 좋은 방법은 금속면을 이용하는 것인데, 사람들은 더운 여름날 자동차 후드 위에서 계란 요리를 즐기곤 한다.

열지수(℉/℃)

		실제 기온										
		70/21	75/23.9	80/26.7	85/29.4	90/32.2	95/35	100/37.8	105/40.5	110/43.3	115/46.1	120/48.9
		체감 온도										
상대 습도	0%	64/17.8	69/20.5	73/22.8	78/25.5	83/28.3	87/30.5	91/32.8	95/35	99/37.2	103/39.4	107/41.7
	10%	65/18.3	70/21.1	75/23.9	80/26.7	85/29.4	90/32.2	95/35	100/37.8	105/40.5	111/43.9	116/46.7
	20%	66/18.9	72/22.2	77/25	82/27.8	87/30.5	93/33.9	99/37.2	105/40.5	112/44.4	120/48.9	130/64.4
	30%	67/19.4	73/22.8	78/25.5	84/28.9	90/32.2	96/35.5	104/40	113/45	123/50.5	135/57.2	148/64.4
	40%	68/20	74/23.3	79/26.1	86/30	93/33.9	101/38.3	110/43.3	123/50.5	137/58.3	151/66.1	
	50%	69/20.5	75/23.9	81/27.2	88/31.1	96/35.5	107/41.7	120/48.9	135/57.2	150/65.5		
	60%	70/21.1	76/24.4	82/27.8	90/32.2	100/37.8	114/45.5	132/55.5	149/65			
	70%	70/21.1	77/25	85/29.4	93/33.9	106/41.1	124/51.1	144/62.2				
	80%	71/21.7	78/25.5	86/30	97/36.1	113/45	136/57.8					
	90%	71/21.7	79/26.1	88/31.1	102/38.9	122/50						
	100%	72/22.2	80/26.7	91/32.8	108/42.2							

지표면은 얼마나 **뜨거워질** 수 있는가?

기상학자나 기상 방송에서 보도하는 온도 기록은 통상 기온을 가리킨다. 지표 위 공기의 온도는 결국 지표에 의해 데워지기 때문에, 지표면은 40~50℃에 육박하는 기록적인 기온보다 훨씬 더 뜨거워질 수 있다. 지표 온도는 실제로 82℃ 이상 올라갈 수 있으며, 미국 캘리포니아 주 데스밸리에서 관측된 지표 온도는 자그마치 93℃에 이르기도 한다.

열파는 건강에 얼마나 **위험한가**?

열파(熱波)는 역사상 날씨와 관련한 가장 치명적인 재해의 원인 중 하나이다. 실제로 1980년 미국에서 발생한 열파로 사망한 사람의 수(10,000~15,000명으로 추산된다)는 1900년 텍사스 주 갤버스턴을 강타한 허리케인으로 사망한 8,000~12,000명보다도 많았다. 최근에 와서 2003년에 유럽을 휩쓴 열파는 35,000~50,000명의 사망자를 발생시켰다. 특히 프랑스에서 심각한 피해가 발생하여 14,800명 이상이 일사병 등 열 관련 피해로 사망하였다. 이는 프랑스에 냉방 시설을 갖춘 집들이 적었고, 많은 노인 가구가 아파트에 거주하면서 숨 쉬기조차 힘든 고온에 견디지 못한 결과였다.

고온에 의한 사망과 관련하여 미국에서 가장 피해가 컸던 **최악의 여름**은 언제였나?

미국에서도 수천 명의 사망자를 낸 무더운 여름을 수차례 겪어 왔다. 다음 표는 가장 혹독했던 여름의 사망자 수와 발생 연도를 보여 준다.

무더웠던 미국의 여름

연도	사망자 수
1901	9,508
1936	4,678
1975	1,500~2,000
1980	1,700
1988	5,000~10,000

미국에서 **가장 무더운 곳**은?

미국에서 가장 살기 힘든 혹서 지역은 캘리포니아 동부에 위치한 데스밸리이다. 해수면보다 84m가량 더 낮아서 미국에서 고도가 가장 낮은 곳이기도 한 데스밸리는 주기적으로 40~50℃ 정도의 혹서 환경을 경험하는 곳이며, 화씨 100도, 즉 37.8℃

캘리포니아 주 데스밸리는 미국에서 가장 무더운 곳으로 38℃ 이상을 보이는 날이 많다.

를 넘는 고온 일이 일 년 중 140~160일에 이른다. 이 지역 기온의 최고 기록은 56.7℃이다. 데스밸리의 연 강수량은 50mm 미만이다.

미국에서 경험한 **가장 기록적인 고온**은?

겨울철이나 이른 봄에 유례없이 더운 날을 경험할 때면 사람들은 지구 온난화를 우려한다. 하지만 추운 겨울에 매우 더운 날을 경험할 수도 있으며, 최소한 20세기 초부터는 이러한 높은 기온이 공식적으로 기록되고 있다. 예를 들어 1월 기온으로는 1916년 콜로라도 주 라스 애니마스에서 29℃, 1919년 몬태나 주 쇼토에서 26℃, 1894년 네브래스카 주 인디애놀라에서 28℃가 각각 관측되었다. 최근의 예로는 1997년 1월에 텍사스 주 저파타에서 관측된 36.7℃, 1998년 3월 31일 메릴랜드 주 볼티모어에서 기록된 36.1℃, 그리고 뉴햄프셔 주 콩코드에서는 32℃ 등의 기록이 있다. 북아메리카에서 가장 더웠던 12월 기온은 캘리포니아 주 라메사에서 관측된 37.8℃이다.

버뮤다 고기압이란 무엇일까?

버뮤다 고기압은 대서양 서쪽에 발달하는 고기압 시스템으로, 고온 다습한 공기를 미국 동부 해안에 공급해 준다. 여름철에 발생하는 버뮤다 고기압은 수 주 동안 지속된다.

가장 기록적인 고온의 예는?

장소	연도	온도
리비아, 엘아지지아	1922	57.7℃
캘리포니아, 데스밸리	1913	56.7℃
이스라엘, 티라트츠비	1942	53.9℃
오스트레일리아, 우드나다타	1960	50.6℃
스페인, 세비예	1881	50℃
아르헨티나, 리바다비아	1905	48.9℃
필리핀, 투게가라오	1912	42.2℃

남극 대륙의 **기온**은 얼마나 오를 수 있나?

남극 대륙이 항상 영하의 얼음장처럼 차가운 것은 아니다. 여름철에는 드물지 않게 4~14℃ 정도까지 기온이 올라간다. 지금까지 남극에서 가장 높았던 기온은 1974년 1월 5일 반다 스테이션에서 기록된 15℃이다.

돌발 열풍이란?

산타아나의 국지풍으로 인해 캘리포니아 남부 해안에 영향을 미치듯이, 돌발 열풍은 공기를 압축시키는 효과로 온도를 상승시킨다. 통상적으로 돌발 열풍은 뇌우와 함께 야간에 약 6,000m 상공의 공기가 아래로 하강하면서 확산되는 경우에 발생한다. 기상학자들은 이러한 현상에 대해, 비가 땅에 닿기도 전에 증발하는 미류운(尾流雲, 꼬리구름)이 한랭 건조한 대기 중에 발생하는 것으로 설명한다. 결과적으로 형성되는 무거운 공기는 중력에 의해 지표의 대기 압축을 빠르게 증가시키며 예상치 못

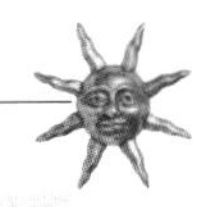

날씨 조건으로 건초 더미에 불이 붙을 수도 있을까?

바짝 마른 건초 더미는 완벽한 불쏘시개 역할을 한다. 건초에 불이 붙는 가장 흔한 예로는 번개로 인한 발화이다. 하지만 갓 베어 둔 푸른 풀더미 역시 발화하지 않는 것은 아니다. 건초가 부패하면서 풀더미 안에 메탄가스가 축적되고, 온도가 높아지면 메탄가스에 불이 붙을 수 있다. 이러한 발화 현상은 1995년 여름에 미주리를 비롯한 미국의 몇 개 주에 걸쳐 크게 발생한 적이 있다.

한 온도 상승을 가져온다.

1960년 6월 15일 텍사스 주 웨이코에서 발생한 돌발 열풍은 순식간에 온도를 60℃까지 급상승시키며 시속 129km 속도의 강풍을 만들어 냈다. 최근에는 1996년 5월 오클라호마 주의 치카샤와 닌카 마을에서 단 30~40분 만에 온도가 31℃에서 39℃로 증가하는 현상이 발생했고, 2008년 8월 3일 사우스다코타 주 수폴스에서는 시속 80~100km로 부는 돌풍 현상 중에 온도가 22℃에서 39℃로 수직 상승하기도 했다. 아마 가장 놀랄 만한 것은 최근 오스트레일리아에서 일어난 산불과 열파 현상 중에 발생한 돌발 열풍이었다. 2009년 1월 29일 새벽 3시에 발생한 이 열풍은 그 온도가 무려 41.7℃에 달했다.

열 피로(더위)란?

기온이 너무 높은 날 충분히 수분을 섭취하지 않거나 운동을 심하게 한 경우, 또는 햇빛에 장시간 노출되면 일사병을 불러일으킬 수 있다. 열 피로 증세로는 무기력증, 오한, 차갑고 축축한 피부, 창백증, 졸도, 불규칙한 심장 박동, 구토 등이 있다. 심할 경우 열 피로로 사망에 이르는 경우도 있는데, 과격한 운동이나 심한 군사 훈련 등으로 목숨을 잃은 사례도 다수 보고되었다. 노약자나 병을 앓고 있는 환자들은 특별히 일사병에 약하다.

열사병이란?

열사병은 사람의 체온이 41℃를 넘어갈 때 발생한다. 증세로는 맥박이 빨라지고, 열이 나며, 피부가 건조해지고, 결국에는 의식 불명에 빠진다. 열사병은 응급 상황에 속하므로 신속한 처치를 통해 체온을 낮추어야 한다. 하지만 수분 공급은 삼가야 한다. 미국에서는 야외는 물론 냉방 시설이 없는 실내에서 매년 수백 명이 열사병으로 목숨을 잃고 있다. 애완동물과 가축들도 열사병에 쉽게 노출된다.

사람이 **생존**할 수 있는 **체온의 상한**은?

대학 연구 등에 따르면, 인체는 체온이 121℃에 이르는 조건에서 약 15분간 견딜 수 있다고 한다. 한 대학 교수가 수행한 극한 실험에서는, 건강한 사람이 체온 184℃에서 약 1분간 견딘다고 한다.

갑작스런 온도 증가를 보인 미국 내 다른 기상 현상에는 어떤 것들이 있나?

강한 온난 전선 또는 한랭 전선의 이동과 같은 기상 상황의 급변 현상은 때로는 한 시간 이내의 짧은 시간 안에 수십 도의 온도 변화를 일으킨다. 가장 놀랄 만한 사례 중 하나는 1980년 1월 12일 미국 몬태나 주 그레이트폴스로 치누크(chinook) 바람이 따뜻한 공기를 도시로 불어 간 예이다. 기상청의 수문학자는 7분여 시간 동안 그레이트폴스의 기온이 −35.5℃에서 −9.4℃로 26.1℃나 상승한 현상을 보고하였는데, 이와 같은 기온 변화는 미국의 기록으로 남게 되었다. 그 이전에는 1896년 12월에 있었던 몬태나 주 키프의 기록이 최고였는데, 이때 기온은 약 7분에 걸쳐 32°F로 상승한 바 있다. 같은 날 기온 변화 기록을 합산해 보면, 몇 시간 동안 이 지역에서 나타난 기온 변화는 모두 80°F(37.7℃)에 달했다.

이상과 같이 매우 짧은 시간은 아니더라도 비교적 짧은 기간에 걸쳐 기온이 급변한 경우는 미국 내에서 다수 보고되었다. 다음 표는 일부 기록적인 기온 변화 현상의 예를 나타낸다.

미국에서 발생한 24시간 동안의 극심한 기온 변화 사례

장소	일시	온도 변화	시간 간격
몬태나, 로마	1972/01/14~15	48.6℃	24시간
노스다코타, 그랜빌	1918/02/21	39℃	12시간
몬태나, 키프	1896/12/01	37.7℃	15시간
사우스다코타, 래피드시티	1943/01/22	23℃	2분
몬태나, 그레이트폴스	1980/01/12	22℃	7분
몬태나, 아시니보인	1892/01/19	19.8℃	15분

추위

남극의 맥머도(McMurdo) 기지에 있는 리처드 버드 흉상은 그의 탐험가 및 비행사로서의 명성을 기리기 위해 세워졌다. (사진: Michael Woert, NOAA NESDIS)

이론적으로 가장 낮은 온도는?

이론적으로 가능한 가장 낮은 온도는 절대 영도(−273.15℃), 즉 켈빈 온도 0도이다. 절대 영도 하에서는 모든 분자 활동이 멈추고 에너지 방출이 없는 상태가 된다. 물론 이러한 극한 상태는 실험실 조건을 제외하고는 자연적으로 존재하지 않는다. 지구 상에서 측정 가능한 가장 낮은 온도는 약 −90℃인데, 이는 검증되지 않은 온도로서 1997년 남극 보스토크에서 관측되었다.

폴 시플은 누구이며, 체감 온도 개념과는 어떻게 연관되어 있나?

남극 탐험가 폴 시플(Paul A. Siple, 1908~1968)

체감 온도표

풍속(mph) / 기온(°F)

0	40	35	30	25	20	15	10	5	0	−5	−10	−15	−20	−25	−30	−35	−40	−45
5	36	31	25	19	13	7	1	−5	−11	−16	−22	−28	−34	−40	−46	−52	−57	−63
10	34	27	21	15	9	3	−4	−10	−16	−22	−28	−35	−41	−47	−53	−59	−66	−72
15	32	25	19	13	6	0	−7	−13	−19	−26	−32	−39	−45	−51	−58	−64	−71	−77
20	30	24	19	11	4	−2	−9	−15	−22	−29	−35	−42	−48	−55	−61	−68	−74	−81
25	29	23	16	9	3	−4	−11	−17	−24	−31	−37	−44	−51	−58	−64	−71	−78	−84
30	28	22	15	8	1	−5	−12	−19	−26	−33	−39	−46	−53	−60	−67	−73	−80	−87
35	28	21	14	7	0	−7	−14	−21	−27	−34	−41	−48	−55	−62	−69	−76	−82	−89
40	27	20	13	6	−1	−8	−15	−22	−29	−36	−43	−50	−57	−64	−71	−78	−84	−91
45	26	19	12	5	−2	−9	−16	−23	−30	−37	−44	−51	−58	−65	−72	−79	−86	−93
50	26	19	12	4	−3	−10	−17	−24	−21	−38	−45	−52	−60	−67	−74	−81	−88	−95
55	25	18	11	4	−3	−11	−18	−25	−32	−39	−46	−54	−61	−68	−75	−82	−89	−97
60	25	17	10	3	−4	−11	−19	−26	−33	−40	−48	−55	−62	−69	−76	−84	−91	−98

체감 온도표

풍속(kph) / 기온(℃)

0	0	−1	−2	v3	−4	−5	−10	−15	−20	−25	−30	−35	−40	−45
6	−2	−3	−4	−5	−7	−8	−14	−19	−25	−31	−37	−42	−48	−54
8	−3	−4	−5	−6	−7	−9	−14	−20	−26	−32	−38	−44	−50	−56
10	−3	−5	−6	−7	−8	−9	−15	−21	−27	−33	−39	−45	−51	−57
15	−4	−6	−7	−8	−9	−11	−17	−23	−29	−35	−41	−48	−54	−60
20	−5	−7	−8	−9	−10	−12	−18	−24	−30	−37	−43	−49	−56	−62
25	−6	−7	−8	−10	−11	−12	−19	−25	−32	−38	−44	−51	−57	−64
30	−6	−8	−9	−10	−12	−13	−20	−26	−33	−39	−46	−52	−59	−65
35	−7	−9	−10	−11	−12	−14	−20	−27	−33	−40	−47	−53	−60	−65
40	−7	−9	−10	−11	−13	−14	−21	−27	−34	−41	−48	−54	−61	−66
45	−8	−10	−10	−12	−13	−15	−21	−28	−35	−42	−48	−55	−62	−68
50	−8	−10	−11	−12	−14	−15	−22	−29	−35	−42	−49	−56	−63	−69
55	−8	−10	−11	−13	−14	−15	−22	−29	−36	−42	−50	−57	−63	−69
60	−9	−10	−12	−13	−14	−16	−23	−30	−36	−43	−50	−57	−64	−70
65	−9	−11	−12	−13	−15	−16	−23	−30	−37	−44	−51	−58	−65	−71
70	−9	−11	−12	−14	−15	−16	−23	−30	−37	−44	−51	−58	−65	−72
75	−10	−11	−12	−14	−15	−17	−24	−31	−38	−45	−52	−59	−66	−73
80	−10	−11	−13	−14	−15	−17	−24	−31	−38	−45	−52	−60	−67	−74
85	−10	−12	−13	−14	−16	−17	−24	−31	−39	−46	−53	−60	−67	−74
90	−10	−12	−13	−15	−16	−17	−25	−32	−39	−46	−53	−61	−68	−75
95	−10	−12	−13	−15	−16	−18	−25	−32	−39	−47	−54	−61	−68	−75
100	−11	−12	−14	−15	−16	−18	−25	−32	−40	−47	−54	−61	−69	−76
105	−11	−12	−14	−15	−17	−18	−25	−33	−40	−47	−55	−62	−69	−76
110	−11	−12	−14	−15	−17	−18	−26	−33	−40	−48	−55	−62	−70	−77

은 이 용어를 1936년 그의 학위 논문 "Adaptation of the Explorer to the Climate of Antarctica"에서 제안하였다. 그는 해군 제독 리처드 버드(Richard Byrd, 1888~1957)가 이끄는 남극 탐험팀의 최연소 대원이었는데, 훗날 버드 제독 일행의 한 사람으로 여타 남극 탐험을 수행(1928~1930)했으며, 미국 남극 탐험대를 관할하는 미국 내무부에서 근무하기도 하였다. 시플은 물이 얼마나 빨리 어는지를 알아보기 위해 특정 온도와 풍속에 민감한 물 수조를 이용하여 일련의 실험을 수행하였다. 그는 이외에도 추운 기후와 저온 연구에 관련된 다수의 활동에 관여하였다.

체감 온도 지수는 온도에 어떤 영향을 주는가?

체감 온도 지수는 서로 다른 온도에서 움직이는 바람의 냉각 효과를 나타내는 수치이다. 미국 국립기상청은 1973년부터 실제 기온과 더불어 체감 온도를 발표하고 있다. 사실 오랫동안 이 지수는 사람 피부에 대한 바람의 냉각 효과를 과대 추정하는 것으로 알려졌다. 이에 따라 새로운 체감 온도 지수가 2001년에 도입되었고, 이와 관련된 기록도 조정이 이루어졌다.

체감 온도는 어떻게 **계산**되는가?

체감 온도는 다음과 같은 공식에 의해 계산된다.

$$체감\ 온도 = 35.74 + 0.6215T - 35.75(V^{0.16}) + 0.4275T(V^{0.16})$$

체감 온도는 화씨온도에 기초하여 계산된다. 여기서 T는 기온이고, V는 마일로 표시되는 풍속이다. 앞에 나타낸 표는 2009년 현재 국립기상청이 제시하는 공식 체감 온도표이다.

알코올 섭취는 실제로 **체온**을 **높이는가**?

버번위스키나 다른 술을 한겨울 밤에 마시면 몸이 더워지는 듯한 느낌을 받지만,

사실 알코올은 사람의 몸이 추위에 더 취약하도록 만든다. 술을 마시면 알코올의 영향으로 혈관이 수축하게 된다. 이 결과로 더 많은 양의 혈액이 피부 표면에 도달하게 되며, 신체의 신경을 자극하여 음주한 사람으로 하여금 체온이 오른 느낌이 들게 한다. 하지만 실제 효과로 보면 더 많은 혈액을 피부로 가게 하여 열 손실이 증가되고, 체온이 떨어져 추위에 견디는 힘을 약화시킨다. 이뿐만 아니라 술로 인해 사람의 판단력이 흐려지기 때문에 스키장에서 술을 마시는 행위는 그야말로 매우 위험한 일이 되고 만다.

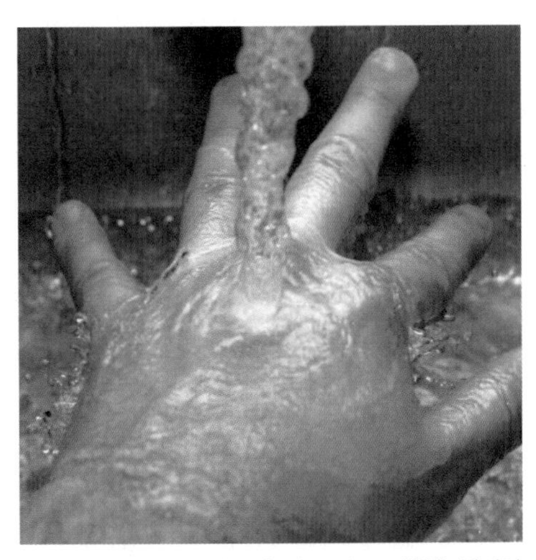
동상에 걸렸다고 생각되면 바로 의료 지원을 받아야 한다. 의사를 즉시 만나기 힘든 경우에는 급한 대로 따뜻한 물을 피부 위에 부어 응급 치료를 대신하도록 한다.

동상이란?

사람이 충분한 보호 장치 없이 추위에 장시간 노출되면 동상이 발생한다. 사람의 피부와 신경과 혈관 등 내부 조직이 장시간 추위에 노출되면 치료가 불가능한 정도의 손상을 입을 수 있다. 동상은 신체의 끝 부분(손가락, 발가락, 귀 등)에서 시작되는데, 이것은 우리 몸이 본능적으로 신체 끝 부분의 혈관을 수축시켜 중요 기관을 보호하기 때문이다. 즉 혈관의 수축으로 따뜻한 혈액이 신체의 중심부로 집중된다. 이러한 자연적인 적응은 심장의 혈액 공급과 다른 기관의 유지를 위해 중요하지만, 다른 신체 일부에 혈액 공급이 장시간 단절되면 그 조직은 얼어 버리고 만다.

동상의 첫 단계는 저체온증으로, 피부에 감각이 없어지기 시작하지만 아직 피부 조직이 상하지는 않은 단계이다. 1도 동상 단계에서는 피부에 얼음 결정이 생기기 시작하며, 손가락이나 발가락에 발열이 일어나면서 2도 동상 단계에 접어든다. 3도 동상 단계에 이르면 피해 부위가 푸른색, 붉은색 또는 흰색으로 바뀌고, 마지막 단계인 4도에 이르면 자주색에서 까만색으로 변한다. 이와 같은 말기 단계에서는 감각

이 없어지고, 신경은 죽게 되며, 수술로 절단이 필요하다. 동상을 방지하는 가장 좋은 방법은, 특히 체감 온도가 −45.5℃ 이하로 떨어질 경우에는 실내에 머무르는 것이다. 반드시 바깥출입을 해야 하는 경우라면 옷을 잘 겹쳐 입고, 술이나 카페인 음료는 마시지 말아야 하며, 흡연도 금해야 한다. 음주나 흡연은 혈관을 수축시켜 동상의 발생을 도울 우려가 있다.

동상에 **대처**하는 방법은?

우선 동상에 걸렸다고 생각되면 동상이 시작되는 손가락과 발가락 등 신체 끝 부분에 압력을 완화시킨 상태에서 긴급 의료 지원을 받아야 한다. 피해 부위를 심하게 문지르거나 하는 행위는 심각한 조직 손상을 가져오거나 심지어 조직 파괴를 일으키기 때문에 절대 피해야 한다. 의사의 도움을 즉시 받을 수 없는 경우에는 38~43℃ 정도의 따뜻한 욕조에서 처치하는 것이 난로 앞에 앉아 있는 것보다 더 올바른 대처법이다.

동창이란?

동창(凍瘡)은 춥고 습한 날씨에 피부가 오랫동안 노출되어 발생하는 충혈, 갈라짐, 가려움, 화끈거림의 증상을 말한다.

저체온증이란?

저체온증은 차가운 물, 얼음 혹은 공기에 노출됨으로써 생기는 체온의 치명적인 저하 현상이다. 추위에 온몸이 떨리는 증세는 훨씬 더 심각한 단계로 진행될 수 있는데, 방향 감각 상실, 졸음, 발음 이상, 기억 상실, 의식 불명 등으로 이어질 수 있다. 단지 체온이 34~35℃로만 떨어져도 저체온증의 시작이 일어날 수 있고, 외부 환경이 반드시 혹독하게 춥지 않더라도 나타난다. 예를 들어, 4℃ 온도의 물에 떠 있는 인체는 30분 이내에 저체온증을 경험할 수 있다. 저체온증을 처치하기 위해서는 응급 의료 구조의 도움을 받아야 하는데, 이때 가장 중요한 절차는 체온을 안정화하는

하와이에서도 동상에 걸릴 수 있을까?

물론이다. 겨울철 또는 이른 봄철에 하와이에 자리한 마우이 섬의 할레아칼라 산 정상이나 마우나케아에 오르면 -29℃ 미만의 낮은 온도를 쉽게 접할 수 있어서 장기간 추위에 노출되면 동상에 이를 수 있다.

하와이 마우나케아 정상부: 하와이의 거대한 화산 마우나케아 정상부는 4,000m가 훌쩍 넘는 고지대이다. 겨울철은 물론이고 봄철 기온이 낮아질 때 산꼭대기에서는 매우 혹독한 기상 환경이 펼쳐진다. 춥고 시야가 흐린 정상부에 미처 녹지 않은 눈이 군데군데 보인다. (사진: 박선엽)

일이다. 효과적인 처치법은 환자에게 따뜻하고(43~50℃) 습한 공기를 들이마시게 하여 호흡 계통과 신경 계통의 온도를 높임으로써 뇌 기능이 심장 기능을 조절할 수 있도록 하는 것이다.

차량에 **부동액**을 채울 때에는 **예상되는 온도**나 **체감 온도**에 따라 그 양을 조정해야 하는가?

소유하고 있는 자동차의 운전자 사용 설명서를 참조한 다음, 해당 지역에 나타나는 최저 기온하에서 차량 방열기를 보호할 수 있도록 적당량의 부동액을 사용하면 된다. 유용한 인터넷 주소를 찾으면 관심 지역에서 나타나는 최저 기온을 쉽게 알 수 있다. 일반적으로 도시 지역의 경우에는 큰 문제가 발생하지 않지만, 농촌 지역이라면 예상되는 최저 기온에서 9.5℃를 더 빼주는 것이 안전하다.

거북과 개구리는 **혈액**에 **부동액 성분**을 갖고 있나?

파충류와 양서류 같은 변온 동물들이 어떻게 추운 고위도 지역에서 생존하는지는 오랫동안 수수께끼로 남아 있었다. 거북과 개구리 같은 동물들의 체온은 (개나 사슴, 사람과 같은 정온 동물들과는 달리) 기온이 내려감에 따라 함께 감소한다. 그중 많은 동물들은 호수나 개울 근처 땅속에 산다. 외부 기온이 내려가면 이들 동물의 대사 활동이 느려져서 산소나 영양 공급 없이 오랜 기간을 생존할 수 있게 한다. 더욱이 많은 종류의 개구리와 거북은 포도당 화합물을 일종의 부동액으로 사용함으로써 결빙 조건에서도 혈액과 기타 액상 조직에 유해한 결정체가 생성되지 못하게 하여 생명을 이어 갈 수 있다.

일부 거북은 혈액 내에 부동액 역할을 하는 포도당 화합물이 포함되어 있어 겨울을 극복할 수 있다.

감기에 걸리면 왜 **콧물을 흘리는가**?

차가운 공기를 들이마시면 콧속 점막이 수축되어 부어오르게 된다. 이러한 반응을 통해 점액질 또는 액상의 콧물이 만들어진다. 하지만 시간이 지남에 따라 몸은 더 차

가운 온도에 적응하게 되면서 코 훌쩍거림 증상은 멈춘다.

추운 날씨에 바깥에 있으면 **감기에 걸리는가**?

추위 자체가 질병을 일으키는 것은 아니다. 감기가 겨울철에 자주 발생하는 이유는 사람들이 실내에 더 많이 머무르기 때문에 다른 사람들과 더 자주 접촉하게 되고, 사람들 중 일부는 감기 바이러스나 질병을 유발하는 박테리아에 감염되어 있기 때문이다. 또한 실내 난방 기구는 계속 돌아가고, 실내나 건물 환경이 항상 청결한 조건을 유지하는 것은 아니다. 예를 들어, 세균이 공기 필터와 더러운 통풍구 내에 증식할 수 있다. 때로는 사람들이 과다한 일산화탄소에 노출되어 중독 현상을 일으키면 일반 감기와 유사한 증세를 보이기도 한다.

겨울철 감기를 피하기 위해서는 손을 자주 씻고, 공공장소에서는 입, 코, 눈에 손을 대지 않는 것이 효과적이다. 최근 연구에 의하면, 8시간 이상 숙면을 취하는 것도 감기에 걸릴 확률을 66%나 줄여 준다고 한다.

서리가 오기 전에 **설익은 토마토**를 **보존**하는 방법은?

많은 농민들이 알고 있듯이, 겨울철 첫서리로 인해 수확을 앞둔 많은 농작물과 과일 및 채소류가 피해를 입게 된다. 덜 익어 아직 푸릇한 토마토는 종이봉투에 넣어 건조하고 어두운 장소에 보관하면 정상적으로 익는다.

농민들이 **서리와 갑작스런 결빙으로부터 농작물을 보호하는** 방법은?

서리나 결빙은 특히 온화한 환경에서 자라는 농작물에 치명적 피해를 주는 주요 요인이다. 감귤류와 같은 아열대성 작물은 특히 추위에 민감한데, 오렌지, 레몬, 아보카도와 같은 과수가 플로리다, 캘리포니아, 텍사스 지역에서 갑작스런 결빙 현상으로 전체적인 피해를 입은 사례는 수년 동안 있어 왔다. 이러한 피해를 막는 한 가지 방법은 훈증 용기의 사용이다. 이것은 자욱한 연기를 만들어 내는 휴대용 버너인데, 생성된 연기가 지표 근처의 온도를 유지하는 장치이다. 하지만 환경보호론자들은 공해 물질이 배출된다는 이유로 이 방법의 사용을 반대한다.

다른 한 가지 방법은 거대한 바람 장치를 이용하는 것이다. 큰 바람개비를 통해 따뜻한 바람을 지표로 불어 주면 냉해를 일으키는 찬 공기를 순환시키게 되는 원리이다. 흥미롭게도 농민들은 얼음을 이용해 농작물을 덮음으로써 서리 피해를 막기도 한다! 스프링클러를 이용하여 농작물에 물을 뿌려 주면, 온도가 −4℃ 아래로 내려가지 않는 한 서리로부터 보호받지 못하는 것에 비하면 피해가 줄어든다.

한파로 인한 사망자가 미국 북부보다 **남부**에 더 많은 이유는?

간단히 말해서 남부 거주자들이 한파에 대한 대비가 부족하기 때문이다. 가옥과 건물은 낮은 단열 효과를 가지고 있고, 사람들이 가지고 있는 겨울옷도 대부분 부족하다.

미국 **48개 주**에서 **가장 추운 도시**는?

몬태나 주 뷰트는 미국에서 가장 추운 도시이다. 뷰트에서 영하로 내려가는 날은 연간 평균 223일에 달한다.

플로리다 주에서 관측된 **최저 온도**는?

별명이 '선샤인 스테이트(Sunshine State)'인 플로리다에도 추운 날씨는 찾아온다. 예를 들어 1800년 1월 11일 잭슨빌에는 13cm의 눈이 내렸고, 1899년 2월 13일에는 남부 지역인 포트마이어스에까지 눈이 내린 기록이 있다. 1954년 3월 6일에는 밀턴에 약 10cm의 눈이 내린 적도 있다. 플로리다 주에서 눈이 내린 기록이 있는 가장 남쪽 도시는 마이애미 남쪽에 위치한 홈스테드였는데, 1977년 1월에 강설 현상이 있었다. 지난 수 세기에 걸쳐 눈발이나 진눈깨비, 우박이 내린 예는 많았다. 비교적 최근의 일로 2007년 2월 3일 플로리다 서쪽에, 그리고 2008년 1월 3일에는 동부인 데이토나비치에 눈이 내렸다.

추위에 알레르기 반응을 보이는 사람도 있을까?

연구에 따르면 사람들 중에는 실제로 낮은 온도에 과민 반응을 보이는 경우가 있는데, 발진과 같은 증상이 나타난다. 다른 알레르기 증세와 같이 항히스타민제를 복용하면 증상 완화에 도움이 된다.

겨울은 대부분의 사람들에게 반갑지 않은 계절이지만, 사람에 따라서는 실제로 추위에 알레르기 반응을 보이기도 한다.

영구 동토층이란?

영구 동토층은 여름철은 물론 2년 이상 연속하여 연중 얼어 있는 토양층을 말한다. 이러한 조건을 충족하는 지역은 연평균 기온이 −5℃ 이하가 되는 곳이다. 영구 동토층이 있는 극지방에서는 여름에 지표가 융해되어 활동층을 형성하면서 그 위에 마련된 건물의 기초가 쉽게 허물어지기 때문에 건축 공사는 위험하다.

미국 48개 주에는 **영구 동토층**이 많은가?

북부에 위치한 노스다코타 주와 몬태나 주는 영구 동토층이 지표면 아래 76cm 이상 발달하는 조건을 지니고 있지만, 알래스카를 제외한 미국 대륙에서 영구 동토층을 가진 주는 없다.

오대호가 완전히 **결빙**된 적이 있는가?

미국의 오대호(五大湖, Greak Lake)가 완전히 얼어붙은 적이 있는데, 1979년이 가장 최근의 일이다. 1993년부터 1994년에 걸친 겨울에도 오대호가 얼긴 했지만 완전히 결빙된 것은 아니었다. 이러한 일이 흔히 일어나는 것은 아니지만, 오대호의 결빙 현상이 발생하면 1월에서 3월로 이어지는 기간 동안에는 매우 위험하기 때문에 운하를 통한 선박 운송이 중단된다.

허드슨 강이 **얼어붙은** 적이 있는가?

뉴욕의 허드슨 강은 마시 산의 Tear-of-the-Clouds호에서 뉴욕 만에 이르는 483km 길이의 큰 강이다. 사람들이 허드슨 강을 생각할 때 연상되는 것은 뉴욕 대도시권을 통과하여 흐르는 하천 구간이다. 이 구간은 흔히 결빙되지 않는데, 마지막으로 얼어붙은 것은 1918년 1월의 일이다. 하지만 하굿둑 근처 고도가 높은 구간에서는 상대적으로 결빙 현상이 심심찮게 발생한다.

가장 낮은 온도 기록은?

다음 표에는 지역별로 기상학자들이 기록한 최저 온도 기록들이 나타나 있다.

장소	연도	온도(℃)
남극, 보스토크	1983	−89.4
그린란드, 클링크	1991	−69.6
러시아, 오이먀콘	1933	−67.8
러시아, 베르호얀스크	1892	−67.8
그린란드, 노스아이스	1954	−66
캐나다, 스내그, 유콘	1947	−63
러시아, 우스타슈고르	1978	−58.1

러시아 모스크바는 미국의 미네소타 주 미니애폴리스보다 더 추울까?

지리적으로 모스크바는 북위 55° 45′에 위치해 있고, 미니애폴리스는 북위 44° 53′분에 위치해 있다. 이러한 위도 상의 차이에도 불구하고 이 두 도시는 유사한 기후를 지니고 있다. 두 도시의 1월 평균 기온은 약 −10℃ 정도로 비슷하지만, 7월 평균 기온은 모스크바가 18.9℃, 미니애폴리스가 23.3℃를 나타낸다.

칠레, 코이헤이크 알토	2002	−37.7
아르헨티나, 사르미엔토	1907	−32.8
모로코, 이프란	1935	−23.9
오스트레일리아, 샬럿 패스, 뉴사우스웨일스	1994	−23
하와이, 마우나케아 관측소	1979	−11.1

미국에서 관측된 **최저 온도**의 기록은?

장소	연도	온도(℃)
알래스카, 프로스펙트크리크	1971/01/23	−62
알래스카, 타나크로스	1947/02/03	−59.4
몬태나, 로저스패스	1954/01/20	−56.7
유타, 피터스싱크	1985/02/01	−56.1
몬태나, 리버사이드 레인저 스테이션	1933/02/09	−54.4
와이오밍, 모런	1933/02/09	−52.7
콜로라도, 메이벨	1985/02/01	−51.7
아이다호, 아일랜드 파크 댐	1943/01/18	−51.1
미네소타, 타워	1996/02/02	−51.1
노스다코타, 파셜	1936/02/15	−51.1
사우스다코타, 매킨토시	1936/02/17	−50
아이다호, 티토니아	1933/02/09	−49.4
위스콘신, 쿠더레이	1996/02/04	−48.3
오리건, 세니커	1933/02/10	−47.8

단풍시럽 생산에 가장 적합한 날씨는?

단풍시럽 생산자들은 낮에는 영상으로 오르지만, 온도가 영하로 떨어지는 밤시간을 기다린다. 이런 조건에서 단풍나무의 수액이 가장 최상의 상태로 흘러나오기 때문이다.

뉴욕, 올드포지	1979/02/18	−46.7
미시간, 밴더빌트	1934/02/09	−46
네바다, 샌저신토	1937/01/08	−45.5
뉴멕시코, 가빌란	1951/02/01	−45.5
버몬트, 블룸필드	1933/12/30	−45.5
메인, 빅블랙리버	2009/01/16	−45.5

제4장

구름과 강수

구름

구름이란?

구름은 공기 중에 떠 있는 수많은 물방울과 작은 얼음 알갱이가 모여서 우리의 눈에 보이는 것이다. 이 물방울과 얼음 알갱이들은 먼지나 화분(花粉), 화산재, 무기질 조각 또는 유기 물질이나 무기 물질의 미세한 입자들로 이루어진 응결핵 주위에 응결된 것이다.

구름이 만들어지려면 공기가 수증기로 포화되는 온도인 이슬점 온도까지 기온이 내려가야 한다. 즉 공기의 습도가 100%가 되어야 한다. 구름 방울은 그 지름이 단지 수 마이크로미터(μm)에 지나지 않아, 한 방울의 빗방울이 되기 위해서는 100만 방울가량의 구름 방울들이 뭉쳐야 한다.

구름은 왜 **떠다니나**?

구름 속의 작은 물방울들도 지구 중력의 영향을 받기 때문에 실제로는 땅으로 떨어진다. 하지만 이 물방울의 질량이 너무 작아 아주 미약한 중력만이 작용하기 때문에 매우 천천히 낙하한다. 또한 바람과 기압이 구름 속의 물방울을 공기 중에 떠다니도록 한다. 바람이 불지 않는다고 가정하면, 구름 속의 물방울들은 시속 약 9m의 속도로 낙하한다.

과냉각수란?

과냉각수는 기온이 어는점보다 낮은 상태(최대 -40℃ 정도까지)에서도 얼지 않고 액체 상태로 남아 있는 물이다. 과냉각수로 이루어진 구름 속을 비행하는 항공기는 잠재적으로 재해에 노출된다. 왜냐하면 얼음이 낀 날개와 프로펠러가 제대로 움직이지 않을 수 있기 때문이다. 만약 안개처럼 지표면 근처에서 형성되면, 과냉각수가 도로 위에 얼음층을 만들어 운전하기에 매우 위험한 도로 상황을 만든다. 반면, 과냉각수가 나무나 초목들을 반짝거리는 얼음층으로 뒤덮으면 겨울 풍경은 마치 동화의 나라 처럼 매우 아름답게 변한다.

에이킨 핵이란?

공기는 아주 작은 입자들로 가득 채워져 있고, 수증기가 그 입자에 응결하여 구름을 만든다는 사실을 발견한 사람은 스코틀랜드의 물리학자인 존 에이킨(John Aitken, 1839~1919)이다. 우리가 일반적으로 부르는 응결핵의 공식적인 이름은 에이킨 핵(Aitken nuleus)이다.

구름 씨뿌리기에 **과냉각수**가 어떻게 사용되나?

구름 씨뿌리기는 구름에서 빗방울을 만드는 방법이다. 구름 씨뿌리기 실험은 1946년에 화학자이자 기상학자인 빈센트 새퍼(Vincent Schaefer, 1906~1993)와 물리학자이자 화학자인 노벨상 수상자 어빙 랭뮤어(Irving Langmuir, 1881~1957)에 의해 실시되었다. 두 사람은 −78℃의 드라이아이스(고체 이산화탄소)를 −40℃로 온도를 낮춘 구름 방울이 포함된 안개상자(127쪽 참조)에 놓아두었다. 그 결과 빗방울이 형성되는 것을 발견했다. 다음 단계로 두 사람은 동일한 실험을 실제 대기에서 시도했다. 1946년 겨울, 새퍼와 랭뮤어는 항공기에서 층적운 위에 드라이아이스를 뿌렸고, 드라이아이스가 소나기눈을 만드는 것을 발견했다.

층적운이 구름 씨뿌리기에 반응하고 있다. (출처: NOAA)

새퍼의 동료였던 미국의 물리학자 버나드 보니것(Bernard Vonnegut, 1914~1997)은 구름을 만드는 보다 효과적인 방법을 찾기 위해 드라이아이스 이외의 다른 화학 물질을 이용하여 실험을

플로리다 주 디어필드 비치 근처의 대서양에 적운의 무리가 보인다. (사진: Ralph F. Kresge, NOAA)

하였다. 그가 새롭게 발견한 물질은 옥화은(沃化銀, 요오드화은)이었는데, 이 물질은 오늘날까지도 구름씨로서 여전히 널리 이용된다. 그 이후로 바닷소금이나 심지어 물방울 등 다양한 물질들이 구름을 만드는 데 이용되어 왔다. 그러나 이러한 방법들은 겨울철에 비교적 잘 작동하는 것으로 나타났다. 따뜻한 계절에는 강수를 형성하기에 적합한 환경이 쉽게 만들어지지 않기 때문에 구름 씨뿌리기가 성공할 확률이 낮은 것으로 밝혀졌다.

빙정설이란?

스웨덴의 기상학자인 토르 베르예론(Tor Harold Percival Bergeron, 1891~1977)은 구름과 강수의 형성 과정에서 얼음 결정(氷晶)과 수증기, 기온 간의 역할을 정리한 이론을 제시하였다. 이후에 이 이론은 독일의 기상학자인 발터 핀트아이젠(Walter Findeisen, 1909~1945)에 의해 사실임이 확인되었다. 이러한 이유로 오늘날까지 널리 받아들여지고 있는 구름 형성 과정을 나타내는 이 이론은 '빙정설' 혹은 '베르예론-핀트아이젠' 이론으로 불린다.

공항에서는 **가시거리**를 높이기 위해 언제 **드라이아이스**를 사용하나?

기온이 충분이 낮다면 드라이아이스는 공항 주변의 안개를 걷어 내는 데 효과가 있는 것으로 밝혀졌다. 그러나 불행히도 드라이아이스를 사용하기에 적합한 환경은 전체 안개 일수의 약 5%밖에 되지 않는다.

안개상자란?

안개상자는 원래 방사능을 연구하기 위하여 설계되었다. 1912년에 안개상자를 발명한 스코틀랜드 물리학자인 찰스 윌슨(Charles Thomson Rees Wilson, 1869~1959)은 이 발명으로 1927년 노벨 물리학상 수상자가 되었다. 그 과정은 다음과 같다. 수증기로 포화 상태인 유리로 만든 안개상자를 단열 팽창시켜 안개상자 안을 과포화 상태로 만든다. 이때 안개상자를 통해서 지나가는 이온화된 입자들은 수증기가 응결할 수 있는 응결핵으로 작용하여 입자들이 지나가는 궤적을 따라 안개가 생긴다. 이런 과정을 통해 물리학자들은 입자들을 볼 수 있게 되었고, 입자의 운동 형태를 연구할 수 있었다.

구름을 분류한 최초의 인물은 **누구**인가?

프랑스의 박물학자 장 바티스트 라마르크(Jean Baptiste Lamarck, 1744~1829)가 1802년에 구름을 분류한 체계를 처음으로 제안했지만, 그의 노력은 세간의 관심을 받지 못했다. 1년 후인 1803년에 영국의 약사인 루크 하워드(Luke Howard, 1772~1864)가 오늘날까지 통용되는 구름 분류 체계를 개발하였다.

하워드는 일반적인 구름의 형태와 구름이 형성되는 고도에 따라 구름을 구분하였다. 라틴어의 이름과 접두사들이 이러한 특징들을 표현하기 위해 이용되었다. 형태를 나타내는 이름은 권운(cirrus, 동그랗게 말리거나 성긴 몇 가닥의 줄기처럼 생긴)과 층운

(stratus, 넓게 퍼진 층으로 이루어진), 적운(cumulus, 몽실몽실하게 생기거나 보풀처럼 생긴)이 있다. 접두어는 고도를 나타내는데, '권(cirro, 구름 밑면의 높이가 약 6,000m 이상인 대류층 상부에 만들어지는 구름)'과 '고(alto, 대류권의 중간층인 1,800~6,000m에서 만들어지는 구름)'가 사용된다. 대류권 하층에서 만들어지는 구름에는 접두어가 붙지 않는다. '난 혹은 란(nimbo 혹은 nimbus)'은 강수를 만드는 구름을 지시하는 이름과 접두어로 사용된다.

4가지의 주요한 구름의 범주는 무엇이며, 어떤 형태인가?

구름은 아래와 같은 방법으로 분류된다.

1. 상층운

거의 대부분이 얼음(빙정)으로 이루어져 있다. 구름 밑면 높이는 5,000m부터 시작하여 13,650m에까지 도달할 수 있다.

a. 권운(卷雲): '머리카락 한 타래'라는 뜻의 라틴 어에서 나온 이름이다. 얇고 새털 모양의 수정 같은 구름으로 군데군데 모여 있거나 좁은 띠 모양으로 나타난다.

b. 권층운(卷層雲): 엷은 베일이나 시트를 닮은 얇고 흰색의 구름이다. 줄무늬나 섬유 모양을 띠고, 얼음으로 이루어졌기 때문에 햇무리나 달무리를 나타내는 특징이 있다.

c. 권적운(卷積雲): 작은 덩어리의 얇은 구름으로, 하얗고 솜털 조각 같으며 조개가 촘촘히 흩어져 있는 모양을 이룬다. 권적운에는 과냉각수가 포함되어 있기도 하다.

2. 중층운

주로 물로 이루어져 있으며, 구름 밑면 높이는 2,000~7,000m까지이다.

a. 고층운(高層雲): 푸르스름한 색 또는 잿빛의 베일을 닮은 구름으로 점차 고적운과 합쳐진다. 고층운은 태양을 완전히 가리기도 하나, 얇을 때는 태양의 윤곽이 희미하게 보인다.

b. 고적운(高積雲): 흰색이나 회색의 구름으로 둥글둥글하게 덩어리진 모양의 구

름이 모인 형태이다. 탑 모양과 송이 모양 등 다양한 모습을 한다.

3. 하층운

거의 대부분이 물이지만, 때로는 과냉각수가 포함되어 있다. 어는점 이하(빙점하)에서는 눈과 얼음 결정들이 함께 존재하기도 한다. 중위도에서 구름 밑면 높이는 지표면에서부터 2,000m까지이다.

a. 층운(層雲): 비교적 낮은 구름 밑면을 가지는 회색의 균일한 층 모양 구름이지만, 특정한 모양이 없는 낮은 회색 구름이 군데군데 뭉쳐 있는 것 같은 형태를 보이기도 한다. 때로는 구름층이 얇아서 구름 사이로 태양이 비치거나 푸른 하늘이 보일 때도 있다. 가끔 이 구름으로부터 안개비나 눈이 내리기도 한다.

b. 층적운(層積雲): 낮은 고도에서 형성되는 적운으로, 둥글둥글한 공 모양의 구름이다.

c. 난층운(亂層雲): 비와 눈, 싸라기눈 등이 포함된, 짙은 회색의 특정한 모양이 없는 매우 큰 구름이다.

적란운의 정상부는 마치 거대한 목화송이처럼 생겼다.

4. 수직 발달운

어는점 고도 이상에서는 과냉각된 물을 포함하고 있고, 매우 높은 고도까지 성장한다. 구름 밑면 높이는 300~3,300m까지이다.

a. 적운(積雲): 주로 맑은 날씨에 만들어지는 각각 분리된 형태의 구름으로, 맨 윗면은 돔의 형태인 반면에 밑면은 거의 수평이다. 이 구름은 보통 아주 광범위하게 수직 발달을 하지는 않으며, 강수를 만들지 않는다.

b. 적란운(積亂雲): 불안정적이며 수직으로 발달한, 소나기나 우박, 벼락과 뇌우를 동반하는 거대한 구름이다. 구름의 정상부가 쇠모루 모양으로 퍼져 있는 경우도 있다.

구름의 형태를 설명하는 또 다른 용어들이 있나?

그렇다. 고도와 특징을 기준으로 구름의 이름을 정하는 주요 명명 규칙과 더불어, 다양한 라틴 어 용어들이 구름의 형태를 표현하는 데 사용된다. 예를 들어, 탑상 적운[Cumulus Castellanus, 탑상운(塔狀雲)]은 머리 부분이 마치 성 탑처럼 생긴 형태의 적운을 가리킨다. 다음은 구름의 형태를 기술하는 또 다른 용어들의 전체 목록이다.

구름 용어	구름의 형태
아치구름(Arcus)	아치 또는 활 모양
탑상운(Castellanus)	탑 모양
웅대운(Congestus)	꽃양배추(cauliflower) 꽃봉오리 모양
이중구름(Duplicatus)	높이가 약간 다른 구름층이 부분적으로 겹쳐 있는 모양
명주실구름(Fibratus)	명주실처럼 가는 실 모양
송이구름(Floccus)	양털 혹은 잡풀 무더기 모양
조각구름(Fractus)	조각조각 불규칙한 모양
편평운(Humilis)	납작하고 낮고 작은 모양
모루구름(Incus)	모루 모양
새털구름(Intortus)	휘어지고 엉클어진 모양
벌집구름(Lacunosus)	얇고 구멍 난 모양
렌즈구름(Lenticular)	렌즈 모양

오클라호마 주 툴사에 나타난 유방형 구름(출처: NOAA Photo Library; NOAA Central Library, OAR/EPL/National Severe Storms Laboratory)

유방구름(Mammatus)	구름 밑면으로부터 아래로 늘어진 둥근 유방 모양
중간구름(Mediocris)	중간 정도의 높이에서 솟아오른 뭉게구름
안개구름(Nebulosus)	또렷하지 않은, 희미한 모양
불투명구름(Opacus)	두텁고 조밀한 모양
편난운(Pannus)	난층운의 구름 바닥 부근이 떨어져 나온 구름, 토막구름
틈새구름(Perlucidus)	구름 사이에 반투명의 작은 틈이 있는 모양
두건구름(Pileus)	후드 모양
강수운(Praecipitatio)	비구름. 미류운(Virga, 꼬리구름)과 구분하기 위해서 사용
방사운(Radiatus)	평행한 띠 모양의 구름이 한 점으로 모이는 것처럼 방사상으로 퍼져 있는 모양, 방사성 구름
농밀구름(Spissatus)	햇빛을 가릴 만큼 두터운 회색 권운
층상운(Stratiformis)	수평으로 넓은 범위에 퍼져 있는 모양
반투명구름(Translucidus)	얇고 투명한 모양
깔때기구름(Tuba)	구름 바닥에 부분적으로 깔때기 모양을 한 구름
갈퀴구름(Uncinus)	끝이 구부러져 갈고리 모양을 한 권운

파상운(Undulatus)	물결 모양, 물결구름
면사포구름(Velum)	수평으로 대단히 넓게 퍼진 면사포 모양
늑골구름(Vertebratus)	갈비뼈 모양

자개구름이란?

자개구름은 낮은 고도에서는 거의 찾아볼 수 없고 주로 19~32km의 높이에서 만들어지며, 권운이나 렌즈형 고적운처럼 생겼다. 채운(彩雲) 현상으로 인해 빛나는 무지갯빛을 가진 이 구름은 매우 아름다워서 때로는 '진주구름'이라고도 불린다. 채운 현상이란 과냉각된 물방울이 태양광의 굴절을 일으켜 구름의 가장자리가 무지개색을 띠는 것을 말한다. 알래스카나 스코틀랜드, 스칸디나비아와 같은 고위도 지역에서 관찰되는 자개구름은 태양이 수평선보다 다소 낮은 일출 이전과 일몰 이후 단 몇 시간 정도만 나타난다.

야광운이란?

75~90km의 고도에서 만들어지는 이 구름은 지구 대기 상에서 볼 수 있는 가장 높은 구름이다. 야광운은 평균 시속 160km에 달하는 상층 대기의 바람에 의해 만들어진 권운(卷雲)을 닮았으며, 북위 50~75°와 남위 40~60° 지역에서 여름에만 볼 수 있다. 푸르스름하거나 은빛을 띤 야광운은 주로 황혼에 볼 수 있는데, 가끔은 붉은색 반점이 보이기도 한다. 유성의 활동이 증가할 때 더욱 빈번하게 나타나기 때문에, 야광운은 상층 대기의 유성의 먼지 때문에 발생하는 것으로 추정된다.

말꼬리구름이란?

좀 더 기술적으로 말하면, 명주실 권운으로 알려진 구름이다. 말꼬리구름이란 이름은 길고, 휘어져 있으며, 섬유처럼 생긴 이 구름의 모양에서 유래하였다.

미국에서 **흐린 날이 많은 도시**는 어디인가?

구름으로 뒤덮인 연평균 일수로 살펴본, 미국에서 가장 흐린 도시는 다음과 같다.

1. 오리건 주 애스토리아, 워싱턴 주 킬라요트: 240일
2. 워싱턴 주 올림피아: 229일
3. 워싱턴 주 시애틀: 227일
4. 오리건 주 포틀랜드: 223일
5. 몬태나 주 칼리스펠: 213일
6. 뉴욕 주 빙엄턴: 212일
7. 웨스트버지니아 주 베클리와 엘킨스: 211일
8. 오리건 주 유진: 209일

미확인 비행 물체(UFO)로 종종 **오해받는 구름**은?

렌즈형 고적운(altocumulus lenticularis) 혹은 흔히 렌즈구름이라고 하는 이 구름은 그 모양이 오랫동안 UFO라고 보고되었던 물체와 매우 유사하게 생겨서 종종 '비행

렌즈구름은 그 모양이 접시를 닮았기 때문에 미확인 비행 물체로 종종 오해받곤 한다.

접시구름'이라고 불린다. 때로는 한 개 혹은 여러 개가 층층으로 쌓인 듯한 모습으로 나타나기 때문에 모자구름, 깃발구름, 롤구름, 삿갓구름, 퓐구름, 식탁보, 치누크 아치(chinook arch) 등의 다양한 이름으로 불린다. 이 구름의 기묘한 특성은 비록 시속 241km에 달하는 바람이 불더라도 계속 한곳에 머물러 있으려 한다는 것이다. 일반적으로 이 구름은 공기가 산악 지대를 지나면서 생기는 '정상파(定常波)'에 의해 형성된다. 파동에 의해 공기가 상승하는 부분에서 수증기의 응결이 일어나면서 구름이 생기지만, 렌즈구름 아래의 하강 기류 내에는 응결되었던 물방울이 다시금 증발하면서 구름이 없어진다. 주변의 빠른 기류로 인해 렌즈구름의 표면은 매끈하다.

비늘구름이 덮인 하늘이란?

마치 고등어 등의 비늘처럼 생긴 독특한 형태의 구름을 형성하는 고적운(altocumulus)이나 권적운(cirrocumulus)이 하늘을 덮고 있을 때 사용되는 표현이다.

식탁보구름이란?

남아프리카 공화국의 케이프타운 인근에 위치한 테이블 산은 바람이 사방에서 불어오면 종종 얇은 옷감처럼 생긴 구름으로 뒤덮인다. 이때 그 구름층의 모양이 마치 얇은 천을 깔아 놓은 식탁보처럼 보인다고 하여, 이 지역 주민들은 식탁보구름이라고 부른다.

구름에 의해 덮여 있는 지표면은 얼마나 되나?

어떤 시점에서든지 지표면의 절반가량은 구름으로 덮여 있다.

비행기는 어떻게 **구름을 만드나**?

대기가 수분을 충분히 함유하고 있으면 비행기의 배기가스는 가끔 비행운(contrail)이라고 불리는 응결 흔적을 남긴다. 비행운은 좁은 선처럼 생긴 구름으로, 일반적으로 쉽게 증발한다. 하지만 주변 공기가 수증기로 포화 상태에 가까워지면 비행운은

권운(卷雲)으로 바뀐다.

비행운이란?

비행운(contrail)은 '응결 흔적(condensation trail)'의 줄임말이다. 비행운은 제트 엔진을 단 항공기가 높은 고도에서 비행할 때 배기가스가 주변 공기와 만나서 응결된 수증기로 만들어진다. 비행운을 최초로 연구한 것은, 비행운 때문에 B-29 폭격기의 위치가 드러날 수 있다는 우려가 있었던 제2차 세계대전 때였다. 최근에는 기후학자들이 비행운의 지구 온난화에 미치는 영향을 연구하면서 또다시 세간의 관심을 얻게 되었다. 이들의 연구에 따르면, 비행운이 있는 곳에는 지구 온난화에 기여하는 권운의 생성이 증가한다. 또한 과학자들은 제트 엔진의 배기가스에 포함된 일부 화학 물질들이 대류권과 하층 대기 내의 화학 반응에 악영향을 미칠 수 있다고 우려한다.

강수

증발산이란?

증발산(蒸發散)은 수증기가 호수나 강, 물웅덩이와 같은 지표면으로부터 대기 중으로 이동하는 '증발'과, 수분이 식물로부터 대기 중으로 이동하는 '발산'의 합성어이다.

물 순환이란?

대기에서부터 땅, 강, 바다, 식물로, 그리고 다시금 대기로의 물의 이동을 물 순환이라고 한다. 대기 중의 물은 구름이나 안개를 만들고, 강수의 형태로 땅으로 떨어진다. 물은 땅으로 흘러 식물의 영양분으로 흡수되고, 일부는 강으로 흘러든 후 바다로 흘러 들어가고, 나머지는 지하수가 된다. 시간이 흐르면서 바다나 호수, 강, 물웅덩이에 있는 물은 대기로 증발한다. 식물에 흡수된 물 역시 대기 중으로 발산된다. 이와 같은 대기 중으로의 물의 이동 과정을 통틀어 '증발산'이라고 부른다.

잠열이란?

스코틀랜드 화학자인 조지프 블랙(Joseph Black, 1728~1799)과 스위스의 기상학자이자 지질학자이며 물리학자인 장 앙드레 델뤽(Jean-André Deluc, 1727~1817)이 각기 독자적으로 잠열에 대한 기본 개념을 정립하였다. 물이 응결된 후 결빙이 될 때 에너지를 잃고 열을 방출하는데, 수증기가 물이 될 때는 물 1g당 600cal만큼의 열량을 방출하고, 다시금 물이 얼음이 되면서 물 1g당 80cal의 열을 방출한다. 이렇게 방출된 열은 폭풍을 형성하는 데 필요한 에너지를 제공한다.

화이트아웃이란?

화이트아웃(white-out)에 대한 공식적인 정의는 없다. 이는 강설로 인해 가시거리가 크게 제한을 받는 상황을 가리킬 때 쓰는 일상적인 용어이다. 화이트아웃을 일으킬 수 있는 기상 상황은 눈보라나 집중적인 폭설 등이다. 만약 태양빛이 섞여든다면, 마치 안개가 끼었을 때 전조등을 켜면 전조등의 빛이 눈으로 반사되어 앞을 볼 수 없을 정도로 상황이 나빠진다.

안개 제거 방법에는 어떤 것이 있나?

과거에는 안개를 날려 보내기 위해서 헬리콥터가 이용되었다. 또한 프랑스에서는 사람들이 공항에서 공기를 데워 안개를 없애기 위해 제트 엔진을 이용하였다. 하지만 이 두 방법은 안개를 걷어 내기에는 아주 터무니없는 방법들이었다.

강우의 **범주**는?

강우는 다음의 3가지로 분류된다.

빗방울은 얼마나 빨리 떨어질까?

빗방울의 낙하 속도는 빗방울의 크기와 풍속에 따라 달라진다. 바람이 불지 않으면 일반적인 크기의 빗방울은 시속 약 11km의 속도로 떨어진다. 큰 빗방울의 낙하 속도는 시속 26~32km에 달한다. 반면, 아주 작은 빗방울은 날리면서 시속 1.6km보다도 천천히 떨어진다. 지표면 위 약 15km에서 떨어지는 큰 빗방울은 약 3분 후에 땅에 떨어진다.

- 대류성 강우는 태양이 지표면 근처의 공기를 데울 때 발생한다. 공기가 상승하면서 높은 고도에서 온도가 낮아져서 응결되어 물방울이 형성되면 소나기가 내린다.
- 지형성 강우는 기단이 산과 같은 지형으로 인해 상승하면서 발생한다. 대류성 강우와 마찬가지로 공기가 상승하면서 차가워지면, 비가 기단이 상승하는 쪽의 사면에서 내린다.
- 전선성 강우는 기단이 서로 교차하여 더운 공기가 상승하면서 발생한다. 전선성 강우를 만드는 대기 상태는 때때로 강력한 뇌우나 허리케인을 발생시키기도 한다.

빗방울의 형태는?

빗방울은 조롱박처럼 생긴 배 모양이나 눈물방울 형태로 그려져 왔지만, 초고속 영상에 나타난 큰 빗방울은 도넛과 유사한 형태로 밑바닥 가운데가 움푹 팬, 그러나 완전히 구멍이 뚫리지는 않은 형태를 보인다. 빗방울이 이러한 형태를 가지는 이유는 물의 표면 장력 때문이다. 지름이 2mm보다 큰 빗방울이 떨어지면 그 빗방울은 변형된다. 물방울에 미치는 기압이 물방울의 밑바닥을 평평하게 만들고 가장자리는 부풀어 오르게 한다. 빗방울의 지름이 6.4mm보다 커지면, 빗방울은 떨어지면서 가장자리가 더 많이 부풀어 오르는 반면에 가운데는 점차 얇아져서 나비넥타이 형태가 되고, 결국에는 공처럼 둥근 구형의 두 개의 작은 빗방울로 나누어진다.

빗방울은 얼마나 **커질** 수 있나?

빗방울이 낙하할 때 대기와의 마찰력이 물의 표면 장력보다 커지면, 빗방울은 여러 개의 작은 빗방울로 부서진다. 낙하하는 빗방울의 표면 장력이 물방울의 형태를 지탱할 수 있는 가장 큰 크기의 물방울은 약 6.35mm이다.

강수량은 어떻게 **측정**되나?

기상 관측소는 0.25mm 단위의 강수량을 측정할 수 있는 매우 정확한 기기를 사용한다. 우량계 혹은 전도 버킷형 우량계(tipping-bucket gauge)와 같은 기구들은 건물이나 나무 등 강수에 영향을 미칠 만한 것들이 없는 곳에서 강수량 측정에 사용해야 한다.

강수 흔적이란?

강수량이 너무 적어서 일반적인 우량계로 측정할 수 없을 때, 그 강수량을 '강수 흔적'이라고 부른다.

쉽게 만드는 우량계에는 어떤 것이 있나?

바닥과 옆면이 평평한 용기라면 어떤 것도 강수량을 측정할 수 있다. 용기 윗부분의 폭은 용기의 아랫부분과 같아야 하지만, 용기의 지름은 중요하지 않다. 강수량을 측정하기 위해 우량계를 살 수도 있지만, 커피 캔과 같이 간단한 것들을 이용할 수도 있다.

하와이 마우나로아 산에 설치되어 있는 미국 국립해양대기국의 빗물 수집기. 산성비를 조사하는 데 쓰인다. (사진: John Bortniak, NOAA Corps)

브뤼크너 주기란?

브뤼크너 주기(Brückner cycle)는 약 35년의 주

관절염을 앓고 있는 일부의 사람들이 비가 오는 것을 예측할 수 있을까?

많은 사람들은 무릎이 아프거나 이가 욱신거리고 몸의 다른 곳이 아픈 것으로 비바람이 몰려오는 것을 느낄 수 있다고 말한다. 펜실베이니아 대학의 연구에서, 과학자들은 정말로 관절염이 있는 사람들은 습도가 높아지고 기압이 낮아지는 것을 느낀다는 사실을 발견하였다. 실제로 습도의 증가와 기압의 감소 모두가 비바람이 다가온다는 것을 알려 주는 좋은 지표이다.

기로(비록 주기가 최소 20년에서 최대 50년에 걸쳐 오락가락하긴 하지만) 비정상적으로 습윤한 기간이 지나면 정상보다 건조한 기간이 따라오는 기후의 주기를 말한다. 브뤼크너 주기는 이 주기를 처음으로 발견한 독일의 지리학자이자 기상학자인 에두아르트 브뤼크너(Eduard Brückner, 1862~1927)의 이름을 따서 지어졌다. 이 주기는 또한 한랭한 기간과 온난한 기간과도 관련이 있다. 기후 변화와 빙하의 성장과 후퇴에도 많은 관심을 가졌던 브뤼크너는 빙하와 나무의 나이테 연구를 기반으로 하여 자신의 이론을 정립하였다. 여기서 흥미로운 것은 브뤼크너가 주장한 주기가 대단히 불규칙적임에도 불구하고, 브뤼크너 주기가 발표된 이래로 많은 기후학자들은 단기간뿐만 아니라 장기간에 걸친 기후의 변화에 매우 큰 관심을 가지게 되었다는 점이다.

미국에서 **비가 가장 많이 내리는 곳**은 어디인가?

하와이 주 카우아이 섬의 와이알레알레 산은 매년 평균적으로 11,680mm의 비가 내린다. 이는 매년 거의 12m나 되는 비가 내리는 것이다. 이곳의 연평균 최고 기록은 1982년의 17,340mm이다.

미국에서 **비가 오는 날이 가장 많은 곳**은 어디인가?

비가 가장 많이 내리는 곳과 같이, 비 오는 날이 가장 많은 곳 또한 하와이 주 카우아이 섬의 와이알레알레 산이다. 이곳에는 매년 350일 동안 비가 온다.

지구 상에서 **가장 비가 많이 오는 곳**은 어디인가?

총 강수량으로 따지면, 지구 상에서 가장 비가 많이 오는 곳은 인도 모신람으로 여름 몬순에 의한 강수로 인해 연평균 강수량이 11,880mm에 달한다. 근처에 위치한 체라푼지도 11,700mm의 비가 내린다. 연평균 강수량이 두 번째로 많은 지역인 콜롬비아 투투넨도에는 매년 11,770mm의 비가 온다. 비공식적이지만 콜롬비아 요로는 연평균 13,280mm의 비가 오는 것으로 알려져 있으나, 이 강수량 기록을 증명할 믿을 만한 관측치는 없다.

비공포증과 **안개공포증**이란?

비공포증(ombrophobia)은 비를 무서워하는 증상이고, 안개공포증(homichiophobia)은 안개를 두려워하는 증상이다. 'phobia'는 무엇인가를 무서워하거나 두려워하는 증상을 표현할 때 사용되는 접미사이다.

아마존 열대 우림 지역에는 비가 얼마나 내리나?

아마존 강 유역을 둘러싸고 있는, 세계에서 가장 넓은 열대 우림 지역인 이곳의 대부분은 브라질의 국경 지대에 자리 잡고 있다. 이 지역에는 연평균 2,000mm가량의 비가 내린다. 흥미롭게도 아마존 열대 우림 지역에는 이처럼 비가 많이 오고 많은 식생이 자라고 있지만, 이곳의 토양은 아주 척박하여 농업에 적합하지 않다.

아라비아 사막에도 비가 오나?

아라비아 반도에 위치하고, 그 면적이 약 230만km^2에 달하는 아라비아 사막은 원래 매우 건조한 지역이지만 그래도 비는 내린다. 이 사막의 일부 지역은 연평균 강수량이 단지 35mm에 불과하다. 하지만 때때로 폭풍우로 인해 돌발 홍수가 만들어지기도 한다. 가장 최악의 돌발 홍수는 1995년에 발생했는데, 폭풍과 강풍에 동반된 돌발 홍수로 말미암아 사우디아라비아 지다에서는 5명이 목숨을 잃었다.

하늘에서 물고기, 개구리, 곤충 들이 비처럼 떨어졌다는 이야기가 사실일까?

사실이다. 영어의 'raining cats and dogs'는 비가 억수같이 내린다는 표현이다. 하지만 실제로 개구리나 메뚜기, 물고기와 다른 기이한 생물체들이 비와 함께 내렸다는 믿을 만한 보고는 많다. 그 예로, 1873년 미국의 대중을 위한 과학 잡지인 『사이언티픽 아메리칸(Scientific American)』은 미주리 주 캔자스시티에서 폭풍이 칠 때 하늘에서 개구리가 떨어졌다는 기사를 실었다. 1901년 미네소타 주 미니애폴리스에서 발생한 폭풍은 비와 함께 개구리와 두꺼비를 내렸다. 비교적 최근인 1995년에는 영국 셰필드에서 개구리 폭풍이 불어닥쳤다고 알려졌다.

이처럼 양서류가 하늘에서 비처럼 떨어지는 현상은 용오름(waterspout)이 개구리나 두꺼비를 낚아채서 하늘로 떠올리면, 상층 대기의 탁월풍이 이들을 멀리로 날려보내기 때문에 발생한다고 설명될 수 있다. 하늘에서 물고기가 떨어지는 것도 이와 마찬가지로 설명될 수 있다. 2006년 9월에 캘리포니아 주 폴섬에 사는 한 부부는 물고기가 하늘에서 떨어졌다고 보고하였다. 같은 해에 인도의 만나에서도 같은 현상을 본 목격자가 있었다. 하지만 과학자들은 용오름이 돛단배 정도의 물체를 들어올릴 만한 시속 320km나 되는 바람을 일으킬 수 있다고 믿지 않는다.

새를 비롯한 날아다니는 곤충들도 희생자가 될 수 있다. 새들이 강한 폭풍을 만나 다치거나 길을 잃어서 땅으로 떨어지는 경우는 얼마든지 추정이 가능하다. 메뚜기나 귀뚜라미 같은 작은 곤충들은 쉽게 이러한 폭풍의 희생자가 될 수 있다. 그 예로 1988년에 카리브 해에서 엄청난 메뚜기 비가 내렸는데, 기상학자들은 북아프리카의 붉은 메뚜기 떼가 강풍에 붙잡혀 카리브 해까지 날려 가서 생긴 것으로 추정하였다.

모든 강수가 **지표면**까지 도달하나?

아니다. 비나 다른 형태의 강수는 자주 지표면에 도달하기 전에 증발되곤 하는데, 공기가 건조할 경우에는 특히 그렇다. 미국 남서부 지역의 건조 지대에는 번개와 천둥이 치지만 강수의 양이 아주 작거나 강수가 없는 '건조한' 폭풍이 빈번하게 일어난다. 비가 증발하면서 기온이 낮아지고 기압이 변하면 하강 기류나 순간 돌풍을 일으키는 기상 상태가 조성될 수 있다. 이처럼 비가 내리지 않는 건조한 폭풍이 항공 사고를 일으킬 수 있기 때문에 조종사들은 특히 이러한 상황에 주의를 기울인다.

미류운이란?

미류운(尾流雲)은 땅에 닿기 전에 증발해 버리는 비나 눈을 나타내는 재미있는 표현

1935년 4월 18일 텍사스 주 스트랫퍼드 인근에서 발생했던 것과 같은 거대한 모래 폭풍은 대공황의 고통에 더해진 또 하나의 지긋지긋한 광경이었다. (사진: George E. Marsh, NOAA)

이다. 미류운은 마치 구름이 꼬리를 아래로 늘어뜨린 것처럼 보인다.

지구 상에서 가장 건조한 곳은 어디인가?

지구 상에서 가장 건조한 곳은 남태평양에 인접한 칠레의 아타카마 사막이다. 이곳의 연평균 강수량은, 특히 아리카에서는 약 0.5mm이다. 기상학자들은 이곳의 끊임없는 가뭄은 이곳 해안을 따라 흐르는 한류인 훔볼트 해류(Humboldt Current)가 아타카마 사막으로 가는 비구름을 막아 버리기 때문이라고 설명한다. 아타카마 사막의 일부 지역에서는 지난 수백 년간 단 한 방울의 비도 내리지 않았다.

미국에 **가장 큰 경제적인 피해를 입힌 가뭄**은?

미국에는 지난 세기를 통해서 여러 번의 지독한 가뭄이 있었다. 이중에서 가장 잘 알려진 가뭄은 1930년대의 더스트 볼(Dust Bowl)이다. 하지만 경제적인 측면에서 가

1977년 미국에서 발생한 먼지 폭풍으로 어떤 일이 일어났을까?

더스트 볼 이후에 미국에서 생긴 최악의 먼지 폭풍은 1977년 2월에 발생했다. 콜로라도 주에서 텍사스 주에 걸쳐 추수를 마친 농경지에 불어닥친 사나운 바람은 엄청난 먼지구름을 일으켰고, 이 먼지 폭풍과 함께 이동한 약 300만 톤의 흙이 오클라호마 주에 쌓였다. 먼지구름은 미시시피 주와 앨라배마 주를 거쳐 대서양까지 날아가면서 공기 중의 미세 먼지로 인한 오염을 급격하게 높였다.

장 큰 피해를 입힌 가뭄을 따지자면, 1988년부터 시작하여 1989년까지 이어진 가뭄이다. 이 가뭄은 미국 경제에 약 400억 달러의 피해를 끼친 것으로 추정되고, 당시 미국 국민의 절반 이상이 이 가뭄의 피해를 입었다.

더스트 볼은 무엇이고, 미국에 어떤 영향을 미쳤나?

1933년부터 1939년에 걸쳐 일어난 가뭄과 먼지 폭풍은 정도의 차이는 있었지만 미국의 대평원 지역을 황폐하게 만들었다. 최악의 가뭄은 1934년과 1939년의 가뭄이었고, 최악의 먼지 폭풍은 1935년에 발생했다. 더스트 볼은 한때 비옥했던 땅을 황무지로 바꾸어 놓았다. 거대한 먼지 폭풍이 오클라호마 주와 텍사스 주, 캔자스 주, 콜로라도 주, 뉴멕시코 주, 그리고 심지어 동부에 위치한 주까지 휩쓸고 지나갔다. 고온 건조한 날씨만이 더스트 볼을 일으킨 주범이 아니다. 그 당시 농부들은 토양을 완전히 고갈시키는 농법을 이용하였다. 당시의 농부들 대부분은 오늘날처럼 윤작이나 관개를 하지 않았다. 그 결과 극심한 가뭄이 닥치자 작물들이 말라죽고, 토양은 쉽게 바람에 침식되었다. 강풍이 표토를 걷어 내어 버리자 땅에는 비옥한 흙이라곤 거의 남아 있지 않았다.

더스트 볼은 작물에 엄청난 피해를 입혔다. 이 재해로 많은 농부들이 자신들의 땅을 버리고 다른 곳으로 이주했다. 많은 경우에 농부들은 캘리포니아 주 등 서부로 이주했다. 존 스타인벡(John E. Steinbeck)은 1939년에 출판한 그의 소설 『분노의 포도

왜 도시에서는 주중에 강수 확률이 주말보다 높을까?

도시 지역에서는 주중에 각종 경제 활동으로 인해 공장 가동이나 자동차 운행이 많아 대기 중에 비가 만들어지기 위해서 필요한 먼지와 부유 입자가 더 많이 만들어진다. 또한 이러한 각종 경제 활동으로 인해 방출된 열은 공기를 데워 상승하게 만들어 비가 만들 수 있는 적절한 환경을 제공한다. 프랑스 파리를 대상으로 한 연구에서는 주중에 강수의 발생 확률이 증가하고, 토요일과 일요일에는 강수 확률이 급격히 떨어진다고 밝혔다.

(The Grapes of Wrath)』에서 당시의 농부들이 겪은 곤경을 잘 그려 냈다. 사진가인 도로시 랭과 아서 로스스타인도 후손들을 위해 이 역경의 시기를 흑백 사진으로 기록하였다. 오늘날에도 미국의 중부 지역에서는 아직까지 더스트 볼이 미친 영향을 찾을 수 있는데, 이전에는 지방 농촌의 물류 중심지로 번창했으나 지금은 텅 빈 유령 도시들이 남아 있다.

이슬비란?

이슬비는 단지 작은 빗방울로 평균 지름이 0.05mm에 지나지 않는다.

지구 상에서 비가 가장 적게 내리는 곳은?

칠레의 아리카는 1903년 10월부터 1918년 1월까지 측정 가능한 비가 내린 적이 없다.

미국에서 가장 긴 **가뭄** 기록을 가진 도시는?

캘리포니아 주 바그다드에서는 1912년 10월 3일부터 1914년 11월 8일까지 767일 동안 비가 내리지 않았다.

강수 확률이 **40%**라는 것은 무엇을 뜻하나?

기상 예보에서 강수 확률이 40%라고 하면, 이는 10번에 4번의 확률로서 최소 0.025mm의 비가 예보 지역의 어느 한 곳에서 온다는 것을 뜻한다.

습도

습도란?

습도란 공기 중에 포함된 수증기의 양을 말한다. 기온과 기압에 따라 공기가 포함할 수 있는 수증기의 양은 각각 다르다.

절대 습도와 **상대 습도**의 차이는?

절대 습도는 1*l*의 공기에 포함된 실제 수증기의 질량이다. 상대 습도는 공기 중에 포함된 실제 수증기의 양을 주어진 기온과 기압하에서 공기가 포함할 수 있는 최대량의 수증기로 나눈 백분율이다. 예를 들어, 1기압에 기온이 37℃인 1*l*의 공기는 44g 만큼의 수증기를 함유할 수 있다. 현재 같은 기압과 기온을 가진 공기가 11g의 수증기를 가지고 있다면, 상대 습도는 25%(11g/44g×100)이다.

상대 습도가 **100%보다 높을 수** 있나?

아니다. 한때 구름이 이른바 과포화 상태에 있을 수 있다면 상대 습도가 100%보다 살짝 높을 수 있다고 이론화된 적이 있다. 하지만 이 이론은 사실이 아닌 것으로 판명되었다.

실내 습도란?

우리는 에어컨과 히터, 가습기, 제습기 등으로 조절되는 실내 환경에서 살기 때문에, 실내의 습도가 실외의 환경과 다른 경우가 많다. 예를 들어 겨울철 대부분의 실내는 매우 건조하여 정전기를 일으키고, 피부를 건조하게 만든다. 실내 습도가 지나치게 높으면 집안 곳곳에 곰팡이가 피어 건강을 위협한다. 또한 공기가 너무 건조하거나 너무 습하면 집의 각종 구조물을 변형시킬 수도 있다. 습도가 지나치게 높은 나무는 흰개미와 같은 나무를 갉아먹는 각종 벌레와 해충을 불러들인다. 대부분의 사람들이 생활하기에 적절한 상대 습도는 30~60% 정도이다.

습도계란?

습도계는 공기의 습도를 측정하는 기구이다. 최초의 습도계를 만든 사람은 이탈리아의 미술가이자 발명가였던 레오나드로 다빈치(Leonardo da Vinch, 1452~1519)이다. 그의 초기 습도계는 이후에 프란체스코 폴리(Francesco Folli, 1624~1685)에 의해서 개선되었다. 프랑스 과학자인 기욤 아몽통(Guillaume Amontons, 1663~1705)은 습도계와 온도계를 고안했다. 스위스의 물리학자이자 지질학자인 오라스 드 소쉬르(Horace de Saussure, 1740~1799)가 최초의 기계적 습도계를 고안했다. 습도를 측정하기 위해서는 건습계와 습도계의 두 가지 형태의 습도계가 사용된다. 건습계는 건구(乾球) 온도계와 습구(濕球) 온도계로 이루어져 있다. 습구 온도계에 달린 물에 적신 옷감에서 증발이 일어나면, 습구 온도가 떨어진다. 이때 건구 온도계와 습구 온도계의 온도 차이를 이용하여 습도를 산출한다. 습도계는 공기 중의 습도에 따라 수축과 팽창 정도가 다른 머리카락 같은 생물 조직이나, 습도에 따라 전기적 저항이 바뀌는 염화리튬 혹은 다른 물질로 만들어진 반도체를 이용하여 습도를 산출한다.

이러한 형태의 습도계는 수백 년 전에 만들어진 것이다.

가습기 열병이란 무엇일까?

제조사의 권고 사항에 따라 가습기를 청소하지 않아 가습기 안에서 박테리아와 곰팡이가 자라면, 이로 인해 사람이 병에 걸릴 수 있다. 또한 가습기에는 수돗물이 아니라 증류수를 사용해야 한다. 그 이유는 수돗물 내에 용해된 광물질들은 미세한 흰색 분말이 되어 흩날리면서 집안에 세균을 퍼뜨리기 때문이다. 알레르기 증상부터 일반적인 감기에 이르기까지 다양한 질병들이 잘못된 가습기의 사용으로 발생하였다면, 이 질병들을 가습기 열병으로 분류할 수 있다.

노점 습도계는 누가 **발명**했나?

건습구 온도계의 한 종류인 노점(露點) 습도계는 1820년에 존 대니얼(John Daniel, 1790~1845)이 발명하였다. 노점 습도계는 이슬점(혹은 노점)을 측정하여 공기의 습도를 알기 위한 장치이다. 따라서 공기 속의 수증기를 응축시켜서 이슬로 만드는 냉각 장치와 그 응축이 일어나는 온도를 측정하는 장치로 이루어진다. 하지만 노점 습도계는 이슬점을 정확히 측정하기가 어렵기 때문에 정확도가 높지 않다. 따라서 비교적 온도가 높은 공기의 습도를 측정하는 데 사용된다. 최근에는 육안으로 이슬을 직접 관측하거나, 이슬의 발생면에 빛을 쬐어 그 반사광을 광전관(光電管)으로 관측하는 방법 등 다양한 종류의 노점 습도계가 사용되고 있다.

비나 눈이 올 때면 **상대 습도**가 항상 **100%**인가?

아니다. 비나 눈이 구름 속에서 만들어지기 위해서는 공기가 포화 상태(100% 상대 습도)이어야 한다. 그러나 비나 눈이 지표면으로 떨어질 때는 포화가 되지 않는 공기층을 지날 수 있다. 공기가 포화가 되면 구름처럼 안개가 낀다. 따라서 지표면에 안개가 끼지 않았다면 공기의 상대 습도는 100%가 아니다.

사람이 쾌적하게 느끼는 **최적의 상대 습도**는 얼마인가?

사람들은 일반적으로 30~60%의 상대 습도에서 가장 쾌적함을 느낀다. 반면, 습도를 50% 이하로 유지하면 집안의 집먼지 진드기를 잘 제어할 수 있는 효과가 있다. 낮은 습도는 피부를 건조하고 갈라지게 하며, 가렵게 하거나 심지어 호흡기 질환을 발생시킬 수도 있다. 높은 습도는 땀이 제대로 증발되지 않아 사람들이 체온을 유지하는 데 어려움을 겪게 하고 더위를 느끼게 한다. 겨울이면 공기가 건조해지는 한랭 기후 지역에서는 상대 습도가 5% 아래로까지 떨어질 수 있는데, 이는 사막의 습도에 견줄 만한 정도이다.

이슬이란?

이슬은 수증기가 차가운 표면에서 응결된 것이다. 일반적으로 이슬은 기온이 낮아지는 한밤중에 발생하고, 해가 뜨면 증발한다.

노점 온도란?

노점(이슬점) 온도는 공기가 수증기로 가득 차서 더 이상 함유할 수 없는 온도를 말한다. 상대 습도가 100%면 노점 온도는 기온과 같다.

노점 온도와 **상대 습도** 간의 차이는?

노점 온도와 상대 습도는 둘 다 공기 중에 포함된 수증기의 양을 측정하는 지수이다. 노점 온도는 공기의 상대 습도가 100%에 도달하는 온도이다. 노점 온도와 기온의 차이가 클수록 공기는 더 건조해지고, 차이가 작을수록 공기는 습윤해진다. 다시 말해 노점 온도와 상대 습도의 차이점은 노점 온도가 온도로 습도를 표시하는 반면, 상대 습도는 공기의 습도를 백분율로 나타내는 것이다.

절대 습도와 **비습** 간의 차이는?

절대 습도는 $1m^3$의 공기 속에 포함된 수증기의 질량(g)이다. 비습(比濕)은 1kg의 공기 가운데 포함된 수증기의 질량(g)이다.

이슬은 실제로 **내리나**?

이슬이 '내린다'는 말은 사람들이 흔히 사용하는 표현이다. 하지만 1814년에 스코틀랜드 출신 미국인 물리학자인 윌리엄 웰스(Charles Wells, 1757~1817)의 실험에서 실제로는 이슬이 내리는 것이 아니라는 사실이 증명되었다. 그는 수증기가 응결하면서 이슬이 물체의 표면에서 생성된다는 것을 보여 주었다.

지구 상에서 **가장 습도가 높은 곳**은?

노점 온도의 관점에서 본다면, 가장 높은 노점 온도는 홍해 인근에 위치한 에티오피아의 해변에서 나타난다. 이곳은 6월 오후의 평균 노점 온도가 믿기 어려울 정도로 높은 28.9℃에 이른다. 물론 전 세계에 널려 있는 열대 우림 지역도 습도가 매운 높은 것으로 잘 알려져 있다.

얼음과 눈, 우박, 서리

눈은 어떻게 **생성**되는가?

눈은 구름 속에서 물방울이 생성되는 것과 유사한 방법으로 만들어진다. 구름 속의 수증기는 먼지나 다른 미세 물질로 만들어진 응결핵 주변에 모여든다. 온도가 어는점에 다다르면 물 분자들이 모이면서 얼음 결정체를 만든다. 이 얼음 결정체인 눈이 충분히 무거워지면 중력에 의해 땅으로 떨어진다.

얼음의 6겹 분자 대칭으로 인해 눈은 독특한 육각형 결정 구조를 가진다. 물은 1개의 산소 원자가 2개의 수소 원자와 V자형으로 붙어 있다. 온도가 어는점에 다다르면 물 분자가 서로를 잡아당기면서 자연적으로 육각형의 고리를 만든다. 물 분자가 수소 결합에 의해 지속적으로 이어지는 이러한 얼음 결정 형태가 계속되면서 눈송이가 커지고, 마침내 육안으로도 눈을 볼 수 있다.

물은 항상 **0℃**에서 **어나**?

아니다. 순수한 물은 해수면 평균 기압 하에서 0℃에 언다. 염도에 따라 달라지지만, 소금물은 순수한 물보다 낮은 온도에서 언다. 기압이 해수면 평균 기압보다 높으면 순수한 물의 어는점은 0℃보다 낮아진다. 그러나 기압으로 인한 차이는 크지 않다. 어는점을 −1℃로 낮추기 위해서는 해수면 평균 기압보다 134배나 높아야 한다.

구름 속의 물방울은 먼지와 같은 불순물에 응결되어야 하므로 반드시 0℃에서 얼지 않고 −40℃까지도 액체 상태로 있을 수 있다. 달리 이야기하면, 물방울은 응결핵이 있어야만 서로 엉켜서 얼음 결정을 만들 수 있다. 바다에 떠 있는 빙산은 염수가 아니라 담수로 만들어지기 때문에, 빙산의 어는점은 0℃이다. 하지만 바닷물에서는 얼음이 종종 천천히 만들어지는데, 이는 응결 과정에서 얼음이 소금과 같은 불순물을 배출하기 때문이다. 반면, 여름이면 얼음 내부의 붕괴 작용으로 떨어져 나오는 극지의 얼음판은 바닷물이 직접 얼어서 만들어진 것이다. 바닷물은 수면이 잔잔하면 −2℃에서 얼기 시작한다.

얼음의 또 한 가지 흥미로운 특징은 어떻게 마찰력이 스케이팅을 가능하게 하느냐 하는 것이다. 한때 얼음 표면에 가해지는 스케이트의 날의 압력이 얼음을 녹여 스케이팅을 할 수 있도록 표면을 미끄럽게 한다고 믿었다. 하지만 최근에 얼음과 스케이트 날 간의 마찰이 얼음을 녹여 스케이팅을 할 수 있도록 만든다고 결론지어졌다.

겨울에 왜 호수나 연못이 **완전히 얼지** 않나?

물의 온도가 4℃ 아래로 떨어지면, 물은 점차 가벼워지면서 부력이 커진다. 따라서 호수나 연못에 얼음이 얼면, 물이 얼음보다 무겁기 때문에 얼음은 수면으로 떠오른다. 이러한 물의 물리적인 특성 때문에 물에 사는 식물이나 동물들은 얼음 아래에서 생존할 수 있다.

눈공포증이란?

눈공포증(Chionophobia)은 눈을 두려워하는 증상이다. 'phobia'는 무엇인가를 무서워하거나 두려워하는 증상을 표현할 때 사용되는 접미사이다.

얼음싸라기와 **진눈깨비**, **우박**의 차이는?

얼음싸라기(凍雨)는 액체 형태로 떨어지지만 어는점 이하의 온도를 가진 물체에 닿자마자 얼음으로 바뀌어서 물체 주위에 우빙(雨氷)으로 불리는 매끈한 얼음 코팅을 만든다. 얼음싸라기는 대기층의 온도에 따라 눈이나 비로 변하기 때문에 일반적으로 오랫동안 지속되지 않는다. 진눈깨비는 싸라기눈의 형태를 가진 완전히 혹은 부분적으로 얼은 비다. 진눈깨비는 상층의 따뜻한 공기층으로부터 떨어지는 비가 지표면 근처 영하의 공기층을 지나면서 만들어진다. 투명하지만 단단하고 아주 작은 싸라기눈은 매우 빠르게 땅에 떨어지기 때문에 딱딱 소리를 내면서 땅을 치고 튀어오른다. 우박의 생성 과정은 진눈깨비와는 확연히 다르지만, 생긴 것만 놓고 보자면 우박은 진눈깨비가 커진 것처럼 보인다.

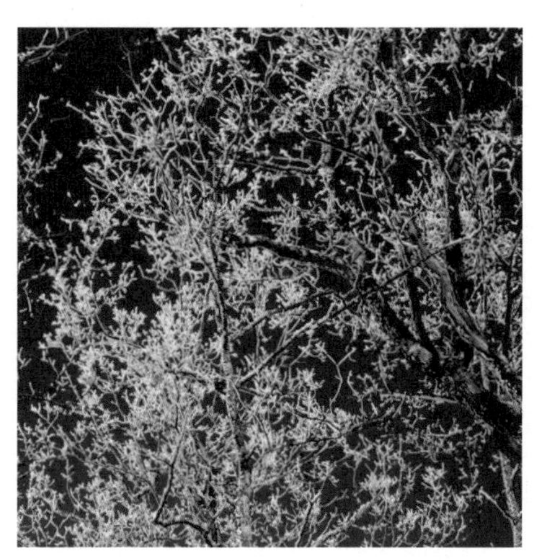

노스캐롤라이나 주 애슈빌 인근, 나뭇가지 표면 위로 무빙이 생성되어 얼음옷을 입힌 듯하다. (사진: Grant W. Goodge, NOAA)

서리와 **결빙**의 차이는?

미국 국립기상청은 −2.8℃ 이하의 기온이 4시간 이상 지속될 것으로 예측되면 결빙 경고를 발효한다.

이렇게 낮은 기온은 작물에 냉해를 입힐 수 있기 때문에 이러한 결빙 경고는 특히 원예사나 농부에게 중요하다. 다른 한편으로는 결빙이 발생하면 모기나 다른 해충으로 인한 피해가 더 이상 생기지 않기 때문에 결빙의 좋은 점도 있다.

서리가 발생하는 데에는 그렇게 낮은 온도가 필요치 않다. 사실 차의 창문이나 다른 표면에서리가 생기는 데는 기온이 어는점보다 몇 도 더 높을 수도 있지만, 표면 온도는 어는점 혹은 어는점 이하여야 한다.

우빙과 **무빙**은 무엇인가?

우빙(雨氷, glaze)은 과냉각된 비나 이슬비가 물체에 부딪치면서 얼어붙어 생긴 얼음층이다. 반면, 무빙(霧氷, rime)은 바람이 부는 상태에서 과냉각된 안개에 의해 생성된다. 무빙에는 수빙(樹氷)과 조빙(粗氷)이 있다. 수빙은 우윳빛을 띠고, 설탕 같은 결정이 전선이나 전봇대, 나뭇가지 같은 가는 물체의 맞바람 쪽에 껍질이나 털 혹은 바늘 형태로 형성된다. 반면, 조빙은 기포가 형성되어 있기 때문에 우윳빛이 덜하고, 빗 모양을 한다. 조빙은 수빙에 비해 밀도가 높고 잘 부러지지 않는다. 수빙은 기온이 −8℃ 이하에 습도가 90% 이상인 바람 부는 날씨에 형성된다. 조빙 또한 유사한 환경에서 만들어지지만, 기온이 −8~−2℃에서만 형성된다.

얼음 폭풍이란?

우리가 경험할 수 있는 위험한 겨울 상황들의 일부는 '착빙성 폭풍우'라고도 불리는 얼음 폭풍이 불면서 만들어진다. 얼음 폭풍은 얼음싸라기가 지표에 쌓일 때 발생한다. 얼음 폭풍이 오면 우빙과 무빙이 도로에서부터 건물과 전봇대, 초목 등 지표면의 모든 사물을 덮어 버린다. 이는 운전하기에 매우 위험한 상황이다. 실제로 이러한 상황에서 여행을 하던 많은 사람들이 목숨을 잃었다. 비록 작업자가 반복적으로 얼음을 제거하더라도, 항공기의 날개에 얼음이 쌓이면 움직일 수가 없기 때문에 공항은 항공편을 취소한다. 얼음 폭풍으로 말미암아 전선과 전봇대가 무너져 내려 전력이 끊어지고, 나무에 붙은 얼음의 무게 때문에 나뭇가지들이 부러진다. 예를 들어, 얼음 폭풍이 불면 가지 둘레가 6m가량인 15m 높이의 나무에 약 4.5톤의 얼음이 달린다.

미국 텍사스 주는 큰 우박이 오는 것으로 잘 알려져 있다. 그림에 나온 것은 1995년 6월 8일 텍사스에 불어닥친 폭풍이 남긴 우박이다. (출처: NOAA Photo Library, NOAA Central Library; OAR/ERL/National Severe Storms Laboratory)

우박은 어떻게 만들어지나?

우박은 강수의 한 형태이다. 우박은 우박 속 눈의 결정 주위에 부분적으로 녹았다가 다시 언 얼음층들이 반복적으로 나타면서 만들어지기 때문에 그 모양이 동심원형의 양파와 비슷하다. 우박은 적란운이나 뇌우에서 주로 발생한다. 과냉각된 물방울과 얼음이 먼지와 같은 미세 입자에 달라붙으면서 만들어지는데, 상승 또는 하강 기류를 따라 과냉각된 물방울 속을 통과하면서 물방울이 첨가되고, 빙결되는 과정이 반복되어 우박에 얼음층이 늘어나면서 점차 커진다. 이후 상승 기류가 약화되어 우박의 무게를 지탱할 수 없거나, 우박이 상승 기류로도 버틸 수 없을 만큼 크고 무거워지면 지면으로 떨어진다.

우박은 항상 **둥근가**?

일반적으로 우박은 둥글거나 울퉁불퉁한 작은 얼음공 모양이다. 하지만 때로는 길

2011년 4월 29일 미국 중남부 지역에 거대한 폭풍우가 지나간 후 오클라호마 주 페이트빌에서 발견된 골프공 크기의 우박들. 다양한 모양을 하고 있다. (출처: http://www.srh.noaa.gov/tsa/?n=weather-event-2011apr19)

쭉하거나 뾰족한 것이 튀어나온 우박들도 있다.

우박은 얼마나 커질 수 있나?

일반적으로 우박은 지름이 약 0.64cm 정도 된다. 그러나 1939년 인도 하이데라바드 주에서 떨어진 우박은 그 무게가 무려 3.4kg에 달했다. 과학자들은 이렇게 큰 우박은 부분적으로 녹은 여러 개의 우박들이 합쳐져서 만들어진 것으로 생각한다. 1986년 4월 1일, 방글라데시 고팔간지 지역에서 1.12kg에 달하는 우박이 떨어진 것으로 보고되었다. 또한 독일에서도 2.04kg의 우박이 떨어진 것으로 보고되었다.

미국에서 발견된 가장 큰 우박은 2003년 6월에 네브래스카 주 오로라에서 발견된 것으로, 둘레가 무려 47.6cm에 달했다. 1970년 9월에 캔자스 주 코피빌에서 발견된 우박은 둘레가 44.5cm였다. 무게로 따지면 코피빌의 우박이 0.76kg이었고, 오로라의 우박은 조금 가벼운 0.59kg이었다.

우박을 **크기**에 따라 **구분**하는 방법이 있나?

미국의 기상 보고서는 우박의 크기를 표현하기 위해 다음의 표에 나와 있는 용어들을 사용한다. 우박의 실제 크기가 이 용어와 맞지 않는 경우도 종종 있다.

우박의 크기	지름(cm)
팥	0.65
구슬	1.25
10원짜리 동전, 큰 구슬	1.90
50원짜리 동전, 좀약	2.25
100원짜리 동전	2.50
500원짜리 동전	3.20
호두	3.80
골프공	4.45
계란	5.00
테니스공	6.35
야구공	7.00
커피잔	7.60
그레이프프루트	10.25
소프트볼	11.40

거대 얼음 운석이란 것이 있나?

있다. 거대 얼음 운석은 대기에서 형성되어 땅으로 떨어진 거대한 얼음 조각이다. 거대 얼음 운석은 우박이 만들어지는 것과 같은 방식으로 구름 속에서 형성되지 않기 때문에 우박이 아닐뿐더러, 이것이 만들어지는 데 뇌우가 필요하지도 않다. 거대 얼음 운석은 150g 정도의 작은 것부터 브라질에서 발견된 무게가 62kg에 달하는 거대한 것까지 그 크기가 다양하다. 그런데 거대 얼음 운석은 어떻게 만들어질까? 어

코네티컷 주 하트퍼드에서 발견된 거대한 얼음덩이가 실제로 우박일까?

아니다. 1985년 4월 30일 13세 소년이 집 뒷마당에서 하늘로부터 떨어진 것처럼 보이는 약 680kg에 이르는 얼음덩이를 발견하였다. 아무도 그 얼음덩이가 어디서 왔는지 알 수가 없었다. 때로는 지나가는 비행기로부터 얼음덩이가 떨어지기도 한다. 그러나 이 얼음덩이는 자연적으로 만들어진 우박은 아니었다.

떤 사람들은 이 얼음 운석이 비행기로부터 떨어져 나온 것이라고 주장한다. 실제로 비행기가 운행 중일 때 얼음이 만들어지고 떨어져 나올 수도 있을 뿐 아니라, 얼음 조각이 땅에 다다를 때까지 최대 3분 정도 걸리기 때문에, 비행기는 이미 멀리 달아난 상태여서 거대 얼음 운석이 멀쩡한 맑은 하늘에서 떨어진 것처럼 보인다. 어떤 사람들은 이 거대 얼음 운석이 비행기의 화장실 배수구에서 나왔다고 추정하기도 하지만, 거대 얼음 운석에 오염 물질이 없고 화장지 등이 포함되지 않는 것을 감안하면 이러한 추정은 근거가 없다. 그러나 많은 기상학자들은 거대 얼음 운석이 비행기와 관련되었다고 믿지 않는다. 그들은 아직까지 제대로 알려져 있지 않은 대류권 계면(對流圈界面, tropopause)에서의 냉각과 수증기의 상태로써 거대 얼음 운석의 형성을 설명할 수 있을 것으로 짐작한다.

우박 벨트란?

우박 벨트는 우박을 만들 수 있는 폭풍이 발생하기에 적절한 지역이다. 주로 중위도에 위치한 산맥의 풍하 지역에서 찾을 수 있다. 주요 우박 벨트 지역은 미국과 캐나다의 중앙 대평원, 중부 유럽, 우크라이나의 일부, 중국 남부, 아르헨티나, 중부 및 남부 아프리카의 일부, 오스트레일리아 남동부 등이다.

우박 축적량 기록으로는 어떤 것들이 있나?

1968년 일리노이 주를 덮친 폭풍은 232만m^{3}에 달하는 엄청난 우박을 2,511km^{2}의

지역에 퍼부었다. 1980년 우박을 동반한 폭풍은 아이오와 주 오리엔트에 우박을 내렸는데, 우박이 흩날린 곳에는 1.8m 깊이의 우박이 쌓였다.

미국에서 **우박**이 **가장 많이 내리는 도시**는?

미국에서 연간 우박이 가장 많이 내리는 상위 10개의 도시는 다음과 같다. 즉 와이오밍 주 샤이엔, 오클라호마 주 털사, 텍사스 주 애머릴로, 오클라호마 주 오클라호마 시, 캔자스 주 위치토, 텍사스 주 댈러스/포트워스, 텍사스 주 알링턴, 콜로라도 주 덴버, 콜로라도 주 콜로라도스프링스, 루이지애나 주 슈리브포트이다.

우박에 **나이테** 같은 것이 있나?

그렇다. 그러나 나무와 달리 나이테가 우박의 나이를 지칭하는 것은 아니다. 1801년, 이탈리아 물리학자 알레산드로 볼타(Alessandro Volta, 1745~1827)가 우박의 나이테를 연구했다. 구름 속에서 얼음 알갱이나 작은 물방울이 얼음핵 주변에 달라붙어 점차 커지면 우박으로 성장한다. 땅에 떨어지기 전에 우박은 폭풍 내의 상승 기류와 하강 기류로 인해 어느점 고도를 반복적으로 오르락내리락하면서 고도가 여러 번 변한다. 이 과정에서 우박이 과냉각된 물방울 속을 통과하면서 물방울이 첨가되고, 이것이 다시 얼음으로 빙결되는 과정이 반복되면서 우박에 층이 형성된다.

우박으로 **사람이 죽을** 수도 있나?

그렇다. 큰 우박은 무거울 뿐만 아니라 낙하 속도도 빨라 창문을 부수거나 차의 표면에 움푹 파인 흔적을 남기고, 지붕에 피해를 입힌다. 적란운 안에서는 항공기가 우박에 맞아 기수가 파괴된 예도 있다. 우박은 종종 농작물과 과실에 큰 손상을 입힌다. 미국에서 발생하는 우박에 의한 작물 피해는 연간 약 10억 달러에 달한다.

1953년 7월, 우박을 동반한 폭풍이 캐나다 앨버타 주를 지나간 후에 약 3만 마리의 오리가 우박에 맞아 죽었다. 1978년 미국의 몬태나 주에서는 우박을 동반한 폭풍으로 200마리의 양이 죽었다. 미국에서 우박으로 인한 사망자는 많지 않다. 우박으로 인한 사망 사고가 보고된 가장 최근은 1979년 7월 30일이다. 콜로라도 주 콜린스에 들이닥친 우박을 동반한 폭풍으로 1명의 영아가 숨지고 약 70명이 다쳤다. 개발 도상국에서는 우박으로 인한 피해가 이보다 빈번한데, 허술하게 지어진 집들이 무너지면서 집 안에 있던 사람들이 생명을 잃는 경우가 많기 때문이다. 그 예로 1986년 3월 22일 중국의 쓰촨 성에 들이닥친 우박을 동반한 폭풍으로 9,000여 명이 다치고 100명이 목숨을 잃었다. 같은 해 4월에 방글라데시 고팔간지에서는 92명이 목숨을 잃었다. 이날 내린 우박 중에는 무게가 무려 0.9kg이나 나가는 것도 있었다. 한국에서도 큰 우박이 내려 사람과 소가 맞아 죽은 예도 있다.

투명 얼음이란?

이름에서 알 수 있듯이, 투명 얼음은 기온이 −3℃에서 0℃ 사이일 때 빗방울이 떨어지면서 표면에서 응결된 맑고 비결정질의 얼음이다.

싸라기눈이란?

싸라기눈은 부드러운 우박이다. 싸라기눈은 눈송이 핵 주변에 과냉각된 물방울들이 서리를 형성하면서 만들어지기 때문에, 눈보다 무겁고 좀 더 오돌토돌한 알갱이 모양을 띤다. 이 때문에 많은 양의 싸라기눈이 언덕이나 산사면에 만들어지면 산사태를 일으킬 수 있는 위험한 환경이 형성된다.

아름다운 수정 결정 같은 모양의 서리가 창문에 붙어 있다.

서리는 언제 생기나?

서리는 응결점이나 응결점 이하에서 수증기가 지표나 물체의 표면에 가라앉아 달라붙어 만들어진 아주 얇은 얼음 결정이다. 서리는 수증기가 물을 거치지 않고 바로 얼음으로 진행되는 승화(昇華)가 일어날 때 만들어진다. 서리는 이슬점이 0℃ 이하인 맑고 바람이 없는 밤에 생성된다. 기온이 영하로 떨어지더라도 바람이 불면 서리가 만들어지지 않는다. 시기적으로 서리는 지표면 근처 공기의 습도가 비교적 높은 늦은 가을부터 나타나기 시작한다. 영구동토층은 녹지 않는 영구히 얼어 있는 땅이다.

무빙 이외에 **다른 종류의 서리**가 있나?

기상 상태에 따라 다양한 방법으로 서리를 만들 수 있다. 때로는 눈부시게 아름다운 서리가 나타나기도 한다. 서리의 종류는 다음과 같다.

- 이류형(移流型) 서리: 식물이나 다른 사물의 모서리에 생긴다. 이 서리는 매우 추운 바람이 불 때, 물체에서 바람이 불어오는 쪽에서 만들어진다.
- 고사리형 서리: 단열이 잘 되지 않은 창문에서 만들어지는 고사리 형태의 서리에서 붙여진 이름이다. 창문 표면에 있는 흠들이 수증기가 얼음 알갱이를 만드는 데 필요한 핵이 되어서 서리가 자란다. 이 서리는 복잡한 형태로 바깥으로 자란다.
- 서리꽃: 식물과 기상 간의 흔치 않은 상호 관계로 만들어진 결과이다. 추운 날씨로 인해 식물의 줄기 안이 깨지거나 갈라질 때 물이 빠져나오면서 꽃의 형태로 얼게 된다. 서리꽃은 아주 약하기 때문에 자주 부서져 버리거나 생긴 지 몇 시간 내로 녹아 버린다.
- 백상 또는 흰 서리: 물체의 표면이 주변 공기보다 차가운 맑은 겨울밤에 생긴다. 백상은 하얗고 성기게 엉켜 있는 수정처럼 보인다. 백상은 무빙(霧氷)과 비슷해 보이지만, 무빙과는 달리 안개가 끼지 않고도 만들어진다.

눈과 우박의 차이는?

눈은 수증기가 구름 속에서 고착화되어 만들어지는 반면, 우박은 구름 속의 물방울이 얼음으로 바뀐 것이다.

엄청나게 큰 눈송이가 관찰된 적은 언제일까?

1887년 1월 28일, 몬태나 주 포트키오에서 놀랍게도 길이가 38.1cm에 달하는 것으로 측정된 눈송이가 포함된 눈이 내렸다. 물론 이 눈송이는 한 개의 눈 결정이 아니라 여러 개의 눈 결정이 합쳐져서 하나의 큰 눈송이로 만들어진 것이었다. 이렇게 큰 눈송이가 관측된 지 얼마 지나지 않은 1888년 영국 샤이어뉴턴에서도 길이가 9.5cm에 달하는 눈송이가 관측되었다.

눈은 얼마나 많은 **물**을 가지나?

눈을 치워 본 사람들은 잘 알겠지만, 눈은 상태에 따라 가볍고 푹신한 것부터 마치 눈이 녹을 때처럼 무거우며 밀도가 높은 것까지 다양하다. 대략적으로 땅에 쌓인 10cm의 눈이 녹으면 그 양이 1cm의 비와 같다.

똑같은 눈송이가 **없다**는 것이 사실인가?

일부의 눈송이는 놀랍게도 유사한 형태를 가지고 있지만, 분자 크기로 살펴보면 아마 완벽하게 동일하지는 않을 것이다. 1986년 물리학자인 낸시 나이트(Nancy Knight)는 비행기에 달린 기름을 코팅한 슬라이드에 완전히 닮은 한 쌍의 얼음 결정을 발견했다고 믿었다. 이 한 쌍의 얼음 결정은 한 개의 얼음 결정이 두 개로 깨져서 나란히 슬라이드에 달라붙었고, 동시에 같은 기상 환경에 놓여 있던 결과였을 것이다. 하지만 불행히도 사진이 분자 단위의 차이까지 보여 주지 못하기 때문에 얼음 결정의 미세한 부분까지는 연구할 수 없었다. 따라서 비록 눈송이들이 다 같아 보이더라도 아주 미세한 수준에서는 서로 다르다.

눈송이 결정의 **형태**를 미리 **예측**할 수 있나?

그렇다. 눈송이는 바늘형이나 접시형, 뚜껑 달린 기둥형, 깃털처럼 생긴 세포형 등 여러 형태로 만들어진다. 눈송이 결정의 형태를 판가름하는 것은 기온과 습도이다. 따라서 기온과 습도와 눈송이 결정 형태 간의 관계를 안다면 특정 기상 상황에서 어떤 형태의 눈송이 결정이 만들어질지 예측할 수 있다. 자연 상태에서 특정한 형태의 눈송이 결정을 만든다는 것은 현실적이지 않겠지만, 연구실에서는 충분히 가능한 일이다.

눈을 치우는 것이 얼마나 **건강**을 위협하나?

눈이 많이 오는 지역에서는 겨울철에 심장 마비의 발생률이 급격히 상승한다. 그 이유는 노인이나 병약자가 눈을 치우느라 지나치게 많은 운동을 하기 때문이다. 겨울철에 눈을 치우는 사람의 대부분이 남자이기 때문에, 겨울철 사망자의 4분의 3은 남자이다. 이들 중의 50%는 60세 이상이다. 따라서 눈을 치우기에 충분히 건강한지의 여부에 관해 사전에 의사에게 묻는 것이 현명하다.

가장 많은 눈이 내린 기록을 가진 곳은?

워싱턴 주에 위치한 베이커 산에서 기록된 한겨울 동안의 최고 적설량은 28.96m이다.

얼음침이란?

얼음 프리즘이라고도 알려진 얼음침은 매우 춥지만 공기 중에 충분한 습도가 있을 때 공기 중에서 만들어질 수 있는 아주 작은 얼음 알갱이이다. 얼음침은 반짝이지만 눈에 거의 보이지 않는 결정체들이 맑은 날 하늘에 나타나서 태양 광선을 산란시키는데, 마치 아주 작은 다이아몬드 조각들이 바람에 흩날리는 것처럼 매우 아름답다.

처음으로 **인공 눈송이**를 만든 사람은?

일본의 물리학자인 나가야 우기치로(中谷宇吉郞, 1900~1962)가 1938년 홋카이도 대학에서 최초의 인공 눈송이를 만들었다. 그는 윌슨 벤틀리(Wilson A. Bently, 1865~1931)의 눈송이 사진에 영감을 받아, 1954년 그의 책『자연 눈송이와 인공 눈송이의 세계(Snow Crystals: Natural and Artificial)』에서 서술한 것과 같이, 다소간 시적인 눈송이 분류 체계를 고안해 내기도 했다.

눈송이 분류 체계가 있나?

인간은 무엇이든지 분류하려는 습성이 있는데, 눈송이도 예외는 아니다. 1951년 국제 눈과 얼음 위원회(놀랍게도 이런 위원회도 있었다)가 눈송이의 각 형태에 이름을 붙이기 위한 체계를 만들었다.

같은 형태의 눈송이가 없기 때문에 시작부터 주눅이 드는 일이라는 것을 생각하면, 위원회는 정말 대단한 일을 하였다.

세계적으로 널리 사용되는 **눈송이 분류 체계**에는 어떤 종류의 **눈송이**가 있나?

눈송이의 형태는 공식적으로 다음과 같이 묘사되어 있다.

윌슨 벤틀리(Wilson A. Bently)는 1902년 촬영한 이 사진과 같은 고해상도의 눈송이 사진가로 유명하다. (출처: NOAA)

- 별 모양의 접시형(Stellar Plates): 6개의 넓은 팔이 달린 얇은 접시 모양의 결정이다. 전체적으로는 별 모양이고, 각 면마다 놀라울 정도로 정교하고 대칭적인 무늬가 새겨져 있다.
- 부채꼴 모양으로 분할된 접시형(Sectored Plates): 별 모양의 접시형 눈송이와 비슷하다. 모서리가 좀 더 뾰쪽하고, 모서리와 이웃한 면 사이에 부분적으로 물결무늬가 있다.
- 모자 쓴 기둥형(Capped Columns): 육각형 기둥의 양쪽에 얇은 육각형 판 모양의 눈송이가 붙어 있다.
- 두 개의 판형(Double Plates): 닫힌 기둥형의 눈송이 기둥이 짧아진 형태이다. 두 육각형 판의 거리가 매우 가까워 한쪽이 다른 쪽의 수증기를 빼앗아 성장을 방

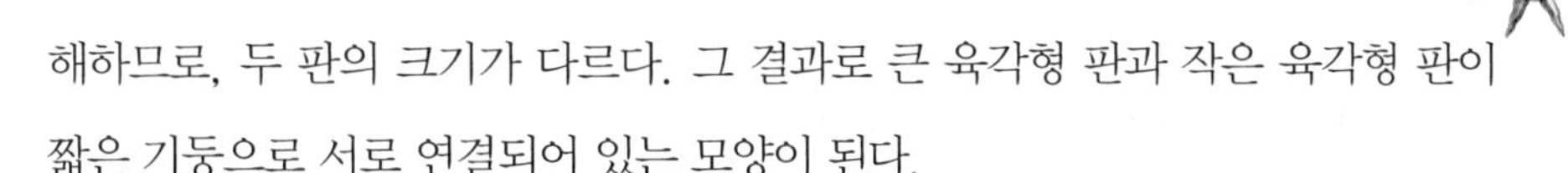

해하므로, 두 판의 크기가 다르다. 그 결과로 큰 육각형 판과 작은 육각형 판이 짧은 기둥으로 서로 연결되어 있는 모양이 된다.

- 갈라진 판과 별형(Split Plates and Stars): 두 개의 각기 다른 판으로부터 떨어진 조각들이 합쳐져서 한 판을 이룬 형태이다. 자세히 살피지 않으면 6개의 팔을 가진 한 개의 판처럼 보인다. 예를 들면, 한 판에서 떨어져 나온 두 개의 팔을 가진 한 부분과 4개의 팔만 남은 또 다른 한 판이 합쳐져서 마치 6개의 팔을 가진 완벽한 한 개의 판을 이루는 것이다.
- 단순한 프리즘형(Simple Prisms): 아주 작고 넓은 육각형의 눈송이이다. 육각형 결정형 눈송이와의 차이는 면마다 톱니와 물결 모양이 있다는 것이다. 이 모양의 눈송이는 아주 흔하지만 너무 작아 육안으로 확인하기 어렵다.
- 줄기와 곁가지를 가진 별형(Stellar Dendrites): 각각의 6개의 팔에서 다수의 줄기와 곁가지가 뻗어 나온 형태이다. 'Dendritic'은 '나무처럼 생긴'이란 뜻이다. 길이가 2~4mm인 이 눈송이는 육안으로도 쉽게 볼 수 있다.
- 양치식물 닮은 별형(Fernlike Stellar Dendrites): 줄기와 곁가지를 가진 별형과 유사하지만, 양치식물처럼 보다 많은 주름 장식을 가진 곁가지가 있는 눈송이다. 이 모양은 길이가 5mm 이상으로 가장 큰 크기의 눈송이이다.
- 방사형 줄기형(Radiating Dendrites 혹은 Special Dendrites): 2차원이 아니라 3차원으로 줄기와 곁가지가 뻗어 나온 형태이다.
- 속이 빈 기둥형(Hollow Columns): 모자 쓴 기둥형과 유사하지만, 기둥의 양쪽 끝에 원뿔 모양의 빈 공간이 있다.
- 12면체 결정형(12-Sided Snowflakes): 육각형 모양의 결정 두 개를 나란히 포개어 놓은 모양으로 각각의 팔은 30의 각도로 뻗어 있어, 마치 12개의 팔을 가진 판 혹은 모자 쓴 기둥형처럼 생겼다.
- 바늘형(Needle): 이름과 같이 가늘고 긴 얼음 결정이다. 바늘 모양의 눈송이는 온도가 약 −5℃일 때 만들어지는데, 온도에 따라 바늘의 길이와 두께 등이 결정된다.

스노플레이크 맨이라고 불린 사람은 누구일까?

미국의 사진가이자 농부였던 윌슨 벤틀리(Wilson A. Bently, 1865~1931)는 그가 찍은 2,400개의 눈송이 사진들 때문에 '스노플레이크 맨(Snowflake Man)' 혹은 '스노플레이크(Snowflake)'라는 애칭으로 불렸다. 그의 놀랍도록 아름다운 눈송이 사진들은 1931년에 『아름다운 눈의 결정체(Snow Crystals)』라는 책으로 출판되었다.

- 삼각형(Triangular Crystals): 온도가 약 −2℃일 때 주로 만들어진다. 이 모양의 눈송이는 별 모양의 접시형으로 자라다가 불완전한 삼각형이 되는 것으로, 절반인 3개의 팔이 제대로 성장하지 않아 만들어진다.
- 총알훈장형(Bullet Rosettes): 이 모양의 눈송이는 여러 결정들이 녹았다가 얼면서 같이 합쳐져서 만들어진다. 여러 개의 얼음 총알의 머리 부분이 각기 불규칙한 방향으로 붙어 있는 식으로 훈장처럼 보인다.
- 서리형(Rimed Crystals): 작은 물방울들이 이미 만들어진 눈송이에서 얼어붙을 때 만들어지는 눈송이이다. 다시 말하면 눈송이에 서리가 붙어 있어, 마치 눈송이에 솜털이 보송보송하게 붙어 있는 것처럼 보인다.
- 불규칙형(Irregular Crystals): 일부의 눈송이는 다수의 눈송이가 떨어졌다가 붙었다 하면서 특정한 형태 없이 자라기도 한다.

미국에서 **하루** 동안 내린 **적설량 기록**으로는 어떤 것들이 있나?

미국에는 1990년대 이후로 다수의 아주 인상적인 적설량 기록들이 있다.

24시간 최고 적설량 기록(1990년 이후)

위치	일시(연/월/일)	적설량(cm)
알칸소 주, 밸디즈	1990/01/15	120.6
사우스다코타 주, 데드우드	2008/11/24	110.7

뉴욕 주, 버팔로	1995/12/9~1995/12/10	96.3
뉴욕 주, 뉴욕	2006/02/11~2006/02/12	68.3
몬태나 주, 글래스고	2008/10/12	32.5

미국 **최고의 적설량 기록**은 어떤 것들이 있나?

하나의 눈보라가 내린 최고의 적설량은 1959년 2월 13~19일까지 캘리포니아 주 마운트샤스타 스키볼에서 기록된 480cm이다. 24시간 동안에 내린 최고의 적설량은 1921년 4월 14~15일까지 콜로라도 주 실버레이크의 193cm이다. 1년 동안 내린 최고의 적설량은 1971년 2월 19일부터 1년 동안 워싱턴 주 마운트레이니어의 파라다이스 레인저 측후소에서 기록된 31.1m이다. 이 측후소는 17.27m라는 연평균 적설량 기록도 가지고 있다. 1911년 3월 캘리포니아 주 타마락에서는 눈이 무려 11.4m나 쌓인 기록이 있다.

건조한 기후의 **애리조나 주**에서도 **눈**이 온 적이 있나?

있다. 미국 애리조나 주의 고지대에서는 실제로 많은 눈이 내린다. 그 예로 2,133m의 높이에 위치한 플래그스태프는 겨울이면 매우 추운 곳이다. 1937년 1월 22일에는 이곳의 기온이 −34.4℃를 기록하기도 했다. 비록 이곳은 반건조 기후 지대지만, 연평균 254cm의 눈이 플래그스태프에 내린다. 애리조나 주의 고지대와 마찬가지로 저지대에도 눈은 내린다. 1957년 11월 16일에 투손에는 예상치도 않은 16.5cm의 눈이 내렸다. 매우 기온이 높은 도시로 알려진 투손에서 이처럼 눈이 내리는 것은 흔치 않은 일이다.

미국에서 눈이 **올 것 같지 않았던 곳**에서 **눈이 내린 곳**은 어디인가?

1895년 2월 14일 루이지애나 주 레인에 61cm의 눈이 내렸다. 오래된 기록에 따르면, 1800년 1월 20일 조지아 주 서배너에 46cm의 눈이 내렸다는 기록이 있다. 이보다 최근에는 2008년 12월 11일 걸프 만에 인접한 루이지애나 주 뉴올리언스에 눈이

눈 굴리기

사람들과 마찬가지로, 때로는 자연도 눈사람을 만들곤 한다. 바람이 많이 부는 겨울철이면 바람에 의해 눈송이가 빙글빙글 돌면서 작은 눈송이들이 모여 쌓여서 작은 눈덩이를 만들고, 이 눈덩이가 굴러가면서 점차 커진다. 이렇게 커진 눈덩이는 지름이 수 미터에 달하기도 한다고 알려져 있다.

그림과 같은 방설책은 건물로 눈이 몰려드는 것을 방지한다.

쌓여 사람들을 놀라게 했다.

폭설 경보란?

미국 국립기상청은 12시간 이내에 10cm 이상의 눈이 쌓일 것으로 예상되면 폭설 경보를 발효한다. 폭설 경보는 눈보라 경보와 달리, 경보를 발효하는 데에 풍속과는 관련이 없다.

방설책을 치는 **목적**은?

방설책은 바람에 눈이 흩날리거나 표류하지 못하도록 식생이나 건물이 없는 곳에 주로 설치한다. 실제로 방설책은 주변에 난류를 일으켜서 방설책 뒤로 눈이 표류하는 것을 방지한다.

미국에서 **눈이 가장 많이 오는 도시**들은 어디인가?

다음의 표는 미국에서 연평균 강설량이 가장 높은 10개의 도시를 보여 준다.

눈이 가장 많이 오는 미국의 상위 10대 도시*

도시	연평균 강설량
캘리포니아 주, 트러키	516.6cm
콜로라도 주, 스팀보트 스프링스	440.2cm
뉴욕 주, 오스웨고	389.4cm
미시간 주, 수세인트마리	333.2cm
뉴욕 주, 시러큐스	305.3cm
미시간 주, 마켓	300.2cm**
펜실베이니아 주, 미드빌	282.4cm
애리조나 주, 플래그스태프	282.2cm
뉴욕 주, 워터타운	281.4cm
미시간 주, 머스키건	268.9cm

* 인구 1만 명 이상의 도시만을 포함한 통계이다. 이 값은 1971년부터 2000년까지의 평균값이다.
** 미시간 주 마켓 공항의 적설 평균은 456.7cm이다.

아주 추운 날씨에도 눈은 내리나?

아무리 추워도 공기에는 일정 정도의 수증기가 포함되어 있고, 상황에 따라 공기에 포함된 수증기는 아주 미세한 눈이 되어 내릴 수 있다. 추우면서 눈이 오지 않는다면 그것은 공기가 매우 건조한 경우이다. 이러한 상황은 맑은 날씨를 가져오는 한랭 건조한 기단에서 쉽게 나타난다. 실제로 폭설은 온난 전선에 앞서 다가오는 다소 온난한 공기와 관련이 높고, 주로 강한 저기압의 북서쪽 방향에서 발생한다. 극지역에 여러 해에 걸쳐 눈이 쌓인다는 사실로 미루어 아무리 추워도 눈은 내린다는 것을 알 수 있다.

눈을 이용하여 몸을 **따뜻하게** 할 수 있나?

눈은 나무나 돌, 흙처럼 절연제로 이용될 수 있다. 땅에 충분한 양의 눈이 있다면, 작은 눈 동굴이나 이글루와 유사한 구조를 만들어 안에 들어가서 몸의 열로 내부가 따뜻해지도록 기다리면 된다. 이때 방향은 바람이 부는 쪽 반대로, 깊이는 눈의 표면으로부터 약 2m가량 파면 훨씬 효율적이다. 이렇게 눈을 이용하여 만든 임시변통 구조가 온도를 15℃까지 올릴 수 있고, 이런 구조의 내부는 상당히 아늑하다. 겨울에 길을 잃거나 헤매는 일이 생기면 눈 동굴은 추위를 피할 수 있는 좋은 방법이다.

날씨가 얼마나 **따뜻할 때까지 눈이 올 수** 있나?

기온이 4~9℃ 범위에 놓일 때까지도 눈이 내릴 수 있다. 이런 경우는 구름 속의 온도가 아주 낮을 때 눈이 만들어지고, 지표면에 도달할 때까지 녹지 않을 때 생긴다. 그 한 예로, 뉴욕 시 라가디아 공항의 기온이 8.5℃일 때 눈이 온 적이 있다.

설선이란?

설선(snow line)은 다음의 두 가지를 지칭할 때 쓰인다. 우선 설선은 산이나 언덕의 고도로서, 이 고도 위쪽에는 눈이 내리고 아래쪽에는 비가 온다. 둘째로 설선은 위도로서, 이 위도보다 높은 위도에서는 눈이 쌓인다.

숨을 쉬면 무엇을 볼 수 있나?

추운 겨울날, 입김을 불면서 마치 용이 입에서 불이나 연기를 뿜는 것처럼 흉내내며 노는 것은 겨울철에 아이들과 함께 즐길 수 있는 재미있는 놀이이다. 입김은 입을 통해서 나오는 따뜻한 호흡에 포함된 수증기가 찬 공기를 만나면서 안개로 변한 것이다. 한두 명이 호흡을 한다고 주변 공기를 변화시키지는 못하지만, 추운 겨울날 많은 무리의 동물들이 옹송그리며 모이면 작은 안개 언덕이 만들어지기도 한다.

지구 상에서 **연간 강수량**이 **최대**인 곳은?

연간 최대 강수량 기록

위치	강수량(mm)	평균값 산출에 이용된 연수
콜롬비아, 요로	13,309	29
인도, 모신람	11,872	38
하와이 주, 카우아이 섬, 와이알레알레 산	11,684	30
카메룬, 드분샤	10,287	32
콜롬비아, 키브도	8,992	16
오스트레일리아, 퀸즐랜드 주 벨런덴커	8,636	9
캐나다, 브리티시컬럼비아 주 헨더슨 호수	6,502	14
보스니아 헤르체고비나, 츠르그비차	4,648	22

일 최대 강수량을 기록한 곳은?

열대 폭풍인 클로뎃(Claudette)으로 인해 텍사스 주 앨빈 시와 그 인근에 하루 동안 1092.2mm의 기록적인 양의 비가 내렸다. 이는 미국의 공식 일 최대 강수량이다.

지구 상에서 **연간 강수량이 최소인 곳**은?

연간 최소 강수량 기록

위치	강수량(mm)	평균값 산출에 이용된 연수
칠레, 아리카	0.76	59
남극, 아문센-스콧 기지	2.0	10
수단, 와디할파	0.25	39
멕시코, 바타구에스	30.5	14
아프가니스탄, 자란지	34.5	N/A
예멘, 아덴	45.7	50
사우스오스트레일리아, 물카	102.9	42

지구 상에서 가장 건조한 곳으로 알려진 칠레의 아리카 인근의 해변

러시아, 아스트라한	162.6	25
하와이, 푸아코	226.8	13

제5장

악천후

악천후가 가장 많이 발생하는 **나라**는?

미국이다. 미국은 다른 나라와도 현격한 차이가 날 만큼 다양한 악천후를 가지고 있다. 허리케인과 홍수, 가뭄, 열파와 한파, 눈보라와 더불어 지구 상 최악의 토네이도에 시달리는 미국은 다른 나라들과 비교해서 훨씬 많고 다양한 기상 재해를 입고 있다.

재산과 인명 피해의 측면에서, 최근 미국이 입은 **재해로 인한 피해**는 어느 정도인가?

1900년 이후 자연재해로 미국이 입은 재산과 인명 피해는 각각 5400억 달러와 5,000여 명이다. 이처럼 피해가 엄청난 이유는 이 기간 중에 약 1340억 달러의 재산 피해와 1,833명의 인명 피해를 입힌 허리케인 카트리나(Hurricane Katrina)가 포함되어 있기 때문이다. 일반적으로 매년 자연재해로 미국이 입는 피해액은 평균적으로 약 180억 달러가량이다. 이 액수는 허리케인과 토네이도, 가뭄, 홍수, 눈보라와 착빙성 폭풍우, 열파, 산불, 그리고 또 다른 자연재해로 인한 피해액을 모두 합친 것이다. 다음의 표는 자연재해로 입은 피해를 연도별로 정리한 것이다.

미국의 자연재해로 인한 피해(1990~2008)

연도	재산 피해(단위: 억 달러)	인명 피해
1990	71	13
1991	62	43
1992	450	87
1993	409	338
1994	84	81
1995	186	99
1996	187	233
1997	100	114
1998	277	399
1999	122	651
2000	72	140

2001	78	46
2002	156	28
2003	140	131
2004	495	168
2005	1712	2,002**
2006	118	95
2007	109	22
2008	567	274

* 피해액은 물가 상승률을 감안하여 2008년 미국 달러화로 표시한 것임.
** 허리케인 카트리나로 인한 피해가 포함된 값임.

미국의 **비상대응계획**이란?

미국에서 발생하는 재해의 약 85%는 악천후 때문이고, 나머지는 화산 폭발과 지진과 같은 지질학적인 사건이나 테러로 인해 발생한다. 연방 정부와 주 정부, 지방 정부는 공동으로 기상 재해 관련 경고를 발효하고, 피난로를 마련하며, 각종 피해 복구 활동을 조정하는 등 재해의 피해를 줄이기 위한 시스템을 구축하였다. 이 시스템이 바로 비상대응계획(emergency response planning)이다. 비상대응계획은 또한 자연재해에 대한 지역 사회의 의식을 고취하기 위한 프로그램을 실시하거나, 건축 관련 규제를 시행하고, 컴퓨터 모델링을 통해 자연재해의 피해를 최소로 줄일 수 있는 최적의 방안을 찾는 것들도 포함한다. 당연히 기상학자가 비상대응계획에서 핵심적인 역할을 한다.

기상으로 인한 산불이 어떻게 대규모 인명 피해를 일으킬 수 있나?

고온 건조한 환경에서 뇌우가 발생하면 때때로 엄청난 피해를 불러일으키는 산불이 일어나곤 한다. 그 예로 1894년 9월 1일 미국 중부 지역에 발생한 고온 건조한 날씨로 미네소타 주 힝클리 인근에서 발생한 산불은 400명의 목숨을 앗아 갔다. 1871년 10월 8일에는 미시간 주와 위스콘신 주에서 1,800명의 목숨을 앗아 간 페시티고 산불도 건조한 날씨에서 발생하였다. 특히 고위도에 위치한 주들은 건조한 날씨와 동반된 산불에 취약하다. 예를 들어, 온난하고 건조한 여름이 알래스카 주를 찾아오면 이 지역의 산불 발생이 급격하게 증가한다.

폭풍이 다가오는 것을 **동물**들의 행동 변화로부터 **감지**할 수 있나?

그렇다. 예로부터 사람들은 오랜 경험을 통해서 동물들의 행동 변화로 미루어 기상을 예측하였다. 실제로 동물들을 자세히 관찰하면 폭풍이 다가오는지를 알 수 있다. 다음은 동물학자와 동물 조련사, 농부들이 전하는 폭풍이 다가오는 것을 동물들로부터 알 수 있는 방법이다.

- 거위는 폭풍이 다가오면 날려고 하지 않는다. 왜냐하면 궂은 날씨가 접근해 오면서 기압이 떨어지면, 특히 캐나다 거위처럼 큰 조류는 비행을 시작하기가 어렵다. 어쨌든 새들은 폭풍을 일으킬 수 있는 저기압이 다가오는 것을 본능적으로 알아차린다.
- 갈매기를 비롯한 바다에 사는 다른 조류들은 폭풍이 밀려올 것 같으면 날려고 하지 않는다.
- 폭풍이 다가오면 소들이 언덕에서 떨어진 곳에서 함께 모이려 한다고 많은 농부들은 믿고 있다. 노루와 엘크도 소들과 유사한 행태를 보인다.
- 개구리는 습한 날씨를 좋아하기 때문에 폭풍이 치기 전이나 폭풍이 칠 때는 물 밖에서 오랫동안 머문다. 특히 비가 오기 전에 개구리가 목청 높여 울기 때문에 비가 올지의 여부를 쉽게 알 수 있다.
- 모기나 검은파리는 궂은 날씨가 오기 전에 맹렬하게 물고 피를 빨려고 한다. 이는 아마도 모기나 검은파리가 폭풍을 피해 피신해 있을 때 굶주리지 않으려고 대비하는 것으로 추정된다.

눈보라와 눈사태

눈보라는?

미국 국립기상청은 풍속이 56km에 달하고 시계가 400m 이하인 겨울 폭풍을 눈보라라고 정의한다. 눈보라가 칠 때 반드시 눈이 내리지 않아도 되지만, 25cm 깊이 이상의 눈이 바람에 날려야 한다.

미국에서 발생한 **1888년 눈보라**는 얼마나 혹독했나?

1888년 2월에 미국의 대평원 북부를 강타한 눈보라로 수많은 인명과 가축의 피해가 발생하였다. 이보다 훨씬 규모가 큰 눈보라가 3월 11일에서 14일에 걸쳐 메인 주로부터 체사피크 만에 이르는 동부 해안에 들이닥쳐 엄청난 피해를 입혔다. 이 지역에 수십 센티미터의 눈이 내렸고, 뉴욕 주 새러토가스프링에는 132cm의 눈이 내렸으며, 바람에 눈이 쌓인 곳은 16m에 달했다. 또한 풍속은 시속 113km에 달했다. 이 눈보라로 400명 이상이 목숨을 잃었다.

미국에서 발생한 **1996년의 눈보라**로 인한 피해는 얼마나 되었나?

1996년 눈보라는 조지아 주로부터 펜실베이니아 주에 걸쳐 피해의 흔적을 남겼다. 6억 달러에 달하는 보험금 청구가 신청되었고, 187명이 목숨을 잃었다. 워싱턴 D.C., 웨스트버지니아 주, 뉴욕과 미국 북동부 6개 주에 60cm 이상의 눈이 내렸다. 이와는 별도로 펜실베이니아 주에는 7억 달러의 홍수 피해가 신고되었다. 1996년의 눈보라로 인한 피해액은 모두 합쳐 30억 달러에 달했다.

눈보라에 갇혀 차가 오지도 가지도 못하게 되면 어떻게 해야 하나?

건물이나 도움을 줄 수 있는 사람들로부터 멀리 떨어져 있다면, 차에서 나와 돌아다니다 길을 잃어 동사하는 것보다는 그대로 차에 머무르는 것이 좋다. 다행히 충전

소음이 눈사태를 일으킬 수 있을까?

사람들은 오랫동안 눈사태가 일어나기 좋은 환경에서 고함 소리나 손뼉이 눈사태를 일으킬 수 있다고 믿어 왔다. 실제로 어떻게든지 눈사태가 일어난 곳이라면 폭발음과 같은 엄청나게 큰 소리 때문에 눈사태가 발생할 수는 있다. 90% 이상의 눈사태는 눈이 불안정하게 쌓인 곳의 위쪽에서 한 명 혹은 몇 명의 무게나 스노모빌(snowmobile) 혹은 다른 기계의 무게로 인해 촉발된다.

된 휴대 전화가 있다면 좋겠지만, 없다면 차 안에서 머무르는 것이 낫다. 일산화탄소 중독을 피하기 위해 자동차의 배기가스 배출구가 눈이나 얼음으로 막히지 않게 한 후, 춥지 않도록 가능한 오랫동안 차의 시동을 걸어 두라. 또한 비상등을 켜서 경찰 등 구조대에 신호를 보내고, 제설차가 너무 가까이 다가오지 않도록 경고를 보내는 것이 필요하다. 겨울철에는 담요와 약간의 음식, 보조 타이어, 구급상자 등을 차에 비치하는 것이 현명하다. 춥지 않게 하려고 술을 마시는 것은 절대로 피해야 한다. 또한 겨울철에는 따뜻한 물과 수프를 담을 수 있는 보온병이 아주 유용하다.

눈보라가 닥치면 **가축**에게 어떤 일이 발생하나?

눈보라가 닥치면 농장 가축들도 당연히 사람들만큼 큰 고통을 받는다. 그 예로, 1886년 눈보라가 미국 중부 그레이트플레인스(대평원)에 발생했을 때 가장 피해가 많았던 텍사스 주와 오클라호마 주, 네브래스카 주, 캔자스 주의 가축 약 80%가 폐사하였다. 적설량이 9m에 달하고, 눈이 날린 곳은 9m 이상이나 쌓였을 뿐만 아니라 풍속이 시속 160km에 이르렀던 1966년 눈보라는 네브래스카 주, 미네소타 주, 노스다코타 주, 사우스다코타 주에 걸쳐 10만 마리의 가축을 폐사시켰다.

눈사태는 왜 발생하나?

눈사태가 발생하기 가장 적합한 환경은 많은 양의 눈이 몇 주가 아닌 몇 시간이나 며칠의 짧은 시간 안에 쌓이는 경우이다. 가장 위험하고 많은 피해를 주는 눈사태는 '건조 판 눈사태(dry slab)'이다. 이 눈사태는 빠르게 형성된 무거운 눈층이, 약하기는 하지만 오랜 시간에 걸쳐 형성된 또 다른 눈층 위에 자리 잡을 때 발생한다. 이 눈사태는 주로 사람이 불안정한 눈층 위를 걸을 때 발생한다. 반면에 '습윤 판 눈사태(wet slab)'는 물기를 많이 함유한 눈층이 보다 딱딱한 눈층 위에 자리 잡고 있을 때 발생한다.

비록 물기를 많이 함유한 눈이 경사가 최소 10°인 언덕에서도 굴러떨어지고, 물기를 적게 함유한 눈은 경사가 약 20~22°인 언덕에 규칙적으로 눈사태를 발생시키기는 하지만, 일반적으로 눈사태는 30~45°의 경사를 가진 언덕에서 주로 일어난다. 눈사태는 순식간에 발생한다. 일단 눈판이 갈라지면, 일반적으로 그 아래에 있는 사람들은 피할 곳이 없다. 시속 95~130km로 흘러내리는 눈사태는 지나가는 길에 있는 모든 것을 빠르게 묻고 지나간다.

대부분의 눈사태는 눈층에 작용하는 중력 때문에 발생한다. 하지만 때로는 조심성 없이 스노모빌이나 스키를 즐기는 사람들이 눈판에 충격을 주면서 발생하기도 한다.

미국에서 **눈사태**로 **가장 위험한 달**은 언제인가?

미국에서 눈사태가 가장 많이 발생하는 때는 2월이다. 대부분의 눈사태와 관련한 인명 사고는 콜로라도 주와 알래스카 주, 몬태나 주에서 발생한다.

눈진창이란?

눈진창은 눈이 헐겁게 쌓인 층이다. 흔하지는 않지만, 눈사태는 언덕 아래로 굴러떨어지는 눈진창으로 만들어지기도 한다. 그러나 눈사태를 보다 자주 발생시키는 것은 건조 판 혹은 습윤 판이다.

미국에서 **눈사태**로 얼마나 많은 사람들이 **목숨을 잃나**?

눈사태로 인한 인명 사고는 일상적으로 일어나는 것은 아니지만, 부주의나 경고 푯말에 주의를 하지 않은 결과로 자주 발생한다. 다음의 표는 지난 10년간의 눈사태로 인한 인명 사고를 정리한 것이다.

1998~2008년 동안 미국에서 눈사태로 인한 사망자 수

기간	사망자 수
1998~1999	29
1999~2000	22
2000~2001	33
2001~2002	35
2002~2003	30
2003~2004	23
2004~2005	28
2005~2006	24
2006~2007	20
2007~2008	36

역사상 **최악의 눈사태**는?

1970년 페루 융가이에서 발생한 눈사태는 2만 명의 목숨을 앗아 갔다.

세기의 폭풍이란?

많은 폭풍들이 세기의 폭풍이라고 불리곤 한다. 20세기에 세기의 폭풍이라는 이름에 걸맞거나, 최소한 그 타이틀의 후보에 이름을 올릴 수 있는 몇 개의 폭풍이 있었다. 1975년 1월 10~11일까지 엄청난 눈보라가 미국 중부 지역을 강타했다. 네브래스카 주의 강설량은 48cm에 달했으며, 풍속 냉각 지수는 사우스다코타 주와 노스다코타 주에서 −62℃까지 떨어졌고, 아이오와 주에서는 풍속이 최대 시속 145km에 달

제1차 세계대전 기간에 사용된 특이한 무기는 무엇일까?

제1차 세계대전 기간에 눈사태는 무기로 사용되어, 유럽의 일부 전투에서는 의도적으로 유발되었다. 그 결과로 약 4~8만 명의 군인들이 목숨을 잃은 것으로 추정된다.

했다. 이 눈폭풍으로 80명이 목숨을 잃었다.

이 타이틀에 근접한 또 하나의 폭풍은 눈보라가 미국의 동부 해안에 들이닥친 1993년에 발생했다. 이 폭풍으로 바다에서 48명을 포함하여 총 318명이 목숨을 잃었다. 미국 국민의 절반이 어떤 식으로든 이 폭풍의 영향을 받았다. 이 폭풍은 메인 주부터 플로리다 주에까지 영향을 미쳤는데, 플로리다의 동쪽 해안에까지 30cm의 눈을 내렸고, 데이토나 해변의 기온이 영하로까지 떨어졌다. 플로리다 주 키웨스트에서의 풍속은 시속 175km에 달했다. 이런 와중에 테네시 주 르콩트 산에는 142cm의 눈이 왔고, 뉴욕 주 시러큐스에도 109cm의 눈이 왔다.

1993년의 폭풍은 미국뿐만 아니라 북쪽의 캐나다에서 남쪽으로는 중앙아메리카까지 휩쓸고 지나갔다. 폭풍이 최고조에 달했을 때는 그 세기가 등급 3의 허리케인에 달했고, 폭풍이 잦아들 때까지 54조 3000억*l*의 물을 지상에 퍼부었다. 이와 더불어 다수의 토네이도도 함께 발생하였다. 1993년의 폭풍은 실제로 20세기의 '세기의 폭풍'이란 타이틀을 가질 만한 폭풍이었다.

허리케인과 몬순, 그리고 열대 폭풍

퍼펙트 스톰이란?

1997년 서배스천 융거(Sebastian Junger)가 쓴 소설의 제목이자 2000년에 조지 클루

니와 다이앤 레인, 마크 월버그가 출연한 영화의 제목이기도 한 '퍼펙트 스톰(Perpect Storm)'은 실제로는 공포스런 사건이었다. 1991년 10월의 마지막 날, 온대 저기압이 노바스코샤 해안으로부터 수백 킬로미터 떨어진 곳에서 형성되었다. 동시에 비교적 강도가 약한 등급 2의 허리케인 그레이스(Hurricane Grace)가 남쪽으로부터 이 온대 저기압 쪽으로 진행하였다. 허리케인 그레이스가 온대 저기압 쪽으로 다가가면서 온대 저기압 근처에는 바람이 비정상적으로 불었다. 일반적으로 허리케인은 북쪽으로 진행할 때 해안으로부터 떨어져서 이동하려 하지만, 온대 저기압의 북동쪽에서 소용돌이처럼 불던 바람이 허리케인 그레이스를 미국 북동부 해안 쪽으로 밀었다. 이에 두 폭풍이 합쳐지면서 1991년 핼러윈 데이 노스이스터(Halloween Nor'Easter, 미국 북동부에서 발생하는 북동풍의 강풍)라는 이름으로 잘 알려진 폭풍으로 발전하였다.

이 폭풍은 역사상 가장 파괴적인 폭풍 중의 하나였는데, 풍속은 시속 120km에 달했고, 바다에서의 파고는 12m에 달했다. 이 폭풍으로 소설에 나오는 참치잡이 배인 앤드리아 게일에 승선했던 6명의 선원을 포함하여 12명이 목숨을 잃었고, 10억 달러의 재산 피해가 발생하였다. 흔치 않은 이동 패턴으로 핼러윈 데이 노스이스터는 11월 1일에 허리케인으로 발전하였다. 사실 온대 저기압이 허리케인으로 발전하는 경우는 매우 흔치 않은 경우이다. 그러나 이 허리케인에는 이름을 붙이지 않았다. 그 이유는 이미 핼러윈 데이 노스이스터로 잘 알려진 이 폭풍의 이름을 바꾸면 방송들이 혼란을 일으킬 수 있기 때문이었다.

몬순이란?

몬순(monsoon)은 남아시아에서 부는 계절풍이다. 10월부터 4월까지 나타나는 겨울 몬순은 북서풍으로 육지에서 바다로 분다. 반면, 4월부터 10월까지 나타나는 여름 몬순은 엄청난 양의 수증기를 함유한 남서풍으로 바다에서 육지로 불면서 홍수를 일으켜 저지대에 큰 피해를 입히기도 하지만, 농업 활동에 필요한 물을 공급하는 역할도 한다.

몬순이란 단어는 어디서 **유래**했나?

몬순은 계절을 뜻하는 아랍어인 'mausin'에서 유래하였다.

앨버타 클리퍼란?

앨버타 클리퍼(Alberta Clipper)는 주로 로키 산맥 동쪽에 위치한 캐나다의 앨버타 주에서 발생하는 폭풍이다. 이 폭풍은 미국의 그레이트플레인스 쪽인 남동쪽으로 빠르게 이동하면서 눈을 내리고 추운 날씨를 동반한다.

캐나다 익스프레스란?

캐나다 익스프레스(Canadian express)는 겨울철에 캐나다 북부나 알래스카에서 발생한 극고기압으로부터 미국 본토 쪽으로 불어오는 한랭 건조한 바람을 말한다. 이와 유사한 시베리아 익스프레스(Siberian express)는 겨울철에 시베리아로부터 동아시아 쪽으로 불어오는 한랭 건조한 바람이다.

2005년 강력한 폭풍 전선을 동반한 허리케인 카트리나가 멕시코 만의 미국 남부 해안으로 이동 중이다. (출처: NASA)

허리케인이란?

허리케인(Hurricane)은 풍속이 최소 시속 119km에 달하고, 대서양에서 발생한 열대 폭풍을 가리킨다. 북서태평양에서 발생하면 '태풍'이라고 불린다. 허리케인은 8월부터 11월까지 북대서양과 카리브 해 지역에서 주로 발생한다. 해수면의 온도가 26.5℃ 이상이면 바다로부터 다량의 수증기가 증발하면서 다량의 에너지가 폭풍으로 공급된다. 수증기가 응결되면서 구름을 형성하고, 전향력(轉向力)은 이 구름을 회전시킨다.

허리케인으로 성장하려면 폭풍의 상부와 하부

간 풍속의 차이가 크지 않아야 한다. 바람과 구름이 거대한 회오리 내에서 같은 방향으로 불면 풍속이 증가한다. 그러나 풍속의 차이가 크면 이에 따른 전단풍(수직 혹은 수평 방향의 풍속 변화율)으로 인해 바람과 구름이 서로 반대 방향으로 불면서 허리케인이 매우 불안정해진다. 허리케인은 적도 부근 남북위 5 사이에서는 발생하지 않는다. 그 이유는 전향력이 적도로부터 멀어지면서 증가하기 때문이다. 결론적으로 적도로부터 다소 떨어진 열대 해양에서 발생한 저기압이 발달하여 허리케인으로 성장한다.

열대 폭풍이란?

열대 폭풍은 열대 해양에서 발생한 허리케인보다 강도가 약하다. 다시 말해 허리케인은 열대 폭풍보다 강도가 센 폭풍이다. 폭풍의 풍속이 시속 61~119km이면 이를 '열대 폭풍'이라고 부른다.

열대 저기압의 구분

중심 부근	최대 풍속
태풍	119km/h 이상
강한 열대 폭풍	90~118km/h
열대 폭풍	62~89km/h
열대 저압부	61km/h 이하

열대 저압부란?

열대 저압부는 풍속이 시속 61km 이하이고, 조직화된 순환 패턴을 가진 폭풍이다. 열대 저압부는 열대 폭풍이나 태풍(혹은 허리케인)으로 성장하기도 한다.

전향력이란?

전향력(轉向力, 코리올리 힘)은 이를 처음 정의한 프랑스 수학자 귀스타브 코리올리

전향력이 변기나 세면대, 욕조의 물을 시계 방향으로 돌게 할까?

아니다. 코리올리 효과는 그렇게 적은 양의 물에 작용하기에는 너무 약하다. 하수구로 빠지는 물은 주로 용기의 형태가 큰 영향을 미친다. 흥미롭게도 만약 사람의 몸이 완벽하게 대칭이며 두 다리의 길이가 동일한데 완전히 평평한 땅을 걷는다면, 코리올리 효과 때문에 몸이 휘어지기 시작할 것이다.

(Gustave G. Coriolis, 1792~1843)의 이름을 따서 지어졌다. 전향력은 회전하는 좌표계 상에서 운동하는 물체에 작용하는 힘으로, 지구처럼 회전하는 좌표계 상에서 움직이는 사물이 휘어지거나 회전하는 것처럼 보이는 것을 말한다. 이 힘은 운동의 방향을 변화시키지만 속도를 변화시키지는 않는다.

관찰자는 회전목마의 바깥에 서 있다고 가정하자. 회전목마가 돌아갈 때 실험자 A와 B는 각각 회전목마의 서로 반대편에 타고 있다. A가 공을 반대편의 B에게 굴린다면, 그 공은 B에게 도달하지 않고 한쪽으로 휘어져 회전목마에서 떨어진다. 관찰자의 관점에서 본다면 공은 똑바로 굴러갔지만, 공이 회전목마를 굴러가는 동안 그 공을 받게 되어 있던 B가 원래의 장소에 더 이상 있지 않기 때문에 그 공은 B에 도달하지 않는다. 지구는 지축을 중심으로 회전한다. 북반구일 경우, 지구의 자전으로 허리케인 내의 공기는 저기압이 위치한 허리케인의 눈으로 움직이면서 오른쪽으로 휘어진다. 이로 인해 북반구에서는 허리케인의 구름이 시계 반대 방향으로 회전하는 반면, 남반구에서는 시계 방향으로 회전한다.

허리케인의 어떤 부분이 **가장 많은 피해**를 발생시키나?

폭풍 해일로 인한 홍수가 가장 많은 피해를 일으킨다. 허리케인의 중심 저기압은 주변의 수위를 높여 물언덕을 만든다. 허리케인의 강풍과 저기압이 물언덕을 육지로 밀어붙이면 해안가에 엄청난 피해를 입히는 홍수를 일으킨다. 허리케인은 때때로 토네이도를 일으켜 피해 지역을 황폐화시키기도 한다.

허리케인은 얼마나 **빨리 이동**하나?

일반적으로 허리케인은 시속 약 16~24km 혹은 하루에 약 400km가량 바다 위를 이동한다. 하지만 1938년에 발생한 뉴잉글랜드 허리케인은 시속 97km의 속도로 이동한 것으로 알려졌다.

폭풍 해일이란?

쓰나미가 지진으로 인해 발생하는 반면, 폭풍 해일은 바람과 기압의 변화로 갑작스럽게 해수면이 상승하면서 발생한다. 허리케인이 바다 위를 이동하면 이렇게 부풀어 오른 해면으로 말미암아 높은 파고가 모든 방향으로 퍼져 나간다. 부풀어 오른 해면은 허리케인의 이동과 함께 해안가로 진행하는데, 그 이동 속도가 허리케인보다 3~4배 정도 빨라서 그보다 빨리 해안가에 도달한다. 관측 시스템이나 인공위성이 사용되기 이전에 사람들은 해수면이 부풀어 오르는 현상을 통해 허리케인이 밀려오는 것을 사전에 알았다. 허리케인이 해안가에 도달하면 이미 부풀어 오른 해수면은 최대 7.5m까지 상승하면서 해안가에 대규모 홍수 피해를 일으키는 폭풍 해일이 된다. 허리케인 카트리나로 인한 폭풍 해일의 높이는 약 8.5m였다.

남대서양에는 왜 **허리케인**이 발생하지 않나?

남대서양의 낮은 해수면 온도와 적도 수렴대가 주로 북반구에 위치하는 대기 상태로 인해 허리케인이 적도 남쪽에서는 잘 생성되지 않는다. 그러나 매우 드물게 2004년 3월에 허리케인이 브라질 해안을 강타하였다.

극저기압은 **극지방**에서 발생한 **허리케인**인가?

아니다. 허리케인은 열대 지역에서 발생하는 폭풍만을 가리키는 것이기 때문에 극저기압은 허리케인이 아니다. 1992년의 허리케인 앤드루(Hurricane Andrew)와 같은 일부 강력한 허리케인은 극지방까지 이동해 가면서도 계속 뚜렷한 저기압의 형태를 띠기는 하지만, 더 이상 열대 폭풍이나 허리케인으로 간주되지 않는다. 북극권

(66.5N) 북쪽에서 형성되는 허리케인의 형태를 띠는 작은 규모의 저기압을 '극저기압'이라고 부른다. 극저기압의 크기는 반지름이 100km에서 500km에 달하지만, 그 크기는 대부분의 열대 저기압에 비하여 절반에 지나지 않는다. 극저기압은 열대 저기압에 비해 크기가 작을 뿐만 아니라 수명도 짧은데, 극저기압이 36시간 이상 저기압의 형태를 유지하는 경우는 드물고 대부분은 12시간가량 유지된 후 저기압의 형태를 잃는다. 그럼에도 불구하고 극저기압은 강풍과 폭설을 일으킬 수 있을 만큼 아주 강력할 수 있다.

허리케인이 **영국**에 나타난 적이 있나?

아니다. 실제로 영국에 나타난 것은 허리케인 급의 바람을 가진 매우 강한 저기압이었으며, 허리케인은 아니었다. 1990년 1월 25일 영국에 찾아온 폭풍은 최대 풍속이 시속 193km에 달했고, 45명의 인명 피해와 10억 달러의 재산 피해를 입혔다. 하지만 영국인들의 뇌리에 강력하게 남은 폭풍은 1987년의 대폭풍이다. 이 폭풍은 당시로서는 영국을 찾아온 300년 만의 최악의 폭풍이었다. 이 폭풍으로 18명이 목숨을 잃었다.

허리케인이 미국 **남서부 캘리포니아**에 상륙한 적이 있나?

아니다. 열대 폭풍조차도 남부 캘리포니아에 도달하는 경우는 거의 없기 때문에 허리케인이 이 지역까지 진출한 기록은 없다. 1939년에는 열대 폭풍이 45명의 목숨을 앗아 갔다. 1976년 9월 10일에는 열대 폭풍 캐슬린(Kathleen)이 남부 캘리포니아에 다수의 홍수를 발생시켰다. 앞으로 허리케인이 이 지역에 나타날 수 있을지는 아무도 모른다. 21세기에 접어들면서 허리케인의 빈도와 강도가 증가하고 있다. 따라서 앞으로 허리케인이 멕시코 북부를 지나 남부 캘리포니아에까지 진출하는 것은 얼마든지 가능하다.

후지와라 효과란?

일본 기상학자인 후지와라 사쿠헤이(藤原咲平, 1884~1950)의 이름을 딴 것으로, 후지와라 효과는 두 개의 태풍이 인접하면 서로 간섭하여 서로의 진로와 세력에 영향을 미치는 효과를 일컫는다. 이 효과로 두 태풍은 서로 시계 반대 방향으로 회전하거나 동행하는 등 다양한 진행 형태를 나타낸다. 후지와라 효과가 나타나기 위해서는 일반적으로 두 태풍 간의 거리가 500~1,500km 이내여야 한다. 또한 두 태풍의 강도가 유사할 경우에는 이들이 함께 움직이지만, 그렇지 않을 경우에는 강한 태풍이 약한 태풍을 삼켜 버리곤 한다.

태풍 내에서는 얼마나 **빠른 바람**이 부나?

가장 강력한 태풍 내에서 시속 322km에 달하는 바람이 분다. 하지만 지표면과의 마찰력으로 인해 시속 362km 이상의 바람은 불 수 없다.

사피어–심프슨 허리케인 등급이란?

이는 사피어–심프슨 허리케인(Saffir-Simpson Hurriane) 피해 가능성 등급의 약칭으로, 1971년에 공학자인 허버트 사피어(Herbert Saffir, 1917~2007)와 허리케인 전문가인 로버트 심프슨(Robert Simpson, 1912~)이 고안한 지수이다. 이 등급은 허리케인의 최대 풍속과 허리케인이 발생시킬 수 있는 피해의 정도에 따라 허리케인의 강도를 가장 약한 등급 1에서 가장 강력한 등급 5로 나눈다.

사피어–심프슨 허리케인 등급

등급	풍속(kph)	피해 정도
1	119~153	• 건축 구조물에 대한 피해는 없다. 고정되지 않은 이동식 주택이나 관목, 나무가 주로 피해를 입는다. 해안가가 침수되거나 부두에 사소한 피해가 있을 수 있다.
2	154~177	• 지붕이나 문, 창문이 피해를 입을 수 있다. 농작물이나 이동식 주택 등에 적지 않은 피해가 온다. 침수 피해가 있고, 무방비로 정박된 소

		형 선박이 떠내려갈 수 있다.
3	178~209	• 건물과 담장이 파손될 수 있다. 이동식 주택이 파괴된다. 해안의 침수로 인해 작은 건물이 파괴되고, 큰 건물이 떠내려가는 파편들 때문에 피해를 입는다. 내륙에도 침수가 일어날 수 있다.
4	210~250	• 담장이 크게 피해를 입고, 지붕이 완전히 날아가기도 한다. 해안 지역에 큰 침식이 일어난다. 내륙 지역에서도 침수가 일어날 수 있다.
5	>250	• 주거지와 산업 건물의 지붕이 완전히 날아간다. 건물이 완전히 붕괴되기도 한다. 침수로 인해 해안 저지대에 심각한 피해를 준다. 거주지를 잃은 지역에서의 대피가 요구된다.

태풍은 어떻게 **이름**을 갖게 되었나?

태풍은 일주일 이상 지속될 수 있으므로 두 개 이상의 태풍이 동시에 같은 지역에서 발생할 수 있다. 따라서 태풍 예보에 혼란을 가져오지 않도록 태풍에 특정한 이름을 붙이게 되었다. 태풍에 최초로 이름을 붙이기 시작한 사람들은 오스트레일리아의 기상 예보관들이다. 그들은 자신들이 싫어하는 정치인의 이름을 태풍의 이름으로 사용하였다. 제2차 세계대전 이후, 공식적으로 태풍의 이름을 붙이기 시작했던 미국 공군과 해군은 기상 예보관들의 아내나 애인의 이름을 붙였다. 태풍에 알파벳의 순으로 이름을 부여하는 명칭 체계를 처음으로 소개한 나라는 미국이고, 이러한 명칭 체계는 1950년부터 시작되었다. 1953년 세계기상기구(WMO)는 이 명칭 체계를 채택하면서 태풍에 사용할 이름 목록을 회의를 통해 결정하였다. 1978년까지 태풍의 이름은 모두 여자 이름이었으나, 1979년부터는 남자와 여자 이름을 번갈아 사용하고 있다.

대서양, 카리브 해, 하와이 지역의 경우 태풍의 이름은 영어나 에스파냐 어 혹은 프랑스 어가 이용되는데, 태풍의 이름은 그 지역의 문화나 언어를 잘 반영하는 것으로 선택된다. 열대 폭풍이 회전하기 시작하고, 풍속이 시속 63km를 넘어서면 플로리다 주 마이애미 인근에 위치한 국립태풍센터(National Hurricane Center)가 지역 4(대서양과 카리브 해 지역)에서 사용되는 6개의 태풍 이름 목록 중 하나에서 태풍의 이름

2005년 플로리다 주의 한 주민이 허리케인 윌마(Wilma)로 인한 강한 바람으로 집이 부서지지 않을까 걱정하고 있다.

을 선정한다. Q와 U, X, Y, Z로 시작하는 이름은 포함되어 있지 않은데, 그 이유는 이런 단어로 시작하는 이름이 많지 않기 때문이다.

북서태평양 지역의 경우, 1999년까지는 괌에 위치한 미국 태풍합동경보센터가 태풍의 이름을 정했다. 그러나 2000년부터는 아시아태풍위원회가 아시아 각국의 태풍에 대한 관심을 높이고 태풍 경계를 강화할 목적으로, 태풍의 피해를 입는 북서태평양 아시아 지역 14개국이 국가별로 10개씩 제출한 총 140개의 이름을 조당 28개씩 5개조로 구성한 후, 1조부터 5조까지 순차적으로 사용한다.

북서태평양의 태풍에는 어떤 **이름**들이 사용되나?

2000년에 아시아태풍위원회는 북서태평양에서 발생하는 태풍의 이름으로 사용하기 위해 이름 목록을 만들었다. 다음의 표는 2000년에 만들어진 목록을 2008년에 새롭게 개정한 것이다. 개정된 목록에는 기존의 이름 중 은퇴나 다른 이유로 빠진 이

름을 새로운 이름으로 대체한 것들이 포함되어 있다.

국가명	1조	2조	3조	4조	5조
캄보디아	담레이(Damrey)	콩레이(Kong-rey)	나크리(Nakri)	크로반(Krovanh)	사리카(Sarika)
중국	하이쿠이(Haikui)	위투(Yutu)	펑선(Fengshen)	두쥐안(Dujuan)	하이마(Haima)
북한	기러기(Kirogi)	도라지(Toraji)	갈매기(Kalmaegi)	무지개(Mujigae)	메아리(Meari)
홍콩	카이탁(Kai-tak)	마니(Man-yi)	풍웡(Fung-wong)	초이완(Choi-wan)	망온(Ma-on)
일본	덴빈(Tembin)	우사기(Usagi)	간무리(Kammuri)	곳푸(Koppu)	도카게(Tokage)
라오스	볼라벤(Bolaven)	파북(Pabuk)	판폰(Phanfone)	켓사나(Ketsana)	녹텐(Nock-ten)
마카오	산바(Sanba)	우딥(Wutip)	봉퐁(Vongfong)	파마(Parma)	무이파(Muifa)
말레이시아	즐라왓(Jelawat)	스팟(Sepat)	누리(Nuri)	멜로르(Melor)	므르복(Merbok)
미크로네시아	에위니아(Ewiniar)	피토(Fitow)	실라코(Sinlaku)	네파탁(Nepartak)	난마돌(Nanmadol)
필리핀	말릭시(Maliksi)	다나스(Danas)	하구핏(Hagupit)	루핏(Lupit)	탈라스(Talas)
한국	개미(Gaemi)	나리(Nari)	장미(Jangmi)	미리내(Mirinae)	노루(Noru)
태국	쁘라삐룬(Prapiroon)	위파(Wipha)	메칼라(Mekkhala)	니다(Nida)	꿀랍(Kulap)
미국	마리아(Maria)	프란시스코(Francisco)	히고스(Higos)	오마이스(Omais)	로키(Roke)
베트남	손띤(Son Tinh)	레끼마(Lekima)	바비(Bavi)	꼰선(Conson)	선까(Sonca)
캄보디아	보파(Bopha)	크로사(Krosa)	마이삭(Matsak)	찬투(Chanthu)	네삿(Nesat)
중국	우쿵(Wukong)	하이옌(Haiyan)	하이선(Haishen)	뎬무(Dianmu)	하이탕(Haitang)
북한	소나무(Sonamu)	버들(Podul)	노을(Noul)	민들레(Mindulle)	날개(Nalgae)
홍콩	산산(Shanshan)	링링(Lingling)	돌핀(Dolphin)	라이언록(Lionrock)	바냔(Banyan)
일본	야기(Yagi)	가지키(Kajiki)	구지라(Kujira)	곤파스(Kompasu)	와시(Washi)
라오스	리피(Leepi)	파사이(Faxai)	찬홈(Chan-hom)	남테운(Namtheun)	파카르(Pakhar)
마카오	버빙카(Bebinca)	페이파(Peipah)	린파(Linfa)	말로(Malou)	상우(Sanvu)
말레이시아	룸비아(Rumbia)	타파(Tapah)	낭카(Nangka)	므란티(Meranti)	마와르(Mawar)
미크로네시아	솔릭(Soulik)	미탁(Mitag)	사우델로르(Soudelor)	파나피(Fanapi)	구촐(Guchol)
필리핀	시마론(Cimaron)	하기비스(Hagibis)	몰라베(Molave)	말라카스(Malakas)	탈림(Talim)
한국	제비(Jebi)	너구리(Neoguri)	고니(Goni)	메기(Megi)	독수리(Doksuri)
태국	망쿳(Mangkhut)	람마순(Rammasun)	모라꼿(Morakot)	차바(Chaba)	카눈(Khanun)
미국	우토르(Utor)	마트모(Matmo)	아타우(Etau)	에어리(Aere)	비센티(Vicente)
베트남	짜미(Trami)	할롱(Halong)	밤꼬(Vamco)	송다(Songda)	사올라(Saola)

사용이 중단되었거나 **대체된 태풍**의 **이름**은 어떤 것이 있나?

아시아태풍위원회의 14개 회원국의 언어로 구성된 태풍 이름 중에서 막대한 인명

미국 역사상 가장 큰 피해를 입힌 자연재해는?

1900년 9월 8일 텍사스 주 갤버스턴을 강타한 허리케인은 8,000~12,000명의 인명 피해를 가져온 미국 역사상 최악의 자연재해였다. 그러나 가장 큰 재산 피해를 입힌 자연재해는 2005년 8월 걸프 만에 상륙한 허리케인 카트리나로, 1,800명의 인명 피해와 1,000억 달러의 재산 피해를 입혔다.

과 재산 피해를 준 태풍의 이름은 피해 국가가 삭제해 줄 것을 아시아태풍위원회에 요청할 수 있다. 그러나 큰 피해를 주지 않았거나, 사용되지 않은 태풍의 이름은 일부 변경되기도 한다. 변경될 태풍 이름은 원래의 이름을 제출한 국가가 새로운 이름을 제출하고, 이를 아시아태풍위원회 총회에서 확정짓는 과정을 거쳐 사용된다. 그 예로, 태국이 제출한 '하누만'은 인도가 힌두교의 신의 이름과 같다는 근거로 반대하여 '모라꼿'으로 변경되었다. 미국이 제출한 '코도'도 '에어리'로 변경되었다. 2004년에는 홍콩에서 제출한 '야냔'과 '팅팅'이, 홍콩 자체의 태풍 이름 공모를 통해 선정된 '돌핀'과 '라이언록'으로 각각 변경되었다. 다음의 표는 북서태평양 지역에서 은퇴한 태풍의 이름과 이를 대체한 태풍의 이름 및 연도를 보여 준다.

이름	대체된 이름	연도
와메이(Vamei)	페이파(Peipah)	2001
차타안(Chaatan)	마트모(Matmo)	2002
루사(Rusa)	누리(Nuri)	2002
봉선화(Pongsona)	노을(Noul)	2002
임부도(Imbudo)	몰라베(Molave)	2003
매미(Maemi)	무지개(Mujigae)	2003
수달(Sudal)	미리내(Mirinae)	2004
라나님(Rananim)	파나피(Fanapi)	2004
맛사(Matsa)	파카르(Pakhar)	2005
나비(Nabi)	독수리(Doksuri)	2005

윌리엄 셰익스피어가 연극 『폭풍우』를 쓴 계기는 무엇일까?

『폭풍우(The Tempest)』는 영국의 유명한 극작가인 윌리엄 셰익스피어(William Shakespeare, 1564~1616)의 최후의 연극으로 간주된다. 이 신비주의적이며 로맨틱한 연극은 천사와 악마가 살고 있는 섬에 난파된 선원들에 관한 이야기이다. 많은 학자들은 이 연극이 1609년 허리케인으로 바하마 섬 근처에서 침몰된 배인 'Sea Venture'에 관한 이야기에서 영향을 받았다고 믿는다. 암초에 배를 좌초시킨 선장의 결정으로 150명이 생명을 구할 수 있었다.

룽왕(Longwang)	하이쿠이(Haikui)	2005
짠쯔(Chanchu)	산바(Sanba)	2006
빌리스(Bilis)	말릭시(Maliksi)	2006
사오마이(Saomai)	손띤(Son-Tinh)	2006
상산(Xangsane)	리피(Leepi)	2006
두리안(Durian)	망쿳(Mankhut)	2006
모라꽃(Morakot)	앗사니(Atsani)	2009
켓사나(Ketsana)	참피(Champi)	2009
파마(Parma)	인파(In-fa)	2009
파나피(Fanafi)	라이(Rai)	2010
와시(Washi)	미정	2011

미국에는 얼마나 많은 **등급 5**의 **허리케인**이 있었나?

1971년이 되어서야 비로소 사피어-심프슨 허리케인 등급이 개발되었지만, 1920년대부터 허리케인 풍속과 폭풍 해일에 관한 믿을 만한 자료들이 있다. 이 자료들에 따르면, 1928년 이후 대서양에는 31개의 등급 5의 허리케인이 있었다. 그중 8개는 2003년 이후에 발생했는데, 2005년에는 한 해에 4개나 발생하였다. 이는 기후학자들이 지구 온난화가 어떻게 열대 폭풍의 강도에 영향을 미치는가를 말할 때마다 이용하는 근거 중의 하나가 되었다. 31개의 등급 5 허리케인 중 단지 4개만이 실제로 미국의 영토에 상륙하였다. 다른 허리케인들은 중앙아메리카와 카리브 해의 섬들을 강타했거나, 푸에르토리코나 걸프 만 혹은 대서양 연안에 도달하기 전에 등급 4 혹은 그 아래로 약화되었다. 다음의 표는 한국에 큰 피해를 입힌 태풍을 등급별로 분류한 것이다.

등급	풍속(kph)	피해 정도
1	119~153	올가(1999)
2	154~177	갈매기(2008)
3	178~209	곤파스(2010)
4	210~250	셀마(1987), 루사(2002), 나리(2007), 볼라벤(2012)
5	>250	사라(1959), 매미(2003), 나비(2010)

북대서양의 **2008년 허리케인 시즌**은 어땠나?

2006년과 2007년의 2년간이 허리케인 발생의 정체기였던 반면, 2008년은 기록상 가장 강력한 허리케인 시즌이었다. 비록 등급 5의 허리케인은 없었지만, 2개의 등급 4 허리케인(아이크, 구스타프)과 3개의 등급 3 허리케인(버사, 오마, 팔로마)이 찾아왔다. 특급 허리케인(등급 3과 4)으로 분류된 5개의 허리케인을 포함하여 8개의 허리케인으로 약 1,000명이 목숨을 잃었다. 이와 더불어 허리케인으로 성장하지 못한 8개의 열대 폭풍도 있었다. 등급 5의 허리케인이 없었음에도 불구하고, 2008년 시즌은 특급 허리케인이 발생한 개월수의 기록을 깼다. 그해 특급 허리케인이 발생한 달은 7월(버사)과 8월(구스타프), 9월(아이크), 10월(오마), 11월(팔로마) 등 5개월이다. 이들 중 허리케인 구스타프는 미국에 가장 많은 피해를 입혔다. 텍사스 주 갤버스턴은 이 허리케인으로 인한 엄청난 폭풍 해일과 15m에 달하는 파도로 주민 소개령까지 내려졌다. 허리케인으로 많은 주택이 손실되었다.

미국의 도시에 **가장 큰 재산 피해를 준 허리케인**은 무엇이었나?

미국의 도시에 큰 재산 피해를 입힌 상위 10개의 허리케인

(단위: 억 달러)

허리케인(피해 지역)	연도	등급	피해액
카트리나(루이지애나 주 및 인근 주)	2005	3	1000~1350
앤드루(플로리다 주 동남부와 루이지애나 주)	1992	5	360
찰리(플로리다 주)	2004	4	140
휴고(대서양 해변과 사우스캐롤라이나 주 찰스턴 시)	1989	4	140
이반(앨라배마 주와 플로리다 주)	2004	3	140
아그네스(대서양 해변과 플로리다 주)	1972	1	110
벳시(플로리다 주 동남부와 루이지애나 주)	1965	4	108
프랜시스(플로리다 주)	2004	2	89
카밀(앨라배마 주, 루이지애나 주, 미시시피 주)	1969	5	75
진(텍사스 주)	2004	3	69

1900년 이후 **전 세계**에서 **가장 많은 인명 피해**를 초래한 **열대 폭풍**은?

1900~2008년 동안 많은 인명 피해를 초래한 허리케인과 사이클론

이름	지역	연도	총 사망자 수
사이클론 볼라	방글라데시	1970	150,000~500,000
무명 사이클론	방글라데시	1991	131,000~138,000
사이클론 나르기스	미얀마	2008	100,000~140,000
두 개의 무명 사이클론	방글라데시	1965	약 60,000
무명 사이클론	방글라데시/인도	1963	22,000
사이클론 안드라프라데시	인도	1977	10,000~20,000
허리케인 미치	중앙아메리카	1998	11,000~18,000
사이클론 오리사	인도	1971	약 10,000
사이클론 05B	인도	1999	약 10,000
버스턴 허리케인	미국 텍사스 주, 갤버스턴	1900	8,000~12,000

허리케인으로 **막대한 피해**를 입은 **미국 도시**들은?

19세기 이후 다수의 미국 도시가 허리케인으로 심각한 피해를 입었다.

허리케인으로 파괴된 미국의 도시들

도시	연도
플로리다 주, 탬파	1848
텍사스 주, 인디애놀라	1886
텍사스 주, 갤버스턴	1900
플로리다 주, 탬파	1926
미시시피 주, 패스 크리스천	1969
미시시피 주, 빌럭시	1969
플로리다 주, 홈스테드	1992
루이지애나 주, 뉴올리언스	2005

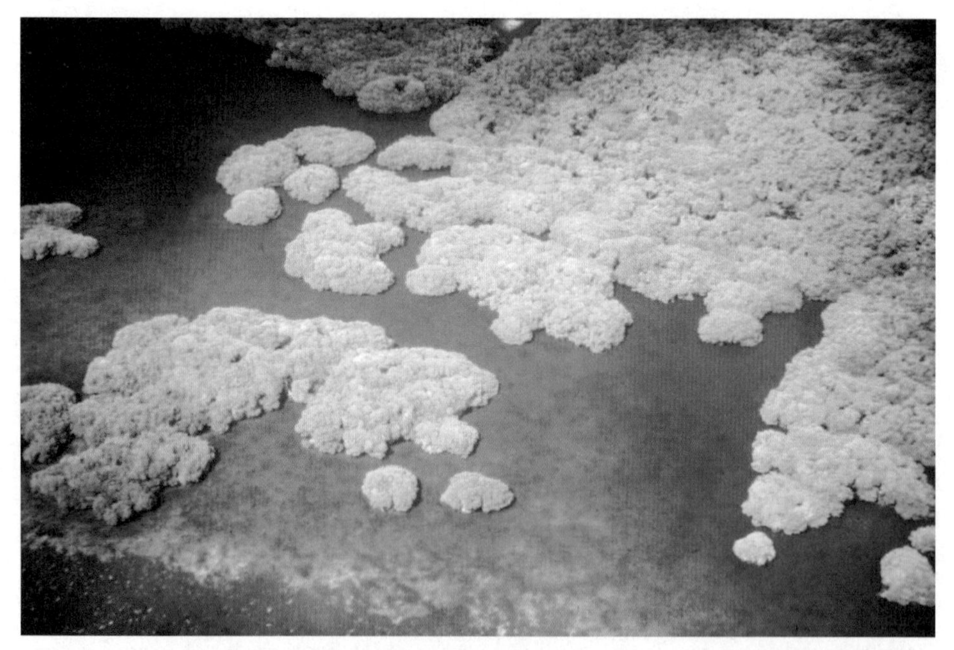

미크로네시아 야프 섬의 맹그로브 숲은 쓰나미나 태풍으로부터 해안선을 보호한다. 전 세계 해안가의 인구 집중 지역이 태풍의 피해를 많이 입는 이유 중의 하나는 맹그로브 숲과 같은 식물들이 제거되었기 때문이다. (사진: Ben Mieremet, NOAA)

왜 **인도양**의 **사이클론**이 다른 열대 폭풍에 비해 더 많은 인명 피해를 일으키나?

인도, 방글라데시, 미얀마, 그리고 다른 동남아시아에 인명과 재산 피해를 입히는 사이클론은 걸프 만에 영향을 미치는 허리케인과 비교해서 더 강하지는 않다. 그러나 사이클론으로 더 많은 사람들이 목숨을 잃는 이유는 해안가의 인구 밀도가 높을 뿐 아니라, 이들 대부분이 가난하여 곧 무너질 듯한 판잣집 같은 열악한 주거 환경에서 살기 때문이다. 미얀마를 강타한 2008년 사이클론은 논과 새우 농장으로 전환된 저지대인 이라와디 삼각주 지역에서 특히 많은 인명 피해를 발생시켰다. 이 논과 농장들은 사이클론과 육지 간의 자연적인 완충 지대였던 맹그로브 숲을 대체한 것이었다.

태풍과 허리케인, **사이클론**의 차이는?

사이클론, 태풍, 허리케인은 모두 같은 열대 폭풍이다. 열대 폭풍이 날짜 변경선 서쪽의 태평양에서 발생하면 태풍이라고 불리는 반면, 대서양과 날짜 변경선 동쪽의 태평양에서 발생하면 허리케인, 인도양과 오스트레일리아 인근에서 발생하면 사이클론이라고 불린다.

고기압은 무엇인가?

시계 반대 방향으로 회전하면서 상승하는 기류로 둘러싸인 저기압과는 달리, 고기압은 북반구에서는 시계 방향으로 그리고 남반구에서는 시계 반대 방향으로 회전하는 하강 기류의 중심에 자리 잡은 기단이다. 저기압과 마찬가지로 고기압의 중심과 주변 간의 기압의 차이가 커질수록 풍속과 회전 속도가 빨라진다.

태풍의 눈이란?

태풍의 눈은 태풍의 중심부에 상대적으로 풍속이 약한 지역이다. 그 크기는 직경이 약 7~74km이고, 구름이 없어서 태양빛이 비치기도 한다. 태풍이 강할수록 태풍의 눈은 작아지는 경향이 있다. 태풍의 눈은 태풍의 눈벽으로 둘러싸여 있다. 태풍의

미국 국립해양대기국 소속의 P-3기가 허리케인의 눈 근처를 날고 있다. (출처: NOAA)

눈벽은 원통형의 벽으로 그 높이는 11.3km가량 되기도 한다. 구름 눈벽을 지나면 폭풍이 다시 시작되고, 바람이 시속 278km 혹은 그 이상의 풍속을 가지기도 한다.

태풍의 나선띠란?

나선형 은하의 것과 유사하게 태풍의 주변에서 구부러지면서 만들어진 구름의 띠를 나선띠라고 부른다. 이는 태풍의 중심을 향하여 저기압성으로 구부러지면서 들어와 태풍의 눈 주변의 벽에 도달하며, 태풍의 순환과 함께 서서히 태풍 중심의 주변을 돈다. 이 나선띠는 태풍의 눈으로부터 수백 킬로미터씩 뻗어 나간다.

동심원형 눈벽이란?

대부분의 태풍은 하나의 눈벽을 가진다. 그러나 때로는 두 번째의 눈벽이 중앙에 위치한 눈벽 주변에 생기기도 한다. 첫 번째 눈벽 주위의 두 번째 눈벽을 동심원형(同心圓形) 눈벽이라고 부른다.

초강력 특급 허리케인이란 무엇일까?

매사추세츠 공과대학의 케리 이매뉴얼(Kerry Emmanuel) 교수는 컴퓨터 모델을 이용한 모의 실험으로서 허리케인의 활동을 연구한다. 그는 큰 소행성이 지구의 바다에 충돌하는 극단적인 상황이 발생하면 어떤 일이 벌어질 것인가를 모의 실험하였다. 그의 연구에 따르면, 소행성의 충돌은 무지막지하게 큰 파도를 발생시킬 뿐 아니라 엄청난 열을 발생시켜 바다의 저층을 가열시킨다. 특히 바다의 저층이 가열됨으로써 초강력 특급 허리케인의 발생이라는 부작용이 생긴다. 이 초강력 특급 허리케인은 직경은 16~32km 정도에 지나지 않지만 풍속이 시속 800km에 달하는 특이한 허리케인이다. 그리고 이 초강력 특급 허리케인은 수증기를 40km 높이까지 쏘아 올릴 수 있다.

허리케인 주의보와 **허리케인 경보**의 차이는?

허리케인 주위보와 허리케인 경보는 서로 유사하다. 허리케인 주의보는 현재 기상 상태가 향후 36시간 내에 허리케인이 발생하기에 좋은 환경임을 알리는 것이다. 허리케인 경보는 태풍이 24시간 이내에 도달할 것으로 예상된다는 것을 뜻한다. 허리케인 주의보와 경보는 미국 국립기상청의 국립허리케인센터가 발표한다. 한국에서는 기상청이 태풍 주위보와 태풍 경보를 발효한다.

미국 국립허리케인센터는 어떤 곳인가?

마이애미 인근의 플로리다 국제대학에 위치한 미국 국립허리케인센터는 국립기상청 소속 기관이다. 이 기관은 카리브 해와 멕시코 만에서 발생하는 허리케인을 예측하고, 그 위험을 알리는 일을 한다. 본부 건물은 허리케인에 대비하여 완전 무장이 되어 있다. 벽의 두께는 25.4cm에 달하고, 창문에는 내려서 닫을 수 있는 덧문이 달려 있다. 폭풍 해일로부터 안전할 만큼 내륙에 건설되어 있을 뿐 아니라 시속 210km의 강풍에도 견딜 수 있도록 설계되었다. 따라서 어떠한 허리케인이 들이닥쳐도 가동이 가능하다. 미국 국립허리케인센터와 유사한 일을 하는 한국의 국가 기관은 기상청 소속의 국가태풍센터로, 제주특별자치도의 서귀포시에 위치하고 있다.

태풍은 얼마나 많은 **에너지**를 **생성**할 수 있나?

보통 크기의 태풍은 2000만 톤의 폭약의 폭발력을 가진 수소 폭탄 400개가 한꺼번에 만들어 낼 수 있는 것과 동일한 양의 에너지를 가진다.

허리케인을 **멈출** 수 있나?

실행 가능한 측면에서 본다면, 태풍을 멈출 수는 없다. 인공 강우를 이용하는 방법 등이 제시되기도 했지만, 지금까지 제대로 된 해결책을 찾지 못하고 있다. 1950년대에 미국은 태풍의 눈 근처에 옥화은(Silver iodide)을 살포하는 '폭풍 제어 프로젝트'라는 계획을 추진했다. 인공 강우를 통해 기존의 태풍의 눈 바깥에 새로운 태풍의 눈을 만들어, 기존 태풍의 눈의 성장을 방해하거나 심지어 사라지게 하려는 것이다. 1961년과 1963년, 1969년, 1971년에 걸쳐 여러 번의 실험이 실시되었다. 때로는 상당한 성과가 있는 결과를 얻기도 했지만, 그 결과가 실험이 성공했다는 결론을 내릴 수 있을 정도로 결정적이지는 않았다. 1961년 인공 강우 방법을 사용한 결과로 허리케인 에스터(Hurricane Esther)의 강도가 약 30% 줄어든 것으로 나타났다. 하지만 이 결과가 인공 강우 때문만이라고 증명할 수 없었다. 미국 정부는 1970년대에 이 사업을 포기했지만, 일부 기업들은 그 이후로도 이 연구를 지속하였다. 대부분의 기상학자들은 태풍을 파괴할 수 있는 현실적인 방법은 없다고 믿는다. 왜냐하면 인공 강우가 성공하기 위해서는 과냉각된 미세 물방울이 다량으로 필요하지만 태풍 내에 과냉각된 수분의 양이 충분치가 않기 때문이다.

가장 오랫동안 지속된 열대 폭풍은 어떤 것인가?

1992년 11월, 태풍 게이(Gay)는 며칠에 걸쳐 태평양을 수천 킬로미터나 가로질러 미국 알래스카 주와 캐나다의 브리티시컬럼비아 주, 그리고 미국의 캘리포니아 주에 다다랐다. 이 태풍이 최고 강도에 이르렀을 때는 풍속이 시속 322km에 달했다. 미국에 상륙한 이후 이 폭풍이 대평원을 가로질러 미국 동부 해안에 다다랐을 때는, 폭풍의 강도가 다시금 증가하면서 12월 11일에는 최대 풍속이 시속 145km나 되는 새로

허리케인으로부터 안전한 열대 지역은 어디일까?

남북위 5° 이내의 열대 지역에서는 허리케인이 발생하지 않는다. 따라서 허리케인으로부터 안전하면서 항상 해가 내리쬐는 열대 지역에서 살기를 원한다면 적도 부근의 부동산을 구입하면 된다.

운 태풍이 되었다.

미국에서 발생한 **'1938년 대허리케인'**이란?

유럽인들이 미국에 도착한 이후, 미국의 북동부를 강타한 최악의 허리케인은 '1938년 대허리케인'이다. 이 허리케인은 미국 북동부 6개 주와 뉴욕 주 롱아일랜드의 해안가를 초토화시켰다. 600여 명이 목숨을 잃은 이 허리케인은 '롱아일랜드 익스프레스(Long Island Express)'라고도 불렸다.

허리케인 카트리나는?

허리케인 카트리나(Hurricane Katrina)는 대서양에서 생성되어 멕시코 만을 가로지른 후, 2005년 8월 말에 뉴올리언스와 미국 남부 해안의 많은 도시를 강타하면서 엄청난 파괴를 불러일으켰던 허리케인이다.

허리케인 카트리나로 인한 **제방의 붕괴**와 홍수로 얼마나 많은 **인명 피해**가 있었나?

미국 정부의 공식 발표에 따르면, 허리케인 카트리나의 상륙으로 1,836명이 목숨을 잃은 것으로 나타났다.

2005년 뉴올리언스 시의 **재해**는 홍수로 인한 것인가, 허리케인으로 인한 것인가?

재해를 일으킨 첫 번째 원인은 뉴올리언스를 보호하기 위해 설치한 취약한 제방에 높은 파도를 때린 허리케인 카트리나이다. 이 도시는 49%가 해수면 아래에 있기 때

2005년 허리케인 카트리나는 미국에 1000억 달러의 재산 피해를 입혔다. 그중 뉴올리언스는 특히 많은 피해를 입었다.

문에 인공 제방이 무너지면서 물이 몰려들어 도시의 대부분을 침수시켰다.

홍수

홍수가 나려면 **얼마나 많은 비**가 와야 하나?

비의 양은 장소에 따라 크게 달라진다. 미국 서부의 일부 사막 지역이나 일부 대도시 지역은 단지 몇 분 내린 폭우가 협곡이나 저지대에 돌발 홍수를 일으킬 수 있다. 하지만 큰비가 자주 내리는 지역에서는, 강물이 둑을 넘치거나 저수지가 넘쳐흘러 하류에 사는 사람들이 우려하게 되는 시점은 며칠 혹은 몇 주에 걸쳐 많은 비가 온 이후이다. 많은 비가 오는 지역은 일반적으로 좋은 자연 배수 시스템이 갖추어져 있

고, 여분의 물을 쉽게 흡수할 수 있는 식물들이 자란다.

홍수는 왜 **발생**하나?

홍수는 토양이 쉽게 흡수하거나 강과 하천으로 빠져나갈 수 있는 양보다 많은 양의 물이 특정 환경에 흘러 들어갈 경우에 발생한다. 홍수는 주로 짧은 시간에 걸쳐 한 지역에 수십 센티미터의 비를 쏟아붓는 폭우로 발생하지만, 허리케인이나 열대 폭풍으로 바닷물이 부풀어 오르거나 폭풍 해일에 의해서도 발생한다. 또한 쓰나미도 홍수를 일으킨다. 그 예로, 인도양의 해저 지진으로 발생한 2004년 쓰나미는 주변 11개 나라에서 약 23만 8,000명의 목숨을 앗아 갔다. 이들의 대부분은 쓰나미가 일으킨 파도와 이로 인한 홍수로 목숨을 잃었다. 이와 더불어 홍수는 댐이나 제방의 붕괴 등 인위적인 요소로도 발생할 수 있다.

돌발 홍수란?

홍수는 수면이 강이나 호수의 둑 위로 천천히 올라오는 것처럼 비교적 천천히 발생할 수도 있고, 댐이나 제방이 허물어졌을 때처럼 급격하게 발생할 수도 있다. 홍수가 빠르게 발생하는 상황이 돌발 홍수이다.

허리케인 카트리나가 칠 때 **뉴올리언스**의 홍수를 일으킨 원인은?

대부분의 사람들은 뉴올리언스가 파괴된 이유는 폭풍 해일을 조절할 목적으로 미국 육군 공병단이 세운 운하의 제방이 무너졌기 때문이라고 믿는다. 실제로 많은 제방이 붕괴되면서 80%의 도시가 물로 뒤덮였다.

왜 **돌발 홍수**로 많은 사람이 **생명**을 잃는가?

대부분의 사람들은 돌발 홍수의 힘을 제대로 인식하지 못한다. 돌발 홍수가 발생하면 단지 15cm 깊이로 흐르는 물이 어른을 넘어뜨리고 쓸어 버릴 수 있고, 몇십 센티미터 깊이의 물은 승용차나 작은 트럭을 쓸어 내려갈 수 있다. 또한 홍수는 사람을

홍수는 강가나 해안가, 호숫가 인근에 사는 사람들을 항상 위협한다.

익사시킬 뿐만 아니라, 홍수와 함께 흘러내리는 쓰레기나 잔해가 사람을 죽일 수도 있다. 물론 돌발 홍수로 사람들이 목숨을 잃는 가장 큰 이유는 돌발 홍수가 갑작스레 일어나기 때문이다. 특히 돌발 홍수가 밤에 발생하면 사람들은 이를 전혀 눈치채지 못하고 이에 휘말리기도 한다. 또한 가끔 사람들은 상식에 맞지 않은 행동으로 목숨을 잃기도 한다. 마른 강바닥에 있다가 갑자기 돌발 홍수가 흘러왔을 때, 강둑으로 뛰어 올라가는 대신에 흐르는 물보다 더 빨리 달아나려고 하류 쪽으로 뛰어간 사람들의 이야기도 많다. 실제로 1976년 콜로라도 주 빅톰슨 강에서 홍수가 났을 때 이런 이유로 많은 사망자가 발생하였다.

역사상 최악의 홍수에는 어떤 것이 있나?

기록에 남아 있는 최악의 홍수들 모두가 기상 이변으로 발생한 것은 아니다. 그 예로 네덜란드에서 여러 차례에 걸쳐 수천 명의 생명을 앗아간 참담한 홍수들은 바닷

2005년, 멕시코 만에 접한 뉴올리언스는 허리케인 카트리나로 인해 도시의 상당 부분이 홍수 피해를 입었다. (출처: http://www.katrina.noaa.gov/helicopter/helicopter-2.html)

물을 막는 둑의 붕괴로 말미암아 발생하였다. 다음의 표는 기상 이변으로 발생한 역사상 최악의 홍수들을 나열하였다.

기상 이변으로 인한 홍수와 사망자 수

장소	사망자 수	연도
중국 황하	100만~370만 명	1931
중국 황하	100만~200만 명	1887
중국 양쯔 강	145,000명	1935
영국과 네덜란드	100,000명	1530
베네수엘라 카라카스	10,000명	1999

많은 과학자들은 성서에 나오는 대홍수를 어떻게 설명할까?

일부 고고학자들은 기원전 5400~5200년 사이에 유프라테스 강이 인근 계곡을 범람시켰고, 그 면적이 10만 4,000km²나 되었다고 밝혔다. 비록 이 홍수가 전 지구를 삼켜 버리지는 않았지만, 그 지역에 살고 있는 사람들에게는 이 홍수가 세상의 끝처럼 보였을 것이고, 성경의 이야기로 만들어질 수 있는 영감을 주었을 수도 있다.

미국에서 발생한 **1993년 대홍수**란?

1993년에 내린 폭우로 미시시피 강에 접한 주들과 미시시피 강으로 흘러드는 많은 하천에 대규모 홍수가 발생했는데, 아이오와 주가 특히 심했다. 미국 국립해양대기국의 관측에 따르면, 당시 아이오와 주는 오대호 다음의 6번째 호수 같았다. 어떤 때는 미시시피 강의 폭이 거의 12km에 달했다. 미시시피 강물이 강둑을 넘어 200억 달러의 재산 피해를 입혔고, 48명이 목숨을 잃었으며, 85,000명에게 소개령이 내려졌다.

미국 역사상 **최악의 홍수**는 무엇이었나?

미국의 경우 1889년에 펜실베이니아 주 존스타운의 상류 지역에 위치한 댐이 붕괴되면서 2,200명이 목숨을 잃었다. 전 세계에서 가장 많은 피해를 입힌 최악의 홍수는 중국에서 발생한 홍수이다. 1931년에 황하에 발생한 이 홍수로 최대 370만 명이 목숨을 잃었다.

범람원이란?

범람원은 강을 둘러싸고 있는 지역으로 인공 구조물이 구축되기 이전에 홍수가 나면 물이 범람했던 곳이다. 범람원의 폭은 강의 흐름과 주변 지형에 따라 몇 미터에서 몇 킬로미터가 되기도 한다. 비록 제방과 홍수막이와 같은 홍수 방지 시설물이 세워지고, 그 바로 뒤에 각종 건축물이 세워지더라도 범람원이 없어지는 않는다. 만약 홍수 방지 시설물이 붕괴되어 홍수가 나면, 마치 인간이 차지하기 이전처럼 홍수가 범람원을 가득 메우게 된다.

왜 **사람들**은 **범람원**에 사나?

사람들은 수천 년 동안 범람원에서 살아왔다. 농사짓기에 좋은 비옥한 땅이 자리 잡고 있고, 주변의 풍부한 수자원으로 범람원은 사람이 살기에 편안하다. 하지만 불행하게도 강물이 넘쳐흐르면 범람원은 극심한 홍수 피해를 입고, 주민들도 큰 고통을 받는다. 제방이나 댐, 방축 등 재해 방지를 위한 시설물들은 홍수 때 피해를 줄여 주지만, 제방이 붕괴되는 것처럼 시설물들이 붕괴되면 넓은 지역이 물로 뒤덮이게 된다. 이처럼 예측할 수 없는 환경인 범람원에 거주하는 사람은 범람원에서 생활하며 얻을 수 있는 혜택과 동시에 범람원으로부터 받을 수 있는 위험도 함께 감안해야 한다.

100년 만의 홍수란?

100년 만의 홍수란 단지 홍수의 크기뿐만 아니라 홍수가 일어날 확률을 나타낸다. 100년 만의 홍수는 한 해에 발생할 확률이 1%(혹은 100번에 한 번)라는 것이다. 이것은 발생 빈도와는 관련이 없다. 홍수의 규모를 발생 빈도와 관련지을 수는 있다. 예를 들어 100년 만의 홍수는 매년 발생하는 평범한 홍수보다 규모가 훨씬 크다. 500년 만의 홍수는 한 해에 발생할 확률이 0.2%(500번에 한 번)이고, 100년 만의 홍수보다 규모가 매우 클뿐더러 훨씬 많은 피해를 발생시킨다.

미국 홍수보험프로그램이란?

미국 홍수보험프로그램(National flood Insurance Program, NFIP)은 1956년에 미국 연방 정부가 주택 소유자와 기업을 위해 보조금을 지급한 보험 프로그램이다. 정부는 이 프로그램을 시작하면서 100년 만의 홍수와 500년 만의 홍수 지역의 경계를 보여 주는 홍수 보험료율 지도를 작성하였다. 보험금은 이 홍수 위험에 근거하여 결정된다. 미국연방재난방재청이 이 프로그램을 감독하고, 홍수 피해자가 예상되는 지역에 사는 사람들에게 홍수 보험을 구매하도록 홍보한다. 홍수 보험을 구매한 피해자는 재해 보조금 이외에도 홍수로 인한 보험금을 받을 수 있다.

거주 지역의 **홍수 지도**를 어떻게 구할 수 있나?

거주 지역의 홍수 보험료율 지도는 거주지 지방 정부의 개발 담당 기구 혹은 비상 관리 기구를 통해서 구할 수 있다. 반면, 연방재난방재청으로부터 그 지도를 직접 구하는 것은 추천하지 않는다. 그 이유는 홍수 보험료율 지도가 자주 바뀌는 데다, 그 지도를 해석하는 데 개발 담당 기구나 비상 관리 기구의 전문가에게서 도움을 받는 것이 낫기 때문이다.

홍수가 나면 **무엇을 해야** 하나?

홍수가 예상되면 건전지로 작동하는 라디오를 켜고 언제 어디로 피해야 하는지 깊은 주의를 기울여야 한다. 만약에 홍수나 돌발 홍수가 나면 우선 신속하게 고지대로 피해야 한다. 홍수보다 더 빨리 달아나려 해서는 안 된다. 서 있는 물을 뚫고 차를 운전하려 해서도 안 된다. 왜냐하면 물이 갑자기 차올라 차를 멈추게 하고, 급류 때문에 차 안에 갇힐 수도 있다.

토네이도

토네이도와 **번개** 중 어떤 것이 **더 많은 인명 사고**를 내는가?

미국에서는 번개로 인한 사망 사고가 토네이도보다 더 많다. 매년 약 80명이 토네이도로 목숨을 잃는 데에 비해, 번개로 목숨을 잃는 사람은 평균적으로 100명 이상

1973년 5월 24일 토네이도가 오클라호마 주 유니언을 강타했다. 토네이도만 놓고 본다면 오클라호마 주는 아마 미국에서 가장 위험한 주일 것이다. (출처: NOAA Photo Library, NOAA Central Library; OAR/ERL/National Severe Storms Laboratory)

이다.

토네이도란?

토네이도(tornado)는 빌딩과 다른 건축물을 붕괴시킬 만큼 파괴적인 바람을 가진, 작지만 매우 강력한 폭풍이다. 토네이도는 짙은 회색의 깔때기형 공기 기둥을 만든다. 이 공기 기둥의 색은 태양빛이 어떻게 토네이도에 반사되는지에 따라 흐리거나 흰색, 파란색 혹은 심지어 빨간색을 띠기도 한다. 깔때기형 공기 기둥은 마치 진공청소기처럼 토네이도가 지나가는 경로에 있는 물건들을 빨아들인다. 대부분의 토네이도는 단지 몇 분간만 지속되지만, 수 시간 동안 지속되는 것도 있다. 토네이도는 가장 파괴적인 자연 현상 중의 하나이다. 때때로 가장 큰 토네이도는 지름이 1.6km에 달하고, 수백 킬로미터를 이동하면서 지나가는 곳을 사정없이 파괴시키곤 한다.

토네이도를 **본격적으로 연구한 최초의 인물**은?

미국 육군통신단의 간부이자 기상학자인 존 핀리(John P. Finley, 1854~1943)이다. 그는 1887년에 출판된 토네이도에 관한 최초의 권위 있는 책인 『토네이도(Tornadoes)』를 쓴 저자이기도 하다.

모든 **깔때기 모양**의 **구름**이 **토네이도**인가?

아니다. 토네이도로 분류되기 위해서는 와류(渦流, 소용돌이)가 위로는 구름에, 아래로는 땅에 모두 닿아야 한다. 그렇지 않다면 단지 깔때기 모양의 구름으로 간주된다. 또한 모든 토네이도가 눈에 보이는 깔때기 모양의 구름을 가지는 것은 아니다. 만약 와류 내에 먼지와 잔해가 없다면, 토네이도는 보이지 않거나 육안으로 겨우 보일 정도일 것이다. 흥미롭게도 깔때기 모양의 구름 없이도 토네이도가 생길 수 있다. 그 이유는 회전 없이 땅으로까지 내려오는 구름 또한 토네이도로 분류될 수 있기 때문이다.

'**토네이도**'라는 **단어**는 어디서 왔나?

이 단어는 라틴어의 '돈다'라는 뜻을 가진 'tornare'에서 비롯되었다. 뇌우를 뜻하는 에스파냐 어의 'tronada'도 토네이도의 어원으로 간주될 수 있다.

윌리윌리란?

오스트레일리아 사람은 토네이도나 회오리 형태의 모래바람을 윌리윌리(willy-willy)라고 부른다.

토네이도는 어떻게 **발생**하나?

아직도 토네이도가 어떻게 왜 발생하는지 완벽하게 알지 못한다. 일반적으로 받아들여지는 이론에 따르면, 초대형 폭풍 내에 천천히 회전하는 구름인 중규모 저기압이 토네이도를 만든다. 하지만 약한 폭풍도 토네이도를 생성시킬 수 있다. 최근에 과학자들은 폭풍 시스템 내의 중규모 저기압이 기온과 하강 기류의 큰 변화와 관련이 있다고 믿지만, 토네이도는 강풍과 기온의 변화가 없는 구름 시스템에서도 발생한다고 알려져 있다. 그러나 일단 깔대기 모양의 구름이 형성되면, 마치 피겨 스케이팅 선수가 회전력을 얻기 위해 팔을 몸에 붙이는 것과 같은 원리로 점차 속도와 힘을 더해 간다.

그림과 같이 1980년 텍사스 주 마이애미에서 발생한 것과 같은 초대형 폭풍은 강력한 폭풍과 토네이도를 생성한다. (출처: NOAA Photo Library, NOAA Central Library; OAR/EPL/National Severe Storms Laboratory)

토네이도가 **허리케인** 내에서도 발생하나?

일반적인 열대 폭풍이나 허리케인도 토네이도를 발생시킨다. 때로는 한 개의 열대 폭풍이 여러 개의 토네이도를 발생시키기도 한다. 그 좋은 예가 1967년의 허리케인 뷸라(Hurricane Beulah)이다. 이 허리케인 내에서 115개의 토네이도가 관찰되었다. 2004년에 발생한 허리케인 프랜시스(Hurricane Frances)는 기록상 가장 많은 123개의 토네이도를 발생시켰다.

토네이도는 왜 **사라지나**?

토네이도가 어떻게 발생하는지 잘 알려지지 않은 것처럼, 토네이도가 사라지는 이유도 제대로 알려져 있지 않다. 한 가지 이론은 점차 한랭한 공기가 폭풍으로부터 흘러 나가기 시작하면서(폭풍 가운데에 위치한 중규모 저기압이 차가운 공기에 둘러싸이면서) 토네이도가 충분한 힘을 얻지 못하고 약해진다는 것이다. 하지만 토네이도가 발생하면 한랭한 하강 기류가 토네이도로부터 불어 나오기 때문에 이 이론이 모든 경우에 다 적용되는 것은 아니다.

미국에서 **매년** 얼마나 **많은 토네이도**가 발생하나?

일반적으로 미국에서는 매년 800여 개의 토네이도가 발생한다. 그러나 도플러 레이더 등 관측 기술의 발달과 더불어 토네이도 추격자의 수가 증가하면서, 1990년쯤 이후부터는 토네이도의 관찰이 크게 증가하고 있다. 따라서 공식적인 토네이도 발생 평균치도 올라가고 있다.

후지다–피어슨 토네이도 등급이란?

1971년 시카고 대학의 교수인 데츠야 후지다(1920~1998)와 당시 미국 국립악기상예보센터(National Severe Storms Forecast Center)의 센터장이었던 앨런 피어슨(Allen Pearson, 1925~)이 후지다 등급이라고도 불리는 후지다–피어슨 토네이도 등급을 발표하였다. 이 등급은 토네이도를 풍속, 진로, 길이, 폭 등으로 서열을 매긴 것이다. 등급은 F0(가장 약한)에서 F5(믿을 수 없는 파괴)까지 나누어졌다. 이 등급은 2007년에 강화된 후지다 등급으로 대체되었다.

후지다–피어슨 토네이도 등급

등급	풍속(kph)	피해
F0	64~116	• 가벼운 피해: 나무와 광고판, 굴뚝에 피해를 준다.
F1	117~180	• 중간 정도의 피해: 이동식 주택이 밀려가고 자동차가 도로에서 밀려난다.
F2	181~253	• 상당한 피해: 지붕이 부서지고, 이동식 주택이 파괴되며, 큰 나무가 뽑힌다.
F3	254~331	• 막심한 피해: 잘 지어진 집도 부서진다. 나무가 뽑히고, 자동차가 땅에서 들린다.
F4	332~418	• 대단히 파괴적인 피해: 집이 무너지고, 자동차가 날려 가고, 사물들이 미사일처럼 날아다닌다.
F5	419~512	• 믿기 어려운 정도의 피해: 건축물의 기초가 떨어져 나와 쓸려 간다. 자동차가 미사일이 된다. 전체 토네이도 중 2% 이하가 이 등급에 속한다.

F6	513~611	• F6 토네이도는 기록되지 않았다. 그러나 만약 그런 토네이도가 발생하면 완전한 파괴가 일어난다.

강화된 후지다 등급이란?

강화된 후지다 등급은 2006년 2월에 미국 국립기상청이 제시한 것으로 2007년 1월부터 사용되고 있다. 강화된 후지다 등급은 기존의 후지다 등급이 개발된 이후로 기록된 실제 피해를 보다 정확히 반영하기 위하여 만들어졌다. 최근에 기상학자들은 구조물들이 처음 생각했던 것보다 낮은 풍속의 회오리바람에도 피해를 입을 수 있다고 결론지었다. 기존의 후지다 등급은 너무 일반적으로 피해 정도를 서술하여 건축물의 종류를 고려하지 않았을 뿐 아니라, 건축물이 많지 않은 인구 밀도가 낮은 지역에 발생하는 토네이도를 제대로 평가하기 어려웠다. 반면, 강화된 후지다 등급은 건물의 종류와 구조, 식생 등을 기술한 28개의 피해 지표를 등급으로 나누어 사용하여 발생 가능한 피해를 보다 자세히 기술하였다. 그것을 제외하면 강화된 후지다 등급도 이전의 후지다 등급과 마찬가지로 토네이도의 등급을 '0'에서 '5'까지로 나누었다.

강화된 후지다 등급

등급	풍속(kph)	피해
EF0	105~137	• 나뭇가지가 부러지고, 뿌리가 얇은 나무가 넘어진다. 건물 외벽에 가로 댄 미늘이나 홈통이 부서진다. 지붕의 널이 벗겨지고 지붕이 작은 피해를 입는다.
EF1	137~177	• 이동식 주택이 넘어진다. 문과 창문, 유리가 깨진다. 나무의 뿌리가 심각한 영향을 받는다.
EF2	178~217	• 큰 나무 줄기가 갈라지고, 큰 나무가 넘어진다. 이동식 주택이 부서지고, 기초가 있는 집도 움직인다. 자동차가 땅에서 들리고, 나무의 뿌리가 땅에서 빠진다. 가벼운 물체는 미사일의 속도로 날아간다.
EF3	218~265	• 나무가 부러지고 뿌리가 뽑힌다. 이동식 주택이 완전히 부서지고, 기초가 있는 집들도 기초만 남기고 나머지 층들이 부서진다. 기초가 약한 집들이 들려서 멀리 날아간다. 쇼핑몰과 같은 상업용 건물들이

> **토네이도의 강도를 측정하는 또 다른 지수가 있을까?**
>
> 있다. 영국의 기상학자들은 TORRO(the TORnado and storm Research Organization) 지수를 사용한다. 이 지수는 토네이도의 강도를 T0에서 T10까지 나눈다. T0 토네이도는 시속 약 64km의 바람부터 시작하고, T10은 슈퍼 토네이도로 풍속이 시속 435~480km나 된다.

		심각하게 파괴된다. 큰 자동차가 날아가고, 기차가 넘어진다.
EF4	266~322	• 기초가 있는 집들이 무너진다. 자동차가 먼 거리를 날아간다. 큰 물체들이 위험하게 날아다니는 발사체가 된다.
EF5	>323	• 주택들이 완전히 부서지고, 철근 콘크리크 구조의 집들도 심각한 피해를 입는다. 자동차 크기의 물체들이 90m 혹은 그 이상 날아간다. 피해 지역은 완전히 폐허가 된다.

상당한 피해를 입히는 토네이도가 되기 위해서는 얼마나 **강해야** 하나?

토네이도의 등급이 EF2 혹은 그 이상이면 상당한 피해를 유발한다고 간주된다. EF4와 EF5 토네이도는 파괴적으로 간주된다.

1970년 이후 미국에서 **F5 토네이도**가 얼마나 많이 발생했나?

28개의 F5 토네이도가 미국에서 발생하였다. 그중 6개는 '토네이도 집중 발생기'라고 불리는 1974년 4월에 발생하였다.

1970~2008년까지 미국에서 발생했던 F5 토네이도

장소	연/월/일
텍사스 주, 러벅	1970/05/11
루이지애나 주, 델리	1971/02/21
텍사스 주, 밸리밀스	1973/05/06
인디애나 주, 데이지힐	1974/04/03
오하이오 주, 크세니아/세일러 파크	1974/04/03

켄터키 주, 브랜던버그	1974/04/03
앨라배마 주, 마운틴 호프	1974/04/03
앨라배마 주, 태너	1974/04/03
앨라배마 주, 귄	1974/04/03
오클라호마 주, 스피로	1976/03/26
텍사스 주, 브라운우드	1976/04/19
아이오와 주, 조던	1976/06/13
앨라배마 주, 버밍햄	1977/04/04
오클라호마 주, 브로큰보	1982/04/02
위스콘신 주, 바네벨드	1984/06/07
오하이오 주, 나일스	1985/05/31
캔자스 주, 헤스턴	1990/03/13
캔자스 주, 거슬	1990/03/13
일리노이 주, 플레인필드	1990/08/28
캔자스 주, 앤도버	1991/04/26
미네소타 주, 챈들러	1992/06/16
위스콘신 주, 오크필드	1996/07/18
텍사스 주, 재럴	1997/05/27
앨라배마 주, 플레전트그로브	1998/04/08
테네시 주, 웨인즈버러	1998/04/16
오클라호마 주, 브리지크리크/무어	1999/05/03
캔자스 주, 그린즈버그	2007/05/04
아이오와 주, 파커스버그	2008/05/25

F6 토네이도가 발생한 적이 있나?

없다. 이론적으로 시속 611km의 속도를 가진 바람이 발생할 수 있다고 추산하여 만들어진 이전의 후지다 등급상으로는 F6 토네이도가 발생할 수 있다. 그러나 실제로 그 정도의 풍속을 가진 토네이도가 기록된 적은 없다. 강화된 후지다 등급에는 F6 등급이 없는 대신, 풍속이 시속 320km 이상이 되는 토네이도는 EF5의 등급으로 나뉜다.

기상학에서 '거북'이란?

기상학자들이 말하는 거북(turtle)은 갑옷을 가진 파충류가 아니라, 단단한 외피로 둘러싸인 기상 관측 기구이다. 거북은 토네이도의 예상 진로에 설치되어 기압, 습도, 온도 등을 측정한다. 비록 거북은 풍속을 측정할 수는 없지만, 토네이도 연구에 사용되는 다른 중요한 자료들을 측정한다.

기상학자는 실제로 **믿을 만한** 토네이도의 **풍속 자료**를 가지고 있나?

아니다. 믿을 만한 토네이도의 풍속 자료가 없다는 사실이 토네이도의 등급을 정하는 데에 큰 문제이다. 토네이도의 풍속은 단지 도플러 레이더와 영상 자료를 이용하여 과학적으로 추정할 뿐이다. 지금까지 풍속계를 이용하여 실제로 토네이도의 풍속을 측정했던 시도가 성공한 적은 없다.

VORTEX **사업**이란?

VORTEX(Verfication of the Origin of Rotation in Tornadoes Experiment)는 미국 국립악기상연구소(National Severe Storms Laboratory)가 1994년부터 1995년까지 주관한 사업이다. 에릭 라스무센(Erik Rasmussen)의 지휘로 실행된 이 연구는 기상 관측 기구, 항공기, 거북(turtle), 레이더와 영상 기록 장치가 장착된 자동차를 이용하여 토네이도 관련 자료의 수집을 목적으로 수행되었다. 이 연구는 초대형 뇌우에서 발생한 토네이도에 중점을 두었고, 분석하는 데만 수년이 걸린 많은 자료를 수집하였다.

토네이도는 얼마나 **먼 거리**를 **이동**하나?

대부분의 토네이도는 발생 후 사라지기까지 한 시간 이내 혹은 몇 분 또는 몇 초의 아주 짧은 수명을 가지며, 그동안 평균적으로 8km 정도를 이동한다. 물론 아주 오랫동안 지속된 토네이도도 있다. 1925년 3월 18일에 발생한 토네이도는 346km를 이동하였다.

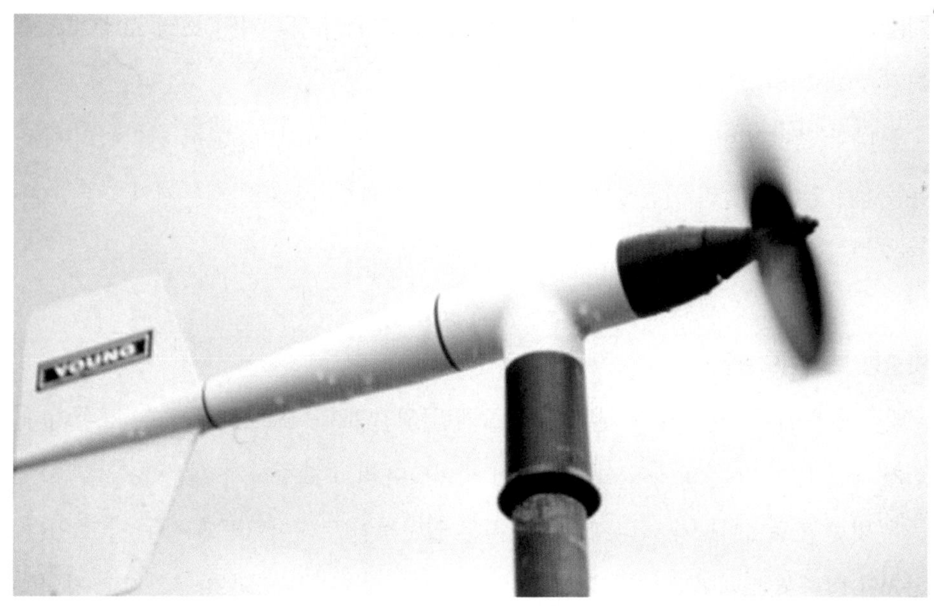

1994년 텍사스 주 북부에서 찍은 이 사진은 VORTEX 사업에 이용되었던 자동차에 설치된 풍속계를 보여 준다. (출처: NOAA Photo Library, NOAA Central Library; OAR/ERL/National Severe Storms Laboratory)

다중와동(multiple-vortex) 토네이도란?

중심부의 토네이도는 가끔 소형 소용돌이 혹은 흡입 소용돌이라고 불리는 작은 토네이도로 둘러싸여 있을 수 있다. 흔히 2~5개의 소형 소용돌이가 중심부의 토네이도 주변에서 나타나지만 최대 7개의 소형 소용돌이가 있을 수도 있다. 흥미롭게도 이들 주변의 작은 토네이도는 중심부의 토네이도에 비해 더 강할뿐더러 회전 풍속도 최대 시속 160km가량 빠르다.

소형 소용돌이와 **위성 토네이도**의 차이는?

그 차이를 분간하기는 매우 힘들다. 그러나 다중와동 토네이도 내의 소형 소용돌이가 중심부 토네이도와 함께 형성되는 반면에, 위성 토네이도는 독립적으로 또 다른 대형 토네이도에서 발생한다.

지름이 1.6km의 깔때기 구름을 가진 **대형 토네이도**와 강풍을 가진 **소형 토네이도** 중 어떤 것이 더 위험한가?

둘 다 똑같이 위험하다. 토네이도가 얼마나 위험하고 파괴적인가를 파악하려면 소용돌이가 얼마나 빨리 회전하는지, 얼마나 많은 잔해물이 날아다니는지와 같은 요소들을 종합적으로 고려해야 한다.

밧줄형 토네이도란?

밧줄형 토네이도는 가늘고 굽어진 밧줄처럼 생긴 토네이도를 지칭하는 표현이다. 점차 힘을 잃어 가는 토네이도를 '밧줄이 끊어진다'라고 표현하기 때문에, 일부 사람들은 밧줄형 토네이도가 사라지기 시작하는 일반적인 토네이도라고 잘못 알고 있다. 하지만 밧줄형 토네이도는 넓은 깔때기 구름을 가진 토네이도와 마찬가지로 강력할 수 있다.

1973년 5월 토네이도에 동반한 강력한 바람이 오클라호마 주 유니언 시를 폐허로 만들었다. (출처: NOAA Photo Library, NOAA Central Library; OAR/EPL/National Severe Storms Laboratory)

쐐기형 토네이도란?

쐐기형 토네이도는 두껍고 쪼그라진 기둥처럼 생긴 토네이도이다. 깔때기 구름의 높이와 넓이가 거의 같다.

토네이도가 보이는 **예상할 수 없는 행동들**에는 어떤 것이 있나?

토네이도는 진행하면서 한 주택이나 다른 빌딩은 파괴하지만, 그 주변의 다른 건축물에는 아무런 피해를 입히지 않는 것으로 잘 알려져 있다. 이처럼 전혀 예측할 수 없는 파괴 형태는 폭이 아주 얇은 토네이도나 다중와동 토네이도, 혹은 주변에 여러 개의 위성 토네이도를 가진 토네이도가 발생할 때에 일어난다. 예를 들어, 밧줄형 토네이도는 단지 몇 미터의 폭을 가진 확연하게 알 수 있는 자취를 지표면에 남긴다. 다른 한편으로는 다중와동 토네이도의 소형 소용돌이들이 아주 다양한 속도와 폭을 가지고 있다. 때로는 토네이도가 땅에까지 도달하지는 않지만 고층 건축물의 지붕을 날려 버릴 만큼만 낮게 형성되어, 단층 주택이나 번화가에 상가가 일렬로 늘어서 있는 곳에는 전혀 피해를 입히지 않을 수도 있다. 이외에도 토네이도는 전혀 예상할 수 없는 행동을 보이기도 한다. 예를 들어 토네이도가 진행하면서 점차 강해지거나 약해진다든지, 지나온 길을 되돌아가서 같은 곳을 두 번이나 때리기도 한다. 최근 들어 건축가들이 점차 강화된 후지다 등급을 인식하면서, 건축물들이 약한 토네이도 정도에는 견딜 수 있도록 지어지고 있다.

토네이도 앨리란?

미국은 다른 어떤 나라에 비해서도 토네이도가 많이 발생하고, 토네이도의 대부분은 토네이도 앨리(Tornado Alley)라고 알려진 미국의 중앙부에서 발생한다. 매년 약 200개의 토네이도가 이 지역에서 발생한다. 토네이도 앨리는 텍사스 주 북부, 네브래스카 주, 캔자스 주와 더불어 초강력 토네이도 발생률이 가장 높은 오클라호마 주를 포함한다. 이 주들 외에도 토네이도의 활동이 비교적 활발한 곳은 루이지애나 주, 미시시피 주, 앨라배마 주, 미주리 주, 아칸소 주, 켄터키 주, 테네시 주, 일리노이

토네이도 피해: 2011년 EF4의 토네이도가 미국 앨라배마 주 터스컬루사를 강타했다.
그림(위)은 위성 사진으로 토네이도가 이 도시 남서부 지역에 파괴적인 피해를 입힌 것을 보여 준다. 두 개의 대형 아파트 단지가 파괴되면서 7명이 목숨을 잃었다.
그림(아래)은 토네이도로 엄청난 피해를 입은 근교 주택 지역이다. (출처: http://extremeplanet.me/tag/tuscaloosa-tornado-damage/; http://www.noaa.gov/extreme2011/se_ohio_midwest.html)

주, 인디애나 주, 아이오와 주, 오하이오 주 등이다. 토네이도가 토네이도 앨리에서 많이 발생하는 이유는 이 지역에 뇌우가 발생하면 멕시코 만으로부터 북쪽으로 이동하는 고온 다습한 공기와 서쪽에서부터 로키 산맥을 넘어 불어오는 건조한 공기가 고도에 따라 풍향과 풍속이 다른 전단풍을 만들 뿐만 아니라, 뇌우 상에서 상승 기류가 발생하여 토네이도가 생성되기에 최적의 환경을 만들기 때문이다.

미국에서 **토네이도** 때문에 거주하기에 **가장 위험한 주**는?

높은 인구 밀도 때문에 매사추세츠 주는 미국의 다른 어떤 주보다 토네이도로 인한 단위 인구당 인명 피해가 가장 높다. 그러나 다른 어떤 주보다도 많고 강력한 토네이도가 발생하는 오클라호마 주가 거주지로서 가장 위험한 지역이다.

미국에서 가장 **인명 피해**가 컸던 토네이도로는 어떤 것들이 있었나?

미국에서 가장 인명 피해가 컸던 토네이도들

지역	연/월/일	사망자 수
Tri-State(일리노이 주, 인디애나 주, 미주리 주)	1925/03/18	695
미시시피 주, 나체즈	1840/05/06	317
미주리 주, 세인트루이스	1896/05/27	255
미시시피 주, 투펠로	1936/04/05	216
조지아 주, 게인즈빌	1936/04/06	203
오클라호마 주, 우드워드	1947/04/09	181
루이지애나 주, 에이미티/미시시피 주, 퍼비스	1908/04/24	143
위스콘신 주, 뉴리치먼드	1899/06/12	117
미시간 주, 플린트	1953/06/08	115
텍사스 주, 웨이코	1953/05/11	114
텍사스 주, 골리애드	1902/05/18	114
네브래스카 주, 오마하	1913/03/23	103
일리노이 주, 머툰	1917/05/26	101

토네이도가 음악의 역사를 거의 바꿀 뻔한 적이 있나?

미국에서 발생한 가장 많은 생명을 앗아 간 토네이도의 목록 중 위에서 네 번째 토네이도가 엘비스 프레슬리(Elvis Presley, 1935~1977)의 고향인 미시시피 주 투펠로에서 발생하였다. 토네이도가 발생한 1936년 4월 5일에 엘비스는 갓난아기였지만, 200명 이상의 목숨을 앗아 간 이 토네이도로부터 생명을 건졌다.

웨스트버지니아 주, 신스턴	1944/06/23	100
미주리 주, 마시필드	1880/04/18	99
조지아 주, 게인즈빌과 홀랜드	1903/06/01	98
미주리 주, 포플라 블러프	1927/05/09	98
오클라호마 주, 스나이더	1905/05/10	97
매사추세츠 주, 우스터	1953/06/09	94
미시시피 주, 나체즈	1908/04/24	91
미시시피 주, 스타크빌/앨라배마 주, 웨이코	1920/04/20	88
오하이오 주, 로레인/선더스키	1924/06/28	85
캔자스 주, 유돌	1955/05/25	80
미주리 주, 세인트루이스	1927/09/29	79
켄터키 주, 루이빌	1890/05/27	76

미국에서 **토네이도**로 인한 **연평균 사망자 수**는 얼마나 되나?

매년 미국에서는 토네이도로 약 60명이 목숨을 잃는다. 사망 사고의 대부분은 날아다니는 잔해물에 의해 발생한다.

지금까지 **세계**에서 **가장 많은 생명을 앗아 간 토네이도**는?

1989년 4월 26일, 방글라데시의 다카에서 북쪽으로 약 65km 떨어진 곳에서 발생한 토네이도로 1,300명이 목숨을 잃었고 15,000명이 다쳤으며, 거의 10만 명이 집을 잃었다.

어떤 **달**에 **토네이도**가 가장 많이 **발생**하나?

미국의 토네이도 시즌은 3월에서 8월이지만, 남부에서는 이외의 기간에도 가끔 토네이도가 발생하기도 한다. 토네이도의 발생 빈도는 5월에 가장 높지만, 토네이도로 인한 인명 피해는 4월에 더 많이 발생한다. 1973년 4월 3일~4일은 미국 역사상 토네이도가 가장 많이 발생한 기간 중의 하나였다. 이 기간 중에 일리노이 주, 인디애나 주, 미시간 주, 오하이오 주, 테네시 주, 켄터키 주, 앨라배마 주, 미시시피 주, 웨스트버지니아 주, 버지니아 주, 노스캐롤라이나 주, 사우스캐롤라이나 주, 조지아 등 13개 주에서 148개의 토네이도가 관찰되었다. 이 토네이도들로 315명이 목숨을 잃었고 5,500명이 다쳤다. 이 토네이도들의 이동 거리를 모두 합치면 4,000km에 이른다.

1974년 토네이도 집중 발생기 이외에, 미국을 강타한 **또 다른 토네이도 집중 발생기**는?

1965년 4월 11일 미국 중부 지역에 37개의 토네이도가 발생하여 256명이 목숨을 잃었고 5,000명 이상이 다쳤다. 22개의 토네이도가 발생했던 1984년 5월 28일에는 노스캐롤라이나 주와 사우스캐롤라이나 주에서 57명이 목숨을 잃었고 1,248명이 다쳤으며, 약 2억 달러의 재산 피해를 입었다. 1985년 5월 31일에는 41개의 토네이도가 캐나다의 온타리오 주에 발생하여 75명이 숨졌고, 4억 5000만 달러의 재산 피해가 났다. 1990년대 초기에도 많은 생명을 앗아간 2개의 토네이도가 발생했다. 1991년 4월 26일~27일까지 54개의 토네이도가 텍사스 주와 아이오와 주에서 발생하여 21명이 목숨을 잃었고, 208명이 다쳤다. 다음 해인 1992년 11월 21일 94개의 토네이도가 중부 지역부터 동부 해안에 걸친 13개 주에서 발생하여 26명이 목숨을 잃었고, 641명이 다쳤다.

하루 중 어떤 시간에 **토네이도**가 자주 발생하나?

토네이도는 하루 중 어떤 때에도 발생할 수 있지만, 약 40%의 토네이도가 오후 2시에서 6시 사이에 발생한다. 밤에 발생하는 토네이도가 특히 위험한 이유는 사람들이 대부분 잠들어 있는 때라 경고가 발령되어도 피할 준비가 제대로 되어 있지 않기 때문이다.

중규모 저기압이란?

중규모 저기압(mesocyclone)은 일반적으로 2~10km의 지름을 가진 와류(渦流)를 말하는데, 초특급 폭풍이나 대형 뇌우 내의 적란운에서 발견된다. 폭풍 내에서 고도에 따라 풍향과 풍속이 다른 전단풍이 불면, 지표면과 평행하게 수평으로 회전하는 거대한 원통형의 공기의 흐름을 만든다. 이때 상승 기류가 수평으로 회전하던 원통형의 공기의 흐름을 수직으로 세우면, 와류가 지표면에서 수직으로 생성된다.

벽구름이란?

적란운에서 곧 토네이도가 발생할 것이라고 알리는 경고 신호일 수 있다. 온난 다습한 공기가 적란운 내로 수렴 상승하면서 응결하면, 중규모 저기압이 점차 팽창하며 세력을 얻으면서 시계 반대 방향으로 회전한다. 이때 적란운 내의 중규모 저기압 아래에 추가적으로 만들어진 구름이 벽구름(wall cloud)이다. 주로 초특급 폭풍의 뒤쪽에 작은 규모로 발생한다. 벽구름은 시계 반대 방향으로 회전한다. 하지만 이 벽구름의 회전 속도는 벽구름 내에서 생성될 수도 있는 토네이도에 비하면 매우 느리다. 벽구름이 나타나면 한 시간 내로 완전히 성장한 토네이도가 발생할 수 있기 때문에, 폭풍 추격자는 벽구름을 토네이도의 지시자로 간주한다.

비버꼬리 구름이란?

비버꼬리 구름(beaver tail)은 폭풍우가 칠 때 볼 수 있는 넓고 평평하게 하강하는 구름을 가리키는 표현이다. 이 구름은 주로 비가 내리는 지역 바깥 어디에서든지 발생할 수 있고, 벽구름 쪽으로 회전하면서 이동해 들어가는 경향이 있다.

1984년 오클라호마 주, 벽구름이 보인다. (출처: NOAA Photo Library, NOAA Central Library; OAR/EPL/National Severe Storms Laboratory)

폭풍 추격자란 누구인가?

폭풍 추격자(Storm chasers)는 뇌우나 토네이도를 따라다니는 과학자 혹은 아마추어 폭풍 마니아들이다. 이들은 뇌우 연구에 필요한 자료를 구하고, 뇌우를 시각적으로 관측할 목적으로 폭풍을 추격한다. 방송국 관계자는 극적인 폭풍 영상을 제작하기 위해 폭풍을 추격한다. 강풍, 폭우, 우박, 번개 등 뇌우에 동반하는 기상 현상들이 생명을 위협하기 때문에, 폭풍 추격에 앞서 폭풍 추격자들은 뇌우의 형성과 형태에 관련한 기상학 교육뿐만 아니라 다양한 안전 교육을 받는다.

로저 젠슨(Roger Jenson, 1933~2001)은 최초의 열렬한 폭풍 추격자로 간주된다. 독학한 기상 관측자이자 전문 사진사였던 그는 50년간 토네이도와 뇌우에 관한 자료를 기록하였다. 데이비드 호들리(David Hoadley, 1938~)도 역시 폭풍 추격의 선구자이자, 폭풍 추격에 관한 일들을 전하는 『스톰 트랙(Storm Track)』이라는 소식지의 설립자이다. 폭풍 추격자가 된 최초의 기상학자는 오클라호마 주 노먼에 위치한 미국 국립악기상연구소(National Severe Storms Laboratory)에서 일했던 닐 워드(Neil Ward, 1914

전문 기상학자 혹은 아마추어로 이루어진 폭풍 추격자들은 토네이도를 관측하는 또 다른 눈이 되었다. 이들이 제공하는 다양한 관측 자료들이 미국 국립기상청과 국립해양대기국이 기상을 예측하고 기상 관련 연구를 수행하는 데 많은 도움이 되는 것으로 밝혀졌다. 사진에서 볼 수 있듯이 폭풍 추격자들은 이동식 도플러 레이더(Doppler on Wheel, DOW)와 자동 기상 관측 장비를 갖추고 야외에서 폭풍을 관측한다. (출처: http://www.nsf.gov/news/mmg/media/images/tornado3_h1.jpg)

~1972)이다. 그는 이러한 경력을 바탕으로 공식적인 폭풍 추격의 아버지로 알려져 있다.

폭풍 추격자와 **폭풍 감시자**는 어떻게 다른가?

폭풍 감시자(Storm spotter)는 위험한 폭풍을 추격하기 위해 각지를 다니면서 시간을 보내지 않는다. 그 대신에 폭풍 감시자는 자신이 거주하는 지역에서 폭풍과 관련한 각종 기상 정보를 관찰하고, 이를 미국 국립기상청에 보고한다.

곰우리란?

폭풍 추격자들은 중규모 저기압의 남쪽과 서쪽 부분에 주로 형성되는 폭우와 우박이 내리는 지역이면서, 토네이도가 이미 생겼거나 혹은 생기고 있는 지역의 동북쪽

기상감시 프로그램란 무엇일까?

1970년대 초에 미국 국립기상청이 조직한 이 프로그램은 토네이도와 재해를 일으킬 수 있는 기상 상황을 일반 대중에게 조기에 경고를 발령할 수 있도록 전문 기상 연구자와 아마추어 기상 관찰자들을 조직화하였다. 기상감시 프로그램은 교육을 통해서 일반인을 폭풍 감시자로 훈련시키기 때문에, 기상감시 프로그램에 가입하고자 하는 사람이 반드시 자격증이 있는 기상학자일 필요는 없다. 아마추어 무선가들은 특히 기상감시 프로그램의 열렬한 자원봉사자들이다. American Relay Radio League(ARRL)와 Amateur Radio Emergency Service(ARES), Radio Amateur Civil Emergency Service(RACES)와 같은 각종 무선 관련 단체들은 위험한 기상 상황에서 생명을 구하기 위해 미국 국립기상청 및 연방재난방재청과 협동한다.

을 곰우리(bear's cage)라고 칭한다. 곰우리는 바깥으로는 토네이도의 상승 기류에 둘러싸인 채로 비가 내리는 우리와 같은 곳이다. 곰우리에 있다는 말이 위험한 곳에 있다는 것을 지칭하는 것처럼, 이곳은 폭풍 내에서 가장 위험한 지역이다. 그 이유는 이 지역에서는 토네이도가 비 때문에 잘 보이지 않을뿐더러, 거의 경고도 없이 들이닥칠 수 있기 때문이다. 또한 이곳은 가시거리도 짧고, 큰 인명 및 재산 피해를 발생시킬 수 있는 우박, 강풍, 돌발 홍수 등 재해가 일어날 만한 기상 현상들이 발생한다.

토네이도의 발생을 **미리 알 수 있는** 방법이 있나?

토네이도를 확신을 가지고 예측하는 것은 어렵다. 심지어 기상학자도 단지 토네이도가 발생하기에 적합한 상태일 때, 토네이도 주의보를 발효할 수 있을 뿐이다. 일부 사람들은 우박이나 바람, 번개 등이 항상 토네이도에 앞서 나타난다고 믿지만, 큰 우박들과 또 다른 악천후가 미리 나타나더라도 반드시 토네이도가 나타나는 것은 아니다. 또 다른 사람들은 기압이 갑자기 떨어지면 곧 토네이도가 발생한다고 믿는다. 하지만 이 또한 정확한 예측 방법은 아니다. 그러한 기압의 하강은 실제로 토네이도가 발생하기 몇 시간 혹은 며칠 전에 발생할 수 있다. 가장 좋은 방법은 날씨가 나빠지면 기상 예측에 귀를 기울이고, 기상 상태가 주의를 요할 때 토네이도 경보를 발효하는 기상학자를 믿는 것이다.

로스앤젤레스에서 **토네이도**가 발생한 적이 있나?

그렇다. 때때로 로스앤젤레스를 포함하는 캘리포니아 주 남부에서 약한 토네이도가 발생하곤 한다. 다행히도 토네이도로 인한 사망자는 아직 보고되지 않았다. 2008년 5월 22일에 두 개의 토네이도가 샌디애고 인근의 리버사이드 카운티에서 관측되었다. 같은 달에 로스앤젤레스에 토네이도 경보가 발효되었고, 교외 지역인 잉글우드에서 주택들이 경미한 피해를 입었다. 1918년 이래로 로스앤젤레스 카운티에서는 30개 이상의 토네이도가 공식적으로 관측되었다.

미국과 **캐나다 이외의 나라**에도 **토네이도**가 발생하나?

그렇다. 미국은 토네이도와 관련한 다양하고 많은 자료를 축적하고 있다. 그러나 다른 나라에서 발생하는 토네이도의 빈도나 강도에 관해서는 잘 알려져 있지 않다. 캐나다의 평원 지대에는 상당한 수의 토네이도가 발생한다. 하지만 이는 캐나다가 미국과 마찬가지로 토네이도를 발생시키는 최적의 환경을 가진 북아메리카의 한 부분이기 때문이다. 토네이도가 상당수 발생하는 나라는 영국, 이탈리아, 프랑스 서부, 브라질, 아르헨티나, 러시아, 방글라데시, 중국, 인도 북부, 파키스탄, 일본, 남아프리카, 뉴질랜드이다. 영국은 일년에 1~2개의 토네이도가 발생한다. 오스트레일리아는 토네이도가 사람들이 거의 살지 않는 오지에서 발생하곤 하기 때문에, 실제로

이동식 토네이도 관측기는 토네이도를 연구하는 데 유용한 자료인 기압과 습도, 온도 및 다른 기상 정보를 측정하기 위해 토네이도가 오는 길목에 배치된다. (출처: NOAA Photo Library, NOAA Central Library; OAR/EPL/National Severe Storms Laboratory)

관찰되는 것보다 더 많은 토네이도가 발생할 수도 있다.

토네이도는 항상 **시계 반대 방향**으로 **회전**하나?

경험적으로 북반구의 토네이도는 시계 반대 방향으로 회전하고, 반면에 남반구의 토네이도는 시계 방향으로 회전한다. 그러나 어떤 법칙에도 예외가 있다. 북반구에서 가끔 시계 방향으로 회전하는 토네이도가 발견된다. 이들은 일반적으로 약한 폭풍으로 인해 발생하는 약한 회오리바람으로, 때로는 용오름(물기둥)처럼 보인다. 1998년에 캘리포니아 주 서니베일 인근에서 시계 방향으로 회전하는 토네이도가 관측되었다. 초대형 폭풍이 시계 방향과 시계 반대 방향의 토네이도를 동시에 발생시키는 것은 흔치는 않지만 가능한 일이다.

토네이도 주의보와 **토네이도 경보**의 차이는?

토네이도 주의보는 향후 몇 시간 내로 토네이도가 발생하기에 적합한 기상 상태라는 것을 뜻한다. 주의보가 발효되면 라디오나 TV를 통해 기상 상태의 변화를 주시하고, 당장 대피소로 가야 할 경우를 대비하여 필요한 준비에 만반을 기하는 것이 현명하다. 토네이도 경보는 실제로 도플러 레이더나 해당 지역의 누군가에 의해 토네이도가 확인되었다는 것을 뜻한다. 따라서 즉각 대피소로 이동해야 한다.

토네이도가 몰려오면 **어떻게 해야** 하나?

건물의 가장 낮은 곳으로 이동하라. 야외에 있다면 튼튼하고 안전한 대피소를 찾아라. 방의 중앙으로 이동하고 단단한 가구 아래로 피하라. 창문가에서 떨어져 탁자 다리나 다른 단단한 것을 잡고 손으로 머리와 목을 감싸라. 만약 집에 지하실이 있다면 그곳으로 숨어라. 지하실이 없다면 집 내부의 욕실이 일반적으로 집에서 가장 튼튼한 곳이니, 욕조에 몸을 숨겨서 피할 수 있다.

토네이도의 피해를 줄이기 위해 **창문이나 문을 열어서** 집 안팎의 **기압**을 **맞추어 주는** 것이 좋은 방법인가?

토네이도가 집 근처에 있을 때에는 기압이 낮아진다. 따라서 상대적으로 높은 집 안의 기압으로 집이 폭발할 수도 있다고 사람들은 오랫동안 믿어 왔다. 하지만 이것은 사실이 아니다. 주택에 피해를 입히거나 집을 부숴 버리는 것은 토네이도에 의해 발생하는 강풍과 날아다니는 잔해물이다. 문이나 창문을 열면 날아다니는 물체들이 집으로 날아 들어오거나 집 안에 숨은 사람에게 피해를 입힐 확률을 오히려 증가시킨다.

야외에 있다면 토네이도로부터 **안전한 곳**은 어디인가?

만약 야외에 있는데 토네이도가 다가오고, 토네이도 대피소나 지하실로 갈 시간도 없는 데다, 주위에 또 다른 형태의 대피소도 없다면 참호나 배수로를 찾으라고 폭풍 전문가들은 조언한다. 다리나 고가 도로 아래로 몸을 피하는 좋은 방법이 아니다. 그 이유는 이곳에 폭풍 잔해물들이 날아다니고, 이 잔해물로 목숨을 잃을 수도 있기 때문이다. 어떤 사람들은 산이 토네이도를 막기 때문에 계곡이 안전하다고 믿는다. 하지만 토네이도가 계곡을 휩쓸고 지나간 기록들이 있고, 심지어 산의 정상도 토네이도가 친 적이 있다. 3,000m 높이의 티턴 자연보호구역에서 토네이도가 발생한 기록이 있다. 1974년 토네이도 집중 발생기에는 다수의 토네이도가 애팔래치아 산맥의 고지대를 강타하였다.

또한 토네이도 경보가 내릴 때 강가가 안전한 곳이라고 믿고 있기도 하다. 하지만 미시시피 강이나 미주리 강처럼 큰 하천이나 강의 인근에서 혹은 이들 강을 가로지르는 토네이도가 관측된 경우도 많다. 토네이도가 칠 때 강을 따라 내려가다 침몰된 배들에 관한 이야기도 있다.

미국에서 **토네이도**로 **가장 위험한 달**은 언제인가?

연구에 따르면, 미국에서 토네이도로 가장 위험한 달은 평균적으로 329개의 토네이도가 발생하는 5월이다. 반면, 단지 3개의 토네이도가 발생하는 2월이 가장 안전하다.

또 다른 연구에 따르면, 12월과 1월이 주로 가장 안전하고, 토네이도가 가장 많이 발생하는 달은 4월, 5월, 6월이다. 2월부터 토네이도의 발생 빈도가 증가하기 시작한다. 2월에 발생하는 토네이도는 주로 걸프 만 인근 지역에서 발생한다. 3월에는 토네이도의 활동 중심이 동쪽으로 이동한다. 토네이도 활동이 최고조에 달하는 4월에는 그 중심이 미국 동남부의 대서양 해안가로 이동한다. 5월에는 대평원 남부로 이동하고, 6월에는 대평원 북부와 오대호 인근에서 뉴욕 주 서부까지 이동한다. 가장 큰 재산 피해를 불러온 토네이도 집중 발생기는 1999년 5월이었다. 오클라호마 주와 캔자스 주에서 48시간 사이에 적어도 74개의 토네이도가 발생했다. 이 중에는 11억 달러의 재산 피해를 가져온 오클라호마 시 주변에서 발생했던 F5 토네이도가 포함되어 있다.

돌풍 토네이도란?

뇌우로부터 바람이 불어 나가는 곳에서 나타나는 돌풍 토네이도는 약한 와류로서, 토네이도가 구름에 닿지 않는 특징이 있다. 돌풍 토네이도는 작은 나뭇가지를 부러뜨리거나 마당에 놓인 가구를 넘어뜨리는 것과 같은 크지 않은 피해만을 발생시킨다.

플로리다 주 키스 군도 인근의 바다에서 나타난 용오름. (사진: Joseph Golden, NOAA)

용오름이란?

주로 태풍과 관련이 있는 용오름(waterspout)은 물에서 발생하는 토네이도이다. 일반적인 토네이도가 먼지나 잔해물을 빨아들이는 것과 달리, 용오름은 물을 빨아들이지만 용 깔대기형 구름을 눈으로 볼 수 있다.

비록 육지에서 발생하는 토네이도에 비하면 약하지만 인명 피해를 일으키고, 작은 배를 부수며 큰 배에도 피해를 입힌다. 미국에서 용오름을 관측하기에 가장 좋은 곳은 플로리다 주 남부 해안에서 떨어진 바다이다.

육지용오름이란?

육지용오름(landspout)은 아주 약한 토네이도이다. 일반적으로 육지용오름은 초대형 폭풍이 아닌 소규모 폭풍에서 발생한다. 비록 일반적인 토네이도에 비해 약하지만 그래도 인명 피해를 입히는 것으로 알려져 있기 때문에 가능한 한 피해야 한다.

먼지회오리란?

먼지회오리(dust devil)는 먼지로 가득한 갈색의 공기 기둥으로, 그 높이가 수십 미터에 달하는데, 폭풍이란 이름에서 연상되는 만큼의 피해를 입히지는 않는다. 먼지회오리는 맑고 건조한 날에 따뜻한 공기가 상승하면서 발생한다. 먼지회오리에 의해 발생하는 바람의 풍속은 시속 96.5km 정도이다. 가장 높게 발달한 먼지회오리는 높이가 1,500m에 달한다. 먼지회오리는 토네이도만큼 파괴적이지 않고 일반적으로 아주 빨리 사라지지만, 일부 먼지회오리는 최대 4.5톤의 먼지와 가벼운 잔해물을 이동시키기도 한다. 지금까지 알려진 가장 큰 먼지회오리는 유타 주 보너빌 소금사막(Salt Flat)에서 발생한 것이다. 이 먼지회오리는 높이가 수십 미터였고, 약 65km를 이동하였다.

수증기오름이란?

북극에서 찬 공기가 따뜻한 수면 위로 지나면, 수면에서 수증기가 피어오른다. 이때 같은 시간에 와류가 이 지역을 쓸고 지나가면 수증기나 안개로 작은 수증기오름(steam devil)이 만들어진다.

토네이도와 유사한 와류형 바람이 있나?

당연하다. 산불로 생긴 연기와 화산 폭발로 인한 먼지와 수증기가 때때로 약한 토네이도와 같은 와류를 형성하곤 한다.

THE HANDY WEATHER ANSWER BOOK

제6장

대기 현상

번개

번개란?

번개는 대기에서 발생하는 전기적 방전 현상이다. 번개는 다양한 형태로 발생하는데, 그 원리는 이제야 완전히 밝혀지고 있다.

번개 발생의 원리는?

번개의 짜임새와 구조는 매우 복잡하다. 당연한 이야기지만, 번개가 생기려면 전기원이 있어야 하는데 뇌우가 바로 그것이다. 뇌우는 축전기 역할을 하는 구름을 머금고 있다. 구름의 상부는 양전하를, 그리고 뇌우는 음전하를 띤다. 과학자들은 이러한 전기를 띠는 대전 현상을 구름이 온도 차이로 서로 충돌하면서 구름 속 입자와 전자가 상호 교환되는 결과로 생각하고 있지만, 명확한 메커니즘에 대해서는 아직 논란이 있다. 양전하를 띤 구름 상부와 음전하를 띤 하부 간의 차이가 커지면서 전기장이 형성된다.

구름 속에서 전기적 부하가 생성되면, 바로 아래쪽 지상의 물체는 물론 지표면에도 영향을 미치게 된다. 구름 하부의 음 전기장은 지표의 음전하를 밀쳐 내기 때문에 폭풍이 지나는 지표에 양전하를 형성한다. 이러한 전기장이 점차 강하게 발달함에 따라 구름과 지표면 사이에 존재하는 공기가 이온화된다. 공기 분자들이 전자와 양전하 이온으로 분리되면서 플라스마(plasma) 상태로 전환된다. 이 플라스마는 구름과 바로 아래쪽 지표면 간을 잇는 전도체로 작용하게 된다.

다음으로는, 구름으로부터 '계단형 선도(stepped leaders)'가 내려와 번개의 전조 현상을 형성한다. 이것은 곧 번갯불이 흘러갈 가장 좋은 방향을 찾기 위해 구름이 내보내는, 일종의 게이지(gauge) 역할을 하는 이온화된 경로와 전자들의 연결로 생각하면 된다. 때때로 이것들은 희미한 자주색 선으로 눈에 띄기도 한다.

계단형 선도가 바깥쪽으로 탐지 신호를 내보냄에 따라 양전하로 대전된 지표면

고대 사람들은 번개가 신에게서 나온다고 믿었을까?

번개의 힘은 수천 년 동안 인류 문화에 큰 영향을 주었다. 사람들은 번개를 아주 신성한 일로 여겼고, 번개가 신비한 힘을 갖고 있다고 믿었다. 로마와 그리스 인들은 번개가 불의 신인 헤파이스토스(Hephaestos)에 의해 만들어지고 제우스(Zeus)에 의해 던져진다고 생각했다. 고대 노르웨이 신화에 따르면, 최고 신 오딘(Odin)은 궁니르(Gungnir)라고 불렸던 번개로 만들어진 창을 지니고 있었다. 또 힌두교도들의 전쟁의 신 인드라(Indra)는 벼락을 무기로 갖고 있었다. 문화권에 따라 번개는 때때로 상징물로 이용되기도 했다. 마야 인들은 세 개의 번개 상징물을 사용하여 바람, 불, 폭풍을 지배하는 창조의 신을 표현하였다. 마야, 로마, 힌두 인들이 가진 재미난 믿음 중 하나는 번개가 친 자리에 버섯이 자란다는 것이다.

또는 다른 대상물도 위쪽으로 게이지를 펼쳐 반응한다. '포지티브 스트리머(positive streamer)'로 불리는 이러한 계량 게이지가 항상 계단형 선도와 연결되는 것은 아니지만, 일단 연결 회로를 이루면 불꽃 현상이 시작된다. 포지티브 스트리머는 사람을 비롯한 어떤 생물체 또는 무생물체로부터도 발생할 수 있다.

철로를 완성하는 철로 기술자처럼, 우선 선로의 양 끝이 이어질 때 열차가 달릴 수 있다. 이것이 번갯불의 원리, 즉 자연에서 구름과 지표면 간의 부하를 중화시키고자 하는 힘의 결과로 발생하는 에너지 폭발 현상이다.

번개는 **얼음**으로부터 오는가?

부분적으로는 맞는 말이다. 번개 현상을 발생시키는 전기적 부하는 눈과 과냉각된 물방울이 서로 마찰하고 충돌한 결과로 생성된다. 이를 통해 전기가 만들어지는데, 이는 마치 털양말을 카펫에 문지르는 효과와도 같다.

번개는 **뇌우** 때에만 발생하나?

번개는 거의 항상 뇌우와 관련되어 있다. 하지만 폭풍 현상 없이 관측되는 몇 가지 예외적인 경우도 있다. 예를 들면 일부 화산 분출을 통해 연기 기둥을 발생시킬 수

'청천벽력'이란?

이 표현은 비가 내리지 않고 해가 나는 상황인데도 번개가 치는 현상과 관련이 있다. 다시 말해 파란 하늘이 머리 위로 보이지만, 번개를 만드는 구름이 근처에 존재하는 경우이다.

있는데, 이 과정에서 번개를 일으키는 전류가 만들어질 수 있다. 더욱 예외적인 경우로, 거센 산불로 생긴 연기가 이러한 현상과 유사하게 번개를 생성할 수도 있다.

번개는 반드시 **강우 현상**을 동반하는가?

번개가 발생하려면 폭풍이 동반되어야 하지만, 번개가 치는 동일한 위치에서 반드시 강우 현상이 있는 것은 아니다. 번개 현상은 비가 내리는 지점으로부터 16km까지 떨어져 나타날 수도 있고, 비가 내린 후 10분이 지나 번개 현상이 발생할 수도 있다.

눈보라가 치는 중에도 **번개**가 발생하나?

눈이 내리는 중에도 번개와 천둥이 발생할 수 있다. 실제로 겨울철 폭풍과 함께 강한 번개가 동반되는 것으로 알려져 있다.

번개에 **맞을 확률**은?

일생 동안 한 번이라도 번개 피해를 받을 확률은 약 60만 분의 1에 해당한다.

실내로 **대피**하면 **번개 피해**로부터 **안전**한가?

통상적으로 실내에 있는 것이 더 안전하기는 하지만 완벽한 것은 아니다. 번개 피해를 받은 대다수의 사람들은 실외에서 다친 경우에 해당한다. 그리고 많은 사상자들의 피해는 나무 근처에서 발생했기 때문에, 나무 밑으로 피신하는 것은 최선의 선택이 아니라고 볼 수 있다. 하지만 번개가 전선이나 파이프를 통해 침투하여 가전제품이나 실내 배관 시설로 이어져 집 안에서 상해를 입은 사례도 있다. 1991년 10월 24일 일리노이 주에서 발생한 사고의 예를 보면, 번개가 유선 방송선을 따라 들어와 방안의 침대에 화재를 일으킨 경우였다. 하지만 이런 사례는 극히 드문 경우에 해당한다.

피뢰침의 원리는?

벤저민 프랭클린(Benjamin Franklin, 1706~1790)에 의해 1750년경 발명된 피뢰침은 번갯불이 안전하게 땅으로 흘러 나갈 수 있는 경로를 만들어 건물에 피해를 주지 않도록 디자인되었다. 피뢰침 설치는 최근 들어 더욱 중요한 일로 받아들여지고 있다. 그 이유는 실내 배관 등에 사용되는 금속성 파이프가 피뢰침 역할을 해 왔는데, 이것들이 전도성이 없는 PVC(폴리염화비닐) 재료로 대체되고 있기 때문이다.

그림에서와 같은 피뢰침은 번개의 파괴적 에너지를 유도하여 가옥과 건물의 피해를 막는다.

정전기는 번개와 유사한가?

맞는 말이다. 예를 들어 양모 양말을 신고 카펫에 문지른 다음 가구나 사람에 접촉하면 정전기로 스파크가 발생하는데, 이것이 곧 번개 발생의 작은 모델이라고 할 수 있다. 정전기는 4만 볼트 이상의 전기를 발생시킬 수 있으므로, 컴퓨터와 같은 전자 제품의 고장 원인이 될 수 있다.

높은 물체 옆에 서 있으면 **번개**로부터 **안전**한가?

사람들이 이런 생각을 하는 배경에는 건물 옥상에 있는 피뢰침이 번갯불을 유인해 건물을 안전하게 보호하도록 설계되었다고 믿기 때문이다. 사실 전봇대나 키 큰 나무와 같이 높은 물체 옆에 서 있는 것만으로 안전을 보장받기는 힘들다. 번개 피해는 종종 높은 물체 바로 옆에서 발생하는 경우가 잦기 때문이다.

번개는 얼마나 **뜨거운가**?

번갯불 주위의 공기 온도는 약 3만℃로서, 태양 표면 온도의 6배에 달한다. 구름층으로부터 지표면으로 떨어지는 번개 발생 과정에서 에너지는 가장 짧은 경로를 타게 되는데, 사람의 경우 어깨, 신체 측면, 다리를 통해 지면에 닿게 된다. 번개가 심장이나 척추를 관통하지 않는다면 일반적으로 번개 피해로 사망에 이르지는 않는다.

번개는 얼마나 **밝은가**?

번갯불에서 나오는 빛은 약 1억 개의 전구로부터 나오는 밝기를 낸다.

번갯불은 얼마나 **빠른가**?

번개의 속도는 초속 100~1,600km까지 다양하다. 되돌아가는 번개의 속도는 초속 14만km 정도로 거의 빛의 속도에 가깝다. 참고로 빛의 속도는 29만 9,792km/s이다.

번갯불의 **폭**은 얼마나 되는가?

번갯불이 떨어지는 폭은 아주 좁다. 아마 12.5m 정도쯤 될 것이다. '코로나 피막(corona envelope)'이라고 불리는 섬광 부하로 둘러싸이는데, 이것은 직경이 3~6m가량 된다. 번갯불에서 방출되는 섬광의 강도로 인해 실제보다 폭이 더 넓어 보인다.

번개의 **볼트**는?

번개가 내는 부하의 크기는 1000만에서 1억 볼트 규모의 전기이다. 평균적인 번개는 3만 암페어(A)의 전류를 갖는다.

번개를 맞은 사람을 건드리는 것은 위험한 일일까?

아니다. 번개를 맞은 사람이 위험한 전기적 부하를 유지하기 때문에 피해자를 만진 사람에게 전달된다는 설은 옳지 않은 것이다. 실상 번개 피해로 남게 되는 전기 부하는 없으며, 번개 피해를 당한 사람과 접촉하고 구급 조치를 해도 안전하다.

번개의 **길이**는?

눈으로 보이는 번개의 길이는 지형에 따라 크게 다르다. 산악 지역에서는 구름이 지표면에 가깝기 때문에 빛의 길이는 273m에 그치지만, 평탄한 지역에서는 번갯불의 길이가 6.5km까지 길어진다. 전형적인 번개의 길이는 약 1.6km 정도지만, 32km까지 관측된 경우도 있다.

번갯불까지의 **거리**는 어떻게 **계산**하나?

우선 번개의 섬광을 본 다음, 천둥소리를 들을 때까지의 시간을 초 단위로 센다. 이것을 5로 나눈 결과가 번개가 발생한 곳까지의 거리 수이다.

번개는 **엑스선**과 **라디오파**를 내는가?

라디오의 발명 이후 번개로 인해 라디오 전파가 방해를 받아 왔기 때문에, 번개가 라디오파를 생성하는 것으로 알려져 있다. 번개는 다양한 주파수 대역의 라디오파, 특히 AM방송 대역의 전파를 생성한다. 최근에 연구자들은 번개가 엑스선을 만들어 낸다는 데에 놀라고 있다. 이러한 현상을 1920년대에 처음 설명한 사람은 노벨 물리학상 수상자인 찰스 윌슨(Charles T. R. Wilson, 1869~1959)이었는데, 그는 번개가 엑스선을 생성할 정도로 전자의 활동을 가속화한다는 이론을 제시하였다. 지구 대기의 두께로 인한 공기 저항 때문에 전자의 이동 속도가 저하될 것으로 보았기에, 수십 년 간 과학자들은 그의 생각이 틀렸다고 생각해 왔다. 하지만 1960년대부터 과학자들의 생각은 바뀌기 시작하였고, 2003년에 인공적으로 생성한 번개로 수행한 실험을 통해 플로리다 대학의 마틴 우만(Martin Uman)과 플로리다 공과대학의 조지프 드와이어(Joseph Dwyer)는 사실은 번개가 대기 중의 마찰력을 극복할 정도의 충분한 에너지를 만들어 낼 수 있음을 증명하였다. 이러한 새로운 실험 덕분으로 과학자들은 번개의 원리를 이해하게 되었다.

지구에서 **번개가 치는 빈도**는?

대기권에서 발생하는 번갯불의 수는 약 2000만 개에 이르며, 1초당 약 100~125개의 번갯불이 지구 상에서 발생한다. 뇌우는 지구 대기권에서 매우 흔하게 발생하기 때문에, 실시간으로 관측되는 폭풍의 수는 항상 1,500~2,000개에 달한다. 지구 주위를 선회하는 우주인들에게는 이러한 현상이 매우 흥미로운 광경이며, 수많은 하얀 불빛이 우주 셔틀이나 우주 정거장에서 쉽게 관측된다.

번개가 일어나기 쉬운 **장소**는?

번개는 해양보다는 육지에서 빈발한다. 또한 뇌우의 3분의 2가 발생하는 열대 지역에서 더 흔하게 나타난다.

번개공포증과 **천둥공포증**이란?

번개공포증(keraunophobia)은 번개를 두려워하는 증세를, ‘tonotrophobia’로도 불리는 천둥공포증(brontophobia)은 천둥을 무서워하는 증세를 뜻한다.

하나의 번개가 갖는 **에너지**는?

하나의 번개는 100와트(W) 전구를 3개월간 켤 수 있는 양의 에너지를 발산한다. 좀 더 자세히 설명하면, 번개가 한 번 칠 때마다 평균적으로 약 3만 암페어(A)의 전류와 100만 볼트(V)의 전압이 발생한다. 일부 대형 번개가 내는 전류의 양은 최대 30만 암페어에 달한다.

번개로 사람이 **사망하는 빈도**는?

장소에 따라 다르기는 하지만 번개 피해를 받은 사람의 5~30% 정도가 사망하는 것으로 보고되고 있다. 치명상은 주로 화상이 아닌 전기적 충격으로 심장 마비 증세를 일으켜 사망에 이르게 한다. 이 때문에 피해자가 번개로 의식을 잃었을 때 CPR(심폐 소생술)이 항상 필요하다. 번개로 입은 상해로 더 흔한 증상은 비명을 동반할 만큼의 심한 통증이다. 어떤 경우든지 응급 처치가 요청되지만, 의식 불명보다는 통증이 훨씬 경미한 경우이다.

번개가 칠 것을 알리는 **징후**는?

번개가 치기 전 축적되는 정전기 또는 정전하(靜電荷)의 영향으로 머리카락이 서고 공기 중에서 정전하를 느낄 수 있다. 플라스틱 재질의 비옷이 공중으로 뜨거나, 낚싯줄이 이상할 정도로 공중에 떠 있는 현상도 나타난다고 알려져 있다. 이와 같은 현상이 나타나면 신속하게 피신처를 찾아야 한다.

미국 국립항공우주국의 우주선이 번개를 유도한다는 점을 확인하고, 안전을 확보하기 위해 우주선 발사대 주위에 번개탑을 설치한다. (출처: NASA)

유도된 번개에 대해 **미국 국립항공우주국**과 **미국 육군**이 알게 된 것은?

몇 차례의 우주 발사를 하는 동안 미국 국립항공우주국(NASA)은 이온화한 로켓 추진체의 배기가스가 주위에 비구름이 존재하는 경우 번개를 유보한다는 점을 알게 되었다. 아폴로 발사 때 이러한 현상이 나타났는데, 심각한 영향이 발생하지는 않았다. 불행스럽게도 1987년 플로리다 케네디 우주센터에서 발사된 미 공군 로켓이 번개에 맞아 파괴된 적이 있다. 그 로켓은 1억 6200만 달러라는 많은 비용이 소요된 것이었다.

과학자들은 오래전부터 유도된 번개에 대해 알고 있기 때문에, 경우에 따라 구리선을 소규모 로켓에 연결하여 번개를 유도하는 실험을 수행하기도 한다. 하지만 로켓 추진 가스에 의해 발생하는 번개는 예상치 못한 부작용에 해당한다.

뇌우의 진행 단계 중 어느 때에 **번개의 가능성**이 높은가?

통계학자들에 따르면, 번개 피해를 당한 사람의 빈도는 뇌우 진행의 끝 단계로 갈수록 많아진다고 한다. 이 단계에서 더 많은 번개가 발생하기 때문이 아니라, 폭풍이 완전히 소멸되기 전에 사람들이 참을성 없이 서둘러 밖으로 나가는 경향 때문이다.

미국에서 **번개**로 **사망**한 사람의 수는?

1959년부터 2003년까지 미국 전역에서 모두 3,696명의 사망자가 발생하였다. 번개로 매년 약 60명이 목숨을 잃고 있으며, 300명 정도가 부상을 당하고 있다. 가장 사망률이 높은 주는 플로리다로 번개 피해와 관련하여 가장 위험한 주로 알려져 있다. 다음의 표는 미국 국립해양대기국(NOAA) 자료를 바탕으로 주별로 조사된 최근 통계치이다.

1995~2004년 동안 발생한 번개 피해 사망자 수

주 순위	사망자 수	100만 명당 사망자 수
1. 플로리다	85	0.53
2. 텍사스	34	0.16
3. 콜로라도	31	0.72
4. 오하이오	22	0.19
5. 조지아	19	0.23
6. 앨라배마	18	0.40
7. 루이지애나	17	0.38
7. 노스캐롤라이나	17	0.21
8. 사우스캐롤라이나	14	0.35
9. 유타	13	0.58

10. 일리노이	12	0.10
10. 인디애나	12	0.20
10. 펜실베이니아	12	0.10
10.버지니아	12	0.17
11. 미시간	11	0.11
12. 오클라호마	10	0.29
12. 테네시	10	0.18
13. 미시시피	9	0.32
13. 위스콘신	9	0.17
14. 아칸소	8	0.30
15. 애리조나	7	0.14
15. 메릴랜드	7	0.13
15. 미주리	7	0.13
15. 뉴멕시코	7	0.38
15. 뉴욕	7	0.04
16. 아이다호	6	0.46
16. 미네소타	6	0.12
16. 몬태나	6	0.66
16. 뉴저지	6	0.07
16. 와이오밍	6	1.21
17. 캘리포니아	5	0.01
17. 아이오와	5	0.17
17. 캔자스	5	0.19
17. 켄터키	5	0.12
17. 웨스트버지니아	5	0.28
18. 네브래스카	3	0.18
18. 푸에르토리코	3	0.08
18. 사우스다코타	3	0.40
18. 버몬트	3	0.49
19. 코네티컷	2	0.06
19. 매사추세츠	2	0.03
19. 워싱턴	2	0.03

번개 맞은 사람 중 가장 불운했던 사람들을 꼽으면?

공원 경비원 로이 설리번(Roy Sullivan, 1912~1983)은 1942년과 1977년 사이에 무려 7번에 걸쳐 번개를 맞았지만 생존한 경험을 가지고 있다. 버지니아 공원 경비원이었던 그는 자동차 안에서 한 번, 트럭 안에서 한 번, 낚시 중에 한 번, 캠핑 중 한 번, 자신의 뜰에서 한 번, 공원 관리소에서 한 번, 그리고 전망대 위에서 한 번 등 모두 7차례에 걸쳐 번개 피해를 당했다. 그리하여 그는 사망한 지 몇 년이 지난 뒤에도 속칭 '인간 피뢰침'이라는 칭호를 갖게 되었다.

20. 메인	1	0.08
20. 노스다코타	1	0.16
20. 오리건	1	0.03
20. 로드아일랜드	1	0.10
21. 알래스카	0	0
21. 델라웨어	0	0
21. 워싱턴 D.C.	0	0
21. 하와이	0	0
21. 네바다	0	0
21. 뉴햄프셔	0	0

또 다른 특별한 예는 미국 중부의 가족 이야기인데, 가족 중 여러 명이 번개에 맞은 일이다. 가족 중 한 여성은 1965년과 1995년 두 차례에 걸쳐 번개에 맞았고, 그녀의 할아버지는 1921년에, 큰삼촌 역시 1920년대에 번개에 맞아 사망하였다. 한편, 그녀의 조카는 번개에 맞아 일시적으로 시력을 잃은 적이 있고, 사촌 중 한 사람은 폭풍 속에 우산을 쓰고 있다가 번개에 맞아 심각한 정도는 아니지만 부상을 입었다.

동일한 지점에서 번개가 **두 번 친** 적이 있나?

동일한 지점에 번개가 두 번 치는 경우는 종종 일어난다. 번갯불은 가장 높고 전도성이 있는 곳으로 향하기 때문에, 해당 지점은 폭풍이 진행하면서 수차례의 번개를 맞는다. 따라서 번개를 이미 맞은 지점으로부터 떨어져 있어야 한다. 높은 건물은 폭

풍 진행 중에 여러 번에 걸쳐 번개를 맞는다.

번개를 맞으면 **화염**에 휩싸일 수도 있나?

그렇지 않다. 번개에 맞아서 불타는 경우는 없지만, 피부에 화상을 입거나 옷을 태울 수는 있다.

번개는 **지하**를 **통과**해 갈 수 있나?

그렇다. 번개가 땅에 닿으면 전기 에너지가 멀리서 지하로 통과된다. 사람이 그 주위에 서 있게 되면 발을 타고 에너지가 흘러 들어갈 수 있다. 이와 같은 현상 때문에 여러 사람 또는 여러 동물들이 하나의 번개 피해로 부상을 입게 된다.

번개는 왜 **깜박거리나**?

번개로 인한 전기가 지나갈 경로가 마련되면, 이것이 사라지기 전까지 순간적으로 동일한 경로가 수차례 만들어진다. 순간적으로 생성되는 몇 차례의 번개가 찰나의 단절 시간과 섞이면 깜박거림 효과가 나타난다.

번개로 **뉴욕 시**에 10억 달러의 **피해**가 발생한 이유는?

1977년 7월, 뉴욕 시에는 번개가 치면서 주요 전력망이 피해를 입고 하루 내내 단전 상태가 일어났다. 피해 복구뿐 아니라 약탈과 절도로 인한 손실은 도시 전체를 통틀어 약 10억 달러에 달했다.

섬전암이란?

번개가 사질(沙質) 토양에 내리치면 토양 성분이 녹아 유리질 돌로 바뀌는데, 이 돌을 섬전암(fulgurite)이라고 한다. 이 돌은 식물 뿌리나 가지처럼 보이기도 하는데, 마치 번개가 화석화 또는 암석화한 듯하다. 섬전암의 유리질 물질은 르샤틀리에석(lechatelierite)이라고 불리는데, 운석이 땅에 떨어지면서 생성되는 물질이다. 발견된 섬전암 중 가장 큰 것 중 하나는 예일 대학 피보디 자연사박물관에 소장되어 있는데, 그 길이는 약 4m에 달한다.

번개는 어떤 **이점**이 있나?

번개의 가장 큰 이점 중 하나는 아이러니하게도 산불의 발생이다. 통상적으로 산불은 인명과 재산을 앗아가기 때문에 대체로 부정적인 인식이 지배적이다. 미국 내 삼림에서 발생하는 화재의 약 12%가 번개로 시작된 것이며, 이 중 60%가 로키 산맥 지역에서, 그리고 2% 미만이 동부에서 발생한다. 번개로 시작된 대다수의 화재는 10에이커 미만의 피해 면적을 보인다. 그러나 식물학자와 같은 과학자들은 초지와 삼림의 발달면에서 화재가 유익한 기능을 한다고 본다. 실제로 많은 초본들이 떨어뜨린 씨앗은 화재로 그을려야만 발아가 가능하며, 화재를 통해 노화한 식물 개체들이 정리되면서 어린 식물들이 잘 생장해 갈 수 있다.

다른 한 가지 이점은 번개로 인해 질소 원자가 산소와 결합하여 질소 가스가 질산염으로 변환하는 것이다. 질산염은 먹이 사슬에서 중요한 인자로, 식물이 이를 이용해 성장을 이루고 동물은 식물을 섭취함으로써 질산염을 얻게 된다. 자연 상태에서 발생하는 질산염의 절반은 번개에 의해 생성된다(나머지 절반은 콩과 식물 속에 사는 박테리아에 의해 생성된다). 과학자들에 의하면 910억kg에 달하는 질산염이 매년 번개 현상으로 생성되고 있다. 이와 같은 사실은 번개 현상이 없다면 지구 상 식물과 동물의 생활은 현저하게 위축될 것임을 보여 주고 있다.

번개를 맞으면 **건강상 유익**한 점이 있나?

시력을 잃은 사람이 번개를 맞은 후 시력을 되찾았다고 하는 일부 사례가 있다. 또한 번개 피해를 당한 사람이 지능 향상이 되었다는 몇몇 보고도 있다. 번개 피해 이후로 초능력을 얻었다는 주장도 없지 않다.

번개가 항상 지표면을 치는 것은 아니다. 때에 따라서 번개는 구름에서 구름으로 치기도 한다.

번개의 종류는?

다음은 다양한 형태의 번개에 대한 설명이다.

1. 일반 번개는 구름에서 지면으로, 구름에서 공중으로, 구름에서 구름으로, 또는 구름 안에서 이동한다.
2. 판상(seet) 번개: 넓은 면적에 대해 무정형의 섬광을 띠는 번개이다.
3. 리본(ribbon) 번개: 일반 번개가 가로 방향의 바람으로 인해 연이은 평행한 복수의 번개처럼 관찰된다.
4. 체인(chain) 번개: 등간격으로 나누어진 번개이다.
5. 열(heat) 번개: 더운 날씨에 지평선을 따라 관찰되는 번개로, 지평선 너머 멀리 떨어져 있는 폭풍에서 발생한 번개가 반사되어 보이는 것을 말한다.
6. 구상(ball) 번개: 흔치 않은 형태의 번개로, 지속적으로 움직이는 공 형태의 흰색 또는 화려한 색을 갖는다. 구상 번개는 수 초에서 수 분간의 지속 시간을 가지며

1991년 발생한 'yellow bubble' 번개란?

1991년 영국의 브리스틀에서 프리스비 놀이(원반 던지기)를 하던 두 소녀는 특이한 'yellow bubble' 에너지를 경험하게 되었다. 이 에너지와 접촉한 소녀들은 마치 전기 충격을 받은 듯 땅바닥에 쓰러졌다. 이들은 잠시 동안 호흡을 하지 못했지만, 정신을 차려 귀가한 후 당국에 신고하였다. 아직 이 두 소녀가 본 것이 무엇이었는지 아무도 알아내지 못했지만, 아마도 그것은 특이한 형태의 구상 번개(ball lightning)였지 않을까 추측된다.

걷는 속도로 이동한다. 통상 10~20cm 범위의 크기를 가지지만, 5~183cm 크기까지 관측된 적도 있다. 이례적인 특성 때문에 옛날 사람들은 이 형태의 번개를 초자연적인 사건들과 연관시키곤 했다.

구름에서 **지면**으로 내리치는 **2가지 유형**의 번개는?

구름에서 지면으로 향하는 번개(cloud-to-ground 또는 CG)는 양성과 음성 두 유형으로 생성된다. 양성 번개는 전체의 95%를 차지하며, 지면이 양으로 대전(帶電)되었을 때 발생한다. 음성 번개는 반대의 경우이다. 양성 번개는 상대적으로 강도가 세고 지속 시간도 길다. 따라서 피해를 주는 경우도 빈번하며, 화재를 일으키는 요인으로 자주 지목된다.

실제 번개로 불리지 않는, **구름**에서 **공중**으로 내리치는 **번개 유형**은?

실제로는 번개가 아니지만 시각적으로 멋들어진 대기 작용을 보여 주는 전기적 현상에는 모두 4가지가 있다. '고층 대기 극한방전 현상(transient luminous event 또는 TLE)'이 그중 하나인데, 주로 폭풍 진행 중에 목격된다. 때로는 구름 안에서 생성되지 않았지만 '구름에서 상층 대기로 향하는(cloud-to-space)' 번개로 불리기도 한다. 이와 같은 현상에 대한 최초의 연구 논문은 1886년에 출간되었지만, 과학자들은 사진 자료가 크게 늘어난 최근까지 이 주제에 대한 관심이 없었다.

1. 스프라이트(sprite): 보통 빨간빛을 내며 뇌우 위쪽으로 짧은 시간 동안 나타나는

스프라이트는 마치 해파리처럼 보인다. 위쪽으로 작은 빛방울을 가지고 있으며, 아래로 여러 개의 덩굴손 모양을 하고 있다. 스트라이트는 대기 상공 90~95km 높이로 전리권까지 뻗어 갈 수 있는데, 폭은 161km가량이다. 관측하기 매우 힘든 현상이며, 이로 인해 완전하게 관측 기록이 시작된 것은 1980년대의 일이다.

2. 블루제트(blue jets): 뇌우 구름의 상부로부터 시속 약 100km 속도로 솟아오르는 청색 섬광. 기상학자들은 아직 생성 원인을 찾지 못하고 있다.
3. 저주파 섭동(elves): 긴 설명을 줄인 이름으로, 전자기파 생성원으로부터의 빛 방출 및 저주파 섭동(emissions of very low frequency perturbation)을 말한다. 직경 320km에 달하는 거대한 링처럼 보이는 이 현상은 대기 상층부 약 90~95km 상에 존재한다. 스프라이트보다 더 짧은 주기를 가지며, 지속 시간은 약 1,000분의 1에 불과하다.
4. 타이거(Tigers): 2003년 1월 20일에 처음 관측된 새로운 대기 빛 현상으로 아직 명확하게 밝혀진 바가 없다. 'Tiger'는 'Transient Ionospheric Glow Emission in Red'의 약어인데, 적외선 비디오카메라를 사용하여 인도양 관측을 하던 중 우주왕복선 콜롬비아호에 탑승했던 이스라엘의 천문학자 일란 라몬(Ilan Ramon)에 의해 처음 발견되었다. 그가 발견한 타이거는 근처에 뇌우가 없을 때 밝은 빛을 내며 발생하였다.

스프라이트를 **처음 촬영**한 사람은?

1989년, 광도가 낮은 비디오카메라를 가지고 고층 로켓에서 실험을 하던 중 미네소타 대학의 연구자 로버트 넴젝(Robert Nemzek), 존 윙클러(John Winckler), 로버트 프란츠(Robert Franz)는 우연히 스프라이트(sprite)의 영상을 사진에 담게 되었다. 이 같은 사실은 보다 많은 스프라이트 사진을 담기 위해 애쓰는 미국 국립항공우주국(NASA)의 연구자들을 기분 상하게 하는 일이었다. 그 이후 스프라이트에 대한 사진과 비디오 같은 성공적인 기록은 1993년 7월 7일 240여 개의 스프라이트를 촬영한 월터 라이언스(Walter Lyons), 미국 국립항공우주국 항공기를 이용하여 같은 달에 스프라이트를 촬영한 알래스카 대학의 데이비스 센트맨(Davis Sentman)과 유진 웨스코트(Eugene Wescott)에 의해 남겨지게 되었다.

스프라이트와 **블루제트**를 관측하기 가장 좋은 때는?

어느 쪽이든 순간적이고 신비로운 이런 현상을 볼 수 있는 확률이 가장 높은 때는, 강한 뇌우 근처이면서 조명이 많은 도시에서 멀리 떨어진 곳의 한밤중 시간이다. 발생한 폭풍은 160km 이상, 480km 이하의 범위에 떨어져 있어야 한다. 폭풍 구름의 높이를 추정하여 8을 곱하면 스프라이트(sprite)와 블루제트(blue jets)를 관측하기 좋은 대략적인 고도가 산출된다. 스프라이트의 색은 붉은색, 오렌지색, 하얀색, 또는 녹색의 섬광을 띠고 있다. 블루제트는 더욱 관측하기 힘들지만, 폭풍이 우박을 동반할 때 관측 확률이 높다.

천둥과 폭풍우

천둥의 원인은?

천둥은 번개가 빠르게 공기 일부를 가열시키면서 발생한다. 공기가 팽창한 다음에는 다시 수축하게 되는데, 이때 에너지를 주위에 방출하며 음파를 생성한다. 이 과정에서 발생하는 요란한 굉음 또는 서로 부딪치는 소리가 바로 우리가 듣는 천둥이다.

뇌우란?

뇌우(thunderstorm)는 국지적인 대기 현상으로 호우, 천둥, 번개, 그리고 때때로 우박을 동반한다. 상공 수 킬로미터 이상 상승하는 적란운의 발달과 함께 발생한다. 미국 남동부 대다수 지역의 경우 연중 평균적으로 40일 이상의 뇌우 일수를 나타내며,

뇌우는 지구 환경에 어떻게 기여할까?

뇌우는 일반적으로 강수 현상을 동반하는데, 강수는 지구 생명체에 반드시 필요한 것이다. 뇌우가 특별히 중요한 이유는 열적 대류(熱的對流) 현상에 대한 역할 때문이다. 뇌우는 따뜻한 공기를 낮은 고도로부터 높은 고도로 상승시킨다. 뇌우 상부와 지표면 사이의 온도 차이는 크게는 95℃까지 벌어진다. 공기와 열의 순환이 일어남에 따라 지구의 온도는 9~10℃가량 떨어진다. 따라서 뇌우가 없다면 우리는 이미 오래전에 현재 과학자들이 기후 변화로 예측하는 지구 온난화 속도의 2배만큼을 경험했을 것이다.

전국적으로 매년 10만 개의 뇌우가 발생한다.

뇌우 발달 단계는?

뇌우는 세 가지 단계, 즉 발달기, 성숙기, 소멸기를 거친다. 발달기는 지표의 고온 습윤한 공기가 상승하거나 여러 방향에서 불어 들어오는 공기의 충돌로 상승하는 단계이다. 이 습한 공기가 상승하면 온도가 떨어지고 방출된 에너지 주위 공기를 데워 대류 현상에 의해 다시 더 많은 공기를 상승시킨다. 이러한 반복 작용으로 빠른 공기의 상승이 일어나면 구름이 형성되고, 상층과 하층의 온도 차를 증가시켜 강수 현상을 유발한다. 2단계인 성숙기에 이르면 공기는 맨 상부에 다다르며 더 이상 상승하지 않는다. 이때 적란운은 소나기구름을 만들고, 상층에 있던 결빙된 수분이 하강하면서 비가 된다. 물, 얼음, 바람이 뒤섞여 강한 난류로 발달하면, 전기 부하가 축적되면서 번갯불이 내리칠 때까지 구름 속 얼음 결정이 배열된다. 이러한 현상은 뇌우가 소멸기를 맞으며 약해질 때까지 반복된다.

천둥소리는 얼마나 큰가?

천둥 치는 소리는 120데시벨(dB)까지 올라갈 수 있는데, 이것은 록 콘서트, 전기톱, 또는 공사장에 쓰이는 압축 드릴 소리 정도와 비슷한 소음 크기이다.

천둥소리는 우유를 상하게 할까?

그렇지 않다. 사람들이 꾸며낸 실없는 이야기일 따름이다. 이는 아마도 뇌우가 덥고 습한 조건, 즉 우유가 쉽게 상하는 그런 환경에서 발달하기 때문에 생겨난 이야기일 것이다.

악천후의 조건은?

'강한' 정도의 뇌우로 분류되기 위해서는 풍속이 시속 93km 이상이 되어야 하고, 토네이도나 큰 우박을 동반 또는 동반될 것으로 예측되어야 한다. 기상청은 뇌우가 강하게 발달할 개연성을 기반으로 하여 악천후 경보를 한다.

뇌우 구름은 얼마나 **높이** 발달하는가?

평균적인 규모의 뇌우는 6,000m 이상의 높이를 갖는데, 가장 큰 높이로 보고된 것은 21,000m를 상회한다.

일정 시점에서 몇 개의 **뇌우**가 **발생**하나?

야간에 지구 궤도를 비행하는 우주 비행사들에 따르면, 세계 도처에서 항상적으로 뇌우가 발생한다고 한다. 과학자들은 어느 한 시점에서 평균 약 2,000개의 강한 뇌우가 발생한다고 보고 있다. 이를 기준으로 계산해 보면, 연중 지구 상에는 약 1600만 개의 뇌우가 발생하는 셈이다.

소리의 속도는?

소리의 속도는 기압이나 온도에 따라 달라진다. 통상적으로 받아들여지는 소리의 속도는 5초당 초속 320m인데, 이는 번개 발생 지점까지의 거리를 계산하는 데 유용하다. 보다 더 정확하게는 0℃ 1기압하에서, 소리는 시속 1,191km의 속도로 전달된다.

소리는 수중, 또는 공기보다 비중이 큰 매질 속에서 더 빠른 속도로 진행한다. 일

어쿠스틱 섀도란?

어쿠스틱 섀도(acoustic shadow)는 일종의 신기루와 같지만, 빛 대신 소리의 효과이다. 서로 다른 대기층 간의 온도 차이 때문에 음파의 굴절이 발생한다. 이뿐만 아니라 바람의 마찰력과 부드러운 표면에서의 흡수 역시 이 효과에 영향을 미친다. 결과적으로 특정 물체로부터 발생하는 소리는 주위에 있는 사람에게 들리지 않더라도, 더 멀리 떨어져 있지만 소리가 굴절되어 흐르는 쪽에 있는 사람에게는 들린다.

어쿠스틱 섀도 현상의 가장 유명한 실례로는 흔히 미국 남북전쟁을 든다. 1862년 버지니아 주 세븐파인스 전투(Battle of Seven Pines) 중 남부 연합군의 조지프 존스턴(Joseph Johnston) 장군은 지휘관들에게, 소장 힐(D. H. Hill) 장군 지휘하의 병사가 총을 쏘면 준장 화이팅(Whiting) 장군으로 하여금 북부 연합군의 측면을 공격하도록 명령할 것이라고 하였다. 하지만 어쿠스틱 섀도 현상 때문에 존스턴 장군은 전장의 총성을 들을 수 없었고, 계획했던 순간에 측면 공격이 이루어지지 못했다. 결국 남부 연합군은 전쟁에 패하고 말았다.

반적으로 고도에 따라 기온이 낮아지기 때문에 소리는 위쪽으로, 그리고 평지에서는 사람에게서 먼 방향으로 굴절된다. 따라서 일정 크기의 소리는 거리가 늘어날수록 작게 들린다. 이와 반대로, 성층권의 대기층에서는 고도 증가에 따라 온도가 증가하면서 소리가 아래쪽으로 굴절된다.

천둥은 얼마나 **멀리** 가는가?

천둥은 번개와 연관된 으르렁거리는 충돌음이다. 이것은 번개에 의해 가열된 공기의 폭발적인 팽창과 수축으로 발생한다. 이러한 결과로 음파는 10~11km 밖에서도 들을 수 있다. 가끔씩 이러한 소리는 32km 이상 멀리 뻗어 나가기도 한다. 큰 천둥소리는 이미 가열된 공기의 진행 경로 상에서 발생된다. 이 결과로 만들어지는 충격파는 소리의 속도로 전달된다.

세인트엘모의 불이란?

세인트엘모의 불(Saint Elmo's Fire)은 높은 금속 물체, 즉 첨탑, 돛대, 또는 비행기

날개 끝에서 발생하는 전기적 방전 현상으로부터 생긴 코로나(corona)를 말한다. 이 현상은 주로 뇌우 발생 중에 나타나기 때문에 전기 에너지의 원천은 번개로 알려져 있다. 달리 설명하면, 이 현상은 전기 부하가 생긴 구름이 높은 물체의 끝에 닿으면서 발생하는 약한 정전기이다. 이 물체 주위의 공기 중 기체 분자들은 이온화하여 밝게 빛난다. 이 이름은 과거 지중해의 뱃사람이 돛대 끝에서 발생한 불빛을 처음 발견하면서 생겨났다. 세인트 엘모는 뱃사람이 수호신으로 믿었던 세인트엘모의 와전된 이름이다.

기상학자들이 **뇌우**를 **분류**하는 방법은?

뇌우를 분류하는 데에는 몇 가지 방법이 있다.

- 단일셀(single-cell): 폭풍 분류상 가장 작은 형태로, 따뜻한 상승 기류와 찬 하강 기류의 대류성 사이클로부터 만들어지는 시스템이다.

2001년 촬영한 위성 사진을 보면, 거대한 일련의 슈퍼셀들이 선형으로 네브래스카 주에서 미네소타 주 방향으로 이동하는 것을 알 수 있다. (출처: NOAA).

- 다중셀(multi-cell): 두 개 이상의 셀에서 발달하는 폭풍 시스템이다.
- 슈퍼셀(supercell): 가장 크고 위험한 폭풍 시스템 유형이며, 주로 토네이도 발달과 관계된다. 슈퍼셀은 거대한 크기의 적란운에서 발달하며, 수직으로 빠르게 상승하는 기류와 거의 수평으로 내리는 강우 현상으로 특징지어진다. 이 상승 기류는 자유롭게 수직적으로 발달하기 때문에 수 시간 동안 그 세력을 키워 간다.
- 스콜선(squall line): 965km까지 길게 발달하는 적란운의 경계선이다.

'실내 정전기 충격(indoor thunderstorm)'이란?

건물 내 습도가 매우 낮아지면 발을 바닥에 끌면서 카펫 위를 지난 다음, 가구나 문 손잡이 등을 만지면 정전기가 쉽게 발생한다. 이때 손가락 끝에서 생기는 작은 정전기라 해도 약 4만 볼트의 전기가 방출될 수 있다. 겨울철 실내에서 가습기를 사용하면 이러한 전기적 방전 현상, 즉 'indoor thunderstorm(다소 과장된 표현이다!)'을 막을 수 있다.

뇌우를 **구분**하는 **다른 방법**은?

뇌우를 분류하는 것은 어느 정도 주관적 요소가 작용한다고 볼 수 있지만, 기상학자들은 생성 조건에 따라 상이한 이름을 붙이기도 한다.

- 중규모 대류 시스템(mesoscale convective systems): 전선형이 아닌 대규모 뇌우. 이 유형에는 중규모 대류 복합체(mesoscale convective complex)가 포함되는데, 이것은 미국 몇 개 주를 덮는 크기로 한나절 이상 지속되는 거대 규모의 폭풍 시스템이다.
- 기단뇌우(air mass thunderstorm): 오래 지속되지 못하는 흔한 형태의 것으로, 대체로 크기가 작고 발달 정도가 미미하다.
- 해풍뇌우(sea breeze thunderstorm): 한랭 전선형 폭풍으로 해풍이 불 때 발생한다.

미국 국립악기상연구소에는 다양한 번개 관측 장비들이 자리하고 있다. 오른쪽에 보이는 안테나를 통해 번개 신호를 받아들여 왼쪽에 보이는 장치로 자료를 분석하면, 정확한 번개 발생 시점을 기록해 낼 수 있다. (출처: http://www.nssl.noaa.gov/)

뇌우가 주로 **발달**하는 때는?

미국에서 뇌우는 통상적으로 여름철, 특히 5월에서 8월 기간 중에 발생한다. 즉 늦봄이나 여름철에 많은 양의 해양성 열대 기단이 미국 대륙을 지나면서, 주로 오후 시간에 지상의 공기가 가열될 때 흔히 발생한다. 뇌우는 뉴잉글랜드 북부 또는 해안, 그리고 서부 해안에 한해서만 드물게 나타난다. 걸프 만에 접해 있는 주, 플로리다, 남동부 주들에서 뇌우가 가장 빈번하게 발생하며, 평균적으로 매년 70~90개가 발생한다. 남서부 산악 지역에서는 50~70개 정도가 발생한다. 전 지구적으로는 위도 35° 이내의 지역에서 가장 많은 뇌우가 발생하는데, 이들 지역에서는 밤시간(12시간) 동안 3,200개까지 발달할 수 있다. 전 지구적으로는 1,800개 정도의 뇌우가 동시에 발생할 수도 있다.

번개는 이 과정에서 매우 중요한 역할을 한다. 즉 지표에서 대기로 많은 양이 빠져 나가는 음전하량을 번개가 보충해 준다. 미국에서 번개로 인한 사망자 수는 허리케인이나 토네이도로 사망한 수보다 많다. 매년 약 150명이 번개로 사망하고 있으며, 250명 정도는 부상을 입고 있다.

드레초란?

영문 용어상으로 '더레이초(derecho)'로 발음하는데, 이것은 규모가 큰 장기 지속형 뇌우로서 하강 돌풍(downburst)이 특징이다.

무지개와 기타 아름다운 기상 현상

태양광 스펙트럼이란?

태양광 스펙트럼(solar spectrum)은 태양빛이 빗물, 얼음 결정체, 또는 다른 프리즘 물질에 의해 구분되어 서로 다른 파장대로 나누어진 것을 말한다. 짧은 파장으로는 청색과 남색 계열이 있고, 긴 파장으로는 황색, 오렌지, 적색 계열이 있다.

무지개란?

무지개는 태양빛에 존재하는 화려한 띠로, 대기 중 수분 입자가 태양빛을 반사할 때 생겨난다. 태양 광선이 물방울 내로 진입하면, 서로 다른 색을 지닌 태양광의 상이한 파장 에너지가 파장대 별로 회절되면서 연속된 색상을 발현한다. 무지개를 관찰하기 위해서는 태양을 등지고 서야 하며, 설명한 대기 중 물방울은 관찰자의 앞쪽에 존재해야 한다. 태양 고도각은 지평선으로부터 42° 이하일 경우 빛이 적절하게 반사되어 무지개 관찰에 좋은 각도를 이룬다. 태양 광선이 물방울에 진입하면서 회절되고, 빗방울 안쪽에서 반사된 이후 물방울을 빠져나가면서 재차 회절된다.

무지개 색상 순서는?

무지개색은 태양광 스펙트럼으로부터 나오는 것이며, 적색, 주황색, 황색, 녹색, 청색, 남색, 자주색의 순서로 보인다. 여기서 따뜻한 색 계열이 바깥쪽으로, 찬 색 계열이 지면 쪽으로 배치된다.

무지개 발생 원리를 발견한 사람은?

1304년 도미니카 승려 테오도리크 폰 프라이부르크(Theodoric von Freiburg, 1250~1310)는 물로 채워진 커다란 유리공을 통과해 가는 빛이 무지개를 만들어 낸다는 것을 알았는데, 이는 빛 파장이 회절, 반사, 분산에 의해 발생됨을 설명하였다. 그는 동일한 원리에 의해 빛이 빗방울을 지나면서 자연적인 무지개가 발생될 것으로 생각하였다.

간혹 관측되는 쌍무지개를 보면 하나는 다소 희미하게 보이며, 색배열이 반대로 나타난다.

쌍무지개의 원리는?

때때로 무지개는 다소 희미하게 보이는 추가적인 무지개를 동반하기도 한다. 쌍무지개는 더 크고, 첫 번째 무지개 위로 보이며, 무지개색의 배열은 반대로 된다. 이와 같은 현상은 빗방울로부터의 빛 반사가 전체적으로 동시에 일어나지 않을 때 발생한다. 일부 빛은 그대로 남아 두 번째 무지개가 되기 전에 빗방울 내에서만 반사가 일어나고 만다.

무지개 끝에서 **금광 노다지**를 **찾을 수 없는** 이유는?

무지개 끝에 금광이 있다 한들 결코 찾을 수는 없을 것이다. 왜냐하면 무지개에 다가갈수록 무지개는 멀어져 가기 때문이다. 무지개는 항상 태양 방위각의 반대편에서 나타난다.

달빛에 의해 **무지개**가 나타난 경우가 있나?

있다. 대기 중에 빗방울이 있고, 보름달이 지평선 위로 낮게 떠 있을 때 '월광무지개' 혹은 'moonbow'가 발생할 수 있다. 이와 같은 무지개는 보통 낮과 같이 명확한 색을 보이지 못하고 희미한 음영 계열로 발생한다. 월광무지개는 흔치 않은 현상이다.

단색 무지개도 가능한가?

드물긴 하지만 전체가 붉은 또는 희색의 무지개가 보고된 적이 있다.

미 산란이란?

독일의 물리학자 미(Gustav Mie, 1868~1957)는 대기 중 작은 입자들이 빛을 산란시키는 방법을 발견하였다. '미 산란(Mie scattering)'이라고 불리는 이러한 현상은 구름과 연무로 인해 빛이 어떻게 산란되는지를 연구하는 기상학자들에게 매우 중요하다.

미 산란이 **레일리 산란**과 다른 점은?

미 산란은 빛 파장보다 큰 입자에 의한 에너지 파동에 관한 것인 반면, 레일리 산란(Rayleigh scattering)은 전자기파보다 크기가 작은 입자에 의한 빛의 산란에 관한 것이다. 미 산란은 (분진과 물 입자 규모의 산란으로 인해) 석양 때 구름이 붉게 물드는 현상을 설명할 수 있고, 레일리 산란은 (분자 규모의 산란으로 인해) 하늘이 파란색을 띠는 이유를 설명한다. 레일리 산란은 영국의 물리학자 존 윌리엄 스트럿 3대 남작 레일리(John William Strutt, 3rd Baron Rayleigh, 1842~1919)의 이름을 따서 붙여졌다.

할로, 아크, 무리해가 미국 국립해양대기국 남극 캠프에서 동시에 사진에 잡혔다. (사진: Cindy McFee, NOAA Corps)

비숍 고리란?

비숍 고리(Bishop's ring)는 태양 주위에서 관찰되는 주위가 붉은색을 띠는 고리를 말한다. 이와 같은 현상은 보통 화산 폭발이 일어난 다음에 관찰되기 때문에, 대기 중 분진 입자에 의한 것으로 추정된다.

채운 현상이란?

산란된 무지개 효과로, 나전과 같은 광채를 내는 채운(彩雲, irisation) 현상은 얇은 수증기 구름층이 태양 아래를 지날 때 발생한다.

녹색 섬광 현상은 언제 발생하는가?

아주 드물지만 해가 지는 마지막 순간에 태양이 잠시 동안 밝은 녹색을 띠는 경우가 있다. 이러한 녹색 섬광(green flash) 현상은 태양광의 적색 파장이 수평선 아래에

신기루란?

이 황홀한 신기루(Fata Morgana) 현상의 이름은, 이 현상이 자주 발생하는 이탈리아 본토와 시칠리아 사이의 메시나 해협(Strait of Messina)으로부터 왔다. 바다 밑에 궁전이 있다는, 아서(Arthur) 왕의 이복동생 모건 르 페이(Morgan le Fay)와 관련된 전설에서 이름을 딴 이 착시 현상은 빛의 회절이 원거리에 있는 건물을 수직으로 과장되게 보이게 하여 마치 궁전이 있는 것처럼 느껴지게 한다.

가려서 청색 파장이 대기 중에 산란됨으로써 발생한다. 녹색광은 좀처럼 보기 힘든데, 그 이유는 하층 대기의 분진과 오염 물질 때문이다. 이 광경은 구름이 없고 멀리 수평선이 깨끗하게 잘 보일 때 가장 잘 관측된다.

무리해(Sun dog)와 **무리달(Moon dog)**이란?

대기 중에 얼음 결정이 존재하면, 태양빛 또는 달빛이 반사되어 밝은 광점(光點)이 태양 또는 달 옆에 형성된다. 무리해는 '환일(幻日)'을 뜻하는 'mock sun' 또는 'parhelion'이라고도 불리는데, 경우에 따라서는 너무 밝게 빛나서 마치 두 개의 태양처럼 태양 옆으로 약 22° 각도로 관찰된다.

환일이 무리해라면, **맞무리해**는?

대기 중의 육각형 얼음 결정에 의해 발생하는 맞무리해(anthelion)는 무리해, 즉 환일(parhelion)과도 같은 것인데, 태양 방위각의 반대편에 생긴다는 것이 큰 차이이다.

광환과 **반대광환**이란?

광환(光環, corona), 즉 코로나는 밝게 빛나는 고리로서 안쪽은 파란색으로, 바깥쪽은 빨간색으로 나타나며 달 주위에서 관찰된다. 흔하지는 않지만 태양 주위에서도 발생하는데, 일식 동안에 관측된다. 코로나는 중층운(中層雲)과 같은 얇은 구름층의 물 입자에 의해 굴절된 빛으로 인해 발생한다. 물 입자의 크기가 작을수록 코로나는 커진다.

반대광환, 즉 안티코로나(anticorona)는 하나 이상의 동심원형(同心圓形)의 고리로, 비행기와 같은 물체가 얇은 구름층 위로 그림자를 드리울 때 발생된다. 안티코로나는 태양이나 달과 같은 발광체의 반대편에서 관측된다.

코로나가 **해(달)무리**와 다른 점은?

코로나 또는 안티코로나와 같이, 해(달)무리(halo)는 얼음 결정체로 된 구름을 통과하는 빛에 의해 만들어진다. 코로나에 색이 나타나는 경우에는 고리의 바깥쪽에는 빨간색, 안쪽에는 파란색으로 나타나는 반면, 해(달)무리는 이와 상반되게 관찰된다. 코로나는 중층운이 존재할 경우에 잘 발생하는 경향이 있지만, 해무리는 권층운(卷層雲)과 함께 잘 발생한다. 해(달)무리의 둘레는 해 또는 달로부터 약 22° 각도로 뻗어 있지만, 간혹 46°를 이루기도 한다. 코로나는 해(달)무리에 비해 작은 직경을 갖는다. 해(달)무리를 발생시키는 권층운은 강우로 내릴 수 있는 얼음 결정을 함유하고 있기 때문에, 해(달)무리를 보면 비가 내린다는 옛날 속설은 사실 맞는 말이다.

해기둥이란?

해기둥(sun pillar)은 흰색 또는 붉은색을 가진 빛의 자국을 말하는데, 태양으로부터 20° 각도로 수직적으로 뻗는다. 해기둥은 일출이나 일몰 때에 흔히 발생하는데, 해무리와 코로나에서처럼 대기 중 얼음 결정으로 인해 나타난다. 인구 밀집 지역에서는 차가운 안개가 내렸을 때 가끔씩 가로등 주위로 해기둥이 발생하기도 한다.

부챗살빛이란?

부챗살빛(crepuscular ray)의 보다 쉬운 이름은 해거름빛(sunbeam) 정도가 될 텐데, 이것은 해질 녘에 구름 뒤편에서 태양빛이 새어 나오는 것을 가리킨다. 부챗살빛을 기술하는 문구로는 "물을 끄는 태양(the sun drawing water)"이 있는데, 이는 옛사람들

부챗살빛이 남극의 석양에서 마치 조명처럼 내리비치고 있다. (사진: Dave Mobley, Jet Propulsion Laboratory, NOAA)

이 빛줄기가 사실 태양이 빨아들이는 물로 만들어졌다고 믿은 데에서 비롯한 것이다. 이 빛줄기는 구름이 갈라지면서 나오는 것이기에, 옛날 민간에서는 부챗살빛 현상을 좋은 날씨가 올 징조로 받아들였다.

신기루 현상이란?

빛이 따뜻한 공기에서 차가운 공기로 이동해 가거나 그 반대 방향으로 진행하면, 입사광이 회절되어 물체의 모습이 실제 위치에서 동떨어진 곳에 있는 것처럼 보인다. 이러한 신기루(mirage) 효과는 아주 더운 날 표면이 뜨거운 아스팔트, 모래 또는 콘크리트 도로 위에서 흔히 발생한다. 이러한 조건에서는 멀리 지평선으로부터 입사하는 빛이 여울져, 사람의 눈에는 마치 주위에 물이 있는 것처럼 보인다.

고위 신기루란?

고위 신기루(superior mirage) 현상은 어떤 물체로부터의 빛이 회절되어 실제 물체

위 공중에 둥둥 떠 있는 것처럼 보이는 착시 현상이다. 이러한 현상은 따뜻한 공기가 찬 지표면 위를 지날 때에 발생한다. 즉 일반적인 신기루 현상이 나타날 때와 반대의 조건에서 발생한다.

신기루 현상 때문에 **일어나지 않은 전쟁**은?

제1차 세계대전 중인 1916년 4월에 있었던 영국군과 오스만 제국 간의 전투는 신기루 현상 때문에 양쪽 전투병들이 서로를 분간하기 힘들어 일어나지 않았다.

오로라란?

오로라(aurora)는 밤하늘을 화려하게 수놓는 밝은 빛이다. 오로라는 태양으로부터의 대전 입자가 대기권을 통과하면서 만들어진다. 이 입자들은 지구 자기장을 따라 남북으로 이끌려 간다. 이 과정에서 대전 입자들은 기체 분자 일부와 접촉하면서 이들로부터 전자를 빼앗아 이온화시킨다. 이온화된 기체 분자들이 전자와 다시 결합하는 과정에서 특유의 색상을 발현한다. 이렇게 발광하는 기체는 밤하늘을 가로지르며 위아래로 움직인다.

알래스카 주, 페어뱅크스에서 관측된 선명한 북극광

북극광과 **남극광**의 차이는?

북극광(aurora borealis)은 북반구에서, 남극광(aurora australis)은 남반구에서 각각 관측되는 오로라를 말한다.

오로라는 **어디서** 볼 수 있나?

오로라는 북극 혹은 남극 주변의 고도가 높은 지역에서 선명하게 볼 수 있다. 위도가 낮은 곳에서는 도시와 멀리 떨어진 곳의 밤하늘에서 간혹 볼 수 있다. 흔하지는 않지만, 일 년에 한 번 정도 미국 본토 지역에서도 오로라가 관찰된다. 오로라는 놀랄 만한 광경을 제공하는데, 연한 녹색에서 진한 빨간색에 이르기까지 아주 다양한 색광을 연출할 뿐만 아니라 형태적으로도 커튼형, 아치형, 조개형, 하천형 등 다양한 모습을 보여 준다.

오로라는 얼마나 **자주** 나타나나?

태양 폭풍과 태양 흑점 활동에 따라 달리 나타나기 때문에, 오로라 발생 빈도는 예상하기 어렵다. 오로라는 보통 태양 폭풍이 발생한 이틀 후에 발생하며, 태양 흑점 11년 주기 시작 2년째에 가장 높은 빈도를 보인다.

오로라는 **겨울**에 가장 잘 보이나?

북극 지역에서 오로라가 발생하는지의 여부는 계절과 무관하다. 오히려 오로라 발생은 태양 폭풍과 관련이 깊다. 하지만 겨울철에 밤의 길이가 길기 때문에 오로라를 관측할 확률은 높아진다.

낮 시간에 **오로라** 관측이 가능한가?

사람의 눈으로는 낮 시간에 오로라를 관측할 수 없다. 하지만 오로라 현상 자체는 발생하기 때문에, 엑스레이를 관측할 수 있는 인공위성 센서를 통해 오로라 활동을 모니터할 수 있다.

대기광(airglow)이란?

도시의 불빛, 달, 별, 오로라 등으로부터 방출되는 모든 빛을 차단할 수 있다고 해도, 밤하늘은 여전히 희미한 녹색빛을 머금고 있을 것이다. 이러한 현상은 100km

상공의 산소 원자들이 우주에서 나오는 복사 에너지에 의해 활성화되고 있기 때문이다. 다른 구성 물질에서 방출되는 기타 다른 색상도 있을 수 있지만, 산소로부터 방출되어 나오는 녹색광이 지배적이기 때문에 감지되기 어렵다. 이와 같은 현상은 경우에 따라 '영구적 오로라'로 불리기도 한다.

제7장

지리학, 해양학, 그리고 기상

기상과 관련하여 **지리학**을 이해하는 것이 왜 중요한가?

기상학자들이 지리학을 공부해야 하는 이유로는 여러 가지가 있다. 첫째, 산이나 해안 등의 지형은 기상에 중요한 영향을 미친다. 둘째, 기상학자들은 위성, 레이더, 다양한 유형의 디지털 지도로부터 정보를 습득하며 이것을 해석한다. 그런데 지구는 입체이므로 이러한 정보를 3차원으로 파악할 수 있는 능력이 중요하다.

판구조론

대륙 이동설을 처음으로 **주창**한 사람은?

플랑드르 풍의 지도 제작자였던 독일계 아브라함 오르텔리우스(Abraham Ortelius, 1527~1598)는 1587년에 『지리학의 새로운 모습(Thesaurus geographicus)』이라는 그의 저서에서 처음으로 대륙이 이동하고 있다는 생각을 피력하였다. 1620년 프랜시스 베이컨(Francis Bacon, 1561~1626)은 대서양 양쪽 해안이 퍼즐처럼 일치한다면서 대륙 이동설을 언급하였다. 1880년대 들어 더 많은 사람들이 비슷한 생각을 갖게 되었는데, 예를 들어 1885년 오스트리아의 지질학자 에두아르트 쥐스(Edward Seuss, 1831~1914)는 과거 남반구의 현 대륙들이 함께 하나의 거대한 대륙을 형성하고 있었다고 주장하였으며, 이 대륙을 곤드와나(Gondwana) 대륙이라고 칭하였다.

그러나 대륙 이동설을 공식적으로 처음 주장한 사람은 독일의 과학자 알프레트 베게너(Alfred Wegener, 1880~1930)로, 그는 1915년 출간된 『대륙과 해양의 기원(The Origins of Continents and Oceans)』이라는 저서에서 이를 언급한 바 있다. 그는 과거에 하나의 초대륙(超大陸, supercontinent)이 존재했는데, 지금의 대륙들은 그 초대륙의 일부라고 믿었다. 베게너는 이 초대륙에 판게아(Pangea, '모든 땅'이라는 뜻)라는 이름을 부여하였고, 이 초대륙은 판탈라사(Panthalassa)라는 거대 해양에 의해 둘러싸여 있었

다고 믿었다. 그는 이 거대한 대륙이 약 2억 년 전에 북쪽의 로레이시아(Laurasia)와 남쪽의 곤드와나로 분리되었다고 주장하였다. 베게너가 이러한 생각을 갖게 된 이유는 글로소프테리스(Glossopteris)라 불리는 화석 양치류의 분포(쥐스의 연구), 어니스트 헨리 섀클턴(Ernest Henry Shackleton, 1874~1922)이 발견한 남극의 석탄, 인도, 남아프리카, 오스트레일리아의 열대 지역에서 관찰되는 빙하 침식 지형, 일치하는 대륙의 해안선(남아메리카와 아프리카), 바다를 떠다니는 부빙(浮氷) 등 다양하다.

베게너는 지질학 분야에서 혁명을 시작한 사람으로 추앙받지만, 그의 생각은 당시 과학자들로부터 세찬 공격을 받았다. 그가 지질학자가 아니고 기상학자였던 점도 그러한 공격을 받았던 이유라고 할 수 있지만, 대륙 이동의 원인을 논리적으로 설명할 수 없었던 점이 더 큰 이유였다. 베게너가 그린란드에서 비극적인 죽음(베게너는 구조 활동을 수행하다 50세에 죽었다)을 맞이하고 오랜 시간이 흐른 후인 1960년대에 이르러서야 그의 주장은 받아들여지기 시작했다. 1960년대 과학 기술의 발전에 힘입어 거대한 암석판 위에서 대륙이 끊임없이 이동한다는 사실이 입증되었다. 대륙이 이동한다는 베게너의 이론은 현재 지질학의 모태가 되는 판구조론에 의해 대체되었다.

판구조론이란?

지구의 지각과 암석권은 10여 개의 얇고 단단한 껍질, 즉 판으로 나누어져 있으며, 이 판들은 맨틀(mantle) 상부의 유동성이 강한 연약권(軟弱圈, aesthenosphere) 위에서 움직인다. 이러한 판들 간의 상호 작용을 연구하는 분야가 지구조론(地構造論, 즉 tectonics는 '만드는 것'이라는 뜻의 그리스 어 'tekon'에서 파생된 단어)이다. 판구조론(Plate tectonics)은 판이 충돌하고, 옆으로 지나가고, 위로 올라가고, 아래로 파고들면서 이루어지는 지표면의 변형을 기술한다. 즉 판구조론은 이러한 판이 어떻게 이동하는지를 기술한다. 그러나 그 이유를 알려 주지는 않는다.

판구조론은 베게너의 대륙 이동설과 헤스(Victor Franz Hess)가 발견한 해저의 확장 현상을 결합한 것이다. 이 이론은 지각 및 지구 내부 연구에 혁명을 가져왔다. 과학자들은 판구조론 덕에 산, 화산, 해양 분지, 대양 산령(大洋山嶺), 심해 해구(深海海丘)

등의 형성 과정을 이해할 수 있었고 지진과 화산 폭발을 이해할 수 있었다. 이외에도 판구조론은 대륙과 해양이 지질학적 과거에 어떠한 형태였는지, 기후와 생명체는 어떠한 변화 및 진화를 거쳐 왔는지도 알려 준다.

대륙이 이동한다는 **물리적 증거**는?

과학자들은 대륙이 끊임없이 이동한다는 사실을 보여 주는 수많은 증거들을 수집해 왔다. 1965년 에드워드 불러드(Edward Bullard)에 의해 시도된 대륙들의 짜맞춤은 그 좋은 예이다. 그는 일반적인 해안선이 아닌 대륙의 실제 가장자리인 대륙 사면에 관심을 가졌다. 그는 해안보다 수심 2,000m 깊이에서 대륙들의 모양이 보다 정확하게 일치한다는 점을 발견하였다.

다른 과학자들은 대양의 양쪽에 위치한 대륙들의 지질을 비교해 보았다. 예를 들어 애팔래치아 산맥과 칼레도니아 산맥, 남아프리카와 아르헨티나의 퇴적 분지는 지질학적으로 서로 유사하다. 고생물학적 연구는 대륙이 이동했다는 사실을 입증할 수 있는 또 다른 방법으로, 대륙들에서 발견되는 화석의 유사점과 차이점을 찾는 것이다. 예를 들어 북아메리카와 유럽의 중생대 파충류는 서로 비슷하다. 과학자들은 중생대에 두 대륙이 서로 붙어 있었다고 믿고 있다. 서로 유사한 석탄기 및 페름기의 동식물 화석들이 남아메리카, 아프리카, 남극, 오스트레일리아, 인도 지역에서 발견된다. 반대로 초대륙이 분리된 이후인 신생대 시기에는 생물의 다양성이 매우 높게 나타난다.

판구조론을 정립할 당시 **기여한 사람**은?

1960년대 후반 판구조론이 지지를 얻고 정립되는 과정에서 몇몇 주요 과학자들이 기여했다. 판구조론의 증거를 발견한 과학자들 중 가장 유명한 이는 투조 윌슨(John Tuzo Wilson, 1908~1993)이다. 1965년 그는 캘리포니아 주 샌프란시스코 인근에 존재하는 대형 산안드레아스(San Andreas) 단층대가 변형 단층(주향 이동 단층)이며, 지구 상의 주요 판 경계들 중 하나라고 설명했다. 1968년 그자비에 르피숑(Xavier Le

지진과 판구조론의 관계는?

암석권만이 지진으로 쪼개지는 성질을 갖고 있다. 지각판들이 서로 밀거나 비빌 때, 그리고 서로 멀어질 때 지진이 발생한다. 1969년에 과학자들은 1961년부터 1967년까지 발생한 지진의 위치를 발표하였다. 그들은 대부분의 지진(그리고 화산 폭발)이 좁은 벨트 내에서 발생하고 있다는 점을 발견하였다. 지진과 화산 활동이 활발한 지역의 위치는 판의 경계를 파악하는 데 도움이 된다.

Pichon, 1937~)은 전체 '판구조론' 모델을 만드는 작업에 참여하여, 6개 주요 판의 이동을 정량적으로 설명하는 최초의 모델을 발표하였다. 1973년 그는 이 주제를 다룬 첫 교과서를 집필하였다.

다른 지질학자들 또한 판구조론의 발전에 기여하였다. 윌리엄 제이슨 모건(William Jason Morgan)은 1968년 다양한 판들과 그것들의 이동을 설명하는 기념비적인 논문을 발표하였다. 또한 그는 하와이 제도와 같은 연속된 섬들을 생성시키는 판 중앙의 핫 스폿(hot spot, 열점)을 중요하게 생각하였다. 월터 피트맨 3세(Walter Pitman III)는 대양 산령 주위에서 관찰되는 해양 자기 이상의 패턴을 해석하는 데 중요한 역할을 했는데, 이 패턴은 해저 확장을 보여 주는 지시자이며 판구조론을 뒷받침하는 증거가 된다. 린 사이크스(Lynn R. Sykes)는 판구조론을 좀 더 가다듬기 위해 지진학을 활용하였다. 그는 대양 산령의 변형 단층과 판의 이동 간의 관계에 주목하였다. 또한 1968년에 『지진학과 새로운 지구조론(Seismology and the New Global Tectonics)』이라는 저서를 공동 출간하였는데, 이 책은 지진 자료들을 판구조론적 관점에서 해석하고 있다.

대륙들은 **과거**에 어떠한 모양이었나?

지각판은 끊임없이 움직이므로, 대륙의 위치는 지속적으로 변해 왔다. 과학자들은 7억 년 전 로디니아(Rodinia)로 불리는 거대한 대륙이 적도 주변에 형성되어 있었다고 생각한다. 5억 년 전에는 그 대륙이 분리되면서 로라시아(Laurasia, 지금의 북아메리카와 유라시아)와 곤드와나(Gondwana)가 나타났다. 그 후 2억 5000만 년 전 대륙들은 다시 판게아(Pangaea)로 불리는 하나의 거대한 초대륙으로 합쳐졌다. 판게아는 이후 로라시아와 곤드와나 대륙으로 다시 분리된다.

대륙성이란?

바다에서 멀리 떨어져 있는 내륙 지역의 경우, 바다와 가까운 지역에 비해 연교차가 크게 나타난다. 이러한 내륙 지역은 대륙성을 갖는다. 여름에는 매우 덥지만 겨울에는 매우 춥다. 바다에 면해 있는 지역의 연교차는 바다의 영향으로 작게 나타난다.

해저 확장이란?

해저 확장(seafloor spreading)은 지각판들이 움직이도록 도와준다. 이 과정은 느리지만 지속적으로 진행된다. 매우 뜨거운 연약권의 맨틀 물질이 표면으로 올라와 수평으로 퍼지면서(마치 느린 컨베이어 벨트와 같이) 위에 얹혀 있는 대양과 대륙을 운반한다. 이 해저 확장이 시작되는 지역을 보통 대양 산령(예를 들어 대서양 대양 산령)이라고 부른다

대양 산령에서 새롭게 생성된 암석권은 대양 산령으로부터 멀어지면서 차츰 식게 된다(대양 산령의 암석권이 가장 어리고, 그곳에서 멀어질수록 점점 연대가 오래된 암석권이 나타나는 이유이다). 암석권은 식으면서 밀도가 상승하므로 하부의 연약권 쪽으로 점점 가라앉는다. 따라서 대양 산령으로부터 멀리 떨어진 곳의 해양 수심은 깊은 반면, 대양 산령의 해양 수심은 상대적으로 얕다. 오랜 시간이 흐른 후 암석권은 다른 판의 경계부에 닿게 되는데, 이때 다른 판과 충돌하기도 하고 그 밑으로 섭입(攝入)하기도 한다. 혹은 다른 판과 마찰을 일으키면서 비껴 나가기도 한다. 판의 섭입이 일어나는 경우, 섭입된 부분은 가열되면서 다시 맨틀 속으로 유입되며 오랜 시간이 흐른 후 대양 산령 등에서 다시 흘러나오게 된다.

해저 확장 현상은 어떻게 **발견**되었는가?

1950년대에 과학자들은 화성암이 식어서 굳을 때 그 속의 자성 광물(磁性鑛物)들이 나침반의 바늘과 같이 지구의 자기장에 영향을 받으면서 당시의 자기장 정보를 암석에 남긴다는 사실을 발견하였다. 즉 자성 광물로 구성된 암석은 자기장의 화석이라고 볼 수 있으며, 과학자들은 이 암석을 '해독'하여 과거의 자기장을 복원한다. 이를 '고지자기학(古地磁氣學, paleomagnetism)'이라고 한다.

미국 프린스턴 대학의 지질학자 겸 해군 예비역 소장이었던 해리 헤스(Harry Hess, 1906~1969)와 미국 연안측지조사국의 과학자 로버트 다이츠(Robert Deitz)는 해저가 확장하고 있다는 사실을 처음으로 생각한 사람들이었다. 그들은 지금의 해저 확장 이론과 유사한 이론을 각기 발표하였다. 1962년 처음으로 헤스는 해저가 확장되고 있다고 주장하였으나, 근거가 없었다. 헤스가 그의 가설을 다듬고 있을 때, 다이츠는 독립적으로 비슷한 모델을 제시하였다. 그의 가설은 지각 밑에 미끄러지는 면이 존재하는 것이 아니라, 암석권 밑에 미끄러지는 면이 존재한다고 주장했다는 점에서 헤스의 가설과는 차이가 난다.

헤스와 다이츠의 이론을 지지하는 결정적인 증거는 불과 1년 후에 발표되었다. 영국의 지질학자인 프레더릭 바인(Frederick Vine)과 드러먼드 매슈스(Drumond Matthews)는 지각에 남아 있는 주기적인 자기 역전 현상에 대한 정보를 찾았다. 바인은 대양 산령 주변에서 얻은 자료를 통해 자성 광물들의 자기장이 지구 자극의 역전 현상을 잘 보여 주고 있음을 확인하였다(지구의 자기장은 과거 8000만 년 동안 170회 정도 역전 현상을 거듭했다). 확장이 시작되는 곳으로부터 바깥쪽으로 자기 극성(極性)이 변화하는 패턴이 해저에 남아 있다. 산령의 양쪽에서 비슷한 변화 패턴이 나타난다. 확장이 지속되면서 새로운 자성 면이 만들어지고, 이전의 자성 면은 산으로부터 멀어진다. 따라서 가늘고 긴 자성 면들은 지각판 이동 및 해저 확장의 증거가 될 수 있다.

해저가 **확장**되는 **속도**는?

해저 확장은 연 25.4m(대서양 산령)부터 150m(태평양 산령)까지 다양한 속도로 이루어진다. 과학자들은 해저 확장 속도가 계속 변해 왔다고 믿고 있다. 예를 들어 백악기(1억 4600만~6500만 년 전) 시기의 해저 확장 속도는 매우 빨랐다. 일부 과학자들은 지각판의 빠른 이동이 공룡의 멸종에 일조했을 것이라고 믿고 있다. 대륙의 위치가 변하면 기후도 변하기 때문이다. 또한 판의 이동이 심해질수록 화산 활동도 활발해지는데, 먼지, 화산재, 가스 등이 대기 상층부로 많이 유입되면서 기후 변화가 발생했을 것이다. 이러한 기후 및 식생의 변화에 적응하지 못한 공룡들이 죽거나 병들면서 공룡의 멸종으로 이어졌을 가능성도 있다.

비, 얼음, 지리학

산의 **어느 한 사면**이 그 반대 사면보다 **높은 강수량**을 보이는 이유는?

산의 어느 한 사면이 그 반대 사면보다 높은 강수량을 보이는 이유는 지형성 강우라는 프로세스가 작용하기 때문이다. 지형성 강우는 산 사면을 타고 오르는 공기의 온도가 내려가면서 강수 현상과 폭풍 등이 발생하는 경우이다. 이러한 폭풍은 산의 어느 한 사면에 많은 양의 비를 뿌리고 반대 사면에는 비그늘(rain shadow) 효과를 일으킨다. 시에라네바다 산맥은 지형성 강우가 나타나는 전형적인 지역이다. 시에라 서쪽 사면에는 상당한 양의 비가 내리지만(캘리포니아 센트럴밸리 지역보다 훨씬 많은 양), 네바다 주에 위치한 시에라 동부는 매우 건조하다.

비그늘이란?

공기 중의 수분이 지형성 강우 프로세스에 의해 비가 되어 내리면, 산의 반대 사면으로는 수증기가 거의 남아 있지 않은 공기가 넘어간다. 반대 사면이 건조한 이유는 비그늘(rain shadow) 효과 때문이다.

그린란드 위성 사진: 거대한 섬의 대부분이 두꺼운 빙하로 덮여 있다. (출처: NASA)

그린란드의 대부분이 **얼음**으로 덮여 있음에도 **그린란드(녹색땅)**로 불리는 이유는?

10세기 후반 스칸디나비아의 바이킹들은 아이슬란드의 북쪽에 위치한 거대한 섬을 발견했다. 전해 오는 말에 의하면, 그들은 더 많은 사람들을 이 섬으로 끌어오기 위해 섬의 이름을 '그린란드(Greeland)'로 불렀다고 한다. 그러나 원래 이 섬의 이름은 'Gruntland'였는데(여기서 'grunt'란 얕은 만을 뜻함), 이 이름이 후에 지도에서 잘못 표기되면서 그린란드로 바뀌었다는 설도 있다. 섬 대부분이 거대한 빙하로 덮여 있어 사람들이 살기에 적합하지 않지만, 남부 해안 지역에는 식생도 분포하고 있고 어획량도 괜찮다. 그러나 15세기에 소빙기(little ice age)가 닥치면서 바이킹 거주민들은 이 섬에서 사라졌다.

지구의 대륙들 중 **평균 고도**가 가장 **높은 대륙**과 **낮은 대륙**은?

남극 대륙은 평균 고도가 가장 높은 대륙이다(해발 고도 2,300m). 남극 대륙의 고도가 높은 이유는 전적으로 영구 빙하 때문이다. 오스트레일리아는 평균 고도가 가장 낮은 대륙이다(해발 고도 300m).

남극 대륙과 **그린란드**를 덮고 있는 **빙하**의 크기는?

전 세계 담수의 대부분(무려 70%!)은 남극을 덮고 있는 빙하에 저장되어 있다. 그리고 전 지구 얼음의 90%가 남극 대륙 위에 존재한다. 남극 대륙을 덮고 있는 얼음은 그 두께가 3.2km에 달한다. 과학자들은 대륙 중앙의 빙하는 두껍고, 바깥쪽에서는 빙하가 녹는다는 사실을 발견하였다. 아직까지 그 원인은 정확히 밝혀지지 않았지만, 대륙 서부의 빙하가 전체적으로 점점 두꺼워지고 있는 반면 동부는 점점 얇아지고 있다. 북반구의 얼음 상태와는 대조적으로 남극 대륙의 얼음 총량은 안정적으로 유지되는 것으로 짐작된다. 그린란드의 경우 얼음이 아주 빠르게 녹고 있어서 그 양이 어느 정도인지 가늠하기는 쉽지 않다. 1990년 후반 그린란드 위에는 300만km^3 부피의 빙모(ice cap)가 놓여 있었다. 그 당시에는 얼음의 융해 속도가 90km^3/년 정도였는데, 2005년에 얼음이 녹는 속도는 150km^3/년에 이르고 있다.

탄자니아의 킬리만자로 산과 같이 적도 부근에서도 눈이 관찰된다.

적도 지역에서 **눈**을 볼 수 있는 곳은?

적도의 고산 지대에서 눈을 정기적으로 관찰할 수 있다. 예를 들어, 남아메리카 에콰도르의 안데스 산맥, 아프리카 케냐 산 및 킬리만자로 산의 정상부에는 매년 눈이 내린다.

화산

화산 분화의 **2가지 주요 유형**은?

격렬한 폭발을 동반하는 분화 형태와, 폭발력은 작지만 용암을 광범위하게 퍼뜨리는 분출 분화 형태가 있다. 일반적으로 화산의 분화 특성은 마그마 내의 이산화규소와 수분 함량에 좌우된다.

화산에서 **방출**되는 **주요 가스**는?

마그마가 지표로 노출될 때, 화산 분화구 혹은 분화구 인근의 틈이나 공기구멍으로부터 화산 가스가 빠져나온다. 그중 대부분을 차지하는 가스는 이산화탄소(CO_2)와

황화수소(H_2S)이다. 이산화탄소는 위험한 가스로, 보이지도 않고 냄새도 없으며 생명체를 수분 내로 즉사시킬 수 있다.

인도네시아 자바의 디엥(Dieng) 화산군에서 화산 가스의 위험성이 입증된 사례를 찾을 수 있다. 이 화산군은 2개의 화산과 20개 이상의 분화구 혹은 오름으로 구성되어 있다. 일부 분화구에서는 독성 가스가 배출되었다. 1979년에는 적어도 149명이 2개의 분화구(시닐라와 시글루둥)에서 배출된 독성 가스로 사망하였다.

지구의 대기를 **형성**하는 데 **화산**은 어떠한 역할을 하였나?

과학자들은 화산에서 빠져나온 이산화탄소, 수증기, 질소, 아르곤, 메탄이 지구 대기에서 큰 부분을 차지하고 있다고 믿고 있다. 원시 식물 세포의 형태로 지구 상에 생명체가 나타나 화산에서 생성된 이산화탄소를 흡수하였고 산소를 방출하였다. 처음에는 지각 내의 철 등의 금속과 산소가 반응하면서 산화철이 형성되었다. 지표가 보통 붉은색을 띠는 이유는 바로 이 때문이다. 이러한 산소들이 결국 대기 중의 일부분이 되면서 숨 쉴 수 있는 공기가 생성되었다.

화산 분화가 지구의 **기후**에 **영향**을 미칠 수 있나?

대부분의 화산 분화는 지구 기후에 영향을 미치지 않는다. 그러나 대형 폭발의 경우 비교적 단시간이긴 하지만 혼란을 일으킬 수 있다. 대형 폭발은 성층권까지 먼지와 가스를 올려 보낸다. 거기에서 탁월풍에 의해 입자들이 전 세계를 횡단하면서 흥미로운 일들이 나타난다.

예를 들어, 1815년 숨바와 섬(인도네시아 자바 섬 근처)의 탐보라(Tombora) 화산이 폭발하면서 지구의 기후를 잠깐 바꿔 놓을 정도로 엄청난 양의 재가 방출되었다. 어마어마한 화산진(火山塵, volcanic dust)이 대기 중에 높게 떠올라 지구를 둘러쌌다. 그해 화산진으로 일부 태양빛이 차단되면서 지구의 기온이 낮아졌다. 유럽 등 북반구 지역에서는 겨울이 끝날 기미가 보이지 않았다. 여름 내내 서리가 발생하였다. 1816년은 '여름이 없는 해'로 알려져 있다.

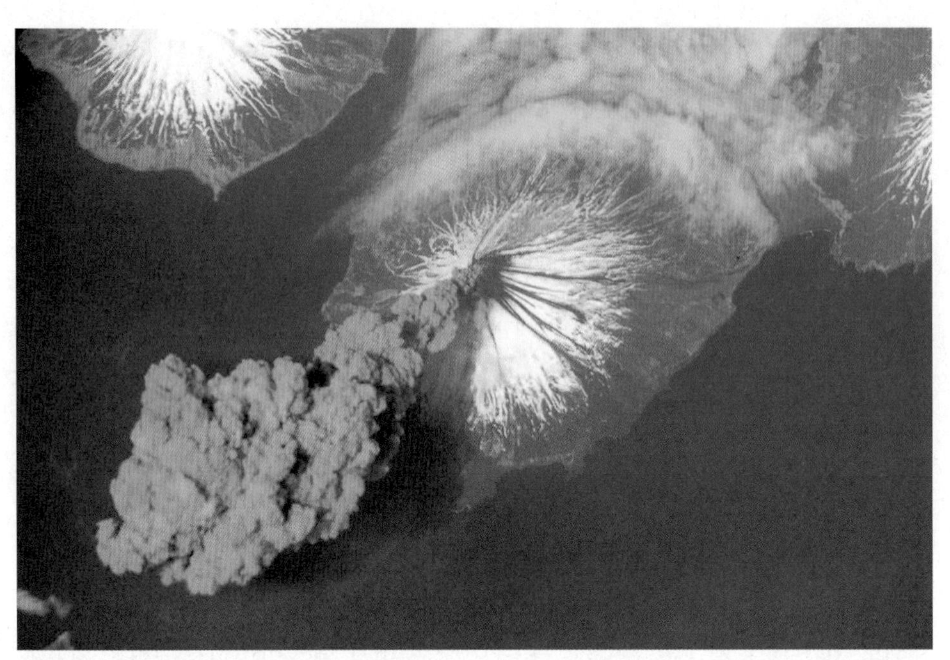

2006년 5월 23일 알래스카 알류샨 열도의 클리블랜드(Cleveland) 화산 정상에서 재의 기둥이 형성되었다. 국제우주정거장(ISS)의 항공 기관사인 제프 윌리엄스(Jeff Williams)는 알래스카 화산 관측소에 이 사실을 알린 후 위 사진을 찍었다. (출처: NASA)

과거 과학자들은 대기 기온의 장기적인 하락이 화산 분화로 많은 먼지가 대기 중으로 방출되면서 나타나는 현상이라고 믿은 적이 있었다. 그러나 지금 과학자들은 미세 입자들이 단 6개월 정도면 다시 지표로 돌아온다는 사실을 알고 있다. 실제 화산이 방출하는 물질 중에서 먼지보다 더 큰 영향을 주는 것은 이산화황(SO_2)이다. 이산화황은 수증기와 반응하면서 태양 복사 에너지의 상당량을 차단하는(오래 지속되는) 연무를 형성한다.

화산과 기후 간의 관계에 대해 처음으로 논한 **사람**은?

미합중국 헌법 제정자 중의 한 사람이며, 발명가이자 외교관이었던 벤저민 프랭클린(Benjamin Franklin, 1706~1790)은 화산 활동이 날씨에 영향을 준다는 사실을 최초로 인지한 인물로 여겨진다. 그는 1783년 아이슬란드 라키(Laki) 화산에서 폭발이 일어난 이후 1784년까지 서늘한 날씨가 계속 이어지는 것에 주목하였고, 당시 유럽에

서 안개가 더 자주 끼는 이유는 화산 분화 때문이라고 믿었다.

전 세계의 **활화산** 수는?

지구 상에는 850~1,500개 정도의 활화산이 존재한다. 그중 63개가 미국에 있는데, 대부분 알래스카, 하와이, 북서부 지역에 위치한다. 특정 시점에서 평균적으로 10~12개 정도의 화산이 분출한다.

화산의 분기공이란?

화산 가스는 화산 활동이 활발한 지역 주위의 분기공(噴氣孔, fumarole)이나 분출공으로부터 빠져나온다. 화산의 미세하게 갈라진 틈이나 긴 열하를 따라 화산 가스의 방출이 이루어진다. 분기공은 수백 년간 지속된다고 알려져 있지만, 마그마가 갑자기 식게 되면 수 주 혹은 수개월 내에도 사라질 수 있다. 예를 들어, 옐로스톤 국립공원과 킬라우에아(Kilauea) 화산에는 여러 분기공과 그와 관련된 퇴적물이 많이 관찰되는데, 오래된 것들과 최근에 새로 나타난 것들이 섞여 있다.

테프라란?

테프라(tephra)는 화산에서 분출된 것들 중 마그마를 제외한 다른 모든 것을 가리키는 말로, 화산 쇄설물(pyroclast, '불 입자')을 뜻한다. 테프라의 크기와 모양은 다양하다. 이 화산 쇄설물들은 화산의 폭발식 분화에 의해 외부로 이동한 파편들이다. 지표에 떨어지기 전에 함께 합쳐질 수 있을 정도로 뜨거운 화산 쇄설물들은 용결 응회암 혹은 화산 응회암으로 불린다. 지질학자들은 테프라를 크기별로 분류한다. 다음은 테프라의 일반적인 유형을 설명한 것이다 .

- 화산재(ash): 재는 화산 분화구로부터 배출된 미세 물질들로 그 크기가 약 2mm 정도이다. '분석(cinder)' 혹은 '작은 돌'이라고 불리는 화산력(lapilli, 용암 조각)이 여기에 포함될 수 있으며, 그 크기는 2~64cm 정도이다. 대규모 분화가 일어나면 두꺼운 화산재가 탁월풍 방향으로 수천 킬러미터에 걸쳐 쌓일 수 있다.

- 화산 각력(block): 분화구로부터 방출된 단단한 암석. 크기는 야구공 크기부터 집채만 한 크기까지 다양하다.
- 화산탄(bombs): 화산탄은 내부가 아직 굳지 않은 화산 암석으로, 비행 중에 공중에서 모양이 변한다(화산 폭발을 찍은 연속 사진 상에서 눈부신 아크 형태로 나타난다). 대체적으로 야구공에서 농구공 크기 정도지만, 간혹 집채만 한 화산탄도 존재한다. 화산탄(및 화산 각력)의 최초 방출 속도는 1,600km/시간을 초과하며, 땅에 떨어질 때 폭발하고 분출하는 융해 상태의 암석의 경우 5km 이상을 이동할 수 있다. 방추형 화산탄(매우 유동성이 강한 용암은 공기 중으로 날아갈 때 길쭉해진다), 열피 화산탄(점성이 강한 용암으로부터 형성되며, 표면이 갈라져 있고 둥근 모양이다) 등 독특한 형태들이 존재한다.

수증기 폭발이란?

수증기 폭발은 용암, 마그마, 뜨거운 암석, 화산 퇴적물 등에 의해 지하수 혹은 지표수가 뜨거워지면서 발생하는 폭발이다. 강력한 열 때문에 물이 증기로 변하면서 증기, 물, 화산재, 화산 각력, 화산탄 등의 폭발이 일어난다.

물밑에서 발생하는 **화산 활동**은?

우리가 단지 관찰하지 못할 뿐, 화산 활동의 많은 경우가 물밑에서 발생하고 있다. 일부 지질학자들은 지구의 모든 화산 활동 가운데 약 80% 정도가 해양저(海洋底, 깊이 4,000~6,000m의 해저 지형)에서 발생하고 있다고 추측한다.

블랙 스모커란?

블랙 스모커(black smoker)는 심해의 열수 분출공(熱水噴出孔)을 이르는데, 어두운 검댕 같은 물질들이 해양저의 '굴뚝'으로부터 방출되기 때문에 붙여진 말이다. 이것은 고농도의 광물들(대부분 황을 포함한 광물 혹은 대양 산령의 용암 내 황화물)이 녹아 있는 아주 뜨거운 액체(350℃)이다. 뜨거운 물이 차가운 해수를 만나면서 광물들은 침전되

엘로스톤에서 장관을 이루고 있는 간헐천과 온천은 이 유명한 국립공원의 지표 밑에서 지속되고 있는 화산 활동의 결과이다.

어 주변 암석 위에 내려앉는다. 광물의 침전이 점점 진행되면서, 돌출되어 있지만 안이 움푹한 굴뚝들의 크기가 점점 커지게 된다.

블랙 스모커는 당구 테이블 크기(4m²)부터 테니스 코트(770m²) 정도의 크기로 화산 분출공 필드에서 관찰된다. 태평양의 대양 산령인 환드퓨카 해령에 이러한 분출공 필드가 존재한다. 갈라파고스 제도 인근에서는 1977년 처음으로 앨빈(Alvin)이라는 연구용 소형 잠수정에 의해 분출공이 발견되었으며, 이후 수많은 분출공들이 추가로 발견되고 있다. 아마도 더 있을 것으로 판단된다. 지금까지 지구 대양 산령의 극히 일부분만 탐사되었다.

여름이 없는 해로 불리는 **1816년**에 일시적이지만 극심한 **기후 변화**가 발생한 원인은?

1815년 4월 10일 인도네시아 숨바와 섬의 탐보라(Tambora) 산이 (일부 과학자들의 추측대로라면) 5,000년 만에 폭발하였다. 이 폭발로 인해 이산화황 약 2000억kg과 100km³ 부피의 암석 물질이 고도 40km까지 올라갔다. 폭발지로부터 645km 내에 있는 모든 것들은 칠흑 같은 암흑 속으로 내던져졌다. 5m 높이의 쓰나미가 주변 해안을 휩쓸었다. 탐보라 화산은 초기 분화 이후 7월 중순까지 연이어 폭발하였다.

상황을 더욱 악화시킨 것은 두 차례의 다른 화산 폭발이 발생하여 대기 중으로 많은 양의 먼지가 이미 방출된 후였다는 점이다. 1812년 카리브 해 지역에서 세인트빈센트(Saint Vincent) 화산이 폭발하였고, 2년 후 필리핀에서 마욘(Mayon) 화산이 폭발하였다.

이러한 모든 사건들은 당시 전 지구 상에 극심한 저온 현상을 일으킨 원인으로 여

옐로스톤은 슈퍼 볼케이노일까?

옐로스톤 국립공원은 3,800km^2 크기의 땅을 뒤덮고 있는 멋스러운 풍경의 간헐천과 온천으로 유명하다. 이 뜨거운 온천이 가지고 있는 에너지는 거대한 칼데라(caldera) 밑에 존재하는 화산 에너지에서 비롯된다. 지질학자들은 이 거대한 화산이 64만 년 전에 마지막으로 폭발하였으며, 그 에너지가 세인트헬렌스(Saint Helens) 산 폭발 때 에너지의 8,000배에 달했다고 추측한다. 이러한 폭발로 인한 파괴는 상상을 초월한다. 핵겨울이 뒤따랐을 것이고, 하늘에서는 산성비가 내렸을 것이다. 일부 과학자들은 이 시기에 인간들이 거의 멸종 위기에 직면했을 것으로 생각하고 있다.

옐로스톤에서 화산은 여전히 활동적이므로 폭발은 언제든지 다시 일어날 수 있다. 현재 옐로스톤의 일부는 처음으로 측량이 이루어진 1923년 이후 74cm나 상승한 상태이다. 이는 지각 밑에 마그마가 쌓이고 있음을 의미한다. 이 에너지가 분출되는 것은 시간 문제이다. 이러한 슈퍼 볼케이노(supervolcano)의 예로 옐로스톤만 있는 것은 아니다. 지구 상 슈퍼 볼케이노의 마지막 분화는 7만~75,000년 전에 수마트라 섬 토바(Toba)에서 발생하였다. 그리고 아직까지 발견되지 않은 슈퍼 볼케이노도 있을 수 있다.

겨진다. 캐나다, 유럽, 미국 등지에서 저온 현상의 충격이 심했는데, 특히 미국의 동부와 중서부 지역의 경우 1816년에 작물의 피해가 매우 심각하였다. 뉴잉글랜드 지역에서는 여름철인 6월에 수차례 눈이 내렸다. 버몬트 주에서는 6월에도 호수의 얼음이 녹지 않아 스케이트를 탈 수 있을 정도였고, 눈은 45~50cm까지 두껍게 쌓여 있었다. 이렇게 기이하게 추웠던 여름철이 끝난 후, 1816~1817년 겨울은 오히려 따뜻했다. 그러나 모든 작물들이 피해를 입은 후였기 때문에 별 도움이 되지 못했다.

세인트헬렌스 산이 **폭발**하였을 때 무슨 일이 일어났나?

1980년 5월 18일 아침, 진도 5.1의 지진이 워싱턴 주의 세인트헬렌스 화산 하부를 강타하였다. 이후 화산이 폭발하면서 산의 북사면을 무너뜨린 거대한 눈사태가 시작되었고, 이는 역사상 가장 컸던 산사태로 기록되어 있다. 원뿔형의 화산은 2,950m에서 2,550m로 내려앉았고, 많은 양의 재와 가스가 대기 중으로 방출되었다. 뜨거운 증기, 가스, 돌파편 등으로 이루어진 화산 쇄설물들이 산사면을 타고 시

1980년 폭발이 있기 전 세인트헬렌스 산에서 연기가 배출되는 모습

속 1,100km의 속도로 미끄러져 내려왔다.

미세한 재먼지는 고도 22km(성층권)의 상층 대기까지 상승하였고, 편서풍의 영향을 받아 동쪽으로 이동하여 결국에는 전 세계에 도달하였다. 화산재들은 짧은 시간 동안 워싱턴 중부에 막을 형성하였고, 탁월풍은 미국 서부 57,000km^2 면적에 약 5억 4000만 톤의 재를 뿌렸다. 인근 마을(그리고 서부 몬태나 지역 등 먼 곳까지)의 거주민들은 화산재의 영향을 받았다. 차의 라디에이터(방열기)는 막혔고, 호흡기 질환은 심해졌으며, 항공 및 지상 교통이 모두 교란되었고, 바깥의 모든 것에 화산재가 두껍게 쌓였다. 이러한 인상적인 수치에도 불구하고 세인트헬렌스 산의 폭발은 전 세계의 기후를 교란시키지는 못했다. 여기에는 두 가지 이유가 있다. 1) 이 화산 폭발은 다른 주요 화산들의 폭발에 비해 이산화황을 적게 배출하였다. 2) 산의 측면에서 폭발이 발생하여 쇄설물들이 예각으로 날아가면서 대기 중으로 높이 올라가지 못했다.

20세기 기후에 가장 큰 **영향을 미친 두 번의 화산 폭발**을 꼽으면?

남부 멕시코 엘치촌(El Chichón) 화산의 폭발은 1982년 3월 29일부터 4월 4일까지 계속되었다. 1991년 6월 15일 필리핀 피나투보(Pinatubo) 화산의 폭발로 말미암아 지구의 기후는 크게 교란되었다. 엘치촌 폭발은 70억kg의 이산화황과 220억kg의 재를 대기로 방출하였다. 우연히도 동시기에 엘니뇨(el Niño) 현상이 강하게 나타나고 있었다. 엘니뇨 현상이 해수의 온도를 높이는 반면, 엘치촌의 분화는 대기의 기온을 낮추어 그 효과가 서로 상충되었다. 그해 여름 기온은 엘니뇨 때문에 올라갔어야 했지만 실제 평균 기온은 극히 정상적이었다. 한편 1982년과 1983년 겨울에는 유럽, 시베리아, 북아메리카 지역의 기온이 예년 기온보다 높았던 반면 중동, 중국, 그린란드, 알래스카의 기온은 예년 기온보다 낮았다. 이것은 엘치촌에서 방출된 가스가 성층권의 북극진동(arctic oscillation)을 유발하여 공기의 흐름이 변화되었기 때문이다.

피나투보 산이 폭발하였을 때 2000만 톤의 이산화황이 대기 중으로 방출되었는데, 이로 인해 1992년 전 세계 평균 기온이 약 0.8℃ 정도 떨어졌다. 또한 대기 중의 이산화황이 증가하면서 생긴 연무가 태양광을 반사시켰다. 이러한 영향은 1993년까지 지속되었다.

환태평양 화산대란?

태평양을 둘러싸고 화산 활동이 특히 심한 지역으로 둥근 고리 형태이다. 이 지역은 '환태평양 화산대(Ring of Fire)'로 알려져 있는데 일본, 러시아, 알래스카, 캐나다, 오리건, 워싱턴, 캘리포니아, 멕시코, 동남아시아, 남태평양 섬들의 해안 지역 등이 이에 속한다. 이 화산대의 길이는 64,000km에 달하며, 전 세계 화산의 4분의 3이 이곳에 위치하고 있다. 워싱턴 주의 세인트헬렌스 산과 최근에 폭발한 알래스카 주의 2개 화산[1992년에 폭발한 알래스카의 활화산 스퍼(Spur) 산, 2009년 3월 22일 폭발한 앵커리지 인근의 리다우트(Redoubt) 산]이 환태평양 화산대에 속해 있다.

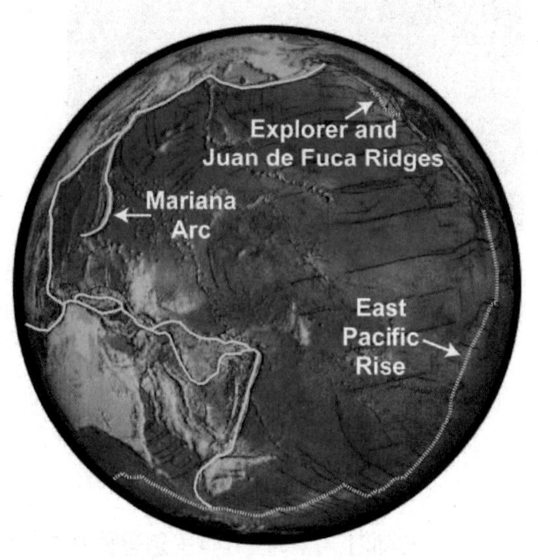

환태평양 화산대 지도: 점선은 대양 산령 시스템을 보여 주며, 노란색 실선은 호상 열도/해구 시스템을 보여 준다. (출처: Pacific Ring of Fire 2004 Expedition. NOAA Office of Ocean Exploration)

해양학과 기상

해양학이란?

해양학은 해수와 해수 속의 모든 것(동물, 식물, 광물)을 연구하며, 전 세계 해양을 대상으로 한다. 해양학자들은 물리학, 화학, 생물학, 해양지질학 등을 공부한다. 기상학과 관련하여 해양학에 대한 이해는 매우 중요하다. 해양은 물의 순환과 대기 중의 이산화탄소 양, 열의 흡수·분포·반사 등에 깊숙이 관여하기 때문이다.

지구 상에는 얼마나 많은 **물**이 존재하는가?

과학자들은 전 세계 바다, 호수, 하천, 토양 수분, 대기 수분, 빙하 등 총 $1.4 \times 10^{15} l$의 물이 지구 상에 존재하는 것으로 추측하고 있다.

전 세계 바다에 존재하는 **물**의 양은?

지구 표면의 70%가 대양과 내해(內海)로 덮여 있으며, 지구 상의 물 97%는 바다에 있다. 이 물의 2%는 얼음의 형태로 존재한다.

하이드로미터란?

하이드로미터(hydrometer)는 액체의 비중을 재는 기기이다. 순수한 물이 15.5℃에서 갖는 밀도와 비교하여 분석 액체의 밀도를 추정한다. 바닷물 시료를 채취하여 물의 염도를 확인할 필요가 있을 때 간편하게 사용될 수 있다.

전 세계 **바다**에서 **증발되는 물**의 양은?

놀랍게도 매년 바다로부터 증발되는 물의 양은 50만km^3 이상이다. 그러나 다행스럽게도 비와 눈, 그리고 바다나 내해로 흘러 들어가는 하천에 의해 보충되는 물의 양이 45만km^3 정도이다.

지구 상에서 사람이 마실 수 있는 담수의 양은?

지구의 물 가운데 단 2.59%만이 담수이다. 그러나 많은 양의 담수가 현재 오염된 상태이다. 수문학자와 환경론자들은 지구에 존재하는 물의 단 1%만이 마실 수 있는 깨끗한 물이라고 추정한다.

북극 바다 안개란?

극히 차가운 공기가 북극 지역의 얼음 덩어리 위로 불면 따뜻한 해수와 차가운 공기가 만나면서 안개가 형성된다. 상승하는 안개가 마치 연기 기둥처럼 보인다.

그라울러란?

그라울러(growler)는 빙산에서 떨어져 나온 부빙(浮氷)들이다.

온수와 냉수 중 더 빨리 어는 것은?

미국의 가정에서 주부들 사이에 여전히 회자되고 있는 이야기 가운데, 제빙 그릇 안의 물이 빨리 얼길 원한다면 제빙 그릇에 뜨거운 물을 붓고 냉장고에 넣으라는 이야기가 있다. 지금은 많은 가정집에서 안에 자동으로 얼음을 만드는 기계가 있는 냉장고를 사용하기 때문에 이 이야기가 덜 회자되지만, 여전히 흥미로운 것은 사실이다. 단도직입적으로 말하면 이것은 근거 없는 믿음이므로 잊어버려야 한다. 뜨거운 물은 차가운 물보다 빨리 얼지 않는다. 그러나 끓은 후 식어서 미지근해진 물은 빨리 언다. 물을 끓이면 물속의 공기 방울들이 제거되면서 열전도율이 증가하기 때문에 물이 더 빨리 어는 것이다. 물론 시간적으로 물을 끓이고 식히는 것보다 그냥 처음부터 미지근한 물을 냉장고 안에 넣는 것이 훨씬 효율적일 것이다! 게다가 물을 끓이지 않아도 되므로 에너지가 절약된다.

비는 바다보다 육지에 많이 내리는가?

바다는 전 세계 강수량의 70%를 차지하고 있으며, 이 수치는 지구 표면에서 바다

독특한 경위로 바다 해류의 방향을 밝히는 데 도움을 준 부체(浮體)는?

다소 재미있는 이야기로 들리겠지만, 해양학자들은 1990년 한국의 화물선 사고로 바다에 떨어진 나이키화 8만 켤레를 활용하였다. 태평양 등지에서 떠 있는 채로 발견된 신발들의 위치를 기록하면서 사고가 발생한 지역과 신발이 발견된 지역을 서로 비교하였다. 이를 통해 해류에 대한 정보를 수집할 수 있었다.
곧이어 또 다른 사고가 해류 연구에 도움을 주었다. 1992년 1월 장난감을 싣고 가던 화물선이 폭풍 속에서 화물의 일부를 잃었다. 약 3만 개의 고무 오리, 개구리, 거북, 비버 등이 바다로 떨어졌다. 운동화와 마찬가지로 이러한 장난감들도 여러 해안가로 떠내려왔고 해류의 방향을 알려 주는 훌륭한 지표 역할을 하였다.

가 덮고 있는 비율과 같다. 나머지 30%의 비는 육지에 내린다. 지역별로 강수량의 차이가 존재한다. 남아메리카, 아프리카, 동남아시아와 인근 섬에는 연간 50mm 이상의 비가 내리는 반면, 사막 지역에서는 연간 25mm 정도도 내리지 않는다.

호수 효과 강설이란?

호수에서 증발되는 물로 인해 호안(湖岸) 지역에서는 대기 습도가 높아져 구름이 생성되고 비가 내리게 된다. 차가운 공기는 호수 물과 같이 따뜻한 수체 위를 지날 때 아래로부터 수분을 흡수한다. 구름이 호안에 도착할 때 공기는 지형성 상승 효과로 위로 상승한다. 수증기가 호안에 모여 쌓이면 호안과 가까운 지역에 비를 뿌린다.

호수 효과에 의한 기록적인 강설(降雪)의 예를 들면, 1959년 1월 17일 뉴욕 주 베넷 브리지에서 16시간 이상 눈이 내려 129.5cm의 강설량이 기록된 바 있다. 뉴욕 버펄로는 이리(Erie) 호 인근에 위치하고 있기 때문에 늘 눈에 묻히는 도시로 잘 알려져 있다. 1976년과 1977년 겨울에는 9m 이상의 두께로 눈이 쌓였는데, 당시 시속 113km의 바람과 낮은 온도 탓에 29명이 사망하였다.

서모클라인이란?

바닷물을 대기 중의 고밀도 공기와 유사하다고 생각해 보라. 공기와 비슷하게 해수도 층들로 이루어지며 각 층의 온도와 압력은 서로 다르다. 일반적으로 따뜻한 물은 차가운 물의 상부에 위치하게 된다. 이러한 층들의 온도 차이를 서모클라인(thermocline)이라고 부른다.

바닷물이 **어는** 온도는?

바닷물 내의 염분, 미네랄, 불순물 양에 따라 달라지지만, 일반적으로 바닷물은 −2.2℃에서 언다.

해류

해류란?

바다는 정적인 상태에 있지 않다. 바닷물은 거대한 원 모양으로 끊임없이 움직이는데, 이를 해류(海流)라고 한다. 북반구에서 표층 해류(surface current)는 시계 방향으로 움직이고, 남반구에서는 시계 반대 방향으로 움직인다. 이러한 해류 덕에 영국과 같은 지역(미국-캐나다 국경보다 훨씬 북쪽에 위치)의 기후가 온화하게 유지될 수 있다. 이는 카리브 해에서 출발한 난류가 대서양을 지나 북부 유럽까지 이동하기 때문이다. 남극 순환 해류는 남극 주위를 순환한다. 북대서양과 북태평양 지역에는 시계 방향의 대형 해류가 흐르고, 남대서양과 남태평양에는 시계 반대 방향의 대형 해류가 흐른다.

에크만 나선이란?

스웨덴의 물리학자이자 해양학자인 방 발프리드 에크만(Vagn Walfrid Ekman, 1874~1954)은 코리올리(Coriolis) 효과, 표층 해수의 이동, 바다 표면과 바람 간의 마찰력 등이 결합하여 해류의 방향을 결정한다고 결론지었다. 그 결과 북반구의 해류는 오른쪽으로 휘고 남반구의 해류는 왼쪽으로 휘는데, 약한 소용돌이와 같은 모양이다. 에크만 나선(Ekman spiral)의 힘은 바다 표면에서 일정 깊이까지만 미치며 수심이 깊어짐에 따라 약해진다(이 나선의 힘이 영향을 미치는 층을 에크만층이라고 한다). 과학자들은 에크만 나선이 해빙 아래에서 가장 뚜렷하게 나타난다는 사실을 발견하였는데, 외해에서는 파도 등의 다른 힘에 의해 에크만 나선의 힘이 거의 상쇄되기 때문이다. 지표 위에서 부는 바람에도 에크만 나선의 원리가 적용될 수 있다.

해류는 **기상**에 어떠한 **영향**을 주는가?

바다는 전 지구 표면의 70%를 덮고 있다. 따라서 바닷물이 흡수하는 태양 에너지의 양은 땅이 흡수하는 태양 에너지의 양보다 많다. 게다가 물에서는 열에너지의 흡수 및 방출이 땅에 비해 느리게 이루어진다. 따라서 따뜻한 물은 상대적으로 더 오래 따뜻함을 유지하고, 차가운 물은 상대적으로 더 오래 차가움을 유지한다. 해류의 순환 덕에 따뜻한 물과 차가운 물이 온도의 변화 없이 먼 거리를 이동할 수 있다. 이는 지구 상의 열에너지가 분배되는 중요한 과정 중의 하나이다. 대서양 적도 부근의 따뜻한 물이 북쪽의 영국이나 스칸디나비아에까지 운반되며, 인도양의 따뜻한 물은 남쪽 오스트레일리아나 남아프리카까지 운반된다. 중앙아메리카와 같은 대륙벽은 해류를 다양한 방향으로 돌리는 중요한 역할을 한다. 이러한 대륙벽이 존재하면서 서아프리카에서 카리브 해 지역으로 이동하는 해류가 북쪽으로 방향을 전환하여 흐른다. 중앙아메리카가 없었다면 영국은 북부 시베리아의 외딴 지역과 같이 매우 추웠을 것이다.

해류는 **해안 지역의 날씨**에 영향을 주는가?

그렇다. 해류 덕에 해안 지역의 기후는 온화하다. 해수는 기온을 안정시키는데, 이는 건조하고 뜨거운 내륙 안쪽에 비해 남부 캘리포니아 해안의 거주 환경이 쾌적한 이유이다.

전 세계 해양에서 **가장 빠른 해류**는?

멕시코 만류의 일부분이 전 세계에서 가장 빠른 해류로 알려져 있다. 플로리다의 남쪽 끝에서 북쪽 노스캐롤라이나의 해터러스 곶으로 초속 1~2m의 속도로 흐르는데, 간혹 초속 2.3m까지 빨라지기도 한다. 태평양의 쿠로시오 해류는 초속 0.4~1.2m 정도로 속도 면에서 이와 엇비슷하다.

가장 느린 해류는?

해양에서 가장 느린 해류는 심해에서 발견된다. 이 느릿느릿하고 차가운 물이 전 지구를 한 바퀴 순환하는 데 약 1,000년이라는 시간이 소요된다.

바다의 **평균 온도**는?

바다의 평균 온도는 약 4.4℃이다.

해양의 **주요 표층 해류**와 **잠류**는?

북적도 해류, 쿠로시오 해류, 멕시코 만류, 남적도 해류, 적도 반류, 북대서양 해류 등이 주요 난류(暖流)들이다. 오야시오 해류, 캘리포니아 해류, 래브라도 해류, 페루(훔볼트) 해류, 벵겔라 해류, 카나리 해류, 남극 순환 해류 등이 주요 한류(寒流)들이다. 주요 잠류(潛流)들로는 코롬웰 해류, 웨들해 심해류, 서안 경계 심해류(가장 큰 심

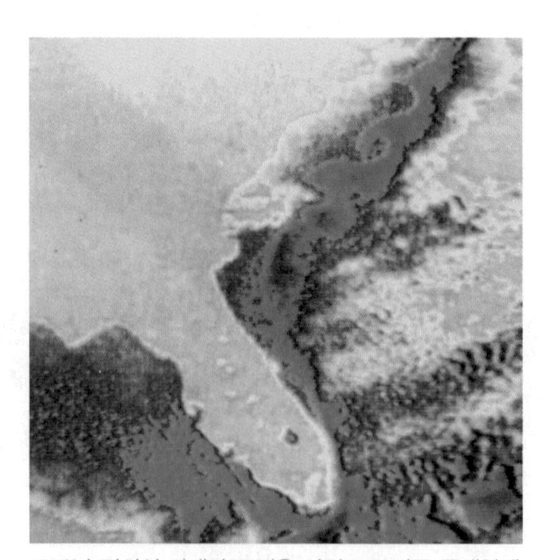

1968년 적외선 카메라로 찍은 사진으로 미국 동해안에서 시작되는 멕시코 만류의 수온이 높음을 알 수 있다. (출처: NOAA)

해류), 북대서양 심해류 등이 있고 모두 차갑다.

심해류가 전 세계를 **순환**하는 이유는?

심해류는 수온 및 염 농도 차이에 따른 열염순환(熱鹽循環, thermohaline circulation)에 의해 형성된다. 차갑고 염분이 많은 물은 따뜻한 물보다 무거우므로 바다의 하부로 가라앉는다. 그 자리를 채운 따뜻한 물이 다시 차가워지면서 순환은 반복된다. 이러한 물의 지속적인 이동은 해수를 전 세계로 느리게 순환시키는 펌프 혹은 거대한 전 지구 컨베이어 벨트로 비유된다.

멕시코 만류의 흐름은 태양이 뜨거운 카리브 해 지역에서 시작된다. 북아메리카의 동해안(대부분 미국 해안)을 따라 북쪽으로 이동하다가 북대서양의 극 주변 지역 해수에 닿는다. 그린란드와 노르웨이 사이의 차가운 북극풍이 염분을 많이 함유하고 있는 물의 온도를 어는점까지 낮춘다. 차갑고 무거운 염수는 5~6.5km 깊이까지 가라앉은 후 다음 단계의 이동을 시작한다. 서부 대서양 분지를 지나 남쪽으로 이동하여 남극 순환 해류에 합류하고 이후 인도양과 태평양으로 진입한다. 이 여정에는 오랜 기간이 소요된다. 예를 들어, 페루와 캘리포니아 연안에서는 수백 년 전에 가라앉았던 해수가 종종 해면으로 솟아오른다(湧昇).

멕시코 만류가 **영국 제도**와 **스칸디나비아**의 **날씨**에 어떠한 영향을 주나?

멕시코 만류는 대서양 카리브 해의 따뜻한 물을 동북쪽의 북유럽과 영국으로 운반한다. 남대서양에서 서쪽의 중앙아메리카로 향하는 해류가 대륙에 막혀 방향을 전환하면서 멕시코 만류가 형성된다. 만약 북아메리카와 남아메리카가 좁은 대륙으로 연결되지 않았다면 이 해류는 서쪽으로 계속 흘렀을 것이고, 따뜻한 물이 유럽에 도달할 수 없었을 것이다. 스코틀랜드, 아일랜드, 영국, 웨일스, 스칸디나비아의 기후는 그린란드의 기후와 비슷했을 것이다. 세계 지도를 보면 영국의 위도가 뉴펀들랜드 북부 지역의 위도와 비슷하다는 사실을 알 수 있다. 논리적으로 따지면 영국의 날씨는 지금보다 훨씬 더 추워야 한다. 그러나 멕시코 만류 덕에 영국은 캐나다 북부가

해류의 이름이 된 훔볼트의 뒷이야기

나폴레옹 보나파르트의 사후 유럽에서 가장 유명했던 사람은 알렉산더 폰 훔볼트(Alexander von Humboldt, 1769~1859)였다. 그는 재정학과 언어학에서부터 천문학, 지질학, 해부학까지 모든 것을 배웠고 과학과 여행에 열정을 갖고 있었다. 그의 남아메리카 여행(1799~1804)은 세간에 잘 알려져 있다. 그는 자연 경관을 탐험하고 생물학, 지질학, 천문학 조사를 수행하였다. 이 경험을 바탕으로 생물종의 분포가 기후에 좌우되며, 고도 및 온도에 따라 다양하게 나타난다는 사실을 처음으로 밝혀냈다. 또한 그는 화산들이 지각의 지질학적 열구(熱球)를 따라 위치하고 있다고 정확하게 추측하였다. 훔볼트는 지질학과 기상을 관련지었고, 기후가 고도에 따라 변하는 모습과 지구의 자기장이 위도에 따라 달라지는 사실을 관찰하였다. 또한 그의 관찰 결과는 중위도 지역의 날씨 이론을 정립할 때 크게 기여하였다. 훔볼트는 태평양에서 현재 훔볼트 해류 혹은 페루 해류라고 불리는 해류를 처음으로 발견하였다. 유럽으로 돌아온 훔볼트는 자신의 탐험과 발견 덕에 곧 영웅이 되었다. 그는 『훔볼트와 봉플랑의 여행(The Voyage of Humboldt and Bonpland)』이라는 장장 30권의 책(1805~1834)에 그의 여행을 기록하였다. 이후에 쓰여진 『코스모스(Cosmos)』라는 2권의 책(1845, 1847)은 더욱 칭송받았다. 그는 이 책에서 자연의 복잡성을 시스템적으로 설명하면서 여러 과학 분야의 통합을 시도하였다.

아닌 뉴욕 시와 비슷한 기후를 갖는다. 유럽 대륙은 북아메리카보다 따뜻하다. 멕시코 만류가 따뜻한 날씨를 몰고 오기 때문이다.

엘니뇨란?

엘니뇨(el Niño)란 크리스마스 시즌에 열대 태평양에서 따뜻한 물이 모이면서 발생하는 현상이다. 엘니뇨는 주기적으로 일어나는 현상(2~7년 주기지만 보통 3~4년마다 발생하며 강한 엘니뇨는 10~15년마다 발생)으로, 크리스마스 즈음에 발생하므로 에스파냐어를 사용하는 사람들이 '아기 예수'라는 의미의 엘니뇨라는 이름을 붙였다. 기상학자들은 이를 'El Niño Southern Oscillation(엘니뇨 남방 진동)'의 약자인 ENSO로 부르곤 한다. 남방 진동은 인도 몬순기에 대해 연구한 영국의 통계학자이자 물리학자인 길버트 토머스 워커(Gilbert Thomas Walker, 1868~1958)가 처음 사용한 말이다. 엘니뇨의 영향은 아메리카의 태평양 해안에서뿐 아니라 전 세계에 걸쳐 나타난다. 미

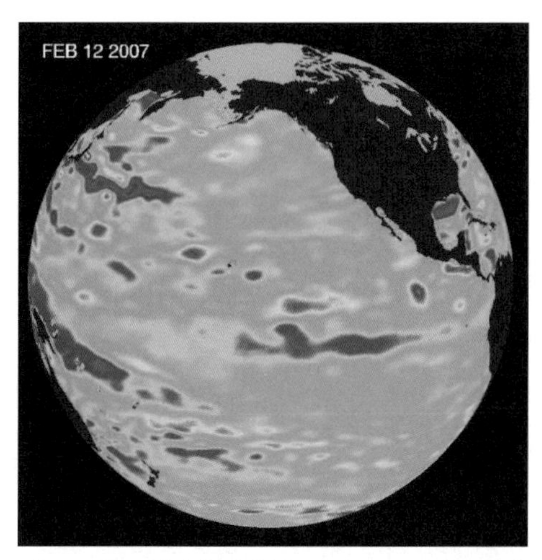

미국-프랑스 위성인 제이슨(Jason)이 2007년 2월(엘니뇨 시기에서 라니냐 시기로 넘어가는 시점)에 촬영한 영상으로 이를 통해 해수의 온도를 파악할 수 있다(붉은색은 따뜻함을, 파란색은 차가움을 의미). (출처: NASA)

국 중부와 동부에서는 평상시보다 기온이 낮아지고, 아프리카, 오스트레일리아, 캘리포니아 해안에서는 강한 폭풍이 나타나며, 유럽에서는 홍수가 발생하고, 남아메리카에서는 어획량이 급감한다. 강한 엘니뇨는 아프리카의 가뭄을 심화시키며 사막화를 가속화한다고 생각하는 기후학자들이 점점 늘고 있다. 참고로 2006년부터 2008년까지 엘니뇨 현상은 두드러지지 않았다.

엘니뇨는 **어떻게** 발생하나?

엘니뇨 현상은 해수면 온도와 적도 태평양의 하층 대기 간의 불안정한 상호 작용 때문에 발생한다. 그 과정은 매우 복잡하여 현대의 과학으로도 완전히 설명되지 않는다. 엘니뇨는 파랑, 해류, 대기 대순환 등 해양과 대기의 역학 관계에 의해 발생한다. 과학자들은 태양 흑점 및 화산 폭발과 엘니뇨 간에는 뚜렷한 관계가 없다고 확신한다.

라니냐란?

라니냐(la Niña)가 엘니뇨의 정반대 현상이라는 것은 쉽게 추측할 수 있다. 열대 태평양에 따뜻한 물이 모이는 대신, 열대 태평양의 해수면 온도가 비정상적으로 낮아지는 것이다. 2009년에는 태평양 물에 라니냐 현상이 두드러지게 나타날 것이라고 예측되었다.

1950년 이래 **엘니뇨**와 **라니냐**는 언제 발생하였나?

1950년 이래로 엘니뇨 현상은 1951, 1957~1958, 1963, 1965, 1969, 1972, 1976~1977, 1982~1983, 1986~1987, 1991~1992, 1994~1995, 1997~1998(지난 50년간 가장 강했던 엘니뇨), 2002~2003, 2004, 2006년에 나타났다.

라니냐 현상은 1950, 1954~1956, 1962, 1964, 1968, 1970~1971, 1973~1976, 1984~1985, 1988~1989, 1995~1996, 1998~2000, 2007~2009년에 나타났다.

남방 진동 중립해란?

남방 진동 중립해는 엘니뇨 현상이나 라니냐 현상이 나타나지 않는 해를 의미한다.

대기의 **원격 연결**이란?

대기의 원격 연결은 엘니뇨, 라니냐, 해류 등의 해양 조건이 기상과 상호 작용을 하고 기상에 영향을 미치는 방식이다.

제8장

우주의 기상

태양계의 **다른 행성들**에서도 **날씨**가 나타나는가?

태양계의 많은 행성과 위성들은 대기를 갖고 있으므로 기상 변화를 겪는다. 목성, 토성, 천왕성, 해왕성 등 가스상 거대 행성들에는 폭풍과 번개까지 나타나는 매우 두꺼운 대기층이 존재한다. 번개는 목성, 토성 그리고 이오(Io) 위성과 타이탄(Titan) 위성에서 관찰된 적이 있으며 금성에서도 나타나는 것으로 추측된다. 목성은 '대적점(大赤點)'이라고 불리는 거대한 소용돌이로 유명한데, 이것은 너비 14,000km, 길이 26,000km의 바람 폭풍으로 적어도 400년간 계속되어 왔다고 천문학자들은 판단하고 있다. 토성 또한 결정화된 암모니아 구름으로 덮인 두꺼운 대기층을 갖고 있으며, 여기에도 '대백점(大白點)'이라고 불리는 폭풍이 나타난다. 그러나 이 폭풍은 약 한 달 정도 지속되다가 잦아들며 주기적으로 발생한다. 천왕성은 주로 수소(83%)와 헬륨(15%)으로 구성된 청록색의 뚜렷한 대기층을 갖는다. 해왕성은 수소–헬륨–메탄 대기로 인해 파란색을 띤다[로마 신화에 나오는 바다의 신(Neptune)의 이름을 딴 이유]. 해왕성의 경우에는 상층 대기 밑에 암모니아, 결정질 메탄, 이온수 등으로 구성된 하층 대기도 존재하는 것으로 천문학자들은 판단하고 있다. 이들 행성에서는 바람이 매우 강하게 부는 것으로 추측된다. 예를 들어 해왕성의 바람 속도는 시속 1,100km에 달한다. 해왕성에는 지구의 달 크기만 한 폭풍인 '대흑점(大黑點)'과, '스쿠터(Scooter)'라는 재미있는 이름을 가진 상대적으로 작고 하얀 폭풍이 나타난다.

지구 안쪽의 행성들인 화성, 금성, 수성 또한 모두 대기를 갖고 있다. 그렇지만 화성의 대기는 매우 얇아 기압이 지구 기압의 1%에 불과하다. 화성이 대기를 잃은 이유와 관련하여 거대 소행성이 행성에 충돌하면서 대기가 사라졌다는 가설, 판구조가 존재하지 않아 충분한 열이 공급되지 않는다는 가설, 행성이 자기권을 잃어버렸다는 가설 등 다양한 가설들이 존재한다. 화성의 경우 대기층이 두껍지 않으므로 기상 현상이 두드러지지 않는다. 수성 또한 화성과 비슷하게 실질적으로 대기를 갖고 있지 않으며, 마치 우주 속에서 이동하는 하나의 거대한 암석 덩어리에 가깝다. 금성은 화성이나 수성에 비해 훨씬 흥미롭다. 이 행성의 경우에는 매우 많은 양의 이산화탄소가 대기 중에 존재함에 따라 아연, 주석, 납 등을 녹일 수 있을 만큼 500℃ 정도로 행

2005년 12월 카시니(Cassini) 우주선이 촬영한 타이탄의 대기이다. 뒤편으로 토성의 남극이 보인다. (출처: NASA/JPL/Space Science Institute)

성 표면이 달궈지는 '무한 온실 효과'가 나타난다.

행성에서 미행성(微行星, planetoid)으로 지위가 격하한 명왕성은 질소, 메탄, 일산화탄소 등을 포함하는 얇은 대기층을 갖고 있다. 태양계에 존재하는 위성들 또한 대기를 갖는다. 토성의 타이탄 위성이 아마도 가장 흥미로울 것이다. 이 위성의 조밀한 대기층(지구의 대기에 비해 밀도가 50% 정도 높음)은 질소(98.4%)와 메탄(1.6%)으로 구성된다. 천문학자들은 타이탄 위성에 액화 메탄과 액화 질소로 채워진 바다와 호수가 존재하며, 메탄으로 이루어진 소나기도 내리는 것으로 생각하고 있다. 또한 탄화수소로 이루어진 오렌지색 연무가 대기를 둘러싸고 있다. 해왕성의 트리톤(Triton)과 목성의 가니메데(Ganymede)와 같은 위성에는 얼음층으로 덮여 있는 바다가 존재하고 있는 것으로 추측된다.

태양계 바깥에서도 날씨가 나타나는가?

최근 들어 천문학자들은 태양계 외 행성들을 점점 더 많이 발견하고 있다. 지금까지 200여 개 이상의 태양계 외 행성들이 발견되었는데, 대부분이 가스상 거대 행성들이었다. 가스상 거대 행성들이 주로 발견되는 이유는 이것들의 인력이 매우 크기 때문이다. 항성의 움직임을 관찰할 때 태양계 외 행성들이 가장 잘 발견된다. 항성을 관찰할 때 행성이나 위성의 존재로 인해 항성의 모습이 약간이라도 흔들거리면 허블 망원경과 같은 민감한 장비는 바로 탐지해 낸다. 이 방법과 적외선 분광기를 함께 활용하면 먼 거리에 위치한 행성의 분자 구성을 밝혀낼 수 있다. 지금까지 이산화탄소,

일산화물, 수소, 네온 가스, 물, 탄화수소 등이 탐지되었다. 천문학자들은 지금 관찰하고 있는 태양계 바깥 행성들이 대기를 갖고 있다고 확신한다. 그리고 그곳에 생물체의 생존을 가능케 하는 액체와 기체가 존재한다고 추측하고 있다.

달

삭망이란?

삭망(syzygy)은 달과 태양이 일직선이 될 때 나타나며, 매달 두 번씩 발생한다. 이때 지구에 작용하는 달과 태양의 인력이 증가하여 고조위(高潮位)가 높아지고 저조위(低潮位)가 낮아진다.

1991년 7월 11일 바하칼리포르니아에서 관찰된 개기 일식(출처: NASA)

월식과 **일식**의 **차이**는?

일식은 달이 지구와 태양 사이를 통과할 때 나타나는 반면, 월식은 지구가 달과 태양 사이에 위치할 때 일어난다. 일식 때는 달이 지구를 가리는 반면, 월식 때는 지구가 달을 가린다.

파란달이란?

'파란달(blue moon)이 뜰 때'라는 표현은 자주 일어나지 않는 사건을 가리킬 때 사용한다. 보름달을 한 달에 두 차례 볼 수 있을 때 두 번째 보름달을 파란달이라고 하며, 2.7년에 한 번씩 관찰된다. 이 말의 정확한 어원은 확실하지 않지만 영어권에서 400년 전부터 쓰여 온 것으로 추측된다. 달이 파랗다는 말은 어처구니없거나 비현실적

공기도 조석(潮汐)을 가질까?

이상하게도 그렇다. 물과 마찬가지로 대기 또한 지구 상에서 이루어지는 달의 줄다리기에 영향을 받을 수 있으며, 이로 인해 기압이 매일 바뀔 수 있다. 그렇지만 그 변화량은 1~2mb에 불과할 정도로 매우 적으며 주로 적도 지역에서만 나타난다.

인 사건을 표현할 때 사용된다. 따라서 이 말이 문자 그대로 달이 파란색을 띤다는 의미를 나타내는 것은 아니다.

그러나 가끔 달에 푸른빛이 감돌 때가 있다. 특히 대형 산불이나 화산 폭발 이후 대기 중에 재나 먼지 등이 많을 경우에 그러하다.

조석이란?

조석은 긴 시간 동안 두 물체가 서로 잡아당길 때 나타난다. 기본적으로 각 물체는 상대 물체를 부드럽게 잡아당겨 계란 형태로 변형시킨다. 이는 물체에 미치는 중력 가속도가 어느 한쪽 면에 더 크게 작용하기 때문이다. 지구 상에서 이러한 인력이 작용하고 있다는 것을 보여 주는 가장 확실한 증거는 우리가 매일같이 볼 수 있는 조수(潮水)의 변화이다.

조석은 어떻게 **나타나는가**?

고조(高潮)와 저조(低潮) 현상은 각각 하루에 두 번씩 나타나며, 고조와 저조 모두 약 13시간마다 발생한다. 고조위는 물과 달이 가깝거나 멀 때 나타나며, 중간 정도의 거리에서는 저조위가 나타난다.

바다의 **조석**은 얼마나 **자주 일어나는가**?

26시간 동안 지표면의 각 지점은 두 번의 고조와 두 번의 저조를 겪는데, 처음에는 높았다가 이후에 낮아지고 다시 높아진다. 이 주기의 길이는 하루의 길이인 자전 시간(24시간)과 궤도를 따라 동쪽으로 이동하는 달의 공전 시간(2시간)의 합이다.

호수에서도 **조석**이 나타나나?

바다와 비교할 때 호수에는 물이 충분하지 않아 달이 지구에 미치는 인력에 의해 나타나는 조석 현상이 뚜렷하지 않다. 그러나 북아메리카의 슈피리어(Superior) 호와 같은 대형 호수는 조석에 의해 수위가 76mm 정도 출렁인다.

조석이 **기상**에 **영향**을 줄 수 있나?

많은 과학자들은 조석이 기상에 어느 정도 영향을 준다고 생각한다. 예를 들어 조석은 해류에 영향을 주어 기상 패턴을 변화시킬 수 있다. 지구에서 일어나는 달의 줄다리기는 지구의 기복을 변화시킬 수 있다고 알려져 있다(지구의 지각이 위아래로 움직인다). 이로 인해 지진이나 화산 폭발이 발생하면 기상은 영향을 받을 수밖에 없다. 또한 해안의 강한 바람이 높은 조수와 결합하면 저조(低潮) 때보다 훨씬 심각한 해안 침수 피해가 발생할 수 있다.

해

태양이 **날씨**에 **필수적인** 이유는?

지구에서 기상 현상을 일으키는 에너지의 대부분은 태양으로부터 전달된다. 판구조, 지열, 조석의 영향, 방사선, 목성과 토성의 중력 등에 의해서도 에너지가 공급되지만 그 양은 극히 미미하며, 에너지의 대부분(99.98%)은 태양으로부터 온다. 태양광, 태양열 등 지구에 도달하는 태양 에너지의 양은 태양이 방출하는 총 에너지의 단 20억 분의 1에 불과하다. 그러나 매일 태양이 지구로 보내는 에너지는 7000억 톤의 석탄이 연소될 때 발생하는 에너지에 필적한다! 또 달리 계산하면, 지구의 상층 대기에 도달하는 에너지 양은 1제곱마일당 500만 마력(hp)에 달한다. 이 정도 에너지면 인디애나폴리스 500 경주용 자동차 7,400여 대의 엔진을 돌릴 수 있다. 전 세계적으로 매일 145억 대의 차량이 태양 에너지에 의해 구동되고 있다.

만약 지표면에 도달하는 태양 에너지가 일정하다면 날씨는 일정할 것이다. 그러나 실제로는 그렇지 않다. 지구는 자전을 하므로 밤과 낮이 나타나고, 기울어져 있기 때문에 계절이 나타난다. 그러므로 태양 에너지가 지표면에 균등하게 배분되지 않는다. 또한 구름과 상층 대기의 상태에 따라 지표에 도달하는 태양 에너지의 양은 달라진다. 따라서 지구는 차가운 공기 혹은 따뜻한 공기로 덮이고, 이로 인해 공기 기단은 이동을 하며, 지표의 기복과 코리올리 효과(Coriolis effect)는 이동하는 기단의 방향을 변화시킨다. 날씨는 이러한 과정 속에 생겨나는 것이다.

일식은 **기상**에 어떠한 영향을 주나?

일식 때는 달에 의해 본영(本影, 본그림자)이라고 불리는 어두운 그림자와 반영(半影, 반그림자)이라고 불리는 연한 그림자가 지표면에 드리워진다. 본영의 경우 지름이 약 274km에 달하며, 하늘을 어둡게 하고 공기를 서늘하게 한다. 마치 일몰 때와 같이 기온이 낮아지는데, 특히 개기 일식 때는 기온이 많이 떨어진다. 예를 들어 1991년 7월 11일 멕시코의 바하칼리포르니아에서는 일식 때문에 기온이 32℃에서 23℃로 떨어졌다. 그러나 그 효과는 길지 않았다. 개기 일식이 7분 이상 지속되는 경우는 거의 없으며, 지표면의 한 지점에서 약 400년에 한 번 정도만 나타난다.

지구로부터 **우주로 되돌아가는 태양 에너지**의 양은?

태양에서 지구로 공급된 에너지는 다시 우주로 돌아간다. 이러한 주고받음이 균형을 이루기 때문에 다행스럽게도 지구의 평균 온도는 거의 일정하다. 만약 지구가 받아들이는 에너지보다 되돌려 보내는 에너지가 더 많다면, 이 행성은 서늘해져서 결국에는 얼음공이 될 것이다. 과학자들이 우려하는 대로 지구 온난화로 인해 반대의 경우가 발생한다면 지구는 지속적으로 가열될 것이다. 흥미롭게도 목성과 해왕성의 경우 받는 에너지보다 되돌려 보내는 에너지가 더 많다. 이는 목성과 해왕성 내에 에너지원이 존재한다는 추측을 가능케 한다. 일부 천문학자들은 목성을 준(準)항성이라고 생각한다. 만약 목성이 더 컸다면 두 번째의 태양이 되면서 지구는 2개의 항성이 존재하는 항성계의 행성이 되었을 것이다.

파란태양이란?

파란달보다도 더 흔치 않은 현상이다. 파란달과 마찬가지로 화재, 화산 폭발, 모래폭풍 등으로 먼지, 재, 모래 등이 대기를 덮어 버리면 태양이 푸르스름하게 보일 수 있다.

태양 또한 **대기**를 갖나?

그렇다. 태양은 대부분 플라스마(plasma) 상태의 수소(73%)와 헬륨(25%)으로 구성되어 있어 태양 표면이 잘 보이지 않는다. 따라서 태양과 대기의 경계선을 구분하기 어렵다. 태양의 '표면'은 480km 두께의 광구(光球, photosphere)라고 불리는 층으로 5,500℃ 정도의 평균 기온을 갖는다. 그 위로는 채층(彩層, chromosphere)이라는 수천 킬로미터 두께의 두 번째 층이 존재하는데, 온도가 4,300℃ 정도로 광구의 온도보다 낮다. 그 위로는 온도가 가장 높은 태양의 코로나(corona, 光環)가 존재한다. 코로나의 평균 온도는 약 100만℃이다.

태양광이 **지구**에 도달하는 데 걸리는 **시간**은?

빛의 속도는 초당 30만km이고 태양은 지구로부터 1억 4900만km 떨어져 있으므로, 태양광이 지구에 도달하는 데 걸리는 시간은 8.4분이다. 따라서 우리가 보는 태양은 8분 전 항성의 모습이다! 태양이 폭발해서 신성(新星, nova)이 된다면 지구는 멸망할 것이다. 그러나(그나마 다행스럽게도) 태양이 폭발하더라도 지구의 종말이 가까이 있다는 것을 모르는 상태로 8분 30초를 더 살 수 있다.

UVA와 UVB란?

UVA와 UVB는 자외선 영역의 두 범주이다. UVA는 320~400나노미터(nm)의 파장을 가지며, UVB는 290~320nm의 파장을 갖는다. UVB는 에너지가 높아 인간에게 매우 위험하며 악성 피부암을 유발할 수 있다. UVA 또한 잠재적인 발암 인자이지만 대체로 주름이나 피부 노화를 불러온다. 이러한 이유로 피부과 및 외과 전문의들은 자외선 차단 크림을 항상 바르고 다니길 권고한다.

태양 스펙트럼이란?

태양 스펙트럼은 가시 영역과 비가시 영역의 주파수를 포함한다. 흰색의 빛을 프리즘에 통과시키면, 보라색에서 빨간색까지 우리에게 익숙한 무지개 색상으로 분리된다. 기온은 장주기 스펙트럼에 의해 좌우된다(빨간색에서 적외선까지). 태양 스펙트럼의 약 50%는 적외선으로, 10%가량은 자외선으로 이루어져 있다.

태양의 **적외선**은 왜 **중요한가**?

태양의 적외선은 태양 에너지의 절반을 차지하며 열에너지의 형태로 지표에 도달한다. 태양의 적외선이 없다면 지구는 매우 추운 곳이 될 것이다. 나머지 열에너지는 가시광선의 형태로 지구에 유입된다. 지표에 흡수된 가시광선은 다시 열의 형태로 대기 중으로 방출된다.

일출과 **일몰**의 **시작 시간**은?

미국에서는 태양의 가장 윗부분이 처음 지평선 위로 나타날 때가 일출의 공식적인 시작이다. 반면에 태양이 완전히 지평선 아래로 사라질 때가 일몰 시간이다. 그러나 영국에서는 태양의 중간 부분이 지평선에 걸려 있을 때를 일출 시간과 일몰 시간으로 간주한다. 정밀한 광량(光量) 측정 기구를 사용하면 일출이 실제로 시작되기 최대 90분 전부터 일출 시간을 예측할 수 있다.

파이라노미터(수평면 일사계)란?

1930년식의 옹스트롬(angstrom) 파이라노미터로 알베도를 측정하는 데 사용된다. 알베도란 지구로 유입되는 태양 복사 에너지 중 지구 표면에 의해 반사되는 복사 에너지의 비율이다. (출처: NOAA)

파이라노미터(pyranometer), 즉 수평면 일사계는 지표에 도달하는 태양광의 양을 측정하는 기구이다. 파이라노미터는 불을 의미하는 그리스어 'pyr'와 하늘을 의미하는 'ano'에서 유래하였다. 이 기구는 태양광의 양(watts/m²)을 2가지 방법 중 하나를 활용하여 계산한 후 기록한다. 저렴한 모델의 경우 소형의 실리콘 광감지기를 이용하여 빛을 감지하는데, 상대적으로 덜 정확하다. 이 유형의 광감지기는 태양광의 모든 스펙트럼을 감지하지 못하기 때문에 불완전하다. 보통 고가의 모델은 열전퇴(熱電堆, thermopile) 센서를 이용하는데, 이 센서는 민감한 기온 변화를 탐지할 수 있는 열전대(熱電對)들로 구성되어 있다. 파이라노미터는 기상 조건(장기간 측정할 경우)과 기후 변화를 판단하는 데에도 활용될 수 있다.

캠벨-스토크스 일조계란?

캠벨-스토크스 일조계(Campbell-Stokes sunshine recorder)는 지표에 도달하는 태양광의 양과 함께 세기까지 측정할 수 있는 기구이다. 스토크스구(Stokes sphere)로도 불리는 이 기구는 1853년 스코틀랜드 사람인 존 프랜시스 캠벨(John Francis Campbell, 1821~1885)이 만들었다. 캠벨은 태양 광선을 모으기 위해 유리구를 사용하였고, 시간을 지시하는 카드를 설치하였다. 유리에 의해 강화된 태양 에너지는 카드를 태우는데, 그 에너지는 태양광의 세기에 좌우된다. 계절별로 그리고 위치별(북반구인지 남반구인지)로 다른 카드들이 이용된다. 스토크스라는 이름은 영국의 수학자 겸 물리학자인 조지 게이브리얼 스토크스(George Gabriel Stokes, 1819~1903)에게서 따왔다. 그

는 외관을 개선하고 유리구와 카드의 배열을 조정하였다.

미국 국립기상청(NWS)에서는 어떠한 유형의 **파이라노미터**를 사용하나?

미국 국립기상청에서는 캠벨-스토크스 일조계 대신에 마빈 일조계(Marvin sunshine recorder)라는 기기를 이용한다. 보다 발전된 기기로 투명한 벌브(bulb)와 검은 벌브로 구성되는데, 이 두 벌브는 수은으로 일부 채워진 얇은 유리관으로 연결되어 있다. 투명 벌브와 검은 벌브 간에 태양광의 흡수 정도가 다르므로 수은은 팽창되기도 하고 수축되기도 하는데, 이에 따라 펜이 움직이며 크로노그래프(chronograph, 시간을 정확히 기록하는 장치)가 작동된다.

태양은 항상 **일정한 양**의 **에너지**를 **방출**하는가?

태양이 방출하는 에너지를 전문 용어로 '태양 복사 에너지'라고 하며, 과거 태양계가 어렸을 때에 비해 현재 훨씬 많은 양의 에너지가 태양으로부터 방출되고 있다. 수십억 년 전 태양의 에너지 방출량은 현재 방출량의 약 75%에 불과했다고 과학자들은 추측하고 있다. 태양 복사 에너지의 방출량이 항상 같은 것은 아니지만 매우 안정적으로 유지되고 있는 것은 사실이다. 약 0.1% 정도의 변화가 나타나는데, 그리 큰 변화로 느껴지지 않을 것이다. 하지만 이러한 변화가 미치는 영향은 결코 작지 않은데, 겨울 추위와 여름 더위의 강도가 이 변화로 결정된다. 태양 복사 에너지는 태양 흑점 수에 의해 영향을 받는다. 그러나 태양 내부의 작용은 너무 복잡하여 과학자들은 방출량의 변화를 일으키는 요인을 완전히 이해하지 못하고 있다. 태양 에너지의 방출량이 항상 동일하지 않음에도 불구하고 천문학자와 기상학자들은 '태양 상수(W/m^2)'라는 말을 여전히 사용한다. 지구 대기 최상층부에서 받아들이는 태양 에너지의 양은 평균 1,366W/m^2이다.

미국의 도시들 가운데 연중 가장 많은 **태양광**을 받는 곳은?

애리조나의 유마는 미국에서 햇빛이 가장 풍부한 도시로 여겨지는데, 매년 4,000

미국에서 태양주로 알려져 있는 주는?

플로리다는 태양주(Sunshine State)라는 이름으로 불린다. 플로리다의 날씨는 따뜻하고 가끔 맑기도 하지만 4월부터 10월까지는 우기이다. 플로리다는 미국에서 가장 많은 뇌우가 나타나는 주이기도 하다. 애리조나 주는 '진정한' 태양주로서의 자격을 갖추고 있다.

시간의 태양광을 받는다. 다음의 표에는 태양광이 풍부한 도시들이 나열되어 있는데, 모두 강수량이 적은 도시들이다. '맑은 날'에 대한 정의는 분명하지 않다. 표에는 연중 맑은 시간의 비율 혹은 기상학자들이 사용하는 '평균 일조율(日照率)'이 수치로 적혀 있다.

햇빛이 풍부한 미국 도시들

도시명	연평균 맑은 날의 비율
애리조나 주, 유마	90%
캘리포니아 주, 레딩	88%
네바다 주, 라스베이거스	85%
애리조나 주, 투손	85%
애리조나 주, 피닉스	85%
텍사스 주, 엘패소	84%
캘리포니아 주, 프레즈노	79%
네바다 주, 리노	79%
캘리포니아 주, 비숍	78%
캘리포니아 주, 샌타바버라	78%
캘리포니아 주, 새크라멘토	78%
캘리포니아 주, 베이커즈필드	78%
애리조나 주, 플래그스태프	78%
뉴멕시코 주, 앨버커키	76%

24시간 주기 리듬이란?

인간은 밤낮의 주기가 일정한 지구에서 진화되어 왔다. 우리는 밤에 자고 낮에는 깨어 있기를 원하는 생체 시계를 갖고 있다. 지하(시간에 대한 어떠한 가시적인 실마리도 없는)나 창문이 없는 공장 같은 공간에서도 생체 시계는 작동된다. 24시간 주기 리듬은 장의 연동 운동, 혈압, 멜라토닌(melatonin) 분비, 호르몬 수치, 피로와 각성 등과 같은 신체 기능을 조절한다. 현 세계의 인간들은 24시간 주기 리듬과 정확하게 맞지 않는 생활 패턴에 적응하여야 한다. 전기 등의 에너지를 활용하여 밤늦게까지(자야 하는 시간임에도) 일을 할 수 있고, 운전을 할 수 있고, 기계를 돌릴 수 있다. 그 결과 자동차 혹은 공장 기계 등과 관련된 사고들이 낮보다는 밤에 많이 일어난다. 가계부를 작성하는 등의 사소하고 안전한 행위조차 밤에는 그 효율이 훨씬 떨어진다.

태양빛에 **알레르기**를 일으키는 사람들도 있나?

태양빛에 노출되면 두 가지 종류의 이상한 반응이 나타나는 사람들이 있다. 하나는 알레르기성 결막염으로 비교적 인체에 무해한 편이다. 어두운 건물을 빠져나올 때와 마찬가지로 갑자기 태양빛에 노출되었을 때 태양의 자외선에 자극받아 재채기를 하기도 한다. 또한 눈이 충혈되면서 따가운데, 선글라스를 착용하거나 항히스타민제를 복용하면 곧 괜찮아진다. 이보다 심각한 반응은 '태양빛 중독'이라고 불린다. 이는 다광형 발진(PLE)이라는 두드러기가 발생하는 증상인데, 피부가 부풀고 가렵다. 태양광의 자외선에 민감한 사람에게서 나타나는 이 반응에는 선크림도 소용이 없다. 이 발진을 치료하기 위해 의사들은 보통 코르티코스테로이드(corticosteroid)를 처방한다.

자외선(UV) 지수란?

자외선 지수는 미국 국립기상청(NWS)과 환경보호국(EPA)에서 자외선 위험 정보를 제공해 주기 위해 고안하였다. 이는 0에서 10(10이 가장 위험)까지 표시되며 날짜, 위도, 고도, 구름양, 오존 수치 등 인자들을 토대로 계산된다. 특히 흰 피부의 사람들은

노출 정도에 따라 다르지만 자외선에 의해 불과 몇 분 만에 피부가 손상될 수 있다. 이 때문에 대부분의 의사들은 높은 SPF 지수의 강한 선크림을 추천한다.

자외선 지수를 확인한 뒤 야외 활동을 하는 것이 바람직하며, 검은 피부의 사람들 또한 이 지수를 무시해서는 안 된다. 다음 표는 UV 지수에 대한 설명이다.

UV 지수

지수	노출 정도	피부가 손상될 때까지 걸리는 시간(분)	권고 사항
1~2	미미	30~120	넓은 챙의 모자 착용
3~4	낮음	15~90	모자, 선글라스, 긴 소매 셔츠 착용
5~6	보통	10~60	모자, 선글라스, 몸 전체를 가리는 옷 착용, 그늘 밑에 있음
7~8	높음	7~40	모자, 선글라스, 몸 전체를 가리는 옷 착용, 그늘 밑에 있음, 태양광에 대한 노출 제한

SPF란?

자외선 차단 지수(sun protection factor, SPF)는 선크림에 매겨진 등급으로, 특정 선크림이 자외선으로부터 피부를 어느 정도 보호해 줄 수 있는지를 알려 준다. 피부의 색과 나이에 따라 30~50 사이의 SPF가 주로 권장되는데, 특히 어린이의 경우 비교적 높은 SPF 등급의 선크림을 사용하는 것이 좋다. 선크림은 야외 활동하기 30분 전에는 발라야 한다. 어떤 선크림을 발라야 할지 확신이 없다면 외과 의사나 약사에게 문의해 보아도 좋을 것이다.

9~10	매우 높음	3~30	위 모든 방법들을 동원하여 태양광에 대한 노출 최소화 혹은 실내에 머무름

이외에 **태양빛**에 **너무 노출**되었을 경우 피부가 받는 영향은?

피부암의 위험이 높아질 뿐 아니라 피부의 노화와 백내장의 문제가 나타난다.

지구 상에서 **햇빛이 가장 많은 곳**이 **가장 추운** 이유는?

지구는 기울어져 있기 때문에 남극은 지구의 어느 지역보다도 태양광을 많이 받는다. 그러나 남극 대륙은 눈으로 덮여 있어 대기로 많은 에너지(총 유입되는 에너지의 50~90%)가 반사되기 때문에 매우 춥다. 그러나 항상 그랬던 것은 아니다. 오래전 쥐라기 시대의 남극은 적도에 보다 가까이 위치하고 있었다. 실제로 과학자들은 남극에서 공룡 화석을 발견하기도 한다.

햇빛은 사람의 **정서**에 영향을 주나?

북반구에 거주하는 사람들은 겨울철에 우울증을 많이 경험하곤 한다. 이를 계절성 정서 장애(seasonal affective disorder, SAD)라고 부르는데, 어두운 시간의 증가로 인한 뇌의 화학적인 변화가 그 원인인 것으로 짐작된다. 더욱이 인간의 몸은 하루에 적어도 수분간은 햇빛을 받아야 비타민 D를 생성한다. 비타민 D의 부족은 미국의 북부 주들에서 보이는 만성적인 문제로 우울증, 그리고 에너지와 성욕의 감퇴로 이어진다.

알베도란?

알베도(albedo)는 지표면에서 반사되는 태양 에너지의 양이다. 지구(지표와 대기)에 도달하는 총 태양 에너지의 약 33%가 우주로 되돌아간다. 알베도는 보통 퍼센트로 표현된다.

눈에 의해 **반사**되는 **태양광**의 양은?

눈의 하얀색을 고려할 때, 눈에 의해 태양광이 높은 비율(약 80%)로 대기나 우주로 반사된다는 사실은 당연해 보인다. 환경론자들은 눈이 녹으면서 점점 더 많은 태양 에너지가 지표에 흡수될 것이고, 이로 인해 지구 온난화가 가속화될 것이라고 추측하고 있다.

태양 흑점과 태양 활동

태양 흑점이란?

태양 흑점(sunspot)은 태양 위의 어두운 점 형태로 관찰된다. 대부분의 태양 흑점은 상대적으로 작고 어두운 무정형의 본영(本影)과 그 주위의 상대적으로 크고 밝은 반영(半影)으로 구성된다. 반영 내에는 필라멘트(filament, 실처럼 가는 금속 선)같이 생긴 것이 마치 자전거 바퀴살처럼 바깥쪽으로 뻗어 있다. 태양 흑점들의 크기는 다양하고 한데 모이는 경향이 있는데, 지구보다 한참 큰 흑점도 여럿 있다.

태양 흑점은 놀라울 정도로 강력한 자기 현상이 나타나는 곳이다. 눈으로 보았을 때는 고요하고 조용하게 느껴지지만, 자외선과 엑스선으로 찍은 흑점 사진을 보면

흑점을 둘러싸고 침투하는 강력한 자기장과 흑점이 생산하고 방출하는 엄청난 에너지가 관찰된다.

태양 흑점을 처음으로 **발견**한 사람은?

기원전 28년 중국의 천문학자들은 태양 표면의 어두운 점에 대한 기록을 남겼는데, 이것이 가장 오래된 흑점의 관찰 기록이다. 서구의 근대 문명에서는 그 유명한 갈릴레오 갈릴레이(Galileo Galilei, 1564~1642)가 1611년 즈음(여러 말들이 있는데 약 1610년과 1613년 사이로 추측됨)에 망원경을 통해 처음으로 흑점 활동을 관찰하였다. 요하네스 케플러(Johannes Kepler, 1571~1630) 등의 과학자들이 갈릴레오 이전에 이미 흑점을 관찰했었다는 기록은 있지만, 그들이 흑점의 존재를 인식했던 것은 아니었다. 예를 들어 케플러는 갈릴레오보다 수 년 먼저 관찰한 흑점을 태양 주위에서 공전하는 수성으로 오인하였다.

태양 흑점의 **크기**는?

태양 흑점은 망원경 없이는 관찰할 수 없는 비교적 작은 것부터 엄청나게 거대한 것까지 크기가 다양하다. 가장 큰 흑점의 지름은 16만 1,000km를 넘는다. 천문학자들은 지구를 향하고 있는 태양 표면 면적의 100만 분의 1을 '밀리언스(millionth)'라고 부르며 이 단위를 통해 흑점 크기를 표현한다. 만약 지구가 태양 표면의 흑점이라면 그 크기는 169밀리언스 정도였을 것이다. 일반적인 흑점의 크기가 300~500밀리언스 정도이므로 흑점이 얼마나 큰지를 알 수 있다. 지금까지 크기가 측정된 흑점들 중 가장 큰 것은 2001년에 관찰되었는데 2,400밀리언스였다. 그러나 이것은 흑점 폭발로 나타나는 섬광이 우주로 뻗어 나가는 길이는 고려하지 않은 것이다. 이러한 섬광은 16만 1,000km까지 뻗을 수 있다. 흑점 폭발 시 방출되는 에너지의 일부는 1억 5000만km 떨어져 있는 지구의 공전 궤도까지 전달된다.

2007년 히노데 위성의 태양 관측 망원경에 의해 촬영된 태양 채층의 모습이다. 히노데 미션은 미국, 일본, 영국, 유럽우주국(ESA)이 공동으로 지원한다. (출처: JAXA/NASA)

태양 흑점 활동에 **주기**가 존재하나?

그렇다. 태양 흑점 활동은 고조기와 저조기가 반복되며, 2종류의 주기를 갖는다. 하나는 11년 주기(보다 정확하게는 10년 6개월)이며, 다른 하나는 88년 주기이다. 천문학자들은 이보다 긴 주기 또한 존재할 수 있다고 생각한다. 흑점 주기를 처음으로 관찰한 사람은 독일의 천문학자 하인리히 자무엘 슈바베(Heinrich Samuel Schwabe, 1789~1875)이다. 원래 약사였던 슈바베는 취미로 천문학을 공부하다가 이후 전문가가 되었다. 그는 태양 주변에 수성, 금성 외에 또 다른 행성이 없을까 궁금해하다가 우연히 흑점을 발견하고 그것들에 매료되었다. 1825년부터 죽을 때까지 그는 매일 태양을 관찰했고 태양 흑점수를 기록하였다. 그는 태양의 관찰을 통해 흑점 활동의 고조기와 저조기가 약 10년 주기로 반복된다고 판단하였는데, 그 당시 망원경의 낮

태양 흑점이 어둡게 보이는 이유는?

태양 흑점은 주변보다 약간 덜 뜨거워서(약 1,100℃ 낮음) 상대적으로 어둡게 보인다. 그렇다 하더라도 흑점의 온도는 섭씨 수천 도에 달하며, 이곳에서 방출되는 전자기 에너지는 어마어마하다.

은 성능을 고려할 때 그의 판단은 놀라울 정도로 정확했다고 할 수 있다.

마운더 극소기란?

영국의 천문학자 에드워드 마운더(Edward Walter Maunder, 1851~1928)의 이름을 딴 마운더 극소기(Maunder Minimum)는 흑점 활동이 매우 저조했던 시기로 1645~1715년까지를 일컫는다. 마운더는 오래된 문헌들을 조사하여 이 사실을 발견하였다.

이외에 **극소기**와 **극대기**의 예는?

다음 표는 기원후 1000년부터 지금까지의 흑점 활동 변화를 담고 있다. 극소기 및 극대기의 일부 이름들은 독일의 천문학자 구스타프 스푀러(Gustav Spörer, 1822~1895), 영국의 기상학자 존 돌턴(John Dalton, 1766~1844), 영국의 천문학자 에드워드 마운더, 스위스의 천문학자 요한 루돌프 볼프(Johann Rudolf Wolf, 1816~1893) 등 발견자의 이름에서 따왔다.

기원후 1000년부터 현재까지의 태양 흑점 활동

연대	이름
1010~1050	오르트 극소기
1100~1250	중세 극대기
1280~1340	울프 극소기
1420~1530	스푀러 극소기
1645~1715	마운더 극소기

1989년 태양 대폭풍이란?

1989년 3월 태양 활동이 평소보다 활발해지면서 태양 폭풍이 생성되었는데, 이로 인해 높은 에너지를 갖는 입자들이 지구의 이온권까지 도달하였다. 이 폭풍은 통신과 기상 위성에 해를 끼쳤고, 멕시코 지역까지 오로라가 내려오는 장관을 연출하였다. 또한 일부 지역의 전력 시스템에도 영향을 미쳤다. 캐나다 퀘벡 주에 거주하는 600만 명의 사람들은 과부하가 걸린 자동 회로 차단기와 퓨즈 탓에 정전 사태를 겪었다. 1989년 폭풍보다 더 큰 폭풍이 2003년 핼러윈 때 발생하였는데, 주로 스웨덴이 정전 등의 피해를 겪었다. 스웨덴에서는 이때 28개 위성이 손상되었으며, 그중 2개 기는 완전히 망가졌다.

1790~1820	돌턴 극소기
1950~현재	현대 극대기

볼프수란?

스위스의 천문학자인 요한 루돌프 볼프(Johann Rudolf Wolf, 1816~1893)는 1848년에 태양 흑점을 세는 방법을 고안하였는데, 그를 기려 볼프수(Wolf number)라고 명명되었다. 천문학자들은 지구 전역에 퍼져 있는 다양한 관측 지점에서 태양 흑점을 센다. 그리고 그것들의 평균을 산출하여 공식 볼프수를 제시한다.

22년마다 태양에게 생기는 일은?

태양의 흑점 활동은 태양의 자기장 변화와 관련이 있다. 매 22년마다 태양의 자기장은 그 위치가 완전히 바뀐다. 자북극(磁北極)이 자남극(磁南極)이 되는 식이다. 이러한 변화는 태양 흑점 활동과 관련이 있어 보이지만 지구의 기상에 영향을 주는 것 같지는 않다.

태양의 홍염이란?

홍염(紅焰, prominence)은 태양의 표면(광구)에서 코로나 안쪽 부분을 향해 바깥쪽으

태양 활동이 지구 상의 생물체에 미치는 영향은?

태양풍이 지구 궤도에 도달할 때쯤이면 그 밀도는 매우 낮은 상태가 된다. 그러나 이 정도의 밀도라도 지구의 자기장이 보호해 주지 않는다면 지구 상의 생물체는 심각한 방사선 피해를 입게 될 것이다.
태양 활동이 섬광이 일어날 때와 같이 매우 강해지면 전하 입자들의 흐름은 급격히 증가한다. 이 입자들은 상층 대기의 분자들에 부딪히면서 빛을 발생시킨다. 이러한 기이하고 희미한 빛을 오로라 보리앨리스(aurora borealis, 북극광), 오로라 오스트레일리스(aurora australis, 남극광)라고 부른다. 오로라들이 나타나면 지구의 자기장이 순간적으로 약해지면서 대기가 팽창된다. 이러한 팽창은 지구 주위를 돌고 있는 위성에 영향을 미칠 수 있다. 태양 활동이 매우 강할 때에는 전력망이 영향을 받을 수 있다.

로 분출하는 고밀도의 태양 가스 줄기를 말한다. 16만km 이상으로 길게 뻗기도 하며, 수일, 수 주일, 심지어 수개월 동안 흐트러짐 없이 그 모양을 유지하기도 한다.

코로나 대량 방출이란?

코로나 대량 방출(coronal mass ejection)은 태양 표면에서 거대한 폭발이 일어날 때 태양 물질이 우주로 방출되는 현상이다. 일반적으로 매우 높은 에너지를 갖는 플라스마(plasma) 형태로 방출된다. 코로나 대량 방출은 태양 섬광과 관련이 있지만 두 현상이 언제나 함께 일어나는 것은 아니다. 코로나 대량 방출로 전기를 띤 입자의 흐름이 지구 인근에 도달할 때, 인공위성들은 갑작스러운 전자기 급증 현상에 의해 손상될 수 있다.

태양 섬광이란?

태양 섬광은 태양 표면에서 일어나는 갑작스럽고 강력한 폭발이다. 크고 강력한 흑점의 자기장이 소용돌이치며 뜨거운 플라스마에 의해 아주 강하게 휘었을 때 발생한다. 이 자기장이 풀리면서 갑자기 소진될 때 가두어져 있던 물질과 에너지가 바깥쪽으로 빠르게 방출된다. 이 태양 섬광은 수천 킬로미터 길이로 나타나며, 인류 역사에서 사용된 총 에너지보다 훨씬 많은 에너지를 갖고 있다.

태양풍이란?

태양은 높은 에너지를 갖는 물질들을 전자와 양성자 형태로 끊임없이 방출한다. 이러한 '태양풍'은 지구의 자기장에 의해 진행 방향이 변하며, 종종 상층 대기를 관통하기도 한다. 과학적인 증거는 없지만, 일부 과학자들은 태양풍의 변화가 지구 기후의 장기적인 변화에 영향을 주었다고 생각한다.

지자기 폭풍이란?

지자기(地磁氣) 폭풍은 태양풍의 활동이 크게 증가하여(엑스선의 증가 등) 지구의 자기장에 영향을 줄 경우에 사용되는 단어이다.

태양풍의 **이동 속도**는?

태양에서 방출되는 플라스마의 흐름은 보통 모든 방향으로 연속적이며 초당 수백 킬로미터의 속도로 이동한다. 그러나 초당 1,000km 이상의 속도로 태양 코로나를 빠져나올 수도 있다. 태양풍의 속도는 태양으로부터 멀어질수록 가속되지만, 밀도는 빠르게 낮아진다.

태양풍의 **이동 거리**는?

태양 코로나는 태양 표면에서부터 수백만 킬로미터 정도 뻗어 나갈 뿐이지만, 태양풍의 플라스마는 명왕성의 궤도를 지날 정도로 수십억 킬로미터 이상 뻗어 나간다. 명왕성의 궤도를 지나게 되면 플라스마의 밀도는 매우 낮아지기 시작한다. 태양권 계면(heliopause)은 태양풍의 위력이 제로 상태가 되는 경계면이다. 태양으로부터 130억~220억km 거리 내로 추정되는 태양권 계면 내의 지역을 태양권(heliosphere)이라고 부른다.

태양 흑점은 **기상**에 어떠한 **영향**을 주는가?

과학자들은 태양 흑점 활동이 지구의 기상과 기후에 주는 영향에 대해서 여전히 논쟁 중인데, 이와 관련하여 몇몇 이론들이 존재한다. 단기적인 태양 섬광과 태양풍의 경우 지구의 자기권과 상층 대기권이 그 에너지를 흡수할 수 있기 때문에 지구의 기상이 영향을 받지는 않는다. 그러나 변화된 태양 활동이 오래 이어지거나 영원히 지속된다면 그 여파가 있을 수 있다.

태양 흑점 활동의 변화는 보통 자외선 영역의 변화로 나타나며, 자외선은 지구의 상층 대기권에 영향을 준다. 그리고 천문학자들과 기상학자들은 태양 흑점과 태양 섬광에서 비롯된 엑스선(X-ray)이 상층 대기권 내 아산화질소의 양을 변화시키고, 이로 인해 오존층이 영향을 받는다고 생각한다. 한편, 태양 흑점 활동이 감소하면 보다 많은 양의 우주선(宇宙線, 우주에서 지구로 쏟아지는 매우 높은 에너지의 입자선들)이 대기로 유입되어 구름의 생성이 활발해지고 강수량이 증가한다.

최근에는 태양 활동이 감소하면 지구가 추워진다는 가설이 제시되고 있다. 예를 들어, 15세기에서 18세기까지(마운더 극소기를 포함) 지속된 소빙기(little ice age)에 태양 흑점 활동은 매우 낮았다. 다른 극소기들[돌턴 극소기(1790~1820)와 스푀러 극소기(1420~1530)] 또한 소빙기 기간 내에 포함된다.

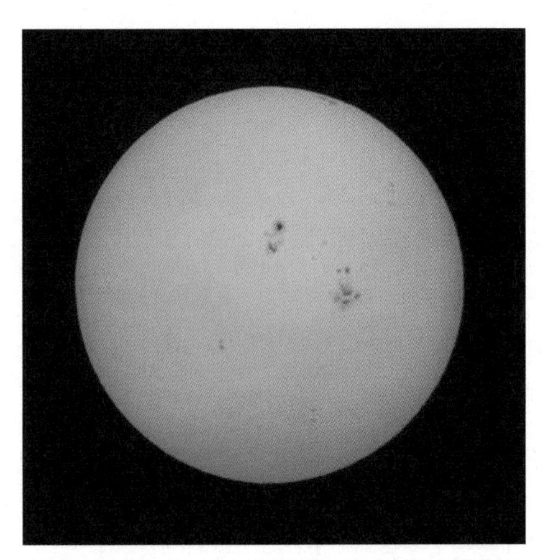

캘리포니아의 에드워즈에 위치한 드라이든 비행연구센터(Dryden Flight Research Center)에서 촬영한 사진으로 태양 흑점을 부각시키기 위해 흐릴 때 촬영하였다. (사진: Tom Tschida, NASA)

최근 **태양 흑점 활동**의 변화 경향은?

21세기 초 태양 흑점 활동의 변화는 매우 심했다. 2004년은 8,000년 정도 된 지구 역사에서 태양에 가장 많은 흑점이 나타난 해로 간주되었다. 그러나 그 다음 해의 태양 활동은 갑작스럽게 감소하였고, 2009년까지 그 추이가 이어져 오고 있다. 사실상 2008년 후반기에는 태양 흑점이 거의 나타나지 않았다.

우주의 기상을 **예측**할 수 있는가?

천문학자들은 과거의 태양 활동 패턴을 밝히고 그것들을 현재의 관측 기록과 비교함으로써 미래의 지자기 폭풍(geomagnetic storm)을 대략적으로 예측한다. 지자기 폭풍은 지구 주위를 돌고 있는 위성, 우주에서의 작업, 지구의 전력 송달 체계에 위협 요소이므로 이러한 예측은 매우 중요하다고 할 수 있다.

과거 11,000년간 **지구로 유입**되었던 **우주선의 양**을 **계산해 낸 사람**은?

독일 막스플랑크 연구소(Max Planck Institute)의 천문학 교수인 사미 솔란키(Sami Khan Solanki, 1958~)는 수천 년 이전의 태양 활동을 복원하는 방법을 개발하였다. 솔란키는 우주선이 대기에서 화학적인 반응을 일으킨다는 지식을 활용하였다. 이러한 반응에 의해 생겨나는 부산물이 탄소 14(carbon-14)이며 대기에서 비와 함께 지표로 떨어진다. 나무 등의 식생은 이 방사성 탄소 동위 원소를 흡수한다. 연구자는 오랜 기간 지하에 묻혀 있던 식생을 분석한다. 태양 흑점 활동이 강화되면 대기 중 탄소 14는 덜 생성된다. 따라서 나무가 흡수하는 탄소 14의 양 또한 감소한다. 솔란키의 연구 결과에 따르면 8,000년 전부터 지금까지의 기간에서 1930년 이후만큼 태양 흑점 활동이 활발했던 적은 없었다.

자기장

지구 자기장이란?

전자기력은 지구 전역에 퍼져 있다. 지구는 그 자체로 거대한 자석구이다. 전자기력은 지구 핵 속의 액체 금속 부분을 통과하는 지구 전류에 의해 생겨나는 것으로 판단된다. 지구 공전의 영향을 받아 핵은 발전기의 역할을 하면서 자기장을 생성한다.

지구 자기장은 우주로 수천 킬로미터 이상 뻗어 나가 있다. 전자기력을 운반하는 자기장선은 지구 자극(북과 남)에 고정되어 있고, 큰 고리 모양으로 밖으로 볼록해진 형태를 띤다. 가끔씩 자기장선이 우주를 향해 분출되기도 한다. 지구 자기장의 자북극(north magnetic pole)과 자남극(south magnetic pole)은 지구의 공전 축이 통과하는 지리적 북극과 남극에 가까이 위치한다. (그런데 조심할 것이 있다. 지구의 자극을 정의하는 방법은 두 가지이다. '자북극'은 캐나다의 섬 위에 위치하지만 '지자북극'은 그린란드 위에 위치한다. '지리적 북극'은 대륙으로부터 수백 킬로미터 떨어진 해양의 빙상 위에 위치한다.)

사람들은 지구가 **자기장**을 갖고 있다는 사실을 어떻게 **발견했나**?

고대 중국인들은 항해할 때 위치를 확인하기 위해 처음으로 자석을 이용한 사람들이다. 지구 자기장과 일렬로 위치하려는 자석의 성질 때문에 그들의 나침반 침은 항상 남과 북을 가리켰다. 그러나 중국인들은 그 이유에 대해서 정확히 알지 못했다. 지구의 자극은 공전 축의 북극 및 남극과 매우 가까이 위치하고 있기 때문에, 전 세계 모든 지역에서 나침반은 거의 정확하게 남북을 가리킨다.

이후 과학자들은 자철석(磁鐵石, 산화철로 이루어진 산화 광물)과 지구의 속성을 연결하기 시작했다. 예를 들어, 영국의 천문학자인 에드먼드 핼리(Edmund Halley, 1656~1742)는 영국 해군 함정으로 대서양을 2년에 걸쳐 횡단하면서 지구의 자기장을 연구하였다. 이후 독일의 수학자이자 과학자인 카를 프리드리히 가우스(Carl Friedrich Gauss, 1777~1855)는 자석과 자기장의 움직임에 관한 여러 중요한 사실들을 밝혀냈다. 그는 또한 지구의 자기장을 연구하기 위한 목적의 관측소를 처음으로 창설하기도 하였다. 가우스는 전기와 관련된 업적으로 유명한 동료 빌헬름 베버(Wilhelm Eduard Weber, 1804 ~1891)와 함께 지구 자극의 위치를 계산하기도 하였다. (이를 기리는 뜻에서 자기장 세기의 단위명을 '가우스'라고 부른다.)

지구의 **자기장**이 지구 상의 생물들에게 **중요한** 이유는?

지구 자기장은 우주로 뻗어 나가면서 자기권을 형성한다. 자기권은 지구를 둘러싸

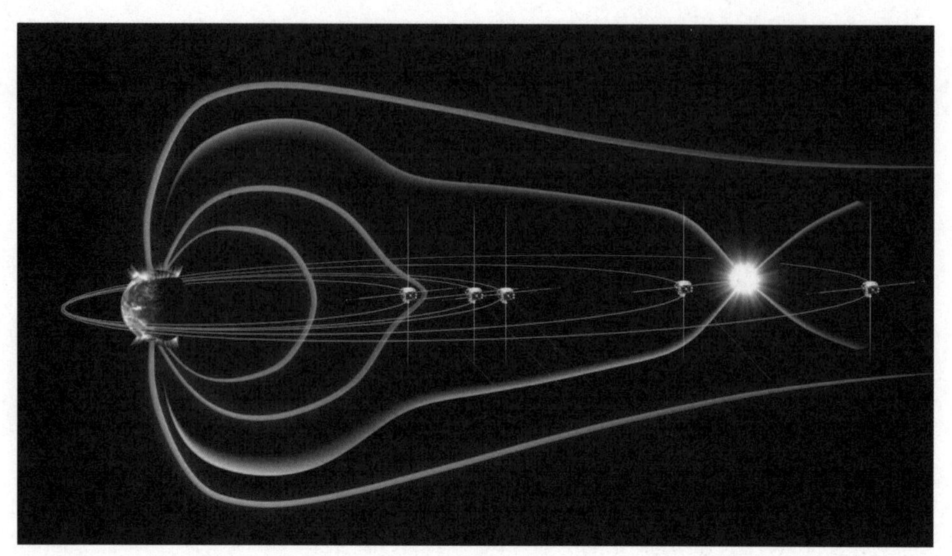

미국 국립항공우주국의 이 그림은 지구의 자기장(파란 선)과 작은 폭풍들(강한 우주 폭풍에 의해 형성된 오로라)을 조사하는 THEMIS(Time History of Events and Macroscale Interactions during Substorms)의 미션을 보여 준다. THEMIS의 궤도는 작은 폭풍들의 위치를 보다 정확하게 파악하기 위한 목적으로 다양한 각도로 변한다. (출처: NASA)

고 있다. 태양풍이나 코로나 대량 방출로 생성된 우주의 하전 입자들이 자기권에 부딪힐 때, 자기장은 이러한 입자들의 이동 방향을 변경시킨다. 따라서 지표에 도달하는 하전 입자들의 양은 지표면의 생물체에 영향을 미치지 못하는 수준으로 감소한다. 자기장 덕에 지구의 생물체들은 (너무 많은) 하전 입자들에 의한 피해를 입지 않고 살아갈 수 있다.

월터 모리스 엘새서가 자기장을 발견하는 데 기여한 점은?

독일 태생의 미국 물리학자 월터 모리스 엘새서(Walter Maurice Elsasser, 1904~1991)는 지구의 뜨거운 핵이 발전기와 유사한 역할을 하며 이를 통해 지구 자기장이 생성된다는 점을 발견한 과학자이다. 또한 그는 암석 입자들을 분석하면 과거 지구 자기장의 방향에 대한 정보를 얻을 수 있다는 점을 발견하였다. 이 발견은 이후 판구조론과 지구 기후사를 정립하는 데에 크나큰 공헌을 하였다.

지구 상의 **동물**들이 **자기권**으로부터 얻는 도움은?

지구의 자기장은 이주하거나 먼 거리를 이동하는 지구 상의 동물들에게 매우 중요하다. 일부 동물들은 신기하게도 몸 내부에 자성 탐지기를 갖고 있다. 생물학자들은 많은 철새들이 지구의 자기장을 이용하여 비행 방향을 파악한다는 점을 알아냈다. 인간들 또한 나침반을 통해 북쪽 혹은 남쪽이 어디인지를 분간하므로 자기권에 도움을 받는다고 할 수 있다.

지구의 **자기장**은 얼마나 **강력**한가?

일반적인 인간의 관점으로 볼 때 매우 약하다. 지표면 모든 지역에서 1가우스(G) 정도에 불과하기 때문이다(냉장고의 자석은 보통 10~100가우스). 그러나 자기장의 에너지는 그것의 부피에 크게 좌우된다. 자기권의 크기는 지구보다 크므로 지구의 총 자기력은 어마어마하다고 할 수 있다.

지구의 **자기장**은 **변하는가**?

그렇다. 자기장은 매우 느리긴 하지만 끊임없이 변화한다. 자극은 불규칙한 방향으로 매년 수 킬로미터를 이동한다. 자기장의 힘은 크게 상승하기도 하고 크게 하락하기도 한다. 더욱 놀라운 것은 자북극이 자남극이 되는 식의 지구 자기장 역전 현상이다. 과학적인 연구 결과에 따르면 우리 지구의 자기장은 80만 년 전에 마지막 역전 현상을 겪었다.

지구 자기장의 위아래가 **뒤바뀌면** 어떠한 일이 **발생할까**?

지구 자기장의 위아래가 바뀐다고 해서 우리의 일상생활이 크게 영향을 받을 것 같지는 않다. 20세기에 지구 자기장의 세기가 6% 감소하였다는 연구 결과를 근거로 일부 과학자들은 앞으로 지구 자기 역전 현상이 일어날 가능성이 높다고 생각한다. 이러한 현상의 결과로 환경 재앙이 닥칠 것이라는 일부 비과학적 가설 또한 제시되고 있으나 과학적 근거는 전혀 없다.

지구 자기장의 위아래가 완전히 뒤바뀔 수 있을까?

1906년 프랑스 물리학자 베르나르 브륀(Bernard Brunhes, 1867~1910)은 현재의 지구 자기장의 방향과 반대인 자기장의 암석을 발견하였다. 그는 이 암석이 지구의 자기장이 지금과는 반대로 놓여 있을 때 생성된 것이라고 주장하였다. 브륀의 생각은 일본의 지구물리학자 마쓰야마 모토노리(松山基範, 1884~1958)에 의해 지지를 받았다. 그는 1929년 고대 암석을 연구하여 과거 수차례에 걸쳐 지구의 자기장 방향이 역전되었다는 사실을 발견하였다. 오늘날 암석과 암석 내 미생물 화석을 연구한 결과, 지난 360만 년 동안 적어도 9번에 걸쳐 지구의 자기장 역전 현상이 일어났다는 사실이 밝혀졌다.
이러한 지구 자기장의 역전 현상이 일어나는 원인은 여전히 파악되지 않고 있다. 태양 활동과 같은 외부 영향보다는 지구의 내부 프로세스가 그 원인일 가능성이 높다고 여겨진다.

태양계의 **다른 행성이나 항성**에서도 **자기장의 역전 현상**이 나타나나?

그렇다. 자기권을 갖는 모든 행성과 항성에서 비슷한 자극 역전 현상이 나타나는 것으로 추측된다. 예를 들어 태양에서는 매 11년마다 자극 역전 현상이 일어난다. 천문학자들은 지구를 제외한 다른 행성들에서 나타나는 유사한 현상을 관찰하고 연구하고 있으며, 이를 통해서 지구 자기장의 변화와 관련된 것들을 밝혀내고 있다.

밴 앨런 벨트

밴 앨런 벨트란?

밴 앨런 벨트(Van Allen Belt)는 2개의 하전 입자 고리로 지구를 둘러싸고 있다. 이 벨트는 두꺼운 도넛 형태로, 지구의 적도 부근에서 두꺼우며 극 지역에서 휘어져 아래쪽으로 내려온다. 하전 입자들은 보통 우주(대체로 태양)로부터 지구로 유입되며,

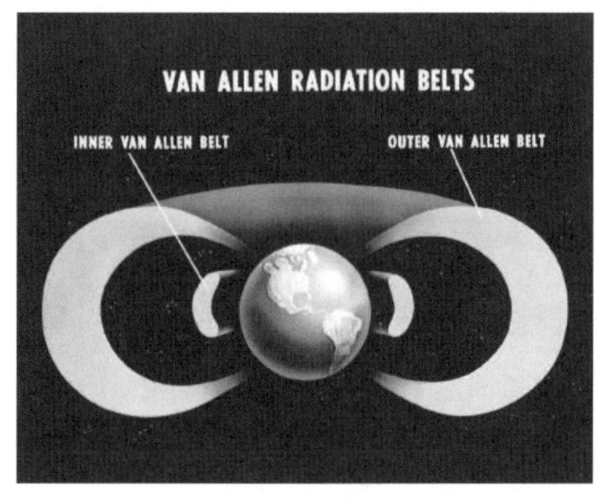

지구 주위에 존재하는 두 층의 밴 앨런 벨트
(출처: NASA)

지구 자기권의 두 지역에서 갇히게 된다.

입자들은 전하를 띠고 있으므로 자기권의 자기장선을 따라서 나선형으로 휜다. 자기장선들은 지구의 적도로부터 떨어져 위치하고, 입자들은 2개의 자극 사이에서 앞뒤로 움직이기를 반복한다. 지표면에서 가장 가까운 벨트는 3,000km 떨어져 있고, 가장 먼 벨트는 15,000km 떨어져 있다.

밴 앨런 벨트는 어떻게 **발견**되었나?

1958년 미국은 처음으로 인공위성 익스플로러 1(Explorer 1)을 쏘아 올렸다. 아이오와 대학의 물리학 교수였던 제임스 밴 앨런(James Van Allen, 1914~2006)이 고안한 방사선 탐지기는 이 위성에 탑재된 과학 기기들 가운데 하나였다. 자기권 내에 존재하는, 높은 전하량을 갖는 입자들로 채워진 2개의 벨트 영역을 처음으로 발견한 것이 바로 이 탐지기이다. 이후 그의 이름을 따서 이 영역을 '밴 앨런 벨트'라고 불렀다.

태양계의 **다른 행성들**도 **밴 앨런 벨트**를 갖고 있나?

그렇다. 모든 가스상 거대 행성들은 이러한 벨트를 갖고 있는 것으로 보인다. 목성의 자기장 내에 유사한 벨트가 존재하고 있음이 확인되었다.

중성 미자

중성 미자란?

중성 미자(neutrino)는 미세한 원자 구성 입자로 원자의 핵보다도 훨씬 작다. 전하를 띠고 있지 않으며 질량이 매우 작다. (전자는 중성 미자에 비해 수천 배 무거우며, 양성자와 중성자는 수백만 배 무겁다.) 중성 미자들은 너무 작아서 이 세상에 존재하는 모든 물질을 거의 관통하며, 이때 방해받지도 않고 반응되지도 않는다.

중성 미자의 존재는 어떻게 **입증**되었나?

1930년 오스트리아의 물리학자인 볼프강 파울리(Wolfgang Pauli, 1900~1958)가 중성 미자의 존재를 처음으로 알렸다. 그는 베타 붕괴(beta decay)라는 방사성 프로세스에서 측정된 총 방출 에너지가 이론적으로 예측되는 양보다 크다는 사실에 주목하였다. 그는 분명 다른 유형의 입자가 있어 에너지의 일부를 운반한다고 생각했다. 그 에너지 양이 너무 작으므로 그 입자 또한 매우 작고 전하를 띠지 않을 것이라고 생각했다. 수년 후 이탈리아의 물리학자 엔리코 페르미(Enrico Fermi, 1901~1954)는 이 수수께끼의 입자에 '중성 미자'라는 이름을 붙였다. 이 중성 미자의 실제 존재는 1956년에 미국의 물리학자 클라이드 카원 주니어(Clyde L. Cowan Junior, 1919~1974)와 프레더릭 라이너스(Frederick Reines, 1918~1998)가 사우스캐롤라이나 주 서배너 강에 위치한 핵연구소에서 중성 미자를 발견하면서 확인되었다.

중성 미자가 이렇게 **작다면 과학자들은** 지구에 부딪히는 중성 미자들을 어떻게 **관찰**할 수 있나?

우주의 중성 미자가 지구의 물질과(매우 드물지만) 반응하는 현상을 관찰하면서 중성 미자를 탐지할 수 있다. 그러나 일반적인 망원경으로는 탐지가 불가능하다. 중성 미자 탐지기는 1967년 사우스다코타 주의 리드 시 인근 홈스테이크 금광의 지하 깊

지금 우리 몸에 중성 미자가 부딪히고 있을까?

당신의 몸을 포함한 지구의 모든 표면에 외부의 중성 미자가 끊임없이 부딪히고 있다. 수십억 개의 중성 미자들은 매초마다 당신의 몸을 관통하고 있다.
중성 미자들은 인간을 구성하는 원자, 분자 등과 전혀 반응을 하지 않기 때문에 우리에게 부딪히는 수많은 중성 미자들은 전혀 영향을 미치지 않는다. 실제 지구로 들어오는 중성 미자가 지구 상의 원자와 반응할 가능성은 매우 희박하다. 만약 그러한 일이 일어난다 하더라도 무해하고 미세한 섬광 정도에 그칠 것이다.

숙이 설치되었다. 미국의 과학자 레이 데이비스 주니어(Ray Davies Junior, 1914~)와 존 배콜(John Bahcall, 1934~2005)은 탱크를 설치하고 (드라이클리닝 세제로 사용되는) 순수한 과염소산염 10만 갤런(gallon)으로 이를 채운 후, 액체 속에서 중성 미자가 반응하는 모습을 관찰하였다. 그 이후로 증류수 등 다른 액체들도 사용되고 있다.

중성 미자들은 **어디**에서 **오나**?

지구에 도달하는 대부분의 중성 미자들은 태양으로부터 온다. 태양의 핵에서 진행되는 핵반응은 수많은 중성 미자를 생성한다. 생산된 후 태양의 내부로부터 빠져나오기까지 수천 년의 시간이 필요한 빛과는 달리, 중성 미자들은 태양에서 3초 만에 빠져나오며, 지구에는 단 8분 만에 도착한다.

지구에 부딪히는 **중성 미자**가 **태양을 제외한 다른 곳**에서 비롯된 경우가 있었나?

1987년 수백 년 만에 처음으로 남쪽 하늘에서 맨눈으로 확인 가능한 초신성(超新星)이 관찰되었다. 이와 거의 동시에 중성 미자 반응 현상은 19회가량 증가하였다. 이러한 수치가 아주 높다고 할 수는 없지만, 태양이 아닌 우주 속의 다른 물체에서 생성된 중성 미자가 지구에 도착한 최초의 사례로 볼 수 있기 때문에 상당히 중요한 의미를 갖는다고 하겠다.

'태양 중성 미자 문제'란?

중성 미자 천문학 연구의 초창기부터 핵융합 이론과 태양에서 탐지되는 중성 미자의 수 사이에는 괴리가 존재했다. 지구의 중성 미자 망원경은 예상치의 절반 정도의 중성 미자들만 탐지하였다. 여러 번 시도했지만 그 결과는 마찬가지였다. 이것을 '태양 중성 미자 문제'라고 한다. 태양의 핵에서 핵융합 이론에 의해 예측되는 양보다 적은 양의 에너지가 생산되는가? 핵융합 이론은 잘못된 것인가?
처음으로 태양 중성 미자 문제가 제기된 해로부터 거의 40년이 흐른 뒤에야 마침내 이 문제가 풀릴 수 있었다. 중성 미자들은 지구의 대기권에 부딪힐 때 그 특성이 변화될 수 있다는 점이 밝혀졌다. 즉 태양으로부터는 예측치와 동일한 수의 중성 미자가 흘러나오지만, 그들 중 많은 수가 지구에 도착하자마자 '플레이버(flavour)'를 변화시켜 지하의 중성 미자 망원경의 탐지 범위를 벗어난다. 중성 미자는 몇몇 종류의 플레이버를 가지며, 이들 플레이버들은 다른 플레이버로의 변형이 가능한데 이를 '중성 미자 진동'이라고 한다. 이는 기본 물리학의 획기적인 발견이었다. 중성 미자는 세상 물질의 기본 속성에 대한 실마리를 제공한다. 이 발견을 통해 중성 미자의 중요한 특성이 확인되었다.

우주선

우주선이란?

우주선(宇宙線, cosmic rays)은 높은 에너지를 갖는 입자들로 구성되며 모든 방향에서 지구로 끊임없이 쏟아지는데, 우리 눈에는 보이지 않는다. 대부분의 우주선은 매우 빠른 속도로 움직이는 양성자이다. 그러나 우리가 알고 있는 원자핵(atomic nuclei)이 될 수도 있다. 우주선은 광속의 90% 이상의 속도로 지구의 대기권에 진입한다.

우주선을 **최초로 발견한** 인물은?

오스트리아–미국의 천문학자인 빅토르 프란츠 헤스(Victor Franz Hess, 1883~1964)

나에게도 우주선이 부딪히고 있을까?

모든 사람들에게 지속적으로 매초당 수 개의 우주선이 부딪힌다. 그러나 당신에게 부딪히는 우주선의 수는 많지 않으며, 건강에 부정적인 영향을 줄 만큼은 되지 않는다. 이 입자들의 에너지가 매우 높긴 하지만 당신에게 부딪히는 입자들의 수는 비교적 적은 편이다. 그러나 당신이 지구의 자기권 외곽까지 올라간다면 건강에 큰 위험이 닥칠 것이다. 자기권은 우주선들을 지구의 자극들 쪽으로 유도하는 방패와 같은 역할을 한다. 수천 킬로미터 위로 올라가면 몸에 부딪히는 우주선이 급증할 것이므로 당신 몸의 세포와 시스템은 손상을 입을 가능성이 높다.

는 땅과 대기에서 과학자들이 발견한 신기한 방사선에 매료되었다. 이 방사선은 밀폐된 컨테이너 안에서도 검전기(檢電器, 전자기 활동을 탐지하는 기기)의 전하를 변화시켰다. 헤스는 이 방사선이 지하에서 비롯되었기 때문에 고도가 높은 곳에서는 더 이상 감지되지 않을 것으로 생각하였다. 자신의 생각을 검증하기 위해 1912년 헤스는 검전기를 탑재한 고무풍선을 띄운다. 그는 태양이 방사선의 근원이 아니라는 점을 확인하기 위해 야간에 10번, 일식 때 1번 고무풍선을 운행하였다. 놀랍게도 헤스는 고도가 높아질수록 이 방사선이 더 강해진다는 점을 발견하였다. 그는 이것이 우주에서 비롯된 것으로 결론내렸다. 우주선을 이해하기 위한 그의 연구는 인정받았고, 그는 1936년 노벨 물리학상을 수상하였다.

우주선이 **하전 입자**로 구성되어 있다는 사실은 어떻게 알려졌나?

1925년 미국의 물리학자 로버트 밀리컨(Robert A. Millikan, 1868~1953)은 검전기를 호수 깊이 내려 빅토르 프란츠 헤스가 풍선 실험을 통해 발견했던 동류의 강력한 방사선을 탐지하였다. 그는 이 방사선을 '우주선'이라고 처음 명명하였지만 그것이 무엇으로 구성되어 있는지는 알지 못했다. 1932년 미국의 물리학자 아서 홀리 콤프턴(Arthur Holly Compton, 1892~1962)은 지표면의 여러 지점에서 우주선의 방사선을 측정하였는데, 저위도 지역보다 고위도 지역에서 보다 강력하다는 점을 발견하였다. 그는 지구의 자기장이 우주선에 영향을 주어 적도 지역으로부터 멀리 쫓아내고 지구의 자극 쪽으로 유도한다고 결론지었다. 전자기가 이 우주선에 영향을 주고 있다는 것이 밝혀지면서, 우주선이 하전 입자로 구성되어 있다는 사실은 명백해졌다.

우주선은 **어디에서** 오는가?

태양에서 비롯된 하전 입자의 연속적인 흐름을 태양풍(solar wind)이라고 부른다. 지구 상에 도달하는 우주선 중 일부는 태양에서 비롯된 것이 확실하지만, 모든 우주선이 태양으로부터 오는 것은 아니다. 우주선의 나머지 발생원은 아직 밝혀지지 않았다. 멀리 떨어져 있는 초신성의 폭발에서 비롯된 것도 있을 것이고, 항성 간 자기장에 의해 하전 입자의 속도가 급증한 우주선도 있을 것이다.

유성, 운석, 소행성, 혜성

운석이란?

운석은 우주에서 지구로 떨어진 대형 물체를 뜻한다. 물체의 크기는 모래 크기부터 그 이상으로 다양하다. 지금까지 약 3만 개의 운석이 발견되었다. 그중 600개는 주로 금속으로 구성된 것들이고, 나머지는 주로 암석이다.

유성이란?

유성(流星)은 우주에서 지구의 대기 속으로 진입은 하였지만 지표면에 도달하지 못한 물체이다. 이 물체는 대기권에서 소멸되는데, 유성의 이동 경로를 보여 주는 자국이 하늘에 짧게 남는다. 운석과 마찬가지로 유성 또한 모래만 한 것부터 그 이상으로 크기가 다양하다. 유성의 크기가 야구공 정도보다 크다면 보통 운석이라고 칭한다.

애리조나의 운석구는 운석의 파괴력을 뚜렷이 보여 주는 증거이다. (출처: NASA)

운석과 **유성**은 **어디에서** 오는가?

대부분의 유성들, 특히 유성우(流星雨)의 형태로 떨어지는 유성들은 혜성에서 떨어져 나가 지구의 공전 궤도 상에 수년간 머물러 있던 것들이다. 유성들보다 크기가 큰 운석의 대부분은 다른 물체와의 충돌 등으로 소행성이나 혜성으로부터 떨어져 나온 조각들로 지구와 충돌할 때까지 태양계에서 공전한다.

유성우란?

유성은 잠시 반짝했다가 하늘에서 빠르게 사라지기 때문에 '슈팅스타(shooting star)'라고도 불린다. 보통 유성은 1시간에 한 번 정도 모습을 드러내지만, 가끔씩 수많은 유성들이 며칠에 걸쳐 나타나기도 한다. 이러한 유성들은 하늘의 동일한 지역에서 관찰되는데, 1시간에 수십 개 혹은 수백 개가 관찰되기도 한다. 이러한 눈부신 광경을 유성우라고 하는데, 상대적으로 규모가 큰 유성우는 때때로 유성 폭풍이라고도 불린다.

폭발 유성이란?

폭발(불덩이) 유성은 유성이 지구의 대기권으로 진입할 때 생성되는 불덩이가 눈에 뚜렷하게 보일 정도로 큰 유성이다. 주간에도 관찰될 때가 있으며, 종종 녹색으로 보이기도 한다.

낙하하는 유성과 **운석**은 **위험한가**?

일반적으로 유성과 운석은 사람들에게 위험하지 않다. 유성은 지표에 도달하기 전에 타서 없어지므로 지표의 물체와 부딪힐 일은 없다. 운석 또한 매우 드물게 나타나기 때문에 그것이 지상의 중요한 물체와 부딪힐 가능성은 거의 없다.

그렇지만 간혹 사고가 일어나기도 한다. 1911년 이집트에서 개가 낙하하는 운석에 맞아 죽었다. 1954년 앨라배마에서 취침 중이던 여성의 팔에 운석이 떨어졌다. 운석의 낙하로 1992년 체비 말리부 자동차에 구멍이 났다. 매우 드물게 10만 년마다 한 번꼴로 지름 100m 정도의 유성이나 운석이 지구와 충돌한다. 그보다 더 드물게 1억 년마다 한 번꼴로 지름 1,000m 정도의 운석이 지구와 충돌하는데, 이 경우에는 엄청난 재앙이 올 수 있다.

과거 **10만 년** 동안 **지구와 충돌**했던 **운석** 중 가장 **큰 것**은?

5만 년 전, 애리조나 주의 모골론 환(Mogollon Rim)이 있는 지역으로 지름 30m 크기의 금속 운석이 떨어졌다. 이 운석은 충돌 시 충격으로 소멸되었는데, 이때 지름이 1.6km에 이르고 깊이가 건물 60층 크기에 가까운 거대한 구멍이 사막 한가운데에 생겨났다. 배린저 운석공(Barringer Meteor Crater)으로 잘 알려져 있는 이 놀라운 지형은 우주 물체에 의해 전달된 운동 에너지를 잘 보여 주고 있다. 그리고 사막 지표 위로는 건물 15층 높이의 환이 운석공 주위로 솟아 있다. 오랜 기간 과학자들은 이 지형이 화산 폭발과 관련이 있을 것이라는 막연한 생각만을 갖고 있었다. 그러나 운석공 주위의 광범위한 면적에서 발견되는 미량의 금속 물질 등 지질학적 증거가 이 지형이 운석의 충돌로 생겨난 것임을 확인시켜 주었다.

최근 들어 지구의 대기권에서 소멸된 유성 중 가장 큰 것은?

1908년 6월 30일 밤 시베리아의 퉁구스카 강 인근의 거주민들은 엄청난 소리와 폭발음을 동반한 강한 불빛이 하늘을 관통하며 이동하는 장면을 목격하였다. 수천 킬로미터 떨어진 러시아 이르쿠츠크의 지진계에는 지진이 먼 지역에서 발생했다는 것을 암시하는 신호가 기록되었다. 그러나 이 지역은 너무 외진 곳에 있었기 때문에 1927년이 되어서야 과학적 조사가 이루어질 수 있었다. 놀랍게도 연구자들은 약 1,600km^2 크기의 타 버린 삼림 지역을 발견하였다.
과학적 계산 결과에 따르면 이 놀라운 폭발은 30m 지름의 암석질로 이루어진 소행성이나 혜성에 의해 발생한 것으로 추측된다. 컴퓨터 시뮬레이션 결과는 이 유성이 지구의 대기권을 매우 낮은 각으로 관통하다가 삼림 위의 공중에서 폭발한 것으로 그리고 있다. 이 폭발의 힘은 히로시마 원자 폭탄 1,000개를 합친 위력보다도 훨씬 큰 정도였다.

과거 **1억 년** 동안 **지구와 충돌한 운석** 중에 가장 **큰 것**은?

6500만 년 전에 지름 10km에 달하는 운석이 남부 멕시코 지역에 낙하하였다. 이 충격의 흔적은 지름 161km의 수중 운석공으로 남아 있다. 이 소행성(혹은 혜성)은 퉁구스카 혹은 배린저 운석공을 생성한 에너지의 1000만 배에 달하는 운동 에너지를 전달하였다. 이 폭발로 인한 열 때문에 주변 수 킬로미터에 걸쳐 화재가 일어났고, 많은 양의 지표 물질들이 대기 중으로 솟구쳐 올라 수개월간 태양빛이 차단되었다. 대기 중의 지표 물질들이 다시 낙하하였고, 이때 대기를 거치면서 뜨겁게 달아올랐다. 이것들이 지표에 닿을 때 대부분의 식생은 불에 탔을 것이다. 이 엄청난 운석 충돌에 따른 생태적인 재앙이 공룡 시대를 마감시킨 진화적 충격이었던 것은 분명해 보인다.

소행성이란?

소행성은 태양계 내에 존재하는 암석질 물체로 (항성이나 위성에 비해) 비교적 작은 편이다. 크기는 지름이 수 미터 정도인 것부터 933km에 이르는 세리스(Ceries)와 같이 거대한 것까지 다양하다. 대부분의 소행성들은 화성과 목성 사이에서 공전하는 암석 집단인 소행성대(asteroid belt)에서 관찰된다. 소행성의 기원은 아직까지 완전히

모든 소행성들은 소행성대에 존재할까?

그렇지 않다. 태양계의 다른 영역에 위치하고 있는 소행성들도 많다. 예를 들어 1977년에 발견된 키론(Chiron)은 토성과 천왕성 사이에서 공전한다. 트로이 소행성(Trojan asteroid)들은 라그랑주 점(Lagrange point) 근처에서 목성의 공전 궤도에 합류한다. 한 무리는 목성을 앞서 가고 다른 한 무리는 목성을 따라가므로 목성과의 충돌 없이 안전하게 공전할 수 있다.

밝혀지지 않았다. 대부분의 소행성은 미행성체들로 아직 결합이 이루어지지 않아 행성이 되지 못한 것들이다. 또한 행성 혹은 원시 행성이 충돌하면서 분해될 때 남은 조각들이 소행성이 되기도 한다. 소행성의 종류는 다양한데, 인력에 의해 느슨하게 모여 있는 암석 집단인 '돌더미(rublle piles)' 소행성(예컨대 마틸데 소행성), 단일 암석 소행성(예컨대 에로스), 금속 성분이 많은 소행성(예컨대 클레오파트라) 등이 있다. 일부 소행성은 작은 위성을 갖고 있을 정도로 그 크기가 크다.

지구 근접 물체란? 그것들은 **위험한가**?

지구의 공전 궤도를 통과하며 공전하는 소행성들은 수백 개에 이른다. 바로 지구 근접 물체(Near-Earth object, NEO)라고 불리는 것들이다. 실제 NEO는 지구와 충돌할 수 있으며, 만약 그렇게 된다면 우주 파괴가 촉발될 것이다. 2009년 초 천문학자들은 6,000여 개의 NEO의 움직임을 관찰하였다. 그중 765개는 지름이 1.6km 이상이었으며, 1,000개 이상이 지구에 매우 근접하게 공전하는 잠재적인 유해 소행성(PHAs)으로 분류되었다.

과거 **소행성**이 **지구와 충돌**한 적이 있나?

그렇다. 학자들은 멕시코 유카탄 반도의 해안 근처에서 소행성이 지구와 충돌하면서 공룡의 멸종이 일어났다고 믿고 있다. 또한 13,000년 전 혜성 혹은 대형 소행성이 지구에 충돌하면서 당시 북아메리카에서 서식하던 마스토돈, 매머드 등의 대형 동물들과 함께 미국의 클로비스(Clovis) 인디언 문명이 사라졌다는 주장도 있다. 이러한 예의 충격은 매우 드문 현상이다. 오늘날 천문학자들에 의하면 지구로 접근하는 소형 소행성들이 대기권에서 불타 없어지는 모습이 1년에 2~3회 정도 나타난다고 한다. 2008년 10월 지름이 4.5m 정도의 소형 소행성(2008 TC3)이 대기권으로 진입할 것이라는 예측이 맞아 들어가면서 과학자들이 매우 고무된 적이 있었다. 이는 미국 국립항공우주국의 NEO(지구 근접 물체) 프로그램이 최초로 소행성의 대기권 진입을 성공적으로 예측한 사례이다.

키트피크 국립천문대(Kitt peak National Observatory)가 촬영한 혜성 C/2002V1(NEAT)(출처: NASA)

혜성이란?

혜성은 '더러운 눈공' 혹은 '눈으로 만들어진 더러운 공'이라는 의미를 갖고 있다. 태양 주위를 크고 길쭉한 타원형 형태로 공전하는 암석 물질, 먼지, 얼음, 메탄, 암모니아 등의 결합체이다. 혜성은 태양으로부터 멀리 떨어져 움직일 때는 간단한 고체 물질에 불과하다. 그러나 태양에 가까워질수록 온도가 올라가 표면의 얼음이 증발하면서 '핵'이라고 불리는 고체 부분 주위에서 '코마(coma)'라는 구름이 생성된다. 저밀도의 수증기로 인해 빛이 찬란한 '꼬리'가 나타나는데, 그 길이가 수백만 킬로미터에 달한다.

2012년 12월을 사람들이 두려워하는 이유는?

2012년 12월에 세상이 멸망할 것이라는 예언을 믿는 종말론자들의 수가 늘고 있다. 그들은 마야 달력이나 노스트라다무스의 예언을 토대로 혜성이 지구에 충돌하면서 인간 문명이 파괴되거나 엄청난 변화를 겪을 것이라고 굳게 믿고 있다. 비록 날짜는 다르지만(2011년 10월 21일) 성경 점쟁이인 해럴드 캠핑(Herold Caping)도 비슷한 예측을 한 바 있다. 그러나 혜성을 연구하는 천문학자들에 따르면, 태양계의 혜성이 단시간 내에 지구로 향할 가능성은 거의 없다.

혜성의 **기원**은?

태양 주위를 공전하는 대부분의 혜성은 해왕성의 공전 궤도 바깥쪽에 위치한 카이퍼대(Kuiper Belt) 혹은 오르트 구름(Oort cloud)에서 생겨난다. 보통 '단기 혜성'은 카이퍼대에서 생겨난다. 일부 혜성은 더 작은 공전 궤도를 갖기도 하는데, 카이퍼대와 오르트 구름에서 처음 생성되긴 하였지만 공전 궤도가 목성 등 행성들과의 인력에 의해 변형된 경우이다.

만약 대형 **혜성** 혹은 **소행성**이 지구와 충돌하면 **어떠한 일이 발생할까**?

만약 지름이 10km 이상 되는 혜성이나 소행성이 지구의 육지나 바다 등에 충돌한다면 그 충격은 전 세계에 미칠 것이다. 충돌이 일어나자마자 지각의 일부는 소멸될 것이고, 지구 곳곳에 충격파가 전달될 것이다. 지표 물질은 상층 대기권까지 솟구쳐 오를 것이며, 충돌 시 대기 및 지각과의 마찰로 열이 발생하여 하늘은 붉게 물들고 산불이 광범위하게 퍼질 것이다. 이후 솟구쳤던 지표 물질들이 지구 곳곳에서 쏟아져 내리면서 충돌 지점으로부터 멀리 떨어져 있는 건물, 야생 동물, 사람들에게도 큰 피해를 입힐 것이다. 사실상 지표에 서식하고 있는 모든 생물체들은 멸종할 가능성이 높다. 수중 생물 또한 해수의 온도가 끓는점까지 상승하면서 버티지 못할 것이다. 충돌 후 지구의 대기가 수개월 혹은 수년 동안 재로 덮이면서, 지구는 '핵겨울' 상태로 진입할 것이다. 6500만 년 전에 발생했던 충돌 때와 마찬가지로, 지하로 굴을 팔 수 있거나 굴속에 깊숙이 숨어 사는 생물들만이 이러한 충돌로부터 살아남을 수 있다.

크기가 **작은 소행성**이나 **혜성** 또한 기상에 영향을 미칠 수 있나?

물론이다. 비교적 약한 충격에도 지구의 기상은 민감하게 영향을 받는다. 그 충격이 크지 않더라도 대형 화산 폭발 때와 비슷할 정도로 상당한 양의 먼지가 대기 중으로 방출될 수 있다. 이때 아주 큰 소행성이 필요한 것은 아니다. 과학자들은 러시아 퉁구스카에 떨어진 물체의 경우 그 지름이 20m 정도에 불과했다고 추측하고 있다.

한편, 소행성 혹은 운석이 꼭 지표로 떨어져야만 기상에 영향을 주는 것은 아니다. 과학자들의 보고에 따르면, 2005년 대기 중에서 소행성이 소멸되면서 미세한 입자들이 대기에 남아 구름층 및 강수량이 증가하고 기온이 낮아진 경우도 있었다.

THE HANDY WEATHER ANSWER BOOK

제9장

인간과 날씨

인간의 영향

미국 대통령이 **날씨** 때문에 **죽은** 경우가 있었나?

미국 대통령 윌리엄 헨리 해리슨(William Henry Harrison, 1773~1841)이 대통령 취임 연설을 했던 1841년 3월 4일의 날씨는 매우 좋지 않았다. 눈과 매서운 추위에도 불구하고 해리슨 대통령은 역사상 가장 길었던 야외 취임 연설(1시간 45분)을 하였다. 장군 출신이자 전쟁 영웅이었던 그는 68세로 원기 왕성한 건강 상태는 아니었다. 많은 이들은 해리슨 대통령을 죽음에 이르게 한 폐렴의 원인이 당시의 기상 악조건이라고 믿고 있다. 그는 대통령직에 취임한 지 한 달 만에 사망하였는데, 미국 역사상 가장 짧은 재임 기간을 가진 대통령으로 기억되고 있다.

여름이 **비정상적으로 서늘해지면** 미국에 어떠한 **상황**이 발생할까?

정상적인 여름보다 더 서늘해진다면 장점도 있고 단점도 있다. 우선 단점을 보면, 농작물의 작황이 나빠질 것이며, 여름철 관광 수익이 중요한 주에서는 관광 수입과 지방 정부의 세수 감소가 나타날 것이다. 반면, 사람들은 냉방기를 적게 사용할 것이고 이는 환경에 좋은 영향을 줄 것이다. 냉방용 가전제품을 생산하는 회사들은 이윤을 유지하기 힘들어지겠지만, 소비자들은 냉방비를 절약할 수 있다. 열사병과 탈수증 등이 감소할 것이고, 병원에는 이와 관련된 질병으로 고통받는 환자들 또한 감소할 것이다.

지구의 **대기**는 **변하고** 있는가?

지구의 대기는 지속적으로 그리고 점진적으로 변하고 있다. 수천 년에 걸쳐 산소, 이산화탄소 등과 같은 다양한 기체들의 농도는 주기적으로 등락을 거듭해 왔다. 검댕과 같은 작은 먼지 입자들 또한 마찬가지이다.

지난 수백 년 동안 인구의 증가와 산업 활동은 단기간에 매우 빠른 속도로 특정 기체와 입자들의 농도를 변화시켰는데, 지난 20만 년 동안 이런 경우는 없었다. 가장 인상적인 변화는 대기 중 이산화탄소 양의 증가이다. 이산화탄소의 증가는 심각한 온실 효과를 불러왔다. 일부 과학자들은 전형적인 생태적·지질학적 시간 규모보다 훨씬 빠른 속도로 평균 기온이 상승할 것으로 보고 있다.

기상 조절이란?

농경이 시작된 이래로 농작물 공급량의 증대와 감소가 기상 조건에 좌우될 때마다 인간들은 날씨를 조절할 수 있게 되기를 희망했다. 고대 문명에서는 보통 신에게 비와 번영을 달라고 빌었다. 그러나 20세기의 과학은 화학과 기상학적 지식을 통해 날씨를 조절할 수 있다는 희망을 주었다. 1946년에 처음 시현된 구름 씨뿌리기 기술은 사람들에게 과거의 가뭄 문제는 앞으로 영원히 없을 것이라는 희망을 안겨 주었다. 그러나 어떤 특정 조건하에서만 활용될 수 있을 뿐이었기 때문에 이 기술의 효과는 그리 크지 않았다. 한편 이 기술은 우박의 크기를 줄이는 데도 활용될 수 있어 앞으로 우박으로 인한 피해가 줄어들 것으로 예상된다. 1950년에 설립된 기상조절협회는 오늘날에도 여전히 활동 중이며 관련 분야의 연구를 지원하고 있다.

의도하지 않은 기상 조절이란?

인간이 의도하지 않았지만 인간의 행위 때문에 일어나는 뜻하지 않은 기상 변화를 말하는데, 보통 나쁜 방향으로 변하는 것이 일반적이다. 인간의 활동은 삼림 파괴와 오염을 가져오고 쉽게 기상을 변하게 한다. 자동차와 공장에서 배출되는 화학 물질은 오존층을 파괴하고, 먼지 입자들은 강수 현상에 영향을 준다. 인간이 경작지, 도시, 골프장 등을 조성하기 위해 삼림을 제거함에 따라 더 많은 태양광이 대기로 반사될 뿐만 아니라, 한편으로 도시 열섬(urban heat island) 현상이 발생하기도 한다. 목축 활동은 대기 중의 메탄가스 양을 증가시키고, 관개 작업은 수자원의 분포를 변화시킨다. 이러한 행위들은 인간이 의도한 바는 아니지만 자연적인 기상 패턴과 기후를 눈에 띄게 변화시켜 왔다.

인간의 행위가 **기후 변화**를 일으킨다는 **가설**을 **처음으로 제시한 사람은**?

스웨덴 과학자로 물리 화학 분야를 개척한 스반테 아우구스트 아레니우스(Svante August Arrhenius, 1859~1927)는 지구의 기후에 미치는 이산화탄소의 영향을 처음으로 자세히 논의한 학자이다. 아레니우스는 과거의 빙하기를 연구하다가 그의 이론을 체계화하였고, 1896년에 이산화탄소 양이 감소할 때 빙하기가 도래한다는 내용의 논문을 발표하였다. 그는 대기 중의 이산화탄소 양이 2배가 되면 세계 평균 기온이 약 5℃ 상승할 것이고, 반대로 이산화탄소 양이 절반이 되면 5℃ 하락할 것이라고 예측하였다. 모델을 활용한 최근 연구 결과도 아레니우스의 추정과 상당히 유사하다. 그러나 오늘날의 환경론자와 기후학자들과는 달리 이 스웨덴 학자는 지구 온난화가 두 가지 측면에서 좋은 일이라고 믿었다. 즉 첫 번째는 향후 빙하기가 도래하는 것을 막을 수 있고, 두 번째는 작물 수확량을 증가시켜 배고픈 세계에 먹을 것을 제공할 수 있다는 점이었다.

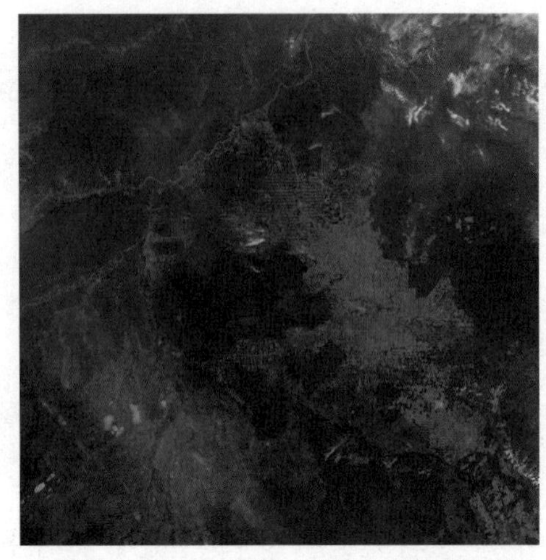

브라질의 농부들은 삼림을 제거하기 위해 불을 사용한다. 벌목지는 위성 사진에서 쉽게 찾아볼 수 있다.
(출처: NASA)

기상과 기후에 **나무 등의 식생**이 중요한 이유는?

오늘날 대규모로 행해지고 있는 삼림 훼손은 몇 가지 측면에서 기상에 결정적인 영향을 미친다. 1) 나무와 같은 식물들은 지구 온난화를 일으키는 이산화탄소와 다른 오염 물질을 흡수한다. 2) 식물들은 태양광을 흡수하므로 삼림 지대는 상대적으로 적은 양의 태양광을 대기 중으로 반사시킨다. 3) 건물 주위의 수목들은 여름철에는 건물의 온도를 낮춰 주고 겨울철에는 차가운 바람을 막아 주므로 전기 사용량이 감소된다.

현재 **삼림 훼손**의 범위는?

우리는 전 세계적으로 매년 파나마 크기의 삼림을 잃는다. 숫자로 표현하면 해마다 약 728만 헥타르(ha)의 삼림을 잃는 셈이다. 실제로는 매년 약 1295만ha의 삼림이 훼손되고 있지만, 삼림 복원 프로젝트 또한 활발히 진행되어 어느 정도는 만회되고 있는 실정이다. 이러한 손실 속도(2000~2005년 사이 평균)는 10년 전쯤의 속도인 890만ha/년과 비교할 때 어느 정도 개선된 수치이다. 삼림 복원은 잘 이루어지고 있는 듯하나, 새롭게 조성된 삼림은 원식생(原植生)만큼 생물들에게 건강한 서식처를 제공해 주지는 못하고 있다.

오염 일반

오염과 **기상**은 어떠한 관련이 있는가?

자연적 그리고 인위적 오염은 기상에 다양하고 복잡한 영향을 미친다. 예를 들어 대기 오염 물질은 산성비를 유발할 수 있고, 오존층을 파괴하는 오염 물질은 인간의 건강에 문제를 일으킬 뿐만 아니라 특정 생물종의 멸종을 가져올 수도 있다. 많은 과학자들은 인위적인 오염이 기후 변화를 일으켜 전 지구 규모의 기상 패턴이 변화하고 있다고 믿고 있다. 화산 폭발로 배출된 기체와 같은 자연적인 오염 물질도 해로운 결과를 가져올 수 있지만, 기상학자와 환경론자 그리고 기후학자들은 인간의 오염 행위가 그 어떤 자연적인 오염보다도 크고 부정적인 영향을 기상과 우리의 건강에 미칠 것이라며 두려워한다.

장거리 운반이란?

바람(특히 대기 상층부의 바람)은 오염 물질들을 믿을 수 없을 정도로 멀리 운반한다.

사람들은 막연히 굴뚝에서 배출된 오염 물질들이 지면이나 수면에 닫기 전에 수 킬로미터 정도 이동할 것이라고 생각한다. 최근 이러한 먼지 입자와 독성 기체들이 상층 대기로까지 올라간다는 사실이 밝혀졌다. 과학자들은 20세기 중반 핵무기 실험 과정에서 생성된 방사능 구름이 지구 전체를 순환한다는 사실을 알게 되면서 이 문제(장거리 이동)에 대해 인식하기 시작했다. 산성비를 일으키는 화학 물질은 미국 전역을 쉽게 횡단할 수 있다. 마찬가지로 살충제와 제초제도 장거리를 이동할 수 있다. 자연적인 대기 오염 물질인 화산재, 곰팡이, 포자, 화분 등 또한 장거리 이동이 가능하다.

주요 에너지원 중 **가장 깨끗하다고** 여겨지는 것은?

천연가스는 석유나 석탄에 비해 적은 오염 물질을 배출하는 가장 깨끗한 화석 연료라고 할 수 있다.

도시 열섬이란?

도시 지역은 일반적으로 매우 중요한 식생이 부족한 데다 지표면은 콘크리트와 같은 건설 자재로 덮여 태양열이 땅속으로 흡수되지 않는다. 따라서 도시 표면은 뜨겁고 건조하다. 도시 지역은 주변의 농촌 지역에 비해 온도가 높은데, 무더운 여름철에는 지붕이나 보도의 온도가 주변 공기 온도보다 27℃에서 50℃까지 뜨거워지기도 한다. 이러한 효과는 낮 동안에 특히 뚜렷하지만 야간의 온도도 영향을 받는다.

미국 환경보호국(Environmental Protection Agency, EPA)에 따르면, 100만 명이 거주하는 도시의 경우 비슷한 기상 조건의 농촌 지역에 비교할 때 주변 대기 온도가 12℃나 높다고 한다. 연평균 기온으로 따지면 약 1~ 3℃ 정도 높다. 도시 열섬(urban heat island) 현상으로 인한 문제점은 다음과 같다. 1) 사람들은 에어컨과 같은 가전제품을 많이 이용하여 에너지 낭비가 심화된다. 2) 따라서 온실가스와 같은 오염 물질이 많이 배출된다. 3) 이러한 오염 물질은 인간의 건강에도 영향을 준다. 4) 가열된 포장도로나 지붕 표면에 떨어진 빗방울이 하수구로 흘러 들어갈 때 주위 환경이 영향을 받

을 수 있다. 따뜻해진 물이 야생 생물에 나쁜 영향을 줄 수 있기 때문이다.

도시 얼음판이란?

도시 지역은 열과 관련된 문제를 일으킬 뿐만 아니라 겨울철을 보다 위험한 시기로 만들기도 한다. 고층 건물에 형성된 얼음이 녹을 때 매우 위험한 상황이 벌어진다. 대형 얼음 조각이 건물에서 분리되어 아래의 거리로 곤두박질하며 곧장 떨어지곤 하는데, 1995년 4월 일리노이 주 시카고에서는 시 당국이 미시간가로 떨어지는 도시 얼음판이 매우 위험하다고 판단하여 몇 시간 동안 거리의 출입을 금한 적이 있다.

빛공해란?

사람이나 다른 생물에게 큰 해로움은 없지만 천문학자들을 매우 성가시게 만드는 것이 빛공해(광공해)이다. 도시의 불빛은 별과 같은 야간의 천체를 관찰하는 것을 어렵게 한다. 이는 천문대가 산꼭대기나 도시 외곽의 언덕에 위치하고 있는 이유이다. 따라서 천문학자에게는 허블 망원경과 같은 우주 관측 시스템이 매우 중요하다.

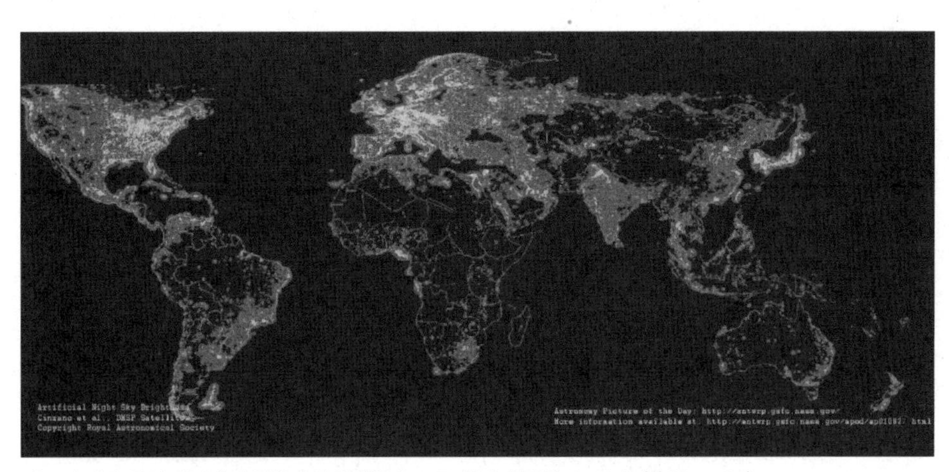

지구의 야간 위성 사진에서 빛공해의 범위를 눈으로 쉽게 확인할 수 있다. (출처: NASA)

악취 공해란?

악취 공해는 쓰레기, 하수, 화학 물질, 유기물의 부식, 유해 폐기물 등에서 발생하는 불쾌한 악취에서 비롯된다. 구성 화학 물질에 의해 달라지기도 하지만 인간은 보통 1ppt 정도로 낮은 농도의 악취도 맡을 수 있다. 사람들은 일반적으로 기구가 탐지할 수 있는 수준보다 훨씬 낮은 농도의 오염 물질(일산화탄소처럼 냄새가 없는 물질은 제외하고) 냄새도 맡을 수 있다. 물에 희석시켜도 썩은 계란 냄새를 풍기는 황화수소(H_2S)와 같이 냄새가 심한 오염 물질은 특히 쉽게 인지한다. 황화수소는 사람의 눈과 목을 불편하게 하고 천식을 일으켜 사망에까지 이르게 할 수 있다.

대기 오염

대기 오염이란?

대기 오염은 여러 원인에 의해 발생한다. 먼지, 연기, 화산재, 화분 등과 같이 자연적인 오염 물질은 오래도록 지구 상에 영향을 끼쳐 왔다. 거기에 인간의 연소 작용과 산업 활동을 통해 인위적으로 배출된 화학 물질과 먼지 입자들이 대기에 더해졌다.

스모그란?

'스모그(smog)'는 'smoke(연기)'와 'fog(안개)' 두 단어의 합성어이다. 영국의 물리학자로 대기질에 관심이 많았던 해럴드 데보위(Harold Des Voeux)는 1911년에 이 단어를 처음으로 사용하였다. 그러나 우리가 말하는 스모그는 연기나 안개와는 관계가 없다. 스모그는 대기 오염의 다른 말일 뿐이다. 이는 태양광에 의한 화학적 반응의 결과이기 때문에, 과학자들은 보다 정확하게 광화학 스모그라고 칭한다. 갈색을 띠는 연무인 스모그는 대기의 이산화질소 때문에 나타난다. 그러나 이외에도 질소산화물,

탄화수소, 알데히드, 오존, 질산과산화 아세틸(peroxyacetyl nitrates, PANs), 대기 부유 입자 등을 포함한다.

광화학 격자 모델이란?

광화학 격자 모델은 다양한 기상 조건하에서 대기 오염 과정 중에 어떠한 일이 일어날지 예측하기 위해 기상학자와 환경학자들이 사용하는 컴퓨터 모델이다. 격자 시스템에서 연구 지역은 수천 개의 셀(cell)로 나누어지는데, 각 셀은 3차원으로 보통 너비와 길이가 수 킬로미터 정도이고 연구자의 의사에 따라 고도가 결정된다. 이러한 모델은 1) 공기의 수직적·수평적 이동, 2) 건물, 차량, 동식물 등 여러 곳에서 발생하는 다양한 기체와 먼지 입자의 증가, 3) 대기 중에서 일어나는 화학적 반응을 모사한다. 이 모델은 대기 중 오존량에 미치는 영향을 예측하는 데 매우 유용하다. 광화학 격자 모델은 기상학적 모델과는 같지 않다. 그러나 이 모델은 오염 물질이 어떻게 증가하고 소진되고 특정 지역에 영향을 미치는지를 밝히기 위해 기상학적 도구를 활용한다. 광화학 격자 모델은 오염 물질의 배출량에 영향을 주는 의사 결정을 내려야 하는 상황에서 대기질이 이 의사 결정에 의해 과연 어떠한 영향을 받게 될지 모사하는 데 이용될 수 있다. 예를 들어 도시 공무원이 도심지로의 통근 차량을 10%가량 감소시키는 결정을 내리기 전에, 이러한 조치로 감소되는 일산화탄소 배출량이 어느 정도인지 모사해 볼 수 있다.

미국에서 **차량**으로부터 발생하는 **일산화탄소**의 양은?

2002년 미국의 차량에서 하루 평균 346톤의 일산화탄소가 발생하였다.

이산화탄소 오염이 문제가 되는가?

이산화탄소는 자연적으로 발생하고 식물의 생장에 필수적이기는 하지만, 좋은 것이라도 너무 많으면 해가 될 수 있다. 이산화탄소의 증가는 지금 모두가 알다시피 지구 온난화를 일으키는 주범으로 오명을 떨치고 있다(이 부분에 대해서는 제10장 기후 변

스모그로 인한 문제가 특히 심한 미국 내 도시는?

미국의 로스앤젤레스 시는 스모그로 골치를 썩이고 있다. 도시 상공에 깔리는 갈색 연무는 몇 가지 원인에 의해 형성된다. 물론 로스앤젤레스 지역은 자동차 등의 오염 배출원들로 가득 차 있다. 그러나 자연환경 또한 문제를 악화시키는 데 일조하고 있는 것이 사실이다. 첫째, 이 도시에는 매우 적은 비가 내린다. 이러한 기후는 관광객과 새로운 이주민들을 유혹하는 중요한 요소이지만, 대기 중 오염 물질이 세척될 수 없는 조건을 제공한다. 둘째, 도시가 산지로 둘러싸인 분지에 위치한다. 서쪽의 경우 해양풍이 서쪽에서 동쪽으로 불고 도시의 동쪽, 북쪽, 남쪽은 모두 산지로 막혀 있어 스모그가 빠져나갈 방법이 없다. 에스파냐 등의 유럽 이민자들이 이 지역으로 이주해 오기 전에 이미 원주민인 추마시(chumash) 부족 인디언들은 이 지역을 '연기 계곡'이라고 불렀다. 화재로 생긴 연무와 먼지가 오랜 시간 동안 이 지역에 갇혀 있곤 했기 때문이다.

화를 참조). 그러나 이 기체가 너무 적어져도 동식물에게는 큰 독이 될 수 있다. 1990년 캘리포니아의 인요(Inyo) 국립산림지대의 화산에서 대량으로 배출된 이산화탄소로 말미암아 수목들이 고사하고 관광객들이 현기증과 몽롱함을 겪은 적이 있다. 실내에 머무르고 있던 관광객들이 어지럼을 호소하였는데, 당시 실내의 이산화탄소 양은 25% 정도까지 상승하였다고 한다.

갈색 구름이란?

로스앤젤레스, 멕시코시티, 이집트의 카이로 등의 도시 위에 걸려 있는 갈색 연무를 '갈색 구름'이라고 부르기도 한다.

오염 핫 스폿이란?

오염 지역(산업화된 도시 등)의 오염 정도는 일정하게 나타나지 않는다. 예를 들어 고속 도로 차량은 주변 지역의 대기 오염 물질량을 크게 증가시킨다. 그리고 터널과 주차장의 대기질은 환기가 잘 이루어지지 않으므로 상당히 나쁘다. 도시나 농촌을 불문하고 인근에 공장과 발전소가 바람이 불어오는 방향으로 놓여 있는 지역도 잠재

이집트의 카이로는 지구 상에서 스모그 현상이 가장 심한 도시이다.

적인 핫 스폿(hot spot)으로 볼 수 있다.

세계에서 **대기질**이 **가장 좋지 않은 도시**는?

다음 도시들은 심각한 대기 오염 문제를 안고 있다. 즉 이집트의 카이로, 인도의 델리, 인도의 콜카타, 중국의 톈진, 중국의 충칭, 인도의 칸푸르, 인도의 러크나우, 인도네시아의 자카르타, 중국의 선양이다.

이집트의 대기 오염과 관련해서 **우려되는 통계치**는?

세계보건기구(WHO)는 이집트의 카이로에서 숨을 쉬는 것은 매일 20개비의 담배를 피우는 것과 맞먹는다고 추정하였다. 오염으로 인해 이집트의 경제도 크게 흔들리고 있는데, 세계은행(IBRD)이 2002년 발표한 바에 따르면 이집트에서는 오염으로 인한 경제적인 피해가 국내 총생산(GDP)의 5%(약 24억 2000만 달러)에 달한다고 한다.

1948년 도노라 스모그 재앙이란 무엇일까?

환경 역사상 가장 부끄러운 사건이 펜실베이니아 워싱턴 카운티의 도노라(Donora) 시에서 1948년 10월 30일과 31일에 일어났다. 이 지역 14,000여 명의 주민들은 대부분 제철소에서 일했다. 이 제철소는 피츠버그로부터 48km 떨어진 머농거힐라 강가에 위치하였다. 이 제철소의 급여는 매우 높은 편이었으나 제철소 용광로는 검댕, 이산화황 등과 같은 오염 물질을 엄청나게 배출하였다. 게다가 이 도시에는 아연 제련 공장과 황산 공장까지 자리하고 있었다. 설상가상으로 이 도시의 자연 기후는 주기적으로 안개가 자욱이 끼는 날씨였다. 1948년 이 도시의 핼러윈 시즌은 끔찍했다. 안개와 결합한 오염 물질은 두꺼운 갈색 공기층을 만들어 냈다. 사람들이 어디로 움직이는지 방향을 분간하기가 거의 불가능할 정도였다. 500명의 주민들이 다양한 호흡기 질환을 앓았고 그중 22명이 사망하였다(17명은 천식이나 심장병으로 인한 합병증으로 사망, 2명은 폐결핵 증상이 더러운 공기 때문에 악화되면서 사망).

미국에서는 얼마나 많은 양의 **대기 오염 물질**이 **발생**하는가?

미국 환경보호국(EPA)에 따르면 다행스럽게도 미국의 대기 오염 정도가 감소하고 있다고 한다. 예를 들어 1980년 1억 7800만 톤이었던 일산화탄소 배출량이 2007년에는 8100만 톤으로 감소하였다. 휘발성 유기 화합물(VOCs)과 이산화황(SO_2)은 같은 시기 동안 반으로 감소하였다(휘발성 유기 화합물의 경우 3000만 톤에서 1500만 톤으로, 이산화황의 경우 2600만 톤에서 1300만 톤으로 감소하였다). 이산화질소(NO_2)는 2700만 톤에서 1700만 톤으로 감소하였다. 1980년과 2007년을 비교할 때 대기 오염 물질의 연간 총 배출량은 2억 6700만 톤(1980)에서 1억 2900만 톤(2007)으로 감소하였다. 여전히 오염 정도가 높은 것은 의심할 여지가 없지만, 미국의 인구가 1980년 2억 2600만 명에서 2007년 3억 명으로 증가하였다는 것을 고려할 때 뚜렷하게 개선된 것이 사실이다.

중국의 **대기 오염**은 왜 큰 문제인가?

최근에 중국은 전례 없는 경제 성장과 산업 호황을 경험하고 있다. 도시는 성장을 거듭하고 제조업은 지속적인 활황세에 있으며(전 세계적으로 경제 위기가 닥쳤던 2008년은 제외), 생활 수준도 덩달아 오르고 있다. 중국 시민들에게는 정말 좋은 소식이지만 여기에는 비용이 따른다. 막대한 환경 문제가 바로 그것이다. 중국은 다양한 환경 보호 법안을 만들어 놓고 있지만 그것을 실행하기가 무척 어려운 상황이다. 그 결과 중국은 지구 상에서 가장 오염이 심한 곳이 되어 버렸다. 이 불명예스러운 오염 순위에서 오직 인도만이 중국에 명함을 내밀 수 있을 정도이다. 중국 전체 도시의 약 3분의 2에서 거주에 적합한 대기질이 유지되고 있지 않으며, 산성비는 작물에 해를 입히고 있고, 수명 기대치는 오염과 관련된 건강 문제로 인해 지속적으로 떨어지고 있다. 중국 정부가 이와 같은 부끄러운 현실을 모르고 있는 것은 아니다. 2008년 베이징 올림픽 경기를 주최하는 과정에서 자동차와 공장에 엄격한 제한을 가해 공기를 청결하게 유지함으로써 선수들의 경기력이 스모그 때문에 저하되지 않도록 주의를 기울였다.

대기 오염의 **원인**은 무엇인가?

대기 오염은 기체 혹은 에어로졸(aerosol)의 형태를 띠며 인위적 혹은 자연적으로 생성된다. 인위적인 오염 물질은 공장, 자동차, 오토바이, 배, 소각로, 목재와 석탄의 연소, 석유 정제, 화학 물질, 에어로졸 스프레이나 페인트, 쓰레기 매립지의 메탄가스, 핵무기와 생물학 무기 생산과 실험으로부터 발생한다.

비행기에 의해 발생되는 **오염 물질**의 양은?

미국의 상공에는 언제든 약 5,000기의 민간 여객기가 떠 있다. 이 비행기들을 떠 있게 하려면 엄청난 양의 연료가 필요하다. 연료가 연소되면서 발생하는 비행기의 배기가스는 차량 엔진에서 나오는 배기가스와 유사하다. 즉 질소산화물, 이산화황, 일산화탄소, 검댕 등이다. 더불어 수증기도 방출되는데, 이로 인해 높은 고도의 상공에서 비행운(contrail)이라고 불리는 빙정(氷晶) 구름이 형성된다. 기상학자들은 이러한 비행운이 권운(卷雲) 형태의 구름이 형성되는 것을 도와 지구 온난화를 심화시킨다고 생각한다.

아마존 열대 우림의 넓은 지역에서 농장을 위한 길을 닦으면서 정기적으로 삼림이 제거되고 있다. 그러나 모순되게도 토양은 그리 비옥하지 못하다.

대기 오염 물질이 **북극**까지 이동하는가?

그렇다. 바람이 북극권 너머까지 대기 오염 물질을 운반하므로 '북극 연무'라고 불리는 상황이 나타난다. 이러한 오염은 겨울과 봄에 더욱 심해지며, 오염 물질이 산업화된 북유럽에서 북쪽 시베리아로 이동한다. 최근(주로 러시아 등지에서) 주요 연료가 석탄에서 천연가스로 변화하고 있는데, 다행히 이로 인해 공기가 보다 깨끗해지고 있다.

자연적인 대기 오염을 **일으키는 것**으로 어떤 것이 있는가?

먼지, 인간 및 동물의 배설물로부터 생성되는 메탄가스, 라돈 가스, 산불, 화산 활동에 의해 대기가 자연적으로 오염될 수 있다.

특정 조건에서 **대기 오염**이 **이로울** 수도 있나?

그렇다. 먼지 폭풍과 화산재는 척박한 토양에 영양분을 공급할 수 있다. 예를 들어

대기 오염은 18세기 이후의 산업 혁명 시대에서 비롯되었을까?

그렇지 않다. 역사 시대 이전, 인간이 최초로 불을 발견한 이후부터 대기는 오염되어 왔다. 석탄을 이용하면서부터 사람들은 이산화황 오염에 노출되기 시작했는데, 실제로 호피(Hopi) 족과 같은 미국 인디언들은 불과 열을 얻기 위해 석탄을 활용했었다.

아마존 열대 우림은 울창한 식생으로 잘 알려져 있지만 실제로 빽빽한 수관 밑의 토양은 매우 척박하다. 아프리카에서 남아메리카로 바다를 건너 불어오는 먼지바람은 열대 우림에 영양분을 가져다준다. 그뿐 아니라 이 폭풍은 바다 먹이 사슬의 근간을 형성하는 해양 플랑크톤에 영양분을 공급해 주는 역할도 한다.

날씨가 **오염**을 **악화시킬** 수 있나?

그렇다. 또한 개선시킬 수도 있다. 예를 들어 비는 도시 위의 연무를 씻어 내고 바람은 연무를 날려 보낸다. 반면에 정체된 공기, 습한 공기, 기온 역전 현상은 오염 물질이 농축되는 원인이 된다. 밤에 나타나는 '야간 기온 역전 현상'으로 고속 도로 등 교통량 많은 곳의 주변에 일산화탄소가 쌓이는 경우가 있다. 한편, '혼합층' 조건에서는 300m 상승할 때마다 기온이 약 2.5℃씩 하락하므로 오염 물질이 확산되어 대기 상황이 나아질 수 있다.

미국에서 **대기 오염**에 의해 **작물**이 어느 정도 **피해**를 입고 있는가?

대기 오염으로 매년 농업 업계에서 막대한 손실을 입고 있다고 추정된다. 동부에서는 작물 수확량 감소에 따른 손해가 매년 30억 달러에 달한다. 로스앤젤레스 시와 시카고 시 등 대도시 주변의 농경지는 대도시로부터 멀리 떨어진 지역에 비해 생산성이 확연히 떨어진다.

19세기 런던의 **대기질**은 어떠하였는가?

19세기 후반 영국 런던의 대기질은 말로 표현하기 힘들 정도로 최악이었다. 석탄은 과다하게 연소되었고, 대량 배출된 검댕과 이산화황은 영유아의 사망률을 상상할 수 없을 만큼 높여 놓았다. 당시 런던에서 태어난 어린이의 50% 정도가 2년 이상을 생존하지 못했다. 석탄 연소로 생성된 먼지가 햇빛을 막음에 따라 사람들은 비타민 D가 부족하여 구루병에 걸리는 등 큰 고통을 받았다. 물론 호흡기 질환 또한 만연하였다.

TSP란?

총 미세 먼지(TSP)는 10μm에서 1μm 이하까지의 지름을 갖는 대기의 미세 입자를 말한다. 사람들은 다양한 TSP를 흡입한다. 상대적으로 큰 입자들은 코털이나 점막 같은 것에 의해 걸러지기도 한다. TSP는 1차 생성원(예컨대 차량 배기가스, 굴뚝) 혹은 2차 생성원(예컨대 암모니아와 이산화황이 결합하여 새로운 오염 물질인 황산암모늄 형성)으로부터 발생한다.

VOC란?

VOC는 '휘발성 유기 화합물(volatile organic compound)'의 약자이다. 대기 중에서 쉽게 기화되는 유기 화합물들을 의미한다.

일산화탄소란?

일산화탄소(CO)는 냄새, 색깔, 맛이 없는 가스로 인체에 치명적이다. 차량 배기구를 통해 발생하는 것이 일반적이지만, 탄소를 포함하고 있는 물질 대부분에서 연소 시 발생할 수 있다. 이 분자가 혈액 속의 헤모글로빈과 결합하면 산소가 신체 각 부위로 운반되지 못한다. 몸속의 기관과 근육에 산소가 공급되지 않으면 수분 내로 치사 상태에 이른다. 어지럼, 방향 감각 상실, 두통 등이 일산화탄소 중독의 초기 증상이다.

환기가 잘 되는 곳에서는 일산화탄소 중독이 큰 문제가 되지 않는다. 그러나 차고와 같이 밀폐된 공간에서는 매우 위험하다. 이는 차고 안에서 자동차의 시동을 걸어 놓고 있으면 안 되는 이유이다. 그러나 일산화탄소는 또한 막힌 굴뚝, 통풍이 잘 안 되는 공간의 히터, 가스레인지, 그릴, 제초기 등에서도 생성될 수 있다. 예방 차원에서 실내에는 반드시 일산화탄소 탐지기를 설치하여야 한다.

일산화탄소 중독은 보통 야외보다는 실내나 차고에서 발생하지만, 이 오염 물질은 대도시 지역에서 문제를 일으키기도 한다. 1995년 시카고 시에서 강한 기온 역전 현상이 발생하여 일산화탄소가 지표로 가라앉으면서 흩어지지 않았다. 이 독성 가스의 일부는 인근 주택으로 흘러 들어갔다.

이산화황이란?

석탄의 연소는 대기 중으로 이산화황(SO_2)이 배출되는 근본적인 원인으로, 석탄은 산업 혁명 시기에 대기 오염을 불러온 주범 중의 하나이다. 연탄과 같은 석탄류는 연소되면 산소와 결합하여 오염 물질을 배출하는데 눈과 호흡기를 자극한다. 또한 이산화황은 산성비의 원인이기도 하다. 굴뚝으로부터 이산화황을 걸러 내는 기술이 발전하여 대기질은 많이 개선되었다. 그러나 미국에서 이산화황의 배출량이 급격히 감소한 반면, 중국이나 인도와 같은 개발 도상국에서는 공장이나 발전소에서 배출되는 이산화황에 대해 강하게 규제하지 않고 있다.

이외에 또 다른 **중요한 대기 오염 물질**은?

일산화질소(NO), 이산화질소(NO_2), 아산화질소(N_2O)와 같은 질소산화물들이 공장이나 차량으로부터 생성된다. 이러한 기체들은 인간에게 직접적인 해를 주지는 않지만 오존을 파괴하는 데 일조한다.

대기질 지수란?

미국 환경보호국(EPA)은 대기 중의 오염 물질량을 시민들에게 알려 주기 위해 대기질 지수를 고안하였다. 지수를 계산할 때 환경보호국은 일산화탄소, 오존, 이산화질소, 이산화황의 양을 고려한다. 각 오염 물질은 ppb(part per billion, 10억 분의 1을 나타내는 농도의 단위) 단위로 측정되며, 특정 시간 동안의 허용 가능한 표준치와 비교된다(대부분의 오염 물질은 24시간이 기준이지만 오존은 8시간이 기준이다). 이 숫자에 100을 곱하면 대기질 지수가 된다. 즉 공식은 오염 물질 농도/오염 물질 적정 농도×100=대기환경 지수. 다음은 지수별로 나뉜 각 범주를 설명하고 있는 표이다.

대기질 지수

대기질 지수	대기질	지시색	건강 관련 충고
0~50	좋음	녹색	• 건강 관련 충고가 필요하지 않음.
51~100	보통	노란색	• 오염에 매우 민감한 사람의 경우 장시간의 심한 활동은 하지 않는 것이 바람직함.
101~150	노약자에게 해로움	오렌지색	• 노인 및 어린이와 심작병, 천식, 기타 호흡기 질환을 갖고 있는 사람들은 심한 육체 활동을 줄이거나 제한해야 함.
151~200	해로움	빨간색	• 모든 사람들이 힘든 육체 활동을 제한해야 함. 건강에 이상이 있고 민감한 사람들은 절대로 육체 활동을 해서는 안 됨.
201~300	매우 해로움	보라색	• 모든 사람들이 모든 육체 활동을 피해야 함.
≥301	매우 위험함	고동색	• 모든 사람들의 호흡기에 영향을 줄 수 있음. 천식환자에게는 심각한 호흡기 문제를 가져옴. 심장 및 폐 질환이 악화됨.

스모그 경보란?

스모그 경보는 야외의 대기질이 매우 나쁘므로 야외에서의 육체적인 활동이 호흡기에 불편함을 가져올 수도 있다는 것을 경고하는 조치이다. 심각한 스모그 경보 상황에서는 천식 환자들이 천식 발작으로 인해 입원을 할 수도 있다. 오렌지색과 그 이상의 대기질 지수에서 스모그 경보가 발효된다.

천식과 **대기 오염**은 어느 정도의 연관성을 갖는가?

천식은 최근 미국에서 중요한 건강 문제 중의 하나로 빠르게 대두되고 있다. 특히 도시 지역에 거주하는 어린이에게서 잘 나타난다. 2008년 미국의 국립 알레르기 및 전염병 연구소에서 발표한 연구 결과에 따르면, 천식은 특히 도심에 거주하는 가난한 어린이들에게 영향을 미쳤다. 이산화질소, 먼지 입자, 이산화황 등의 자동차 배기가스가 그 원인으로 지목되었다. 이 연구에서는 7개의 도시 지역에 거주하는 800명 이상의 어린이들이 조사되었다. 거주 지역의 오염 물질량이 미국 환경보호국에서 산정한 표준치 이하로 적정한 수준이었던 경우에도 어린이들은 상당히 높은 천식 발병률과 저하된 폐기능을 보였는데, 이는 나쁜 건강 상태와 잦은 학교 결석이 원인이었다. 이외의 연구에서도 어린이들이 대기 오염에 많이 노출될수록 알레르기에 취약하다는 점이 밝혀졌다.

청정대기법이란?

1966년 뉴욕 시는 그해 수백 명의 사망자가 대기 오염으로 사망했다고 여겨질 만큼 매우 심각한 대기 오염 문제로 골머리를 앓고 있었다. 뉴욕 등의 오염 문제는 1970년 청정대기법(Clean Air Act)의 제정으로 이어졌으며, 이 법은 1977년과 1990년에 두 차례 수정되었다. 청정대기법은 모든 미국인을 위해 대기질을 개선시키려는 목적으로 제정되었다. 이 법의 제정 이전인 1967년에 유사한 대기환경법이 만들어진 적이 있었으나, 이때는 환경 기준 수치를 정하지 않아 큰 효과를 얻지 못했다. 반면 청정대기법에서는 환경보호국이 공장, 발전소 및 모든 교통수단으로부터 발생하는 대기 오염 물질(오존, 벤젠, 일산화탄소, 먼지 입자 등)의 적정 배출량을 정하도록 하고 있다.

미국 대기질 표준이란?

미국에서 청정대기법의 일부로 미국 대기질 표준(NAAQS)이 정해졌는데, 이들 수치는 안전한 호흡이 가능하다고 판단되는 공기 중에 포함될 수 있는 최대치의 오염

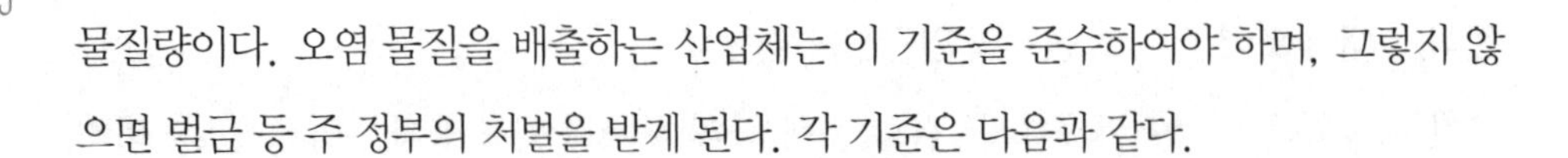

물질량이다. 오염 물질을 배출하는 산업체는 이 기준을 준수하여야 하며, 그렇지 않으면 벌금 등 주 정부의 처벌을 받게 된다. 각 기준은 다음과 같다.

미국 대기질 표준

오염 물질	농도	기준 시간
일산화탄소	9ppm	8시간
	35ppm	1시간
납	1.5μg/m³	3달
이산화질소	100μg/m³	12달
오존	120ppb	3년간 연 두 번 이상 초과하지 않음
먼지 입자	50μg/m³	12달
	150μg/m³	24시간
이산화황	80μg/m³	12달
	365μg/m³	24시간

서구 역사상 **가장 먼저 대기 오염 방지법**을 제정한 사람은?

영국의 왕 에드워드 1세는 1306년 의회가 열리고 있을 때 석탄 사용을 제한한다고 공포하였다. 이 법을 어겼을 때의 처벌 조치는 현재 기준보다 훨씬 엄격했는데 바로 사형이었다.

인도 **보팔 재앙**을 일으킨 것은?

1984년 12월 인도의 보팔 지역에 위치한 미국 국적의 유니언카바이드 사의 살충제 제조 공장에서 독성 화학 물질(아이소사이안화 메틸)이 누출되어 3,800명 이상이 사망하는 사건이 발생하였다. 역사상 가장 참혹한 산업 재해였다. 유니언카바이드 사는 형사 처벌을 피하기 위해 4억 7000만 달러를 벌금으로 지불하였다.

소, 돼지 등 가축의 수가 급증하면서 가축으로부터 배출되는 메탄가스는 오존층에 위협이 되고 있다.

흡연으로 발생하는 **오염**은?

2004년 연구에 따르면 흡연으로 인해 배출되는 먼지 입자 양이 디젤 연소로 발생하는 양의 10배에 이른다고 한다. 흡연으로 인한 실내 오염은 최근 언론에서 자주 다루어지고 있는데, 이는 담배 연기가 외부로 배출되지 못해 담배를 피우지 않는 사람에게도 건강상의 문제를 일으키기 때문이다.

대기 오염으로 인해 **고고학적 가치를 지닌 건축물**이 파괴되는가?

그렇다. 전 세계의 여러 중요한 건물과 기념물들이 대기 오염과 산성비로 말미암아 서서히 파괴되고 있다. 예를 들어 인도 아그라의 타지마할 사원은 차량 배기가스 때문에 표면이 하얀색에서 노란색으로 변하고 있다. 현재 정부는 사원의 2km 이내로 차량이 접근하지 못하도록 법으로 규제하고 있다. 이집트의 스핑크스와 그리스의 파르테논 신전 또한 산성비에 의한 부식이 진행되고 있다. 산성비는 이산화황이 물과 결합하여 생성된 황산 용액 때문에 발생한다. 이것은 특히 (역사를 통틀어 많은 문명에서 사용한 소재인) 석회암과 사암으로 만들어진 구조물에 피해를 주는데, 산성비는 석회암과 사암을 석고 가루로 변하게 한다. 시간이 흐르면 건물들은 차례로 무너져 먼지가 될 것이다.

공장식 축산 농장이 **대기 오염**에 미치는 영향은?

최근 환경론자들과 농기업 간에 공장식 축산 농장에 대한 논쟁이 활발하다. 공장식 축산 농장이란 가축을 대량으로 사육하거나 혹은 광범위한 경작지에서(비료 성분을 유출시키며) 작물을 재배하는 기업 소유의 농장을 의미한다. 이러한 농장은 대기 오염 문제를 일으키는 중요한 요인이기도 하다. 공장식 축산 농장에서 발생하는 가축의 배설물이 너무 많아 그것들을 처리하기 위한 대형 인공못을 만들어야 할 정도이다. 액체 성분의 분뇨는 일부가 비료 형태로 경작지에 뿌려지기도 하지만, 이를 통해 배설물 문제를 원천적으로 해결할 수는 없다. 가축 배설물에서 암모니아 가스, 메탄, 황화수소, 이산화탄소 등 많은 양의 유독성 오염 물질이 발생하며, 이는 산성비 생성과 오존층 파괴 등의 환경 문제로 이어진다. 게다가 가축의 트림이나 방귀는 대기의 메탄가스를 증가시키는 매우 중요한 요인으로, 미국 환경보호국에 따르면 인간 문명에서 발생하는 총 메탄가스의 20%가 농업 활동에서 비롯된다고 한다.

최근 미국 환경보호국이 **발전소 오염 물질 배출**과 관련해서 언급한 말은?

2004년 미국 환경보호국(EPA)은 발전소에서 발생하는 오염 물질의 직접적인 영향으로 매년 2,800명의 사람들이 폐암으로 사망하고, 38,200명이 심장 마비로 숨진다고 추정하였다.

수질 오염

산성비란?

자동차와 산업 활동은 엄청난 양의 오염 물질을 대기 중으로 배출한다. 오염 물질은 서로 결합하여 황산이나 질산을 형성하고 비나 눈의 형태로 땅에 떨어진다. 이러한 강수를 산성비라고 한다. 산성비는 전 세계의 수목을 고사시키고 동식물을 죽임으로써 호수 생태계에 피해를 주는 것으로 알려져 있다. 특히 캐나다는 미국의 산업 활동으로 생성된 산성비에 큰 피해를 입어 왔다.

산성비 현상을 최초로 설명한 **사람**은?

스코틀랜드 화학자 로버트 앵거스 스미스(Robert Angus Smith, 1817~1884)는 환경 및 공중위생과 관련된 수질 오염 등의 문제에 매우 관심이 깊은 학자였다. 그는 1852

산성비는 바이에른 삼림의 나무들을 고사시켰으나, 오염 방지책들을 통해 삼림이 어느 정도 회복되고 있다.

년 연구에서 대기 오염이 산성비를 발생시킨다는 사실을 발견하였다. 스미스는 또한 화학기후학 분야를 개척하였고, 1872년에는 유명한 저서인『공기와 비(Air and Rain)』를 집필하였다.

산성비 문제를 **수면 위로 떠오르게 한 주요 사건**은?

1960년대에 들어 스칸디나비아 호수들에서 어류들이 무서운 속도로 죽기 시작하였다. 조사 결과 호수물이 점점 산성화되어 많은 어류 종이 서식할 수 없는 상황에 이르렀다는 사실이 밝혀졌다. 산성비와 산성눈의 원인은 유럽에서 산업용으로 배출된 대기 오염 물질이었다. 미국과 캐나다 등의 호수 또한 비슷한 과정을 겪고 있다는 사실이 후속 연구에서 밝혀졌다.

미국 국가산성비평가프로그램(NAPAP)이란?

1980년 산성비법에 의거하여 국가산성비평가프로그램(National Acid Precipitation Assessment Program, NAPAP)는 미국 전역에 걸쳐 산성비 실태를 조사하였다. 조사가 시작된 지 10년 후, 연구자들은 산성비가 문제이긴 하나 그 위험성이 처음에 우려했던 정도로 심하지는 않다고 의회에 보고하였다. 미국 호수의 4%가 용인되기 힘들 정도로 심각한 산성을 띠었으며, 25%는 자연적인 원인으로 산화된 상태였다(예를 들어 식생 잔해의 부식은 물의 산도를 높일 수 있다).

빗물은 어느 정도로 **깨끗한가**?

산성비가 아닌 일반비는 빗방울이 형성될 때 필요한 작은 입자만 빼면 매우 깨끗한 편이다. 빗물이 지면을 때린 후 토양에 흡수되거나 증발될 때(먼지나 미세한 염 입자와 같은) 중심핵은 물에서 떨어져 나간다.

일반 강우의 **산성도(pH)**와 **산성비**의 **산성도** 간의 **차이**는?

일반 강우의 산성도는 5~5.6 정도인 반면 산성비의 산성도는 4.3 정도이다. 참고로 증류수는 중성으로 산성도는 7이다. 자연적인 빗물에는 이산화탄소가 녹아 있어 약한 산성을 띠는데, 거품이 없는 소다수와 유사하다고 생각하면 된다. 먼지 폭풍이 지나간 후와 같은 특별한 상황에서는 빗물이 염기성을 띨 수도 있다. 화산은 대기에 황 성분을 공급하여 산성비를 유발할 수 있다. 이의 극단적인 예로 1783년 아이슬란드의 화산 폭발을 들 수 있다. 아이슬란드의 라키(Laki) 화산이 폭발한 후 엄청난 양의 황이 대기 중으로 뿌려졌으며, 이로 인해 생성된 산성비가 섬 전체의 작물을 고사시켰고 유럽 전역의 대기를 오염시켰다.

빗물도 **색**을 띠는가? 아니면 언제나 투명한가?

색을 띠기도 한다. 노란색 혹은 심지어 불그스름한 비가 내린 적이 있었다. 이는 보통 먼지 폭풍으로 인해 철 등의 광물이 핵 역할을 하여 구름이 생성될 때 발생한다. 구름 속으로 화분이 들어가 빗물에 갇히면 노란 비가 관찰되기도 한다.

부영양화란?

부영양화(富營養化)는 비료, 하수 등에 포함된 오염 물질이 하천을 통해 호수나 못 등으로 유입되어 영양분이 과다하게 집적되는 현상을 말한다. 물속에 영양분이 많다는 것은 결코 좋은 것이 아니다. 실제로 산소를 고갈시켜 수생 생물과 야생 동물을 대대적으로 죽이는 녹적조 현상을 일으키므로 매우 유해하다. 공장식 축산 농장과 개인 소유의 정원들이 이러한 오염의 주범이다. 만약 당신이 못이나 하천 주변에 거주한다면 당신의 정원과 수채 사이에 식생 벽을 만들어 물이 흘러 나가는 것을 방지하는 것이 좋다. 이러한 완충벽으로 적당한 나무로는 버드나무, 자작나무, 물푸레나무, 단풍나무, 케팔란투스, 생강나무, 층층나무, 습지성 참나무 및 소나무, 양버즘나무, 오리나무 등이 있다. 이들 식물은 침식을 방지하는 동시에 과다한 영양분을 흡수하는 역할도 한다.

런던의 살인 안개란?

수세기 전 대기 오염으로 큰 피해를 겪었음에도 불구하고 런던 시민들은 그들의 실수로부터 교훈을 얻는 속도가 매우 더딘 듯하다. 석탄 연소에 따른 대기 오염은 1960년대까지 계속되었다. 런던의 그 유명한 안개와 이산화황이 결합하여 산성 안개가 형성되었다. 1952년, 두꺼운 안개의 밀도가 높아지면서 보행자와 운전자의 시야가 극히 제한되었다. 독감, 기관지염, 폐렴의 발병률이 수직 상승하였고, 살인 안개로 인해 약 4,000명의 사람들이 죽고 10만 명이 질병을 앓았다.

산성 안개란?

산성 안개는 산성비와 같다. 공기 중에 존재하는 이산화황은 안개 등 모든 종류의 수증기와 결합한다. 산성 안개는 산성비에 비해 무려 10배나 높은 산도를 갖는다. 수시간 혹은 수일간 공기 중에 머무를 수 있는 산성 안개가 사람에게 주는 영향은 마치 사람이 식초 구름을 직접 통과하여 걸을 때 받는 영향과 비슷할 만큼 유해하다. 철이나 콘크리트 등의 건축 소재를 부식시키고 식물에게도 무척 해롭다.

농지의 관개로 많은 양의 물이 재배분되어 강우 패턴이 영향을 받는다.

지구의 **물순환**에 **댐**이 미친 **영향**은?

현재 전 세계에 걸쳐 4만여 개의 대형 댐(5m 이상 높이의 댐)이 존재하며, 그중 19,000여 개가 중국에, 5,500여 개가 미국에 있다. 지표면 위를 흐르는 담수의 15%를 막는 댐을 건설함으로써 사람들은 지구의 물순환을 크게 변화시켰다. 물순환의 변화는 기온과 구름 형성 등에 영향을 미친다. 댐이 클수록 댐 뒤편에 생기는 저수지의 영향 또한 크다. 중국의 양쯔 강에 위치한 싼샤댐(三峽-)은 미국의 유명한 후버 댐이 생산하는 전력의 20배를 생산한다. 싼샤댐에 의해 생겨난 저수지는 5조 갤런 이상의 물을 담고 있으며, 수표면의 면적은 1,306km² 이상이다. 과학자들은 조사 결과 댐 주변 기후가 서늘해지고 강수 패턴 또한 변했다는 사실을 발견하였다.

농지의 **관개**가 **기후**에 영향을 주는가?

광범위한 농지 관개는 기상에 영향을 미칠 수 있다. 2000년 지구 상에서 관개되고 있는 땅의 총면적은 약 2억 7800만 헥타르(ha)에 달한다. 세계 담수 공급량의 60%가량(일일 사용량 5185억*l*)이 관개용이다. 경작지에 뿌려진 담수 중 일부는 분명 대기 중으로 증발될 것이다. 수리학자들은 이렇게 증발되는 담수의 양이 폭풍우의 수를 증가시킬 만큼 충분하다고 생각한다.

방사능

핵겨울이란?

핵겨울은 대규모의 핵전쟁 이후에 나타날 수 있는 현상이다. 대기 중으로 배출된 방사성 입자, 먼지, 연기 등은 지구 위에 대형 구름을 만들어 햇빛을 막을 것이며 전 세계의 기온을 낮출 것이다. 동식물들은 기온이 매우 낮아지고 햇빛량이 감소함에 따라 버티지 못하고 사라질 것이다. 핵겨울이 지속되면 기아, 추위 등의 문제가 수많은 사람들을 사망에 이르게 할 수 있다.

우리가 아직 경험하지 않은 핵전쟁을 제외할 때, **방사능 오염**을 일으킬 수 있을 만한 **다른 행위**는?

대기 중에 존재하는 인위적인 방사능은 주로 두 가지, 즉 핵무기 실험과 원자로 누출에서 비롯된다. 대부분의 원자로 누출은 원전 사고에 의해 나타난다. 원자 폭탄과 수소 폭탄이 발명된 이후, 미국에서는 1945년부터 1968년까지 광범위한 실험이 지속되었다. 이 기간 동안 300기 이상의 핵탄두가 폭파되었는데, 대부분의 실험이 사막 지역과 태평양의 작은 섬들에서 이루어졌다. 그 결과 엄청난 양의 방사성 동위 원소들(carbon-14, strontium-90, iodine-131, cesium-137)이 공기 중으로 뿌려졌다. 군부의 경고가 미리 있었기 때문에 폭파 때 사망한 사람은 없었지만, 대기 중의 방사성 물질은 바람을 타고 이동하여 실험 장소로부터 수백 킬로미터 떨어진 곳까지 오염시켰다. 예를 들면, 1953년 5월 네바다에서 수행된 실험 이틀 후에 방사성 우박(일부는 테니스 공 크기만 한)이 워싱턴 D.C.에 떨어진 적이 있다. 이후 미국은 이러한 대기 오염을 줄이기 위해 지하에서 핵무기 실험을 하고 있다. 그러나 지하 실험장의 방사성 폐기물은 지하수로 쉽게 침투할 수 있으므로 또 다른 문제의 원인이 된다. 다른 국가들 또한 수년간 핵무기 실험을 지속적으로 수행해 오고 있어 이 문제는 더욱 심각해지고 있다.

라돈이란?

라돈(Rn)은 우라늄과 라듐이 붕괴되면서 땅으로부터 자연적으로 발생하는 방사성 기체를 말한다. 라돈의 경우, 주택 등의 지하실로 스며 들어가 암을 일으킬 정도로 유해한 농도로 농축될 때만 위험하다. 라돈 중독이 주는 잠재적인 위협 중 대표적인 것이 폐암이다. 라돈의 정부 표준 안전치는 l당 4피코퀴리(pCi) 이하로 하루에 담배 반 갑 정도 피울 때 들이마시는 양과 비슷하다. 어떠한 주택이 라돈 오염에 위험한지

지난 세기 동안 핵발전소의 안전 기술이 뚜렷하게 향상된 것은 사실이지만, 1979년 펜실베이니아의 스리마일 섬에서 발생한 방사능 누출 사건은 여전히 사람들의 기억 속에 남아 있으며, 원자력 발전이 환경을 위협한다는 점을 상기시킨다.

아는 것은 불가능하므로 실내에 라돈 탐지기를 설치하는 것이 가장 바람직하다. 라돈 문제는 보통 지하실을 수리하거나 환기 시스템을 개선하는 등의 방법으로 해결할 수 있다.

전 세계 **최악의 핵재앙**은?

1986년 봄, 벨라루스와의 국경 지대에 위치하고 있는 우크라이나의 체르노빌 원자력발전소에서 대형 사고가 발생하여 대량의 방사성 물질이 대기 중으로 방출되었다. 원자로의 보호 커버가 폭발함에 따라 치명적인 방사선이 누출되면서 적어도 28명이 즉사하였고, 240명이 방사선에 중독되어 그중 19명이 사망하였다. 당시의 방사선 피폭으로 유발된 갑상선암 등의 관련 질병은 지금도 여전히 사람들을 사망에 이르게 하고 있으며, 앞으로도 수년간 이러한 상황은 지속될 것으로 보인다. 10만 명 이상의 사람들이 이 지역에서 탈출하였다. 방사성 동위 원소들은 유럽 전역으로 퍼져 나갔기 때문에 방사선 중독으로 인한 치사는 지속적으로 발생하고 있다. 이 재앙으로 형성된 방사성 구름은 2,000km 이상 이동하였는데, 이로 인해 오염된 작물과 가축은 식용으로 부적합하였다.

스리마일 섬에서 일어난 일은?

펜실베이니아의 스리마일(Three Mile) 섬은 미국에서 가장 심각한 핵사고가 발생했던 지역이다. 다행스럽게도 방사선 누출은 일어나지 않았고 아무도 죽지 않았다. 1979년 3월 스리마일 섬의 원자로는 과열되었고 연료봉은 깨졌다. 펜실베이니아의 주지사는 이 원전소에서 8km 이내에 거주하는 임신부와 취학 전 영유아들의 자발적인 대피를 권고하였다. 이 예기치 못한 대피 사태를 통해 여러 문제들이 노출되었다. 이러한 사고에 대응할 수 있는 지역 사회의 준비가 부족하다는 사실이 밝혀지면서 핵사고 및 대피와 관련된 방안과 계획 등이 증강되었다.

제10장

기후 변화

기후 일반

기후와 **날씨(기상)**의 **차이점**은?

기후는 특정 지역에서 나타나는 장기간의 평균 날씨를 뜻한다. 날씨는 현재의 대기 상태이다. 툰드라 기후의 영향을 받는 알래스카 배로의 경우, 한여름에 날씨가 간혹 따뜻해지기도 하지만(21℃) 기후는 대체적으로 매우 한랭한 편이다.

기후는 어떻게 **분류**되는가?

러시아 태생의 독일 기후학자인 블라디미르 쾨펜(Wladimir Peter Köppen, 1846~1940)은 (비록 몇 번에 걸쳐 수정되긴 하였으나) 현재에도 활용되고 있는 기후 분류 체계를 고안하였다. 그는 기후를 6개의 범주, 즉 열대 습윤, 건조, 중위도, 고위도, 극지, 고산지로 구분하였다. 그는 또한 5개의 범주 밑에 각각의 하위 범주를 두었다. 그의 기후도는 지리 교과서나 지도책에 자주 실린다. 1931년에 미국의 지리학자 겸 기후학자인 찰스 워런 손스웨이트(Charles Warren Thornthwaite, 1899~1963)는 『북미의 기후: 새로운 분류(The Climates of North America: According to a New Classification)』라는 책을 발간하였는데, 그는 이 책에서 지리적 차이로 나타나는 다양한 국지 기후들을 다루었다.

헤르만 플론이 **기후학**에 기여한 점은?

독일의 기상학자인 헤르만 플론(Hermann Flohn, 1912~1997)은 거시적인 관점에서 기후 변화를 연구하였다. 그는 거시적 규모의 지구 기후 변화가 환경에 미치는 영향을 조사하였으며, 또한 인간이 기후에 미친 영향을 이론적으로 접근한 최초의 학자이기도 하다.

잉카 문명은 기후를 어떻게 인지하였을까?

페루의 '모레이'라 불리는 도시 내에 위치한 우루밤바 계곡에는 거대한 원형 극장과 같은 테라스 형태의 구조물이 남아 있다. 고고학자와 과학자들은 이것이 거대한 농경 실험실이었다고 추측한다. 테라스의 각 부분별로 서로 다른 기후들이 나타난다. 잉카 사람들은 이곳에서 여러 기후를 접하면서 농경 기술을 발전시켰던 것으로 생각된다.

미기후란?

미기후(微氣候, microclimate)는 국지적으로 나타나는 기후를 의미한다. 이 소영역의 평균 날씨는 주위 대영역과 수치적으로 다르다. 기온, 강수량, 바람, 혹은 구름양의 차이에 의해 다양한 미기후가 창출된다. 미기후가 생성되는 원인으로는 고도 차이, 바람 패턴을 변화시키는 산맥, 해안선, 바람 패턴을 변화시킬 수 있는 인공 구조물 등이 있다.

카오스 이론과 **나비**는 어떠한 관계가 있나?

미국의 수학자이자 기상학자인 에드워드 노턴 로렌츠(Edward Norton Lorentz, 1917~2008)는 (날씨와 같은) 자연 시스템의 예측 불가능한 변화를 설명하기 위해 카오스 이론(chaos theory)을 제시하였다. 이 이론은 복잡하고 역동적인 시스템 내에서 초기에는 극히 미미했던 변화가 이후 거대하고 측정 가능한 수준으로 증폭된다는 가설이다. 로렌츠는 이 개념을 브라질에서 한 마리의 나비가 날갯짓을 할 때 텍사스 주에서는 토네이도가 올 수도 있다는 식의 다양한 은유적 묘사를 통해 설명하였다. 그는 이를 '나비 효과'로 명명하였다.

미국 국립기후자료센터란?

미국 국립기후자료센터(National Climatic Data Center, NCDC)는 국립해양대기국(NOAA)의 하위 부서로 방대한 기상 자료를 보관하고 있어 세계기상자료센터로 불

기후 변화가 간헐 온천의 분출에 미치는 영향은?

간헐 온천의 분출은 강수량과 지진의 빈도에 영향을 받는다. 전 세계의 간헐 온천 1,000여 개 중 절반이 위치하고 있는 미국 옐로스톤 국립공원에서는 매디슨 강이 간헐 온천에 물을 공급한다. 건조기에 강수량이 감소하면 간헐 온천의 수압은 낮아지고 분출 횟수는 감소한다. 옐로스톤의 기후와 강수에 대한 최근 연구에 따르면 1998년부터 2006년까지 매디슨 강으로 유입되는 수량이 15%가량 감소하였다.
이러한 강수량의 감소는 지구 온난화에 기인한다. 공원을 둘러싸고 있는 와이오밍 주, 몬태나 주, 아이다호 주의 강수량은 지구 온난화로 감소하였다. 강수량이 감소하면 간헐 온천의 분출 시간 간격은 증가한다. 예를 들어 올드 페이스풀은 과거에 75분마다 분출하였는데, 2006년에는 91분마다 분출하였다.

리며 전 세계의 다양한 단체, 조직, 출판사, 보험 회사, 법률 회사 등에 기상 자료를 제공한다. 여기에 보관된 기상 자료는 19세기부터 수집된 것들로, 현대의 레이더 및 기상 관측 기구(氣球) 보고서에서부터 과거 선박 관찰 자료까지 다양하다. 이 기상 자료 센터는 노스캐롤라이나의 애슈빌에 위치하고 있다. NCDC는 콜로라도 주 볼더에 위치한 세계고기후학자료센터 또한 운영하고 있다.

스트로쿠르 간헐 온천이 아이슬란드에서 분출하고 있다. 일부 과학자들은 강수의 패턴 변화가 간헐 온천의 분출 횟수에 영향을 준다고 생각한다.

기후는 **변화**하는가?

인간의 수명을 지질학적 시간 스케일에 놓고 보면 극히 짧다. 따라서 우리가 현재와 매우 달랐던 지구의 과거 기후를 추측하기란 쉽지 않다. 6억 3500만 년 전 '눈덩이 지구(snowball Earth)' 시기에서 1억 년 전 공룡이 번성했던 매우 따뜻했던 시기(지금보다 평균적으로 8℃ 정도 높았음)까지 과거 지구의 기후는 엄청난 변동을 겪었다. 여러 세기를 지나는 오랜 시간 동안 기후는 뜨거웠다가 차가웠다가를 반복했다. 과거의 복잡한 기후 변화는 화산 활동, 대륙 이동, 소행성의 충돌 등 다양한 원인들에 의해 유발되었다. 현재 우리는 과거와 다른 새롭고 역동적인 기후 변화를 목격하고 있다. 과학자들은 현재의 변화와 과거의 변화 간에 존재하는 중요한 차이점에 대해 우려한다. 그들은 지금의 기후 변화를 일으키는 원인으로 인간을 지목하고 있다.

고기후학이란?

고기후학은 기후 연구와 고생물학을 결합한 흥미로운 학문 분야이다. 과거 수백만 년 전 지구의 기후를 파악할 수 있다면 현재의 기상을 이해하는 데 큰 도움이 될 것이다. 또한 옛날에 남극에는 공룡이 돌아다녔고, 열대 과일이 오리건 주에 서식했으며, 불과 8,500년 전에 그린란드 기온은 지금보다 5℃나 높았다는 사실을 발견하는 그 자체만으로도 의미가 있다. 고기후학자들은 동물과 식물의 화석 자료, 빙하 코어(ice core), 땅속 깊이 존재하는 토양과 암석 등을 분석하면서 이러한 정보들을 획득한다. 관련 단서들은 전혀 예상치 못한 곳에서 발견되기도 한다. 예를 들어, 3만 년 전 쥐가 모아 놓은 소나무 잎을 분석하면 당시의 대기 중 이산화탄소의 양을 파악할 수 있다.

기후 변화 연구의 가장 **중요한 선구자**로는 누가 있는가?

1971년 이스트앵글리아 대학에 기후변화연구소를 설립했던, 영국의 기상학자 겸 기후학자인 허버트 호러스 램(Hubert Horace Lamb, 1913~1997)은 20세기의 가장 위대한 기후학자로 꼽힌다. 그는 아일랜드 기상청과 영국 기상청에서 기상 예보관직을 수행했다. 1946~1947년에는 노르웨이의 남극 고래잡이 원정에 참여하였는데, 그는 이때부터 세계의 기후 변화를 연구하기 시작했다. 그는 1954년에 영국 기상청의 기후 부서에 합류하면서 이 주제를 더욱 심층적으로 파고들었고, 이곳의 자료를 활용하면서 19세기 중반 이후 영국의 기후 변화에 대한 책과 논문들을 출간하였다.

밀란코비치 주기란?

현재 지구는 태양 주위를 거의 원에 가깝게 공전한다. 그러나 언제나 그랬던 것은 아니다. 지구는 원형 공전 궤도에서 근일점과 원일점 간의 차이가 큰 타원형 공전 궤도로의 변화를 겪는다. 한 사이클(원형에서 타원형으로, 그리고 다시 원형으로)을 완성하는 데에는 약 95,000년이 소요된다. 지구가 점차 타원형이 되고 태양으로부터 멀어지면 빙하기가 도래한다. 이 이론은 빙하기 연구로 유명한 세르비아의 지구물리학자인 밀루틴 밀란코비치(Milutin Milankovic, 1879~1958)에 의해 공식화되었다. 이후 1976년 심해 퇴적물 연구 결과는 그의 이론이 맞았음을 입증하였다.

이외에 빙하기가 **주기적**으로 **도래**한다는 이론을 정립한 **사람들**로는?

밀란코비치 이전에 프랑스의 수학자 조제프 아데마르(Joseph Adhemar, 1797~1862)는 1842년에 『바다의 순환(Revolutions of the Sea)』이라는 책을 출간하였다. 그는 이 책에서 빙하기는 춘분점 세차(歲差) 주기인 22,000년 주기로 발생한다고 제시하였다. 스코틀랜드 지질학자인 제임스 크롤(James Croll, 1821~1890)은 이후에 이 이론을 정교하게 다듬었다. 그러나 이 시기의 과학자들은 과거 빙하기 역사에 대해 충분히 알고 있지 못했으므로 이론과 실제 데이터를 비교하는 검증 절차를 거칠 수 없었다. 따라서 이 가설은 다음 세기에 이를 때까지 지지받지 못했다.

지구의 **공전 궤도**가 원형에서 타원형으로 변화하는 이유는?

태양계의 모든 행성과 마찬가지로 지구는 태양뿐 아니라 다른 행성들의 인력에도 영향을 받는다. 우리는 달이 조류(潮流)를 발생시킨다는 점을 알고 있으며, 달의 인력이 지구 상에 미치는 영향을 매일같이 관찰한다. 비슷하게 지구의 궤도는 가스상 거대 행성인 목성과 토성에 의해서도 영향을 받는다. 이들 행성은 태양 주위를 도는 지구의 공전 궤도를 당겨 일그러뜨릴 수 있을 만큼 거대하다. 이후 태양이 다시 지구의 궤도를 잡아당기는데, 이러한 변화는 태양과 행성들 간의 매우 느린 줄다리기를 연상시킨다.

핵겨울이란?

1980년대 초 과학자인 리처드 투르코(Richard Turco)와 칼 세이건(Carl Edward Sagan)은 핵전쟁이 가져올 수 있는 여파에 대해 전 세계에 알리고자 노력했다. 1983년 세이건은 유명한 책인 『핵겨울(The Nuclear Winter)』을 출간하였다. 당시 대부분의 사람들은 1950년대부터 지속된 미국과 소련 간의 핵무기 경쟁을 우려했으나, 전 지구 상의 대도시들이 원자와 수소 폭탄에 의해 사라질 수 있다는 생각은 미처 하지 못하고 있었다. 세이건과 투르코는 당시 존재했던 5만 개의 핵탄두가 모두 터지지 않아도 태양 복사 에너지를 막을 정도의 먼지량이 배출될 수 있음을 보여 주었다. 방사성 낙진으로 이루어진 구름은 성층권까지 상승하여 수개월 동안 지구 상을 순환할 것이다. 이로 인해 인공적인 겨울이 도래하여 작물 수확량이 급감하고 사람들은 전 지구적인 기근에 시달릴지도 모른다.

미하일 이바노비치 부디코는 지구의 온도를 어떻게 계산했나?

미하일 이바노비치 부디코(Mikhail Ivanovich Budyko, 1920~2001)는 벨라루스의 기상학자 겸 물리학자이며 물리기후학 영역의 선구자이기도 하다. 그는 1956년에 출간된 『지구 상의 열균형(Heat Balance of the Earth's Surface)』이라는 책의 저자이다. 그는 이 책에서 태양 에너지가 어떻게 지구의 대기에 의해 흡수되고 재복사되는지를 물리의 기본 원리를 통해 최초로 설명하였다. 부디코는 관련 연구를 수행하면서 기후 변화에 관심을 갖게 되었고, 인간의 산업 활동으로 이산화탄소 양이 증가하면서 대기가 점점 더워진다는 사실을 처음 인지하였다. 그는 2070년에 이르면 지구의 평균 온도가 1950년에 비해 약 3.5℃ 정도 높아질 것으로 예상하였다. 부디코는 또한 핵전쟁이 핵겨울로 이어질 것이라고 처음으로 예상한 사람이기도 하다.

신뢰할 만한 **기후 통계 자료**를 얻을 수 있는 **웹 사이트**는?

인터넷에서 찾을 수 있는 기상 관련 웹 사이트는 (질적인 면에서 차이는 있지만) 매우 많다. 특히 미국 국립기상청(http://www.weather.gov), 국립해양대기국(http://

www.noaa.gov)과 같은 미국 정부 웹 사이트에서 많은 정보를 찾을 수 있다. 온라인 데이터베이스 또한 유용한데, WorldClimate(http://www.worldcliamte.com)와 같은 온라인 데이터베이스는 전 세계로부터 수집된 85,000개 이상의 기후 통계 자료를 담고 있다. 웹상에서 도시의 이름을 치면 강수량과 기온과 같은 데이터가 뜬다. Weatherbase(http://www.weatherbase.com)는 전 세계 16,500여 개의 도시에 대한 정보를 확보하고 있다. 이 웹에서는 통계치들을 검토할 때 선호하는 단위(미터법 혹은 미국 단위)를 선택할 수도 있다.

빙하기

빙하기란?

지질학자들은 지구 표면이 얼음에 의해 상대적으로 많이 덮여 있던 시기, 혹은 장기간 서늘한 기온이 유지되어 극빙하가 저위도 방향으로 전진했던 시기를 빙하기로 정의한다. '빙하기' 혹은 '대빙하기'라고 불리는 마지막 빙하기는 12,000년 전에 끝났는데, 이 시기에는 육지의 약 32%와 해양의 30%가량이 얼음으로 덮여 있었다.

빙하기에 대한 견해를 **처음 언급**한 사람은?

수세기 전, 지구 상에 빙하기가 존재했다는 생각을 갖고 있던 몇몇 선구적인 학자들이 있었다. 스코틀랜드의 박물학자 제임스 허턴(James Hutton, 1726~1797)은 스위스 제네바 인근에서 기묘하게 생긴 미아석(erratic boulders)을 관찰하였다. 이 관찰을 기초로 1795년에 그는 과거 고산 지역 빙하가 현재보다 좀 더 거대했다고 발표하였다. 1824년 옌스 에스마르크(Jens Esmark, 1763~1839)는 과거 빙하는 대륙 규모로 매우 컸다고 주장했다.

지질학자인 장 루이 아가시는 처음으로 과거 빙하기에 대한 이론을 정립한 이들 중 한 사람이다. (출처: NOAA)

1837년 스위스-미국의 지질학자 장 루이 아가시(Jean Louis Agassiz, 1807~1873)는 과거 광범위했던 빙하기 환경의 존재에 대해 발표한 바 있는데, 그의 주장은 가장 설득력이 있었다. 그는 대부분의 북유럽과 영국이 얼음으로 덮여 있던 시기가 있었다고 주장했으며, 뉴잉글랜드 지역에서 그의 가설을 입증할 만한 증거를 발견했다. 이후 다른 학자들에 의해 관련 증거가 추가적으로 발견된다. 1839년 미국의 지질학자인 티모시 콘래드(Timothy Conrad, 1803~1877)는 연마암(polished rock), 조선(striation), 미아석 등을 뉴욕 서부에서 발견하였고 빙하가 전 세계적 현상이었다는 아가시의 가설을 지지하였다. 1842년 프랑스의 과학자 조제프 아데마르(Joseph Adhemar, 1797~1862)는 최초로 천문학적 지식을 통해 빙하기를 설명하였다. 그는 빙하기의 도래는 22,000년 주기를 갖는 춘분점 세차(歲差)의 결과이며 지구 축의 자연스러운 이동이 수천 년에 걸친 계절적 변화를 일으킨다고 주장하였다. 쉽게 말하면, 현재의 여름 시기가 시간이 흐르면 겨울 시기가 된다는 뜻이다.

빙하기가 도래하는 **원인**은?

빙하기가 도래하는 원인을 정확히 아는 사람은 없으나 이와 관련하여 몇몇 이론이 제시되고 있다. 가능성 있는 원인들 중 하나는 시간의 흐름에 따른 태양 에너지 강도의 변화이다. 태양 활동이 저조해질 때마다 지구가 서늘해지면서 빙하기가 올 수 있다. 두 번째 원인으로는 화산이나 거대한 운석의 충돌로 대기 중의 먼지량이 증가하는 것을 들 수 있다. 먼지량의 증가는 태양 복사 에너지를 우주로 반사시켜 대기의 온도를 낮추고 적설량은 늘려 지구 상의 얼음량을 증가시킨다. 확대된 빙하에 의해 더 많은 태양 복사 에너지가 반사될 것이므로 지구의 알베도(albedo, 전체 표면의 반사율)는 더욱 높아진다. 그러나 이 이론은 다른 이론들과 마찬가지로 문제를 갖고 있다. 대륙 빙하가 다시 후퇴하는 이유를 설명하지 못하기 때문이다.

주요 빙하기는?

지질학적 증거에 따르면 빙하기는 지구 역사에서 큰 부분을 차지하지 않는다(지난 6억 7000만 년 동안 빙하기가 차지하는 비율은 1%에도 못 미친다). 최초의 대규모 빙하기는 약 23억 년 전에 있었다. 지질학자들은 다음과 같이 지질 연대에서 다섯 차례의 주요 빙하기가 존재했다고 믿고 있다.

- 23억~17억 년 전(휴로니아기, 선캄브리아기)
- 8억 5000만 년 전(크라이오제니아기)
- 6억 7000만 년 전(원생대, 선캄브리아기)
- 4억 2000만 년 전(고생대, 오르도비스기와 실루리아기 사이)
- 2억 9000만 년 전(고생대, 후기 석탄기와 전기 페름기 사이)
- 170만 년 전(신생대, 제4기, 플라이스토세)

스노볼 지구란?

과학자들은 8억 5000만~5억 8000만 년 전 사이에 2~4차례 정도 지구가 얼음으로 완전히 덮였고 이때 초기 생물들이 대부분 멸종했다고 믿고 있다. 이른바 '스노볼(눈덩이) 지구'이다. 이와 관련해서 몇몇 이론들이 존재한다. 첫째, 태양의 온도가 지금보다 6% 정도 낮았다. 둘째, 대륙들이 대부분 남쪽으로 이동하였다. 셋째, 해류가 지구 상에서 자유롭게 순환하고 화산 활동은 극히 저조하였다. 이 결과 대기 중 이산화탄소 양이 매우 적었다. 또한 지구의 축은 54°(현재 23.5°)까지 기울어져 계절의 차이가 극심하였다.

추운 시기가 시작되면서 빙하가 형성되었고, 이로 인해 태양 에너지가 보다 많이 반사되면서 모든 것이 결빙될 때까지 한랭화가 진행되었다. 애들레이드 대학의 조지

윌리엄스(George Williams)와 캘리포니아 공과대학의 조 카슈빙(Joe Kirschvink) 등에 의해 제시된 초기 이론들은 전 세계적인 화산 활동을 일으키는 원인으로 판의 영향을 들었다. 이것이 지구를 수백만 년 동안 하나의 거대한 결빙구로 남아 있게 한, 전례 없이 길었던 겨울을 일으킨 원인이라는 것이다. 이 시기에는 거의 대부분의 생물이 멸종되었다. 이와 관련하여 스노볼 지구 시기에 과연 모든 생물이 멸종되었는지에 대한 논쟁이 있었다. 1990년대 들어 생물체가 심해저의 열수구(熱水口) 근처에서 생존하고 있음이 발견되면서 이러한 논쟁은 잦아들었다.

미네랄을 용해시키거나 이산화탄소를 흡수할 수 있는 물이 없었으므로 화산 활동과 판구조 변화에 의해 빙하 밑 이산화탄소 양은 증가하였는데, 이로 인해 스노볼 지구는 사라졌다. 이러한 결과는 필연적이었다. 갑작스러운 이산화탄소의 대량 배출로 상대적으로 짧은 기간 동안 극심한 열이 수반되었으며, 기온은 평균 50℃에 달했다. 그러나 지구 상에서 대륙들이 안정적인 지구물리적 상태를 유지하는 위치로 이동하기 전에, 또 다른 스노볼 시기가 수백만 년간 여러 차례 도래하였다. 대기 중 이산화탄소 양과 유사하게 화산 활동 또한 조절되지만, 수억 년 후에 대륙이 다시 합쳐지면서 새로운 초대륙이 탄생하고 이 때문에 또 다른 스노볼 지구가 생성될 수 있다.

마지막 빙하기의 **빙기/간빙기**란?

마지막 빙하기(그리고 이전의 모든 빙하기)에는 빙기(氷期, 지구 상에 얼음이 존재)와 간빙기(間氷期, 상대적으로 높은 온도)가 주기적으로 나타났다. 이러한 주기에 따라 빙하는 전진하기도 하고 후퇴하기도 했다. 과학자들은 플라이스토세(Pleistocene)라 불리는 마지막 빙하기가 총 8회에 걸친 빙기/간빙기 주기로 이루어졌다고 본다. 다음 표는 북아메리카의 빙기들을 보여 주고 있다(북중부 유럽의 빙기의 이름과는 다름). 모든 연대는 추정치이다.

빙기/간빙기

연대	북아메리카 단계
75,000~10,000	위스콘신 빙기*
120,000~75,000	산고모니아 간빙기
170,000~120,000	일리노이 빙기
230,000~170,000	야머스 간빙기
480,000~230,000	캔자스 빙기
600,000~480,000	아프톤 간빙기
800,000~600,000	네브래스카 빙기
1,600,000~800,000	선네브래스카 빙기

* 참고: 위스콘신 빙기에는 아간빙기(간빙기라고 하기에는 기간이 짧거나 서늘한 경우)가 존재했다.

마지막 빙하기의 시작과 끝은?

지질학자들은 약 170만 년 전(제4기와 플라이스토세의 시작)부터 북아메리카 평원이 한랭해지기 시작했다고 추정한다. 그 결과 캐나다의 허드슨 만으로부터 남쪽으로, 그리고 미국의 로키 산맥으로부터 동쪽으로 거대한 빙하가 전진하기 시작했다. 이들 거대 빙하들은 플라이스토세가 끝날 때까지 1만~10만 년 간격으로 수차례에 걸쳐 전진과 후퇴를 반복했다. 가장 마지막 빙기는 1만 년 전에 끝났으며, 이때 빙하는 극지역으로 후퇴하였다. 현재는 지구가 간빙기의 끝 무렵에 놓여 있으며, 이는 빙기가 수천 년 내로 다시 도래한다는 것을 의미한다.

메이저(장기) 빙기와 **마이너(단기) 빙기**란?

물론 모든 과학자들이 시간과 온도에 따라 빙하기를 정확하게 구분할 수 있다고 믿는 것은 아니다. 일부 과학자들의 구분에 따르면, 메이저 빙기의 경우 약 10만 년 정도 지속되며 간빙기보다 5℃ 낮은 온도를 보이고, 마이너 빙기의 경우 약 12,000년 정도 지속되며 간빙기보다 2.8℃ 낮은 온도를 보이고, 마지막으로 이보다 더 짧은 마이너 빙기는 약 1,000년 정도 지속되며 간빙기에 비해 1.7℃ 낮은 온도를 보인다.

빙하기 동안 **얼음으로 덮인 지구 표면**의 크기는?

광범위한 침식 작용으로 인해 각 빙하기별로 얼음으로 덮인 지표면의 크기를 밝히는 것은 쉽지 않다. 그러나 과학자들은 마지막 빙하기(플라이스토세) 때의 상황은 대략적으로 파악하고 있다. 그들은 플라이스토세 시기에 수 킬로미터 두께의 얼음이 지구 표면의 최대 10%까지 덮고 있었다고 말한다. 북반구의 빙하가 최대치에 이르렀을 때 캐나다 대부분, 뉴잉글랜드 지역 전체, 미국 중서부의 북부 대부분, 알래스카 주의 대부분, 그린란드의 대부분, 아이슬란드, 스발바르, 북극 주변 섬들, 스칸디나비아 반도, 영국과 아일랜드 대부분, 구소련의 북서부 등이 얼음으로 덮여 있었다. 남반구의 경우에는 빙하가 훨씬 작았고 서늘하고 건조한 기후를 조성하였다.

빙하기가 마지막 단계(미국의 위스콘신 빙기)에 이르렀을 때 유라시아 일부와 북아메리카의 많은 지역이 빙하로 덮였는데, 북아메리카의 경우 펜실베이니아 주까지 빙하가 남하하였다. 과학자들은 이후 기후가 온난해짐에 따라 대략 5,000년간 약 2.5cm/년 속도로 해수면이 상승하면서 총 125m 정도의 해수면 상승이 일어난 것으로 추측하고 있다. 흥미로운 점은 북반구 빙하는 대부분 융해되었는데, 남극의 빙하량은 불과 10% 감소에 그쳤다는 사실이다.

'소빙기'란?

소빙기(小氷期)는 1450년부터 1890년까지 지속된 상대적으로 추웠던 시기이다(가장 추웠던 1450년과 1700년을 2개의 소빙기로 보기도 한다). 이 시기는 온난한 현 간빙기에 나타났으며, 전형적인 빙기로 간주되지는 않는다. 이 시기에 북반구 고위도 지역에서 영속적인 빙하가 존재하지 않았던 곳이 많았기 때문이다.

그렇지만 이 시기에 전 세계 대부분의 지역에서 평균적으로 적어도 1℃ 낮은 냉량한 기후가 나타났다. 유럽, 아시아, 북아메리카 지역에서 빙하가 전진하였고, 그린란드와 아이슬란드의 정착민들은 해빙(海氷)으로 큰 피해를 입었다. 영국에서는 템스강이 결빙되었고, 프랑스에서는 주교가 기도를 통해 빙하의 전진을 막고자 했다. 일부 역사학자들은 이 시기의 저온 현상으로 농산물의 수확량이 급감하면서 기근, 사회 갈등, 전쟁 등이 발생했다고 주장한다.

실제로 무엇이 소빙기의 저온 현상을 유발했는지 정확히 아는 사람은 없다. 영국의 천문학자 에드워드 마운더(Edward Maunder, 1851~1928)는 이 시기가 태양 활동과 관계있다고 주장한 최초의 과학자이다. 다른 과학자들은 화산 폭발, 해수 순환의 변화, 지구 공전 궤도의 변화, 자전축의 흔들림에 의해 저온 현상이 나타난 것으로 추측하고 있다. 이 시기에 지구가 성간(星間, interstellar) 먼지구름 속을 통과했기 때문이라는 주장도 제시된 바 있다.

미래에 **빙하기**가 올 것인가?

그렇다. 지구는 결국 다시 추워질 것이며, 빙하는 고위도와 산지 지역을 덮을 것이다. 하지만 언제 빙하기가 올지에 대해서는 아무도 확신할 수 없다.

지구 온난화

온실 효과란?

온실 효과는 지구 주변에 태양열을 가두어 두는 대기의 자연적인 현상이다. 그러나 온실 효과의 문제는 이것이 인위적으로 증가하게 되면 보다 많은 열이 가두어지고, 이에 따라 지구의 온도가 올라간다는 점에 있다. 온실 효과를 일으키는 기체들은 인간 활동의 부산물(예를 들어 자동차 배기가스)로 대기 중에 많이 축적되고 있다.

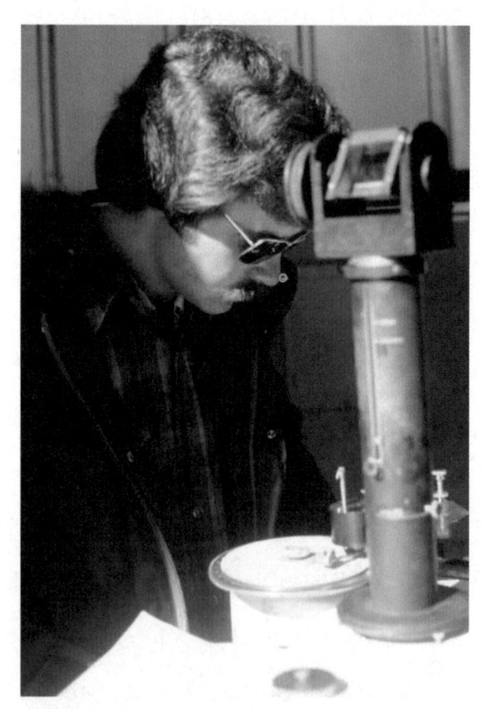
하와이 마우나로아에 위치한 연구소의 과학자가 오존 분광 광도계(spectrophotometer)를 이용하여 자외선들을 비교하고 있다. (사진: John Bortniak, NOAA Corps)

온실 효과에 대해 **처음으로 이론**을 **제시**한 사람은?

아일랜드의 물리학자, 수학자, 화학자인 존 틴들(John Tyndall, 1820~1893)은 마이클 패러데이(Michael Faraday, 1791~1867)의 후임으로 영국 왕립연구소의 소장을 맡으면서 1859년 복사열에 대한 연구를 시작하였다. 그는 얼마 지나지 않아 수증기가 지구 대기의 열을 유지하는 필수적인 요소라는 점을 발견하였으며, 이산화탄소와 오존 같은 다른 기체들 또한 중요한 역할을 한다는 결론을 내렸다. 이어서 그는 다양한 계산 과정을 거치면서 이러한 기체들의 양을 변화시킬 때 나타나는 결과를 살펴보았다. 틴들은 이산화탄소와 같은 기체의 증가는 기후에 중대한 영향을 미칠 수 있다고 결론을 내렸는데, 지금 우리는 이를 '지구 온난화'라고 부른다.

온실 효과가 지구 생물과 환경에 **좋은 것**인가? **나쁜 것**인가?

세상 만물이 그렇듯이 적절한 수준을 유지하는 것이 중요하다. 온실 효과는 지구상의 생물에게 매우 중요하다. 이것이 없다면 해양은 결국 얼어 버릴 것이다. 그러나 온실 효과가 심각하게 증가한다면 수많은 생물체들과 종(種) 그리고 (인간 문명을 포함하여) 장기간에 걸쳐 발달했던 환경 시스템은 중대한 변화를 맞이할 것이며, 지구 생태계는 붕괴될 것이다. 가장 극단적인 경우를 가정하면, 금성에서 나타나는 수준의 온실 효과는 지구 상의 모든 생물을 멸종에 이르게 할 수 있다. 그러나 한편으로는 이산화탄소 양의 증가, 온도의 상승, 생장 기간의 연장 등은 지구의 여러 식물에 도움이 될 것이다.

지구 온난화란?

지구 온난화와 온실 효과가 반드시 같은 의미를 갖는 것은 아니다. 온실 효과가 지구 온난화를 유발하는 것은 사실이지만, 지리적 판구조 변화와 지구의 공전 궤도 주기 변화 등 여러 다른 요인들도 지구의 온도를 높이거나 낮출 수 있다.

적정 수준의 지구 온난화는 알다시피 꼭 필요하다. 즉 지구 대기 중에 태양 복사 에너지를 가두는 역할을 하는 특정 기체들이 존재하지 않는다면 지구는 우주 속의 빙구(ice ball)로 존재할 것이다. 이러한 기체들은 온실의 유리와 같은 역할을 수행한다(그래서 이름이 온실가스이다). 지표로부터 반사되거나 복사되는 에너지를 차단하여 지구를 따뜻하게 유지시키며 동식물의 생존을 가능케 한다.

최근 들어 지구 온난화는 평균 지표 온도의 비자연적인 상승을 설명할 때 자주 언급된다. 많은 과학자들은 인간이 이산화탄소, 메탄, 질소 산화물을 대기 중으로 과다하게 배출하여 온도를 높이고 있다고 믿는다. 과거 100년 동안 지표 온도는 0.5℃나 상승하였는데, 과학자들은 이와 같은 온도의 상승이 인간에 의한 것이라고 믿고 있다.

전 지구 평균 기온은?

20세기의 지표면 및 해수면 온도는 평균 12℃였다. 21세기 초반부인 2007년의 평균 기온은 지난 세기의 평균 기온보다 0.71℃나 높았다. 2002년은 매우 더운 해였는데(1990년 이후 가장 더웠던 해는 1998년), 특히 지표면의 온도는 지난 세기와 비교할 때 1.89℃나 높았다. 2007년의 해수면 온도는 지난 128년간의 기록에서 4번째로 높았다.

지구 온난화에 **큰 영향**을 미치는 **기체와 화합물**들은?

이산화탄소 양을 증가시키는 행위는 지구의 열을 더욱 높이는 위험 요인이다. 또한 이산화탄소와 함께 메탄가스와 클로로플루오로카본(CFC, 프레온 가스)도 지구 온난화의 주범들이다. 메탄가스[가축, 석탄광, 토탄(土炭) 늪, 나무를 분해시키는 흰개미 등에서 발생하는]는 대기 중에 열을 가두는 능력이 이산화탄소의 25배에 달한다. CFC는 열을 가두는 데 이산화탄소보다 2만 배 더 효과적이다.

1990년대에는 메탄가스 양이 한 해에 0.8% 증가하였으나, 1997년부터 2007년까지는 안정화 추세를 보였다. 과학자들은 메탄가스의 생산량과 대기 중에서 소진되는 양이 균형에 이르렀다고 믿었다. 그러나 2007년에 메탄가스 양이 갑자기 증가하였는데, 특히 북반구에서 심했다. 그 이유는 아직 잘 파악되지 않고 있다. 지구 온난화가 습지 박테리아의 메탄 생산성을 증가시켰다는 이론(즉 시베리아 같은 곳에서 영구 동토층이 융해되면서 그 결과로)과 메탄가스를 분해하는 OH(하이드록시기)가 대기 중에서 감소하고 있다는 이론들이 제시된 바 있다. 현재 대기 중 메탄가스 양은 산업 혁명 이전에 비해 2배 이상 증가(700ppb에서 1,775ppb)하였으며, 메탄가스의 현재 증가 속도는 한 해에 10ppb 정도로 높은 편이다. 반면, 정부의 규제로 인해 CFC 양은 대기 중에서 꾸준히 감소하고 있는데, 이는 오존층에도 좋은 소식이라고 할 수 있다.

이산화탄소가 **가장 해로운 온실가스**인가?

그렇지 않다. 실제로는 수증기가 이산화탄소나 메탄가스보다 지구 온난화에 더 큰 영향을 미친다. 그보다 문제는 인간의 활동이 대기 중의 먼지량을 증가시킨다는 점이다. 대기 중의 먼지들은 구름이 생성될 때 응결핵 역할을 한다.

대기 중의 **이산화탄소** 양이 **기후 변화**와 관계있다고 **처음 주장한 사람**은?

스웨덴의 화학자인 스반테 아우구스트 아레니우스(Svante August Arrhenius,

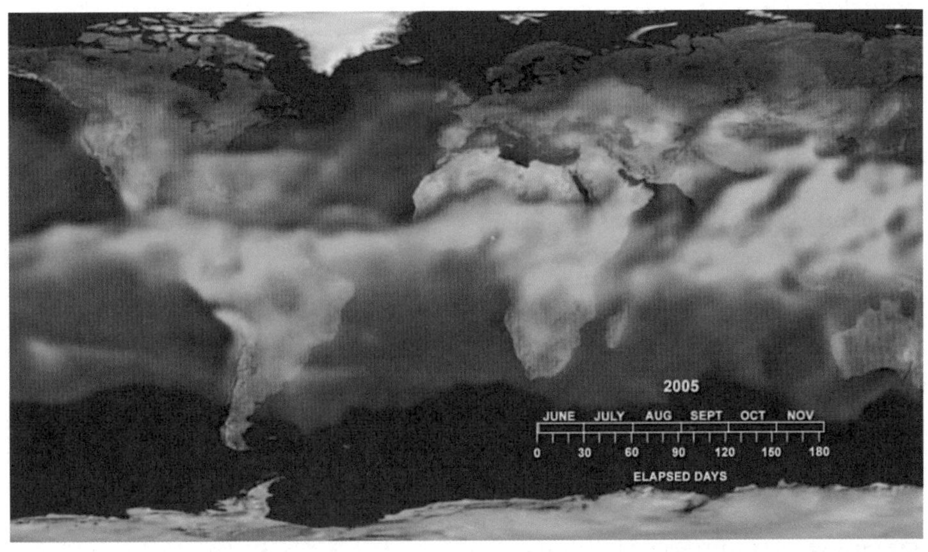

대기의 수증기 농도와 분포가 이산화탄소 양보다 지구 온난화에 2배 더 큰 영향을 미친다. 이 위성 영상은 2005년 가을 수증기의 분포를 보여 주고 있는데, 보다 밝은 파란색은 더 높은 곳까지 수증기가 존재함을 나타낸다. (출처: NASA/JPL)

1859~1927)는 대기 중의 이산화탄소 농도가 증가하면 보다 많은 열이 대기 중에 갇힌다는 이론을 최초로 제시하였다.

오염 물질로 배출된 **이산화탄소**는 **모두 대기 중에 남게** 되나?

그렇지 않다. 그중 상당 부분이 식생과 해양에 의해 재흡수되며 탄수화물로 변환된다. 1에이커 크기의 삼림은 매년 13톤의 기체와 오염 물질을 흡수할 수 있다. 그러나 인간은 지구 전역에서 삼림을 제거하고 있다. 삼림이나 해양에 의해 흡수되지 않는 것들은 대기 중에 남게 된다. 인간이 너무 많은 이산화탄소와 오염 물질을 배출하면서 대기 중의 온실가스가 증가하고 있다.

미국의 자동차와 산업 시설에서 배출되는 **이산화탄소의 양**은 **어느 정도**인가?

미국 환경보호국(EPA)의 2004년 연구에 따르면, 1990~2004년까지 이산화탄소의 총 배출량은 15.8% 증가하였다. 같은 기간에 미국의 국내 총생산량이 51% 증가한 사실을 고려할 때 그리 높은 증가율은 아니다. 이로써 억제책이 어느 정도 성공을 거둔 것으로 보인다.

내가 **차나 트럭을 운전**할 때 발생하는 **이산화탄소**의 양은 어느 정도인가?

미국 환경보호국(EPA)에 따르면, 가솔린 1갤런(gal, 부피 단위)을 태우면 8.8kg의 이산화탄소가 발생한다. 한편, 디젤유 1gal을 태우면 10kg의 이산화탄소가 발생한다. 따라서 만약 당신이 편도 24km 정도의 거리를 1gal에 29km를 주행하는 승용차로 매년 250일 정도 통근한다면, 약 3,600kg의 이산화탄소가 매년 대기 중으로 배출될 것이다. 이 수치에 전 세계의 통근자 수를 곱해 보라. 당신은 문제가 얼마나 심각한지를 깨닫게 될 것이다!

온실가스를 가장 많이 배출하는 **나라**는?

이 질문과 관련된 불명예스러운 딱지는 현재 미국에 붙어 있다. 그러나 최근 중국이 변수로 작용하고 있는데, 중국의 경제 붐은 자국 내 오염 물질의 급증으로 이어지고 있다. 1인당 배출량을 따지면 미국이 중국에 비해 여전히 높지만, 중국인 수는 미국인의 4배에 이른다. 네덜란드 환경국의 2007년 연구에 따르면, 미국인은 1인당 20톤의 이산화탄소를 배출하는 반면, 중국인은 5톤, 유럽 인은 10톤을 배출하고 있다. 선진국은 1인당 16.1톤의 온실가스를 배출하고 있는 반면, 개발 도상국은 4.2톤을 배출하고 있다. 이 연구는 10~25년 내로 온실가스의 증가가 멈추지 않는다면 지구 평균 기온의 심각한 상승으로 빙하가 녹고 전 세계 해안 지역이 홍수 피해를 입는 등 지구 온난화에 따른 재해를 입게 될 것이라고 경고하고 있다.

지구 온난화로 **빙하가 녹으면** 얼마나 많은 **사람들**이 **해안 침수 피해**를 겪을까?

지구 온난화 시나리오가 정확하다면 2070년에는 전 세계적으로 약 1억 5000만 명이 해수면보다 낮은 지역에 위치할 것이다. 뉴욕, 도쿄, 홍콩, 뭄바이, 방콕 등 130여 곳의 항구 도시들이 영향을 받을 것이다. 2007년 추정치에 따르면 경제적 피해가 35조에 다다를 것으로 보이는데, 현재 전 세계에서 이 정도 규모의 경제적 충격을 극복할 수 있는 국가는 존재하지 않는다. 이러한 침수 피해는 분명 해안 도시를 재앙에 빠뜨릴 것이다. 많은 이주민이 발생하면서 정치적·사회적 혼란이 야기될 것이고, 이는 틀림없이 군사적 갈등, 기근, 질병으로 이어질 것이다.

지구 온난화와 **지질** 간에 연관 관계가 있는가?

그렇다. 지구 복합 시스템의 일부분이 변하면 다른 부분들도 영향을 받는다. 지구 온난화는 지질에 간접적인 영향을 미친다. 특히 지구 대기권(그리고 생물권)의 변화는 암석의 순환 주기에 영향을 줄 수 있다. 해수면 상승은 빙하의 면적과 사막의 위치를 변화시키고 해안 지역의 해수 침투를 유발한다. 이러한 변화는 모두 지구 상에서 일어나고 있는 풍화의 속도와 유형에 영향을 미친다.

바다와 호수 등에 녹아 있는 이산화탄소 또한 지구 온난화와 지질의 연관성 측면에서 중요한 의미를 갖는다. 이산화탄소는 주로 생물체에 의해 흡입되긴 하지만, 바

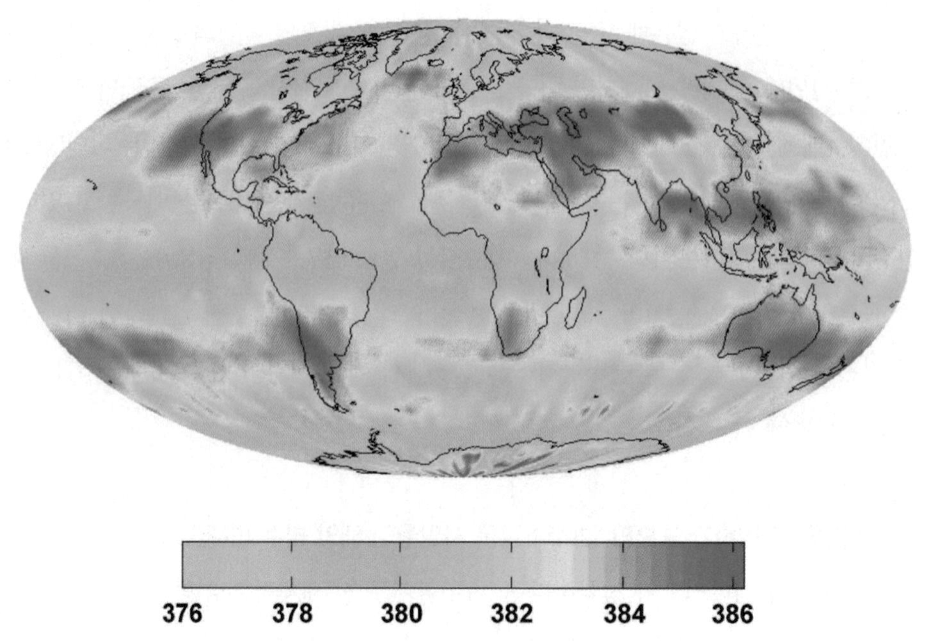

2008년 7월 미국 국립항공우주국(NASA)의 아쿠아(Aqua) 위성에 탑재된 대기 적외선 사운더(AIRS)가 찍은 영상이다. 이산화탄소의 분포가 ppb 단위로 나타나 있다. (출처: NASA/JPL)

다나 호수 등지에서 침전되어 퇴적암을 형성하기도 한다. 이산화탄소는 암석이나 조개껍질 내 탄산염의 용해, 탄산염 광물의 풍화, 화산 폭발과 온천, 대기와의 반응, 생물체의 호흡, 강이나 지하수 등 다양한 곳으로부터 시스템으로 되돌아온다. 대부분의 과학자들은 지구 환경 안팎에서 이산화탄소의 양이 변화하면 인간 사회가 큰 영향을 받게 될 것으로 생각한다. 인간과 여타 생물체들만 영향을 받는 것이 아니라 지질과 연관된 자연적 순환 또한 영향을 받는다.

지질-지구 온난화 연관성은 기후와 기상에서도 발견된다. 앞으로 지구 온난화가 지속된다면 보다 강력한 기상 현상이 나타날 것이다. 슈퍼 허리케인과 같은 기상 이벤트들은 수많은 강과 개울의 홍수를 일으킬 것이고, 해안 지역의 심각한 침식을 유발할 것이다. 식생의 변화는 여러 지역에서 침식의 증가로 이어질 것이다. 또한 산지 빙하, 극 빙하, 바다 빙하 등은 극심하게 감소하여 우주로 반사되어 되돌아가는 복사 에너지 양은 줄어들고 온난화는 심화될 것이다. 물 순환의 변화는 하천의 흐름 및 지

하수위(地下水位)에 변화를 가져올 것이다.

지구 온난화를 지지하는 증거는?

지구가 온난한 기후 환경으로 빠르게 변하고 있음을 확신하는 과학자들의 수가 점점 증가하고 있다. 기상학자나 환경학자 등의 과학자들은 실험실이나 야외에서 지속적으로 정보를 수집하고 있다. 회의론자들을 설득시킬 수 있는 결정적인 증거는 없지만, 관련 증거들은 계속 축적되고 있다. 다음은 지구 온난화에 대한 우려가 점점 커지고 있는 이유를 기술한 것이다.

- 온도 기록 경신: 지난 10~20년 동안 전 세계 여러 도시에서 과거의 모든 온도 기록을 추월하는 고온 현상이 나타났다.
- 가뭄과 강수 패턴 변화: 건조한 해는 점점 더 건조해지고 습한 해는 점점 더 습해진다. 홍수는 더욱 잦아지고 강의 수위는 기록적이다. 예를 들어 미국의 중서부 지역과 그레이트플레인스(대평원)에 위치한 주들은 최근 (비록 목축과 제방 축조 등 때문인 것일 수도 있지만) 홍수의 빈도가 확연하게 증가하고 있다. 북서부 지역 또한 강우량이 높았다. 그러나 반대로 남서부와 (특히) 남동부 지역의 주들에서는 가뭄 기간이 늘어났다.
- 이상 기상의 증가: 일부 과학자들은 최근 허리케인과 토네이도 활동이 증가 추세에 있으며, 특히 미국과 동남아시아 지역에서 강화되고 있다고 느끼고 있다. 2005년 뉴올리언스 등 멕시코 만 도시들을 강타한 허리케인 카트리나(Hurricane Katrina)는 최근 들어 가장 참혹한 재해를 불러왔다. 기후학자들은 1970년대와 1980년대에는 허리케인이 비교적 잠잠한 편이었으나 1995년 이후 강화되고 있음을 보고하고 있다. 9개의 허리케인이 있었던 1995년과 2005년 사이에 폭풍의 강도와 빈도는 평균적인 정도를 웃돌았다.
- 해양의 온난화, 산호초 백화(白化, bleaching) 현상: 지구 상의 산호초에 문제가 발생했다는 명확한 증거들은 도처에서 발견된다. 산호초가 비록 열대의 따뜻한 바다에서 서식하지만 바닷물이 너무 따뜻해지면 산호는 죽고 만다. 그 이유는 첫

지구 온난화는 미크로네시아 추크 인근의 산호초 등에 부정적인 영향을 미친다. 따뜻한 바닷물은 산호를 고사시키고 이에 따라 서식처가 파괴되는 '백화' 현상이 일어난다. (사진: Dwayne Meadows, NOAA/NMFS/OPR)

째, 이 생물체는 이 정도의 온도를 견뎌 낼 수 없기 때문이다. 둘째, 바닷물이 따뜻해지면 산호의 생존에 필요한 칼슘이 바닷물 속에 많이 용해되지 않기 때문이다. 산호가 죽으면 산호초가 띠던 선명한 색은 사라지고 만다. 따라서 이를 '백화'라고 한다.

- 빙하의 융해: 가장 일반적으로 언급되는 지구 온난화의 증거는 북반구의 북부를 중심으로 남극과 산지 정상 부근에서 관찰되는 빙하의 축소 현상이다. 그린란드의 빙하는 하루에 30m 정도의 속도로 후퇴하고 있다. 남극에서는 로드아일랜드 주 정도의 크기인 라르센 빙붕(Larsen ice shelf)이 빙하 본체에서 떨어져 나왔다. 탄자니아의 킬리만자로 산 정상의 빙하 또한 빠르게 녹아내리고 있어, 과학자들은 2020년 정도가 되면 산 정상에서 더 이상 얼음을 관찰할 수 없을 것이라는 예측을 하고 있다.

지구 온난화로 **빙하**가 **녹고** 있는가?

현재 많은 과학자들은 온실가스가 전례 없는 속도로 전 세계의 빙하를 녹여 후퇴시키고 있다고 생각한다. 2030년쯤 되면 몬태나 주의 글레이셔(Glacier) 국립공원에서 더 이상의 빙하를 찾기 힘들 것으로 보고 있다. 동아프리카 케냐의 루이스 빙하(Lewis Glacier)는 과거 25년간 전체 크기의 40%나 감소하였다.

ICESat란?

ICESat(Ice, Cloud, Land Elevation Satellite의 앞글자를 딴 약어)는 지형 및 식생부터 에어로졸 양까지 광범위한 정보를 수집하기 위해 미국 국립항공우주국(NASA)이 2003년 1월 12일에 쏘아 올린 위성이다. 지구과학 레이저 고도 시스템(Geoscience Laser Altimeter System, GLAS)이라는 모니터링 기계를 탑재하고 있다. ICESat의 주요 임무 중 하나는 지구의 빙하가 변화하는 모습을 모니터링하는 것이다.

빙하가 **녹으면서** 나타나는 **결과**는?

전 세계의 가장 높은 산들이 모여 있는 히말라야 지역에서 산지 빙하가 녹으면서 인근 빙하호가 물로 가득 차고 하안이 무너졌다. 이 때문에 홍수가 나면서 하류 쪽에 거주하고 있던 사람들이 사망하는 등 피해가 발생하였다. 전 세계에 빙하가 존재하는 곳이라면 어디에서나 이와 비슷한 결과가 인근 거주민에게 닥칠 것이다.

과거의 갑작스러운 기후 변화들이 **단스고르-외슈거 이벤트**로 불리게 된 이유는?

덴마크의 지구물리학자인 윌리 단스고르(Willi Dansgaard, 1922~)는 빙하 속의 산소 동위 원소 및 수소 동위 원소의 양과 먼지량, 얼음의 산성도 등을 측정하여 과거 지구의 기후를 복원할 수 있다는 것을 발견하였다. 그는 복사 에너지 측정 기구인 외슈거 카운터(Oeschger counter)를 발명한 스위스의 물리학자 한스 외슈거(Hans Oeschger, 1927~1998)와 함께 1960년대에 그린란드의 빙하에서 채취한 빙하 코어(ice core)를 분석하여 이와 같은 결론에 도달하였다. 외슈거와 단스고르는 과거 15만 년 전부터 현재까지 쌓인 얼음 시료를 얻었다. 빙하 코어는 과거 24차례의 급작스러운 기후 변화가 존재했다는 사실을 보여 준다. 이러한 변화들을 단스고르-외슈거 이벤트(Dansgaard-Oeschger event)라고 부른다.

북극해에서 빙하 코어 시료를 얻기 위해 시추 작업을 하고 있다. 이 시료들은 지구 대기의 과거 변화와 관련된 중요한 정보를 상세히 담고 있다. (사진: Mike Dunn, coutesy NOAA)

지구 온난화가 **질병**을 증가시키는가?

높은 기온은 벌레나 쥐부터 바이러스, 세균에 이르기까지 모든 유해물을 창궐하게 한다. 모기는 덥고 온난한 기후 상태에서 번성하여 피를 통해 질병을 전파시키므로, 지구 상에 그 어떤 동물보다도 인간들을 더 많이 사망에 이르게 한다. 모기의 번식 주기가 점점 짧아지면서 매년 번식 횟수가 증가하고 있다. 모기들은 말라리아나 뎅기열(dengue fever) 등의 질병을 퍼뜨린다. 모기와 마찬가지로 지구 온난화와 함께 서식 영역을 넓히고 있는 쥐는 벼룩이나 이와 같이 질병을 퍼뜨리는 기생 동물들을 이동시키는 역할을 한다. 또한 지구 온난화가 가뭄, 홍수, 기근, 그리고 이로 인한 가난, 홈리스, 수질 오염 등의 문제와 함께 나타나고 있어 그 심각성이 배가되고 있다. 이러한 모든 문제들이 콜레라와 같은 질병의 전파를 유발하는 비위생적인 주거 환경을 조성한다. 세계보건기구(WHO)의 2008년 조사 결과에 따르면 매년 약 15만 명이 영양실조, 설사, 말라리아 등으로 목숨을 잃으며, 대부분의 사망이 기후 변화와 관련이 있다고 한다. 아프리카와 동남아시아 가난한 나라들의 피해가 특히 심각하다.

지구 온난화와 기후 변화의 **영향**에 따른 **평균 기온**의 상승폭은?

2010년의 전 세계 기온은 1990년과 비교할 때 1.1℃에서 6.4℃ 높을 것으로 보이

며, 해수면 또한 1~2m 정도 높을 것으로 판단된다.

과거에도 **지구 온난화**가 있었다는 **증거**가 있는가?

있다. 과거에도 지구 온난화 과정이 있었다는 증거는 많다. 다음은 지구 온난화가 있었던 대표적인 시기들 중 2개 시기이다.

- 백악기 중기(Mid-Cretaceous Period): 이 기간(1억 2000만~9000만 년 전까지) 동안에는 일반적인 속도의 2배 되는 속도로 해양 지각이 새롭게 생성되었다. 거대한 화산 판이 해양 분지에서 형성되었고, 해양 온도는 매우 높았다. 그리고 전 세계적으로 석유의 형성이 최고점에 다다른 시기였다. 해수면 또한 지금보다 100~200m나 높았다. 이처럼 온도가 높았던 이유는 여러 가지가 있는데, 화산 폭발로 이산화탄소(온실가스)가 많이 배출되면서 조성된 '슈퍼 온실' 효과가 그중의 하나이다. 이 시기에는 현재 지구 평균 기온보다 10~12℃ 정도 높았다. 흥미롭게도 해저에서 분출되어 식은 거대한 크기의 현무암이 해수면 상승을 일으킨 것으로 추측된다. 해수면 및 기온 상승으로 번성했던 생물들은 결국 석유의 형성에 필요한 물질의 공급원이 된 셈이다.
- 이오세(Eocene Period): 이 기간(5500만~3800만 년 전까지)에는 기온이 상승하면서 열대 식생이 북위/남위 45~55°까지 전진하였는데, 오늘날의 분포와 비교할 때 약 15° 이상 극에 가깝게 전진한 셈이다. 암석 시료를 근거로 보면 지구의 이산화탄소 양은 현재보다 2~6배 높았던 것으로 보인다. 과학자들은 이 시기의 지구 온난화 현상이 대륙판 간의 충돌로 대량의 온실가스가 대기 중으로 방출되면서 일어났다고 보고 있다(이는 암석 순환 주기와 판의 변화가 대기 환경에 영향을 미쳤던 사례이기도 하다).

교토 의정서란?

교토 의정서(京都議定書)는 전 세계의 이산화탄소 배출량을 감축하여 지구 온난화를 방지하는 것을 목적으로 하는 의정서로, 유엔(UN)에 의해 발의된 국제 협약이다.

만약 지구 상의 모든 빙하가 녹는다면 해수면의 높이는 어느 정도 상승할까?

지구 상의 모든 빙하(극 빙하, 그린란드와 아이슬란드 빙하 등)가 녹는다면 전 세계의 평균 해수면은 약 76m 정도 상승할 것으로 예측되고 있다. 이러한 상승은 대부분의 해안 도시를 파괴할 것이며, 대륙의 거주 공간을 축소시킬 것이다. 또한 대규모의 기후 변동을 일으켜 우리의 삶을 영원히 바꾸어 놓을 것이다.

이 협약은 1997년 12월 11일에 채택되었으며, 협약서에는 184개국 대표자들이 서명하였다. 교토 의정서는 배출량 감축 시간표를 작성하여 2008년부터 2012년까지 1990년 온실가스 배출량의 5%를 감축하는 것이 주요 내용이다. 이 협약에 동참한 국가들은 자기 나라에서 배출되는 오염 물질의 양을 감소시키거나, 배출량 무역 시스템인 '탄소 시장'에서의 매매를 통해 탄소 배출권을 확보하여야 한다. 즉 자국의 국경 내에서 배출량을 증가시키고자 하는 국가는 협약에 참여한 국가 중 배출량이 적은 국가로부터 배출권을 구입할 수 있다. 또한 이웃 국가의 배출량 감축 프로그램을 지원하거나, 다른 국가에 청정 공장과 발전소 등을 건립해 주면 이에 상응하는 배출권을 얻을 수 있다.

미국이 **교토 의정서**의 서명을 **거부**한 이유는?

미국은 여러 가지 이유를 들어 1997년과 2001년 교토 협약서에 서명하는 것을 거부하였다. 미국 대표부는 미국에 부과된 엄격한 배출 조건이 인도나 중국에는 적용되지 않았다는 점을 가장 중요한 거부 이유로 들면서, 이러한 차이 때문에 불공정 무역이 심화될 것이라고 주장하였다. 미국 정부 또한 의정서에 서명하면 미국 경제가 악화되면서 많은 국민들이 일자리를 잃게 될 것이며, 국가 전체가 해외 에너지 공급자에 휘둘릴 것으로 확신하고 있다.

에너지 사용과 생산 측면에서 **미국**과 **중국/러시아**를 비교하면?

2007년 미국은 전체 에너지의 50%를 석탄으로부터 얻었다. 2006년 기름의 일일 사용량(2100만 배럴)은 중국의 3배에 달했다. 러시아는 연간 6040억m^3의 천연가스를 태우는데, 미국은 이보다 약간 적은 양을 소비한다.

만약 **영구 동토층**이 지구 온난화로 완전히 **녹아 버리면** 무슨 일이 벌어질까?

지구 온난화의 문제점은 시간이 경과함에 따라 그 영향이 눈덩이처럼 불어나고 가속화된다는 데에 있다. 스칸디나비아와 알래스카 같은 곳의 영구 동토층(永久凍土層, 지층의 온도가 연중 0℃ 이하인 부분)과 이탄지(泥炭地)를 조사한 결과, 최근 다음과 같은 사실이 밝혀졌다. 영구 동토층으로 덮여 있는 땅이 녹으면 습지로 변한다. 여기까지는 나쁘지 않다. 그러나 영구 동토층의 하부에는 수백 년간 이탄과 식물이 부패하면서 생성된 메탄가스가 저장되어 있다. 영구 동토층이 녹으면 이 메탄가스는 모두 대기 중으로 풀릴 것이고, 약 50% 가까이 메탄 양이 증가할 것으로 예측되고 있다.

해수면 상승으로 가장 **위협** 받고 있는 **나라**는? 그리고 21세기에 사라질지도 모르는 나라는?

고도가 낮은 태평양과 인도양의 섬나라들이 가장 위험한데, 대표적으로 투발루와 몰디브를 들 수 있다. 이외에 해안 침수와 홍수 피해에 노출된 나라로는 방글라데시, 인도, 태국, 베트남, 인도네시아, 중국 등이 있으며 수억 명의 삶이 위험에 처해 있다.

지구 온난화가 **강력한 허리케인**의 수를 **증가**시킬까?

2005년 미국 매사추세츠 공과대학(MIT)의 연구 결과에 따르면, 지구 온난화가 해수 온도를 상승시킴에 따라 허리케인의 빈도와 강도가 불과 수십 년 전에 비해 45% 가량 증가하였다고 한다. 1970년대에는 허리케인 시즌에 카리브 해 지역에서 평균 14개의 허리케인이 발달하였다. 그러나 1990년대에는 그 수가 18개까지 증가하였다. 플로리다 국제대학의 연구자인 휴 윌로비(Hugh Willoughby)는 허리케인이 점점 더 강해지고 자주 나타난다고 주장한다. 그의 주장은 미국 국립해양대기국(NOAA) 과학자들의 의견과 동일하다. 한편 이와는 반대되는 의견도 제시되고 있는데, 예를 들어 플로리다 주립대학 교수인 제임스 오브라이언(James O'Brien)은 1850년부터 2005년까지 허리케인 수가 뚜렷하게 증가하지 않았다고 주장한다.

지구 온난화를 표시하는 **식생과 조류**의 **행동 변화**는?

우리는 이전에 비해 몇 주 정도의 차이로 봄이 일찍 오고 꽃이 일찍 피고 여름이 오래 지속되고 있다고 느낀다. 조류의 남북 이동 또한 변화하고 있다. 일부 조류종의 경우 이전에 찾지 않았던 북쪽 지역에서 발견되는 횟수가 증가하고 있다. 북아메리카 지역에서 주머니쥐나 아르마딜로(armadillo)와 같은 포유류들의 서식 영역이 점점 북쪽으로 확장되고 있다. 더욱 우려되는 것은 불개미나 아프리카 벌과 같은 곤충들 또한 점점 북상하고 있다는 점이다.

해수면이 **상승**할 때 **사라지는 육지**의 면적은?

과학자들은 해수면이 1mm 상승할 때 해안선의 1.5m 정도가 사라질 것으로 예측하고 있다. 이는 해수면이 1m 상승할 경우 해안선은 내륙으로 1.6km나 후퇴한다는 것을 의미한다.

지구 온난화로 **물의 공급**이 **어려워지는가**?

전 세계 많은 지역의 사람들은 인근 산지의 눈이 녹아 흘러 들어간 강으로부터 식수를 얻고 있다. 미국 내에서 지구 온난화로 특히 위협을 받고 있는 지역 중 하나가 남부 캘리포니아이다. 이전과 달리 겨울에 눈이 많이 쌓이지 않으면서 인근 시에라네바다 산지의 눈이 사라지고 있다. 그 결과 로스앤젤레스 시를 포함한 여러 도시들이 용수의 부족으로 고통을 받고 있다. 2050년에 이르면 캘리포니아 주에 쌓여 있는 눈의 25% 정도가 사라질 것으로 예측되고 있다. 이는 인구가 빠르게 증가하고 있는 캘리포니아 주에 큰 문제를 일으킬 것이다. 그사이에 미국 남서부 지역에서는 가뭄

지구 온난화로 나타나는 뜻밖의 서늘한 현상은?

잘 이해되지 않을지도 모른다. 지구는 점점 더워지지만 여름철 최고 온도는 반대로 낮아지고 있다. 그러나 겨울철 최저 온도는 상승하고 있으므로 전체적인 평균 온도 또한 상승하고 있는 추세이다. 한편 지표면의 온도는 점점 따뜻해지는 반면, 성층권의 온도는 낮아지고 있다. 이는 자외선을 흡수한 후 열을 성층권에 방출하는 오존층이 파괴되면서 나타난 현상이다. 오존이 적을수록 성층권을 통과하는(성층권을 덥히지 못하는) 자외선 양은 늘어난다. 1979년 이래 기록에 따르면 1997년, 2000년, 2006년이 성층권이 가장 추웠던 해이다.

으로 호수와 강이 말라 가고 있다. 그 결과 농산물 피해, 가축의 폐사, 지역 관광 수입 감소 등과 같은 경제적 피해가 약 13억 달러에 달할 것으로 예측된 바 있다.

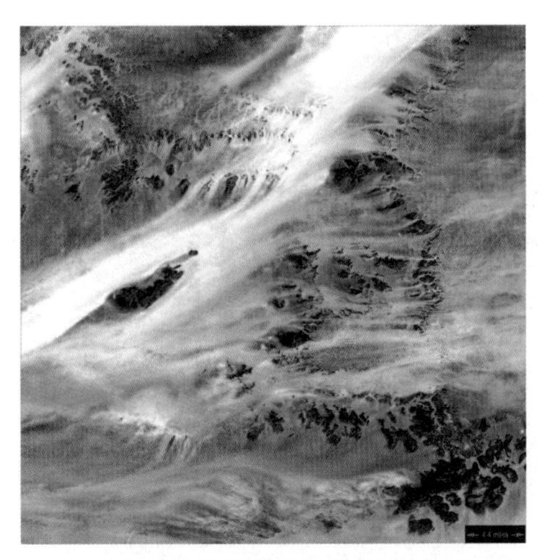

사하라 사막은 1만 년 전만 해도 코끼리, 사자 등 여러 동물들이 서식하는 초원 지대였다. 지금은 전 세계에서 가장 큰 사막이며 우려스러운 속도로 그 범위가 팽창되고 있다. (출처: NOAA)

지구 온난화로 **사막의 면적**이 늘어날까?

사막화(사막의 확장과 그에 수반되는 수자원의 고갈)는 과도한 농경, 과다한 인구, 가뭄, 기후 변화 등 여러 원인들에 의해 발생한다. 전 세계의 사막 면적이 무서운 속도로 증가하고 있고, 담수호 등의 수자원은 말라 먼지가 날린다. 여러 사례를 들 수 있지만 여기서는 일부만 소개한다.

- 아프리카 국가들인 나이지리아, 니제르, 카메룬, 차드의 물 공급원인 차드 호는 1960년대에 비해 95%나 축소되었다.
- 카자흐스탄은 1980년 이후로 농경지의 반을 잃었다.
- 이란의 모래 폭풍은 2002년 이후로 100여 마을 이상을 휩쓸었다.
- 중국의 고비 사막은 빠르게 확장하면서 땅을 파괴하고 있다. 이 지역의 거대한 먼지 폭풍으로 중국의 피해 비용은 매년 65억 달러에 이른다.

- 2025년에 이르면 물과 농경지의 손실로 아프리카의 4분의 3이 기아에 직면할 것이라고 예측된다.
- 인구의 이동과 자원을 향한 갈등은 전쟁으로 이어지는데, 특히 아프리카에서 심각하다. 수단의 경우는 좋은 예이다.

지구의 중요한 **에너지원**으로 **지구 온난화**를 **유발하지 않는 것**은?

많은 사람들이 핵폐기물 처리에 대해 여러 가지 걱정을 하지만, 핵에너지는 지구 온난화를 일으키지 않는다는 장점을 갖는다. 이러한 이유로 미국에서 원자로 수가 크게 증가하였다. 그러나 원자로가 온실가스는 배출하지 않지만, 이러한 공장들은 한편으로 탄소 발자국(Carbon footprint)을 남긴다. 연료인 우라늄 광석을 채취하고, 운반하고, 가공해야 하며, 공장을 세우고 유지해야 한다. 이러한 모든 일들이 석유와 석탄 같은 에너지를 기반으로 이루어진다. 2008년 미국에는 104개의 원자력 발전소가 있고, 이들이 전국 전기 수요의 20% 이상을 담당하고 있다.

많은 사람들은 풍력 발전이 에너지 위기 및 지구 온난화에 대처할 수 있는 해결책이라고 생각한다. 그러나 바람 에너지조차 환경과 야생 동식물에 부정적인 영향을 미친다.

풍력 발전은 **에너지 위기**와 **지구 온난화**를 극복할 수 있는 좋은 방법인가?

풍력 발전은 에너지 부족을 해결할 수 있는 매우 좋은 해결책으로 보인다. 바람은 비록 변덕스럽긴 하지만 비용이 들지 않고 채취 과정도 필요하지 않으며 깨끗하다. 또한 풍력 발전 기술이 향상되어 경제적인 측면도 점점 나아지고 있다. 현재 풍력은 전 세계 전력의 0.1%를 담당하고 있지만 매년 30% 정도 늘고 있다.

그러나 풍력 발전에도 문제는 있다. 첫째, 남부 캘리포니아 등에서 볼 수 있는 대형 풍차가 새와 다른 동물들을 죽이고 있다. 근처를 날아가던 일부 불행한 새들은 풍차의 날개에 걸려 갈기갈기 찢겨 죽는다. 일부 환경보호가들은 이러한 풍차가 멸종위기의 조류들을 죽이고 있다고 우려한다. 2002년 스페인의 풍력 발전소에서 수행된 연구에 따르면, 단 1년 동안 박쥐 35만여 마리, 작은 조류 300만여 마리, 맹금류 11,200여 마리가 바람개비와 전선에 의해 죽었다. 캘리포니아 팜스프링스 인근 앨터몬트 패스 풍력 발전 지역에는 총 4,900여 개의 풍차가 세워져 있다. 이곳에서는 굴올빼미나 검독수리와 같은 맹금류 1,300여 마리를 포함하여 매년 4,700여 마리의 새들이 죽는다. 활용 가능한 육지의 면적이 점점 감소함에 따라 일부 국가에서는 풍력 발전소를 연안에 세우고 있다. 예를 들어 영국은 새로운 풍력 발전소를 건설 중인데, 켄트, 에식스, 클랙턴, 마게이트 해안에서 375km^2 정도의 면적이 풍력 발전소에 의해 점유될 것이다. 이러한 연안 발전소는 당연히 바닷새에 위협이 되고 있다.

풍력 발전소는 또한 많은 공간을 차지한다. 언덕 사면과 열린 초원 지대에 위치하면서 실질적으로 야생 동물의 서식처를 파괴하고 있다. 하나의 풍차는 약 144m^{2}의 면적을 차지한다. 게다가 거대한 도시 전력 공급용 풍차를 세우기 위해서는 많은 자원이 소요된다. 풍차를 건설하고 유지하기 위해 금속과 콘크리트 등이 필요하며, 건설 중 동력원으로 휘발유와 석유 또한 필요하다.

풍력 발전소는 **날씨**에 영향을 주는가?

그렇다고 볼 수 있다. 2008년 연구에서 대형 풍차가 국지적 기상과 기후에 영향을 미친다는 점이 밝혀졌다. 이를 이해하는 데에는 약간의 생각이면 충분하다. 농민들은 과거 결빙의 위험이 있을 때마다 습도를 낮추고 작물을 따뜻하게 해 주기 위해 대형 선풍기를 활용해 왔다. 풍차 또한 습도를 낮추고 온도를 높이는데, 특히 아침 시간에 그러한 경향이 두드러진다. 우리는 앞으로 더욱 많은 풍차를 세우게 될 터인데, 풍차가 어느 정도 만들어져야 세계의 기후와 기상이 영향을 받을까라는 질문을 던져 볼 수 있다.

지구 온난화는 **되돌릴 수 없는** 것인가?

2009년 1월 미국 국립해양대기국(NOAA)에서 발표한 보고문에 따르면, 이산화탄소와 다른 온실가스의 배출이 만에 하나 올해에 그친다 하더라도 온난화 경향을 되돌리기에는 이미 늦었다고 한다. 너무 많은 양의 온실가스가 대기 중에 쌓여 있다. 우리는 앞으로도 1,000년 이상 온난화를 경험하게 될 것이다.

모든 과학자들이 지구 온난화가 인간에 의해 유발되었다는 점에 **동의**하는가?

그렇지 않다. 과학자들 모두가 인간에 의해 지구 온난화가 발생했다고 믿는 것은 아니다. 지구의 기후가 심각한 변화를 겪고 있다고 확신하는 과학자들이 점점 늘어나고 있는 것은 사실이지만, 여전히 지구 온난화가 태양 활동과 관계있다고 주장하는 사람들도 존재한다. 또한 일부 기상학자들은 역사적인 사례를 보았을 때 기후의 온난화 경향은 이산화탄소의 증가 이전에 나타났지, 이후에 나타난 것이 아니라고 주장하고 있다. 지구가 따뜻해지면 지구 상 대부분의 이산화탄소를 탄산의 형태로 포함하고 있는 해양도 따뜻해지는데, 해양이 충분히 따뜻해지면 이산화탄소가 대기 중으로 방출된다는 것이 그들의 생각이다.

잠깐, **1970년대**에 과학자들은 **빙하기가 머지않았다고** 경고하지 않았던가?

1970년대 초에 지구가 새로운 빙하기로 접어들 것이라는 추측 기사가 난무하였다. 1971년 우주연구소의 라술(S. I. Rasool)과 슈나이더(S. H. Schneider)가 발표한 과학 논문은 빙하기의 도래를 예측했던 논문으로 종종 인용된다. 저자들은 대기 중의 에어로졸 양이 수년 후 600~800% 상승할 것으로 추측하였고, 이러한 변화가 빙하기를 불러올 것이라고 가정하였다. 그러나 실제 에어로졸 양은 감소하였다. 에어로졸 양이 감소하지 않았더라도 기온은 하락하지 않았을 것이다. 과학자들은 라술과 슈나이더가 이산화탄소 양이 기온에 미치는 영향에 대해 잘못된 예측을 했던 것으로 판단하고 있다. 그럼에도 불구하고 이 논문과 이 논문을 인용한 후속 논문들은 모두 미디어의 관심을 끌었고, 당시 많은 사람들은 앞으로 절정적인 기후 변화로 한랭한 시기가 될 것이라고 믿었다.

지구가 **빙하기**를 향해 가고 있다고 믿는 **과학자들**도 있나?

그렇다. 예를 들어 러시아과학원의 연구원인 하비불로 압두사마토프(Khabibullo Abdusamatov)는 전 세계 평균 기온이 2012~2015년까지 천천히 낮아질 것이며, 21세기 중반에 들면 온도가 갑자기 낮아지는 현상이 약 60년 동안 지속될 것이라고 주장하였다.

알래스카의 **일부 빙하**는 축소되는 것이 아니라 오히려 **성장**하고 있다는데 사실인가?

잘 알려진 허버드(Hubbard) 빙하를 포함한 여러 알래스카 빙하들이 최근에 전진하고 있는 것은 사실이다. 그 이유는 복잡하며, 어쩌면 기후 변화의 존재 유무와 상관없을지도 모른다. 빙하학은 복잡한 학문이다. 간단하게 정리하자면, 이는 빙하의 차이에 따른 것이다. 계곡 안에 있는 빙하는 기온 변화에 보다 민감하다. 분리 빙하로 알려진 허버드와 같은 종류의 빙하는 바다에 면하는 곳에서 그 일부가 떨어져 나가며 '칼빙(calving)'이라고 알려진 볼만한 광경을 연출한다. 허버드를 포함하여 현재 성장하고 있는 5개의 대형 알래스카 빙하들은 몇몇 공통점을 갖는다. 1) 이전에 오랜 기간의 후퇴를 경험했고 최근 들어서야(지난 세기부터) 그 상황이 역전되었다. 2) 얕은 빙퇴석(氷堆石)의 모래톱에서 빙하의 칼빙이 일어난다. 3) 길이가 긴 피오르(fjord)의 머리 부분에 놓여 있다. 4) 양의 질량 균형을 가지므로, 빙하의 무게에 맞춰 중력이 밑으로 잡아당길 때 확장된다. 5) 작은 소모대를 갖는다. 즉 빙하의 융해와 승화

2004년 영화 '투모로우(The day after Tomorrow)'에서처럼 지구 온난화로 갑작스럽게 빙하기가 도래할 수 있을까?

없다. 할리우드 영화일 뿐이다. 영화에서 주인공 과학자는 빙하가 녹아 바다로 흘러 들어가면 멕시코 만류가 흩어져 갑작스러운 빙하기가 찾아올 것이라고 예측한다. 뉴욕 시는 하루 만에 얼어 버리고 기이한 폭풍들은 사람들을 몇 초 만에 아이스캔디로 만들어 버린다. 전문가들은 빙하의 융해로 해수면 상승과 기상 패턴의 변화 등 여러 부정적인 현상들이 나타날 것이라는 점에는 동의하지만, 전체적으로 터무니없는 영화라고 생각한다.
그렇지만 빙하기가 매우 빠르게 찾아올 수도 있다는 점은 염두에 둘 필요가 있다. 지질학자와 빙하학자들은 북아메리카 대륙을 통해 빙하기가 수십 년 혹은 불과 3년 만에도 나타날 수 있다고 예측하고 있다.

가 일어나는 면적이 작다. 빙하학자들은 이러한 특징을 갖고 있는 빙하들은 장기간의 기후 변화에도 큰 영향을 받지 않는다고 말한다.

지구 온난화는 인간이 유발한 것이 아니라고 말하며 **수천 명의 과학자들**이 **서명한 진정서**는?

31,000명 이상의 미국 과학자들이 지구 온난화 진정서에 서명하였다. 이 진정서에는 지구 온난화가 인간의 활동으로 발생한 것이 아니고, 지구가 따뜻해지면 더 많은 이익이 창출될 것이며, 미국은 교토 의정서를 계속적으로 거부해야 한다는 주장을 담고 있다. 그들은 해수 온도 증가, 태양 활동 증가, 빙하의 축소, 강력한 폭풍 증가 등의 현상은 1800년대부터 나타났다고 주장한다. 따라서 산업 및 경제 발전을 제한하는 정책은 잘못되었다고 믿는다.

2008년 중국의 기상은 어떠하였나?

2008년 겨울은 중국에서 기상 측정이 시작된 이래 가장 추웠던 겨울이었다. 홍콩과 같은 중국 남부 지역 도시에서조차 매우 낮은 기온이 나타났고, 정전 현상이 수 주 동안 지속되기도 하였다. 매우 추웠던 날씨 탓에 100여 명 이상이 사망하였다.

알래스카의 글레이셔 만에서 떨어져 나가고 있는 얼음 덩어리. 지구 온난화 때문에 빙하가 녹는 속도가 빨라지면서 이러한 현상이 가속화되고 있는 듯하다. (사진: John Bortniak, NOAA Corps)

미국의 **2008년** 또한 **매우 추운 해**였지 않았는가?

그렇다. 미국의 2008년 평균 기온은 1997년 이래 가장 낮았다. 또한 라니냐의 영향을 받아 강수량이 매우 높았는데, 이는 기상학자들이 2008년이 상당히 추웠다고 생각하는 중요한 원인이다. 2008년 1월부터 10월까지 평균 기온은 13.3℃였고, 1997년 같은 기간의 경우 평균 기온이 13.2℃였다. 2008년 평균 기온은 지난 114년간 기온의 평균과 엇비슷하다. 그러나 2008년 전 세계 기온은 사상 9번째로 높았다.

미국 **국립기후자료센터**가 공표한 2008년 평균 기온은?

미국 국립기후자료센터(NCDC)에 따르면 미국 48개 주의 2008년 평균 기온은 1900~2000년 사이의 평균 기온보다 0.14℃ 정도 낮았다.

THE HANDY WEATHER
ANSWER BOOK

제11장

현대 기상학

기상 예보

현대 기상 예보는 언제 시작되었나?

1692년 5월 14일, 영국 런던의 주간지인 『성공적인 가계와 사업을 위한 필수 목록(A Collection for the Improvement of Husbandry and Trade)』이 향후 일주일간의 기상 정보를 제공할 목적으로 지난해의 동일한 날짜의 기압과 풍향, 풍속 자료를 포함한 표를 게재하였다. 독자들이 이 자료들을 이용하여 스스로 기상을 예상하는 식이었다. 곧바로 다른 신문이나 잡지들도 나름대로의 기상 관련 코너를 마련하기 시작하였다. 1771년 영국에서 전적으로 기상 예보만을 다루는 *Monthly Weather Paper*라는 새로운 잡지가 발간되었다. 1861년에는 영국 기상청이 매일의 기상을 예보하기 시작하였다. 1921년 1월 3일에는 미국 위스콘신 주 매디슨 시에 위치한 위스콘신 주립대학의 라디오 방송인 9XM이 처음으로 기상 예보를 방송하였다.

공식 폭풍 경보는 언제 미국에서 처음 발령되었나?

1870년 11월 8일에 미국통신단에서 근무한 인크리스 래펌(Increase Lapham) 교수가 미국 최초의 대규모 폭풍 경보를 발령하였다. 이 경보는 오대호 인근에서 점차 규모를 키워 강력한 폭풍으로 성장하는 것을 우려한 것이었다.

기상 관측 협조자란?

미국 정부가 드넓은 미국 전역의 날씨를 관측하는 데 필요한 모든 기상 관측소들을 지원하기 위해서는 엄두를 내지 못할 만큼의 비용이 든다. 다행히 기상 관측 협조자(cooperative weather observers)라고 불리는 자원자들은 운영에 필요한 최소한의 지원만으로 바람과 기온, 강수량 등을 측정한 기상 자료를 미국 국립기상청과 국립기후자료센터에 보고한다. 기상학자들은 이 자료를 이용하여 기상 예측을 한다.

자발적인 기상 관측자라는 **발상**을 떠올린 사람은?

미국의 물리학자이자 수학자인 조지프 헨리(Joseph Henry, 1797~1878)이다. 그는 미국 국립학술원의 제2대 회장이자 초대 스미스소니언 협회(Smithsonian Institution)의 사무총장이기도 했다. 그는 전자기학 부문에서 큰 진전을 이루었다. 특히 그의 전자계전기(電子繼電器) 연구는 새뮤얼 모스(Samuel Morse, 1791~1872)가 발명한 전신의 기초가 되었다. 스미스소니언 협회의 사무총장 시절에 그는 새롭게 발명된 전신이 전국에서 관측된 날씨 정보를 수도인 워싱턴으로 전달하는 전국의 기상 관측자들을 함께 엮는 데 사용될 수 있다고 생각하였다. 이것이 현재까지 활동하고 있는 전국적인 기상 관측망이 되었다.

기상학자는 어떻게 **기압의 변화**를 이용하여 **날씨**를 **예측**하나?

기상학자는 기압의 변화를 바탕으로 날씨와 관련한 많은 세부 사항을 예측할 수 있다. 일반적으로 기압의 변화는 다음의 기상과 관련이 있다.

- 기압이 떨어지면 비가 오거나, 바람이 불거나, 폭풍이 부는 날씨가 나타난다.
- 기압이 조금, 그러나 빠르게 떨어지면 짧은 기간 동안 비가 오거나 바람이 분다.
- 기압이 천천히, 그리고 어느 정도 떨어지면 그 지역에 저기압이 자리잡고 있지만, 그렇다고 악천후를 유발하지는 않는다.
- 기압이 오랜 기간에 걸쳐 천천히 떨어지면 당분간 날씨가 나빠진다.
- 고기압에 앞서 기압이 천천히 감소하면 날씨가 상당히 나빠진다.
- 기압이 높아지면 건조하고 한랭한 날씨가 나타난다.
- 기압이 천천히, 그리고 상당히 높아지면 맑은 날씨가 오랫동안 이어진다.
- 낮았던 기압이 빠르게 높아지면 곧 맑은 날씨가 나타난다.
- 기압이 급격하게 낮아지면 6시간 이내에 폭풍이 밀어닥칠 것을 보여 주는 좋은 지표이다.

『농사력』과 **『구농사력』**은 어떻게 다른가?

『농사력(The Farmer's Almanac)』은 로버트 토머스(Robert B. Thomas, 1766~1846)의 주도하에 1792년에 처음으로 출판되었고, 현재는 뉴햄프셔 주 더블린에서 발행되고 있다. 반면, 『구농사력(The Old Farmer's Almanac)』은 데이비드 영(David Young, ?~1852)이 집필한 것으로 1818년 오하이오 주에서 처음으로 출판되었고, 현재는 메인 주 루이스턴에서 발행된다. 이 두 농사력은 서로 다른 출판물이지만, 초창기에 수년 동안 『구농사력』이 『농사력』으로 불렸기 때문에 많은 혼란이 있었다. 하지만 둘 다 농사력이다. 두 농사력은 조수와 일출과 일몰, 그리고 태음 주기(太陰週期) 등의 다가올 천문 현상을 수록한다. 또한 흥밋거리로 요리법과 정원 가꾸기, 자연 관련 뉴스, 통보란 등도 싣는다. 연간지인 두 농사력은 이듬해 날씨를 예측하는데, 이로 인해 많은 농부들이 갖고 싶어 하는 책이 되었다. 『구농사력』이 날씨 적중률이 80%라고 주장하는 등, 두 농사력은 각기 날씨를 예측하는 감추어진 비밀이 있다고 주장한다. 하지만 그러한 주장에 의문을 제시하는 기상학자들은 두 농사력이 기상 예측에 대한 매우 일반적이고 대체적인 원칙만을 제시하여 그것들을 반박하기 어렵게 만든다고 말한다. 예를 들어, 두 농사력은 중부 지역의 봄철 기상 예보를 '올해 중부 지역에 예전보다 더 많은 비가 올 것'이라는 식으로 한다.

털북숭이 곰 애벌레의 줄무늬로 날씨를 예측할 수 있나?

예측할 수 없다. 일부 사람들은 털북숭이 곰 애벌레를 둘러싸고 있는 갈색 띠 무늬인 줄무늬의 폭을 보면 다가오는 겨울이 얼마나 추울지를 알려 준다고 믿었다. 만약 갈색의 줄무늬가 넓으면 겨울이 온난하고, 반대로 갈색의 줄무늬가 좁으면 추운 겨울이 올 것이라는 식이다. 그러나 뉴욕에 위치한 미국자연사박물관의 연구에 따르면, 날씨와 애벌레의 줄무늬 간에는 어떠한 연관성도 없다. 이러한 믿음은 과학적 사실에 기초하지 않은 근거 없는 미신일 뿐이다.

설치류인 마멋이 날씨를 정확히 예측할 수 있을까?

지난 60년간 마멋(marmot)은 성촉절(Groundhog day, 2월 2일)의 날씨를 단지 28%만큼만 정확히 예측하였다. 성촉절은 농부들이 겨울잠을 깨고 나오는 오소리가 나타나기를 기다렸던 독일에서 처음으로 기념되었다. 만약 그날이 맑으면 졸린 오소리가 자신의 그림자에 놀라 잠을 6주간 더 청하고, 날씨가 흐리면 봄이 왔다고 오소리가 바깥에서 서성거린다. 펜실베이니아 주로 이민 온 독일 농부들이 이 기념일을 미국에 소개하였다. 하지만 그들은 펜실베이니아 주에서 오소리를 찾지 못하자, 오소리를 마멋으로 대체하였다.

1872년 9월 1일 미 육군통신단이 작성한 이 기상도는 기압과 구름양, 강수, 해류 등의 정보를 보여 주지만, 단지 미국 동부 지역의 정보만을 싣고 있다. (출처: NOAA)

날씨를 **예측**하고 시간을 알려 주는 **나무**가 있나?

있다. 나뭇잎을 관찰하는 것은 오랫동안 사용되어 온 날씨 예측법이다. 농부들은 바람이 불 때 단풍잎이 동그랗게 말리면서 나뭇잎 아래가 위로 향하면 비가 확실이 온다고 말한다. 나무꾼은 견과류 나무에 붙은 이끼의 밀도로 겨울이 얼마나 추울지를 예상할 수 있다고 주장한다. 베짱이가 깨기 전에, 흑고무나무는 겨울이 온다는 것을 알려 준다. 나무는 또한 시간이나 시기를 알려 주는 놀라운 능력이 있다. 서부 아프리카의 열대 지방에는 큰 소리를 내면서 터지는 5cm 정도의 팽팽하게 부푼 꼬투리들을 가진 그리포니아(Griffonia)라는 나무가 있다. 그 소리는 아크라 벌판의 농부들이 작물을 심을 때라는 것을 알려 준다. 2월에 꽃이 피는 트리킬리아(Trichilia)는 두 번째 우기가 오기 바로 직전인 8월이면 다시 꽃이 핀다. 이는 이제 옥수수를 심을 때라는 것을 알려 준다. 피지에서는 해홍두 꽃이 피면 마를 심는다.

햇무리와 **달무리**가 비나 눈이 온다는 신호인가?

그렇다. 해 주변의 고리 혹은 보다 자주 발생하는 밤하늘 달 주변의 고리는 매우 높은 곳에 자리 잡은 권층운을 이루는 얼음 알갱이들을 확연히 드러낸 것이다. 고리가 선명할수록 강수가 올 확률이 높을 뿐만 아니라 더 빨리 비가 내린다. 비나 눈이 반드시 오지는 않지만, 세 번에 두 번 정도는 12~18시간 내에 강수가 시작된다. 이처럼 높은 하늘의 구름은 온난 전선과 함께 저기압이 다가오는 것을 알려 주는 전조이다.

기상도가 **처음**으로 **신문**에 실린 때는?

기상도(weather map)를 실은 최초의 정기물은 영국 런던의 일간지 『타임스(The Times)』로 1875년 4월 1일자 신문이었다. 영국의 과학자이자 찰스 다윈의 이복 사촌인 프랜시스 골턴(Francis Galton, 1822~1911)이 제작한 기상도가 사용되었다. 골턴은 인공위성과 컴퓨터, 그리고 전화의 도움도 없이 영국 제도와 서유럽 일부에 걸쳐 탁월풍과 기압, 기온 등을 포함한 기상도를 그렸다.

한랭 전선과 **온난 전선**이 포함된 **기상도**가 미국에서 처음 나온 것은 언제인가?

비록 전선대(前線帶)가 처음으로 알려진 때는 제1차 세계대전 중이었지만, 1930년대가 되어서야 비로소 미국의 기상도가 전선대를 표시하기 시작하였다.

실황 예보란 무엇일까?

실황 예보는 1시간 혹은 2시간 이후와 같이 단기간에 걸친 기상을 예측하는 것이다. 기상학자가 위성 영상과 레이더 영상, 그리고 각종 최신 기기들을 사용하여 제공하는 실시간 예보는 아마 가장 정확한 예보일 것이다. 토네이도의 경우처럼 기상 패턴이 아주 짧은 동안에 급격하게 변하더라도, 기상 상황은 단기간에 걸쳐서는 비교적 예측 가능하다. 예를 들어 크고 잘 조직화된 전선대가 몇 킬로미터 앞에서 당신이 살고 있는 곳으로 다가간다고 가정하면, 기상 예보관은 언제쯤 전선대가 당신의 마을에 영향을 미치고, 어떤 기상 상태가 나타날 것인가를 거의 정확하게 말할 수 있다.

국립기상청의 **기상 특보, 기상 주의보, 기상 경보** 간의 차이는?

국립기상청은 갑작스런 기상 변화가 예상되거나 더욱 상세하게 날씨의 변화를 알려 줄 필요성이 있을 때에 '기상 특보'를 발표한다. '기상 주의보'는 폭풍우나 태풍과 같은 악기상(惡氣象)이 발생하기에 적합한 기상 상황일 때 발효된다. 기상 주의보는 기상 변화에 주의를 기울이거나 기상 정보를 듣고, 실제로 악기상이 발생했을 때는 어떻게 할 것인가를 생각하는 등 악기상의 발생에 미리 대비하고 인식을 높이라는 권고이다. '기상 경보'는 실제로 악기상의 발생이 임박하거나 실제로 발생했을 때 발효된다. 기상 경보는 인명과 재산을 보호하기 위해 실제로 행동을 취할 필요가 있다는 것을 말한다. 폭풍 경보나 태풍 주의보 등 주의보나 경보 앞에 붙은 기상의 이름으로부터 재해의 종류를 알 수 있다.

미국 국립폭풍예보센터(SPC)란?

미국 국립기상청과 국립환경예보센터의 한 부서이다. 국립폭풍예보센터는 폭우나 폭설과 더불어 위험스런 불씨를 일으킬 만한 환경 등 재해를 발생시킬 수 있는 기상을 예측하는 일이 임무이다.

기상학자는 **기상 예보 적중률**을 어떻게 계산하나?

기상 방송에서 기상 캐스터가 "오늘 오후 눈이 올 확률이 40%이다." 혹은 "비가 올 확률이 75%나 되어 오늘 밤은 날씨가 궂을 것이다."라고 말하는 것을 듣곤 한다. 그렇다면 기상학자는 이러한 확률을 어떻게 계산할까? 대부분의 시청자들은 이러한 표현이 텔레비전 기상 캐스터의 어림짐작이라고 생각하겠지만, 실제로 이 확률은 다양한 컴퓨터 기상 예측 모델로부터 얻어진 값이다. 기상학자들이 위성 영상과 레이더 영상, 관측소 측정값 등 인근과 전국의 기상 관측소로부터 얻은 최대한 많은 자료를 컴퓨터 기상 예측 모델에 입력한 후, 이러한 값을 가진 기상의 초기 상태에서 시작하여 항후에 일어날 수 있는 다수의 기상 시나리오를 예측한다. 예를 들어 100개의 기상 시나리오 중에서 30개의 시나리오가 비가 올 것을 예측한다면, 기상학자는 비가 올 확률을 30%로 예측한다. 하지만 카오스 이론(chaos theory)이 지적했던 것처럼, 기상학자가 100% 혹은 90% 또는 80% 등과 같이 확실한 적중률로 기상을 예측할 수 있는 합리적인 방법은 없다. 단지 기상학자는 현재까지 밝혀진 기상과 관련한 모든 지식을 총동원하고, 컴퓨터 기술의 한계 내에서 가능한 한 최대한의 근사치를 추론하는 것일 뿐이다.

기상학자가 말하는 **강수 확률(POP)**이란?

POP는 '강수 확률(probability of precipitation)'의 약칭이다.

'부분적으로 흐림'과 **'부분적으로 맑음'** 간의 **차이**가 있나?

있다. '부분적으로 흐림'은 대부분의 하늘이 맑으나 약간의 구름이 있는 경우인 반면, '부분적으로 맑음'은 대부분의 하늘이 구름으로 덮여 있지만 약간씩 맑은 하늘이 있는 경우이다.

미국 국립해양대기국 기상 라디오란?

미국 국립해양대기국(NOAA) 기상 라디오는 미국(본토의 48개 주 약 90% 지역)과 미국의 해외 영토 날씨를 하루 종일 방송한다. 기상 라디오의 방송 내용은 긴급 경고 시스템과 미국 연방통신위원회 및 연방 정부와 주 정부, 지방 정부의 담당자가 협력하여 만든다. 기상 라디오는 날씨 정보 이외에도 지진이나 쓰나미 또는 화학 약품의 유출과 같은 환경 관련 사고 등의 재해 경고뿐만 아니라 미아 찾기 등의 공공 서비스 안내도 방송한다.

항공 기상 예보란?

항공 기상 예보는 항공 산업에 꼭 필요한 예보 서비스이다. 항공 기상 예보관은 전단풍(wind shear) 혹은 항공기 날개에 얼음이 끼거나, 난기류, 강풍, 뇌우, 혹은 항공기의 운항을 위협할 수 있는 잠재적인 기상 상황을 조종사나 항공사 관계자들에게 알린다. 여행객은 항공 기상 주의보로 항공기의 이착륙이 연기되는 것에 많은 불만이 있겠지만, 실제로 항공 기상 예보는 매년 수많은 생명을 구한다. 항공 기상 예보관은 조종사가 위험한 기상 상황을 경고받지 못해 발생할 수 있는 최악의 시나리오들을 피할 수 있게 도울 뿐만 아니라, 맞바람이 불지 않는 곳으로 항공기를 운항하게 하여 연료를 절약할 수 있도록 돕기도 한다. 항공유의 가격이 오를 경우를 감안하면, 항공사들은 연간 수천 억 원의 연료비를 절감할 수 있다.

해양 기상 예보란?

항공 기상 예보처럼 해양 기상 예보는 해양을 운항하는 선박들에게 폭풍과 파도에 관한 정보를 제공한다. 이러한 해양 기상 예보는 생명과 재산을 보호할 뿐만 아니라 선박의 연료비를 절감시킨다. 미국 국립해양대기국의 국립부표자료센터(National Data Buoy Center)는 해양 상태를 지속적으로 추적하고, 태풍 경보뿐만 아니라 해저에서 발생한 지진으로 생긴 쓰나미의 발생 경보를 발효한다.

농업 기상 예보란?

농업 기상 예보는 작물에 치명적인 피해를 입힐 수 있는 우박뿐만 아니라, 강수 및 극서와 극한, 강풍 등을 발생시키는 기상 상태를 예측하는 데에 주력한다. 기상학자는 정확한 기상 예보를 통해 농부들이 언제가 작물을 파종하고 추수하기에 적절한 시기인지, 언제가 살충제 및 제초제를 뿌리기에 적절한 바람의 상태인지, 언제가 농지에 물을 대야 하는지, 과수원의 서리 피해를 방지하기 위해 언제 대형 선풍기나 훈증 용기를 켜야 하는지를 결정하는 데 도움을 줄 수 있다.

산업 기상 예보란?

산업 기상 예보는 지역 및 국가 경제와 관련이 깊다. 날씨는 다양한 방식으로 각종 산업과 교통, 소비자의 구매 형태 등에 영향을 미친다. 열파나 한파를 예측함으로써 전력 및 가스 회사들은 냉방기나 히터의 소비자 사용이 크게 증가할 것을 예측할 수 있다. 로스앤젤레스처럼 건조한 지역의 도시들은 강수 예측이 저수지 관리에 큰 도움이 될 수 있다. 예를 들어, 지방 정부는 건조기에 수자원이 고갈되지 않도록 수돗물 사용 지침을 발표할 수도 있다. 수백억 달러 시장인 스포츠 산업은 비나 눈 혹은 다른 혹독한 기상 상태를 사전에 예측함으로써 경기 운영과 결과에 혜택을 얻을 수 있다. 빙판길이나 강설을 예측함으로써 운수 회사들은 수송 계획을 조정할 수 있다. 패스트푸드 산업은 특히 날씨에 많은 영향을 받는다. 조사에 따르면, 소비자는 춥거나 궂은 날씨에 피자 배달을 더 많이 주문한다. 간단히 말하면, 산업 기상 예보는 사람들이 예상되는 손해나 자원의 재분배를 계획하는 데 도움을 주기 때문에 기업과 정부의 주요 관심의 대상이다. 실제로 한파와 태풍은 지방 정부에 정기적으로 수십억 달러의 피해를 끼친다.

화재 기상 예보란?

화재 기상 예보관은 산불이나 들불에 취약한 숲이나 초원과 같은 장소의 강수, 습도, 기온, 뇌우, 바람, 일광 등을 연구한다. 화재 기상 예보는 불이 나기 전에는 소방관과 다른 긴급 구조대가 사전에 화재에 대비하여 준비할 수 있도록 한다. 화재가 난 후에는 전문가들이 발생한 화재가 어떤 방향으로 진행될 것인가, 그리고 다가오는 폭풍우가 화재 진압에 도움이 될지 등등을 결정하는 데 도움을 준다.

해안 경비 항공기: 1938년 미국 해안 경비대 항공기가 플로리다 주 인근에서 조업 중인 어선에 허리케인 예보가 담긴 통을 전달하고 있다. (출처: NOAA)

교통 기상 예보란?

대부분의 사람들은 운전에 어려움을 주는 궂은 날씨를 사전에 알려 주는 교통 기상 예보에 친숙하다. 교통 기상 예보는 지방 정부가 거리나 도로를 청소하고, 눈이 올 것에 대비하여 소금이나 모래를 뿌리고, 경찰이나 긴급 구조대가 긴급 상황에 대비하여 준비할 수 있도록 도와준다. 교통 기상 예보는 기업 활동에도 영향을 미친다. 운수 회사가 냉장이 안 되거나 난방이 안 되는 트럭에 쉽게 부패하기 쉬운 제품들을 싣지 않도록 사전에 경고할 수 있다. 철도를 이용한 운송도 사전에 운송에 적절하지 않은 기상 상황에 대비할 필요가 있다. 그 예로, 일부 대형 운송 회사는 필요할 때 기상 상황에 관한 정보를 얻기 위해 사설 기상 예보 회사에 의존하기도 한다.

기상학자가 **토네이도**를 **예측**할 수 있나?

아니다. 토네이도가 발생할지의 여부와 어디에서 발생할지를 예측하는 것은 거의 불가능하다. 예보관이 할 수 있는 것은 토네이도가 발생하기에 적합한 기상 상태라는 것을 경고하거나, 토네이도가 관측되었다면 사람들에게 대피소로 피하라고 말해 주는 것이다. 기상학자는 전단풍과 상승 기류, 수분, 대기 불안정성 등을 확연하게 보여 주는 토네이도를 발생시키는 뇌우를 찾는다. 하지만 토네이도를 발생시키는 대기 상태가 다양하기 때문에 토네이도 예측은 매우 까다로운 일이다. 토네이도를 예측하기 위해 기상학자들은 기상 관측 기구와 도플러 레이더, 기상 위성, 관측소에서 측정된 기상 자료, 뇌우도와 컴퓨터 모델링 등 가능한 모든 종류의 기술을 동원한다.

우리가 **도플러 레이더**를 이용하여 **토네이도**를 **볼 수 있나**?

아니다. 도플러 레이더는 기상학자에게 폭풍 내의 상태가 강풍과 구름의 회전 등 토네이도를 발생시키기 적합한지의 여부를 알려 줄 수는 있지만, 토네이도를 실제로 보여 주지는 않는다.

토네이도를 **맨 처음** 성공적으로 **예측한 사람**은?

1948년 3월 25일 미국 육군 장교인 어니스트 파부시(Ernest Fawbush)와 로버트 밀러(Robert Miller)가 최초로 토네이도가 발생할 것이라는 것을 정확히 예측하였다. 오클라호마 주 중부 지역의 기상 상태가 며칠 전에 팅커(Tinker) 공군 기지를 강타했던 토네이도 때의 기상 상태와 매우 유사하다는 것을 인식하고 두 사람은 상관에게 이러한 사실을 알렸으며, 주민들에게 토네이도가 발생할지 모른다고 경고하였다. 실제로 몇 시간 후 토네이도가 팅커 공군 기지에 들이닥쳤다.

수치 예보란?

수치 예보는 물리 법칙과 역학을 완벽히 이해하고 현재의 대기 상태를 정확하게 파악한다면 기상 예보가 가능하다고 믿는 과학의 한 부분이다. 수치 예보는 노르웨이 과학자 그룹이 제안한 것으로, 대기가 물과 마찬가지로 유체처럼 행동하기 때문에 대기의 흐름과 형태는 유체 역학 방정식에 따른다. 대기의 현재 상태가 수치 예보에서 가장 중요하기 때문에, 수치 예보는 기상 예측이 만들어지기 전에 수많은 관측소에서 측정된 상세한 기상 자료에 크게 의존한다. 일단 기상 자료가 구해지면 열역학 법칙, 보일의 법칙, 뉴턴의 물리학 등에 근거한 각종 수학식들이 현재의 기상 상태에 적용되어 미래의 기상을 예측하게 된다.

왜 미국에서 한때 토네이도 예보가 금지되었을까?

1940년대에 토네이도가 발생할지도 모른다고 경고할 경우 주민들이 극심한 공포에 빠질 수도 있다는 우려로 미국 국립기상청은 토네이도 예보를 금지시켰다. 1950년대에 접어들어 기상학이 발전하고, 토네이도에 대한 공포가 줄어들면서 토네이도 예보 금지가 풀렸다.

수치 예보를 **처음**으로 **제안한** 사람은?

노르웨이 물리학자이자 기상학자인 빌헬름 비에르크네스(Vilhelm Bierknes, 1862~1951)가 처음으로 기상 예측에 관한 연구를 하였다. 1921년에 그가 저술한『와동 역학에 관하여(On the Dynamics of the Circular Vortex with Applications to the Atmosphere and to Atmospheric Vortex and Wave Motion)』는 기상학에 큰 영향을 미쳤다. 이 책은 1904년에 사용되었던 수치 예보의 바탕을 이루는 핵심적인 이론을 제시하였다. 이 이론은 1922년 영국의 수학자이자 기상학자인 루이스 리처드슨(Lewis F. Richardson, 1881~1953)에 의해 다시금 이용된다. 리처드슨은 비에르크네스의 이론이 이용한 각종 수학식에 흥미를 가졌다. 그러나 컴퓨터가 발명되기 전에 기상 예측을 위한 산술 계산은 쉬운 일이 아니었다. 리처드슨은 제때에 기상 예측을 하기 위해서는 잘 훈련된 약 26,000명의 사람들이 계산기를 이용해야 한다고 추정하였다. 기상 예측을 위한 리처드슨의 초기 시도들은 실제 발생한 기상에서 크게 빗나갔다. 리처드슨이 비에르크네스의 수치 계산법을 제대로 이해하지 못했기 때문에, 그의 예측치는 실제값에 비해 훨씬 높게 나타났다. 리처드슨의 실패로 말미암아 기상 예측은 1940년대까지 시도되지 않았다.

수치 예보학이 희망을 준 **1940년대와 1950년대**에 무슨 일이 있었나?

헝가리 출신 미국 수학자인 존 폰 노이만(John von Neumann, 1903~1957)은 수치 예보를 사용하여 기상을 예측하기 위해 필요한 빠른 연산을 할 수 있는 현대적인 컴퓨터의 초기 모델을 고안하였다. 그런 연후에 1946년 수치 계산을 통한 기상 예측을 시도했던 리처드슨의 실패를 연구한 프린스턴 대학 기상학자인 줄 차니(Jule Charney, 1917~1981)가 노이만의 컴퓨터를 이용하여 기상 예측에 사용될 수 있도록 리처드슨 산술식을 수정하였다. 이러한 노력들 덕분에 수치 예보를 위한 바탕이 마련된 1950년 4월에 수치 계산을 이용한 최초의 기상 예측이 컴퓨터 초기 모델인 에니악(ENIAC)을 이용하여 성공적으로 이루어졌다. 미국의 기상 예측 서비스는 미국 국립 기상청과 미국 해군 및 공군의 재정 지원으로 마련된 IBM 컴퓨터를 이용하여 1955년부터 시작되었다.

레이더

레이더란?

레이더(radar)는 'Radio Detection And Ranging(무선 탐지와 거리 측정)'의 약칭으로, 라디오파를 이용하여 대기 중의 사물을 감지하는 장치이다. 1904년에 독일 발명가인 크리스티안 휠스마이어(Christian Hülsmeyer, 1881~1957)가 레이더를 처음으로 고안하였다. 그는 이 장치를 'telemobiloscope'라고 불렀고, 1906년에 이 장치의 특허를 획득하였다. 이 장치는 원래 짙은 안개와 같은 궂은 날씨에 배들이 서로를 탐지하여 충돌을 피할 수 있도록 할 목적으로 개발되었다. 하지만 안타깝게도 당시에는 이 장치가 주의를 끌지 못했다. 만약 이 장치가 있었다면 1912년에 발생한 타이타닉호의 좌초는 피할 수 있었을 것이다. 휠스마이어가 했던 또 다른 아이디어는 원격 조정이었다. 그는 라디오파를 이용하여 전기 장치를 작동시킬 수 있을 것이라고 믿었다. 이 아이디어 역시 사람들의 관심을 끌지 못했을 뿐만 아니라, 휠스마이어는 이런 장치들을 발명한 것에 대해 그가 마땅히 받아야 할 어떠한 찬사도 얻지 못했다.

레이더가 세상의 관심을 끌게 된 때는 언제이고, 레이더를 **세상에 널리 알린** 사람은?

휠스마이어가 레이더의 개념을 세상에 내놓은 지 30년이 지난 1935년에 레이더 관련 기술은 영국의 과학자인 로버트 왓슨와트(Robert Watson-Watt, 1892~1973)와 윔페리스(H.E. Wimperis, 1876~1960), 헨리 티자드(Henry Tizard, 1885~1959), 윌킨스(A. F. Wilkins)의 노력으로 세상에 알려지게 되었다. 영국 정부는 왓슨와트에게 독일의 아돌프 히틀러가 라디오파를 이용한 무기를 만들지 여부를 조사하라는 임무를 맡겼다. 왓슨와트는 이 임무를 완수하는 것은 불가능하다는 사실을 알았지만, 라디오파를 다른 목적에 이용할 수 있다는 것을 깨달았다. 영국 국영 방송(BBC)의 단파 라디오 송신기를 이용하여, 왓슨와트와 그의 동료들은 최초로 실용적인 레이더 기술을 고안하였다. 이 레이더는 제2차 세계대전 기간 동안 독일군 항공기의 공격을 사전에 탐지하는 데 사용되었고, 1940년의 영국 본토 항공전(Battle of Britain)에서 영국이 유리한 입장에 설 수 있도록 일조하였다.

기상 레이더는 누가 **발명**했나?

오직 한 사람이 기상 예측에 레이더를 사용하도록 결정한 것이 아니다. 이미 레이더 기술이 고안되어 있었기 때문에, 영국과 미국에서의 각종 실험들을 통해 라디오파가 구름에 반사되는 것을 확인하자 레이더를 기상 예측의 용도에 맞춘 것일 뿐이다. 레이더가 기상 자료를 얻기 위한 목적으로 처음 사용된 때는 1949년이다. 그러나 미국에서는 1950년대 중반에야 비로소 레이더 기술을 이용하는 기상 관측소가 설립되었다. 이때는 미국 동부 해안이 1954년과 1955년에 각각 엄청난 허리케인의 피해를 입은 때이다. 이 사건 이후로 미국기상국(WB)은 국회로부터 전국에 걸친 기상 레이더망을 구축할 권한을 부여받았다. 이에 따라 57년형 기상 감시 레이더(Weather Surveillance Radar, WSR-57)가 1957년에 개발되었다. 이 초기 기상 감시 레이더에는 진공관과 여러 기술들이 사용되었는데, 1970년대 후반에 이르러서는 진공관의 공급이 부족해졌을 뿐만 아니라 기기의 노후화가 빠르게 진행되었다. 또한 이 초기 기상 감시 레이더를 작동하기 위해 레이더의 일부 작동은 수작업을 통해 이루

1971년 초기 레이더: 1971년 오클라호마 주 노먼 시에 위치한 미국 국립악기상연구소가 최초로 제작한 직경 3m의 접시형 안테나를 가진 기상 레이더. 이 레이더를 개선한 것이 지금까지 사용되고 있는 88년형 기상 감시 레이더이다. (출처: NOAA Photo Library, NOAA Central Library; OAR/ERL/National Severe Storm Laboratory)

어져야만 했다. 하지만 미국의 국회는 1990년대가 되어서야 비로소 노후화된 57년형 기상 감시 레이더의 교체를 허가하였다.

도플러 레이더란?

도플러 레이더(Doppler rader)는 레이더가 위치한 곳으로 다가오거나 멀어지는 사물로부터 반사되는 신호의 주파수 차이를 측정한다. 송신된 주파수와 수신된 주파수 간의 차이를 측정함으로써 도플러 레이더는 비나 눈, 얼음 알갱이 등이 포함된 공기의 이동 속도를 산출할 수 있을 뿐만 아니라 심지어 곤충들이 움직이는 것도 탐지할 수 있다. 이런 방법을 통해 도플러 레이더는 풍속 및 풍향과 더불어 폭풍으로 인한 강수량을 예측하는 데 사용될 수 있다.

57년형 기상 감시 레이더는 어떤 것으로 대체되었나?

1974년에 74년형 기상 감시 레이더가 레이더망에 투입되면서, 기존의 57년형 기상 감시 레이더와 혼용되어 사용되었다. 1988년에야 비로소 새로운 레이더 기술을 접목한 차세대 레이더(Next Generation Radar, NEXRAD 혹은 WSR-88D)가 도입되었다. 이 차세대 레이더는 1990년에 오클라호마 주 노먼(Norman) 기상관측소에서 최초로 운용되었다. 현재는 미국 전역에 걸쳐 160개의 레이더 관측소가 있다.

도플러 효과란?

어떤 파동의 파동원과 반사체의 상대 속도에 따라 소리나 전자기파의 진동수와 파장이 바뀌는 현상을 가리킨다. 파동원과 반사체가 서로 멀어지면 파동은 늘어지는 반면에, 가까워지면 파동이 점차 줄어든다. 도플러 효과를 소리에 적용하면, 사물이 다가오면 그 소리가 점차 고음이 되는 반면에 멀어지면 점차 저음이 된다. 이를 전자기파에 적용하면, 사물 간의 거리가 가까워지면 파동이 줄어들면서 가시광선 영역의 청색 파장대로 이동하는 반면, 사물 간의 거리가 멀어지면서 이동하면 가시광선 영역의 적색 파장대로 이동한다. 천문학자인 에드윈 허블(Edwin Hubble, 1889~1953)은 도플러 효과를 이용하여 우주가 점차 팽창하고 있다는 이론을 제시하였다.

도플러 효과는 이를 발견한 오스트리아 물리학자이자 수학자인 요한 크리스티안 도플러(Johann Christian Doppler, 1803~1853)의 이름을 딴 것이다. 그의 본명은 아직도 제대로 알려져 있지 않다. 그의 세례 인증서에는 Christian Andreas Doppler로 나와 있는 반면에, 그의 묘비명에는 Christian Johann Doppler로 되어 있다. 어떤 것을 따르느냐에 따라 그의 이름은 Christian Andreas Doppler 혹은 Johann Christian Doppler로 쓰인다. 재미있는 것은 도플러 효과가 이론가들에게 인정되지 않았다는 것이다. 도플러의 이론은 그의 이론을 부정하기 위해 실험을 했던 네덜란드의 과학자 크리스토프 바위스 발롯(Christoph Buys Ballot, 1817~1890)에 의해 사실임이 판정되었다. 바위스 발롯은 네덜란드 위트레흐트 시의 한 훈련된 음악가가 열차길에 서서 또 다른 기량이 뛰어난 호른 연주가가 움직이는 기차에서 연주하는 음악을 주의 깊게 듣는 여러 가지 실험을 수행하였다. 바위스 발롯은 세 번의 실험을 통해 도플러의 이론이 사실이라고 확인하였다.

레이더는 기상을 살피기 위해 어떻게 **도플러 효과**를 이용하나?

폭풍의 위치와 그 강도만을 알려 주는 재래식 레이더와는 달리, 도플러 레이더는 풍속과 폭풍의 이동 방향을 탐지할 수 있다. 한 개의 도플러 레이더는 폭풍이 레이더가 위치한 곳으로 다가오고 있는지 혹은 멀어지는지만을 알려 준다. 따라서 폭풍의 정확한 이동 경로를 그리기 위해서는 다수의 레이더로 이루어진 레이더망을 구축해야 한다.

레이더 영상의 **색**이 보여 주는 것은 무엇인가?

레이더 영상의 색은 강수의 강도를 나타내는 것이다. 차가운 온도를 나타내는 색인 청색과 녹색이 적은 강수량을 나타내는 반면, 따뜻한 온도를 나타내는 색인 노란색, 주황색, 적색은 많은 강수량을 나타낸다.

후크 에코란?

후크 에코(hook echo)는 토네이도가 발생한 가능성이 높다는 것을 경고하는 징후이다. 레이더 영상에서 후크 에코는 숫자 '6'처럼 생기고, 폭풍 내에 중규모 저기압과 관련이 있기 때문에 '폭풍성 중규모 저기압'이라고 부른다. 1953년 4월 9일, 일리노이 주 샘페인 시에 위치한 일리노이 수질조사국의 레이더 시스템을 주시하던 전기기술자인 도널드 스태그스(Donald Staggs)는 선명한 후크 에코를 처음으로 보았다. 후크 에코가 있다고 해서 반드시 토네이도가 발생하는 것은 아니다. 단지 토네이도가 발생할 징후가 높다는 것을 보여 줄 뿐이다. 마찬가지로 레이더 영상에 후크 에코가 보이지 않았음에도 토네이도가 발생할 수도 있고 발생하기도 한다.

그림(위)은 2011년 3월 9일 미국 루이지애나 주 라콤 지역에서 관측된 WSR-88D 레이더의 반사율 영상이다. 레이더는 우측 중간 부근의 KLIX에 위치하고 있다. 빨간색에서 파란색으로 가면서 반사율이 줄어든다. 중앙 부근에 후크 에코라고 불리는 갈고리 형태를 띤 반사율 영상을 발견할 수 있다.
그림(아래)은 WSR-88D 레이더의 폭풍 내 상대 속도 영상이다. 상대 속도 영상은 폭풍 내 각 부분의 풍속에서 폭풍의 진행 속도를 뺀 값을 보여 준다. 빨간색 부분(바람이 레이더로부터 멀어지는 부분) 내의 녹색 부분(바람이 레이더에 가까워지는 부분)은 공기가 회전하는 부분으로 토네이도 발생 지역이다. 레이더의 반사율 영상과 상대 속도 영상 등으로 토네이도 발생 지역을 정확하게 알 수 있다. (출처: http://www.srh.noaa.gov/lix/?n=lacombetornado03092011)

도플러 레이더가 **토네이도**의 **예측률**을 향상시켰나?

아직 완벽하게 토네이도를 예측하기에는 갈 길이 멀지만, 차세대 레이더(NEXRAD) 시스템을 이용한 도플러 레이더는 토네이도의 발생 예측률을 거의 80%까지 향상시켰다. NEXRAD 레이더 이전에는 예측률이 약 30%에 지나지 않았다. 작고 빠르게 발생하는 토네이도는 아직 거의 예측할 수 없지만, 대형 토네이도의 예측, 특히 EF4나 EF5 강도의 엄청난 크기의 토네이도는 비교적 정확히 예측한다. 미국 국립기상청은 자주 실제로 토네이도가 들이닥치기 20분 혹은 그 이전에 인근 주민들에게 대형 토네이도의 발생을 경고하곤 한다. 이는 NEXRAD가 토네이도의 징후를 보여 주는 중규모 저기압의 존재 여부를 조사할 수 있기 때문에 가능하다. 요즈음에는 도플러 레이더를 이용하여 비교적 큰 토네이도 내의 소용돌이를 관찰할 수 있다. 이러한 기술적인 발전으로 대형 토네이도가 불시에 주변의 인구 밀집 지역에 들이닥치는 일은 크게 줄어들었다. 수많은 인명을 구하기에는 토네이도 발생 10분 혹은 20분 전의 경고 방송으로도 충분하다.

펄스 도플러 레이더란?

펄스 도플러 레이더(Pulse-Doppler rader) 혹은 줄여서 펄스 레이더는 구름, 바람, 강수의 속도를 보다 정확히 추적하기 위해 설계된 레이더 시스템이다. 이 레이더는 긴 레이더 송출 간격 사이에 짧고 강력한 레이더 신호를 송출하고, 정확한 측정을 위해 다수의 펄스 레이더가 결합되어 사용된다.

라이다란?

라이다(lidar)는 빛을 이용한 레이더라고 할 수 있다. 기상학자들은 대기 오염의 농도나 풍속들을 측정하기 위해 레이저빔을 대기 중에 주사한다.

음파기상탐지기란?

라이더가 빛을 이용하는 반면에, 음파기상탐지기(sodar)는 소리를 이용한 레이더이

기상 관측에 사용되는 음파기상탐지기인 레이윈존데 풍선

다. 음파기상탐지기는 물속에서 진행하는 음파를 이용하는 수중음파탐지기(sonar)와는 달리, 대기 중에서 소리의 반향을 탐지한다. 소리의 도플러 편이를 산출하여, 음파기상탐지기는 바람의 속도와 방향뿐만 아니라 기온 역전층과 대기 중의 난류를 조사하는 데 사용된다.

프로파일러란?

음파기상탐지기가 음파를 이용하는 것처럼 프로파일러(profiler)는 전자기파를 이용하여 대기를 관측한다. 프로파일러기파는 대류권 상층부인 8~17km 고도의 풍속을 조사하는 데 주로 사용된다.

라디오존데란?

프랑스 과학자들은 최초로 대기 연구에 풍선을 사용할 생각을 시도하였다. 그들은 따뜻한 공기를 넣은 풍선을 이용하였다. 요즈음의 대기 연구에 이용되고 있는 풍선이 나오기까지는 오랜 시간이 걸렸다. 기상 관측 기구인 라디오존데(Radiosonde)는

도플러 레이더와 라디오존데

그림(위)은 풍선과 GPS를 장착한 자동 무선 발전기가 달린 라디오존데를 날려 보내고 있는 영상이다. 뒤쪽으로 라디오존데를 준비하는 시설과 도플러 레이더(먼 쪽)가 보인다.
그림(왼쪽)은 기상청 직원이 라디오존데를 날려 보내는 장면이다. (제주시 한경연 고산리에 위치한 기상청 고신기상대)
(출처: http://www.crh.noaa.gov/Image/ilx/events/openhouse/openhouse1.jpg)

기상학 연구에 연이 어떻게 사용되었을까?

정교하게 만들어진 연을 솜씨 좋게 날리면 연은 매우 높은 고도에까지 도달할 수 있다. 한 개의 연이 도달했던 가장 높은 고도는 4,422m이다. 이 기록은 리처드 시너지(Richard Synergy)가 2000년 8월 12일 캐나다 온타리오 주 킨카딘에서 세웠다. 여러 개의 연을 묶어서 날릴 경우는 훨씬 높은 고도에 도달할 수 있다. 10개의 연을 묶어 날렸을 때 1910년 미국에서 세운 최고 기록은 7,128m이다. 8개의 연의 경우는 1919년 독일 린덴베르크에서 세운 9,740m이다. 기상 관측을 위해 연이 사용된 최초의 기록은 1749년 영국의 글래스고 대학 학생이었던 알렉산더 윌슨(Alexander Wilson)과 토머스 멜빌(Thomas Melville)이 상층 대기의 상태를 측정한 것이다. 당시에는 비행기와 풍선이 없었기 때문에 기상 관측을 위해 연을 이용하였다.

풍선에 묶여 상층 대기로까지 올라가는 각종 기상 측정 장비들의 결합체이다. 존데(sonde)는 영어로 'probe'로서 탐사기라는 뜻이다. 라이오존데는 1920년대와 1930년대에 유럽에서 처음으로 사용되었다. 라디오존데는 보통 기온, 습도, 풍속을 측정하고, 건전지로 작동하는 작은 모터가 들어 있다. 레이윈존데(rawinsonde)라고도 불리는, 최근에 사용되는 라디오존데는 레이더 반사 장치를 장착하여 지상에서 라디오존데의 위치를 추적한다.

라디오존데는 성층권까지 도달할 수 있다. 일단 올라갈 수 있는 가장 높은 곳까지 올라가면 풍선이 터지면서 낙하산이 펼쳐져 기상 측정 장비들을 땅까지 안전하게 운반한다. 라디오존데를 이용하는 또 다른 방법은 항공기에서 떨어뜨리는 것인데, 이러한 장비를 '낙하존데(dropsonde)'라고 부른다. 기상 관측 기구들이 로켓을 이용하여 발사되는 로켓존데(rocketsonde)도 때때로 이용된다. 전 세계에 800개 이상의 관측소가 그리니치 평균 태양시 기준으로 정오와 자정에 라디오존데를 띄운다. 물론 전 세계의 모든 기상학자가 측정된 자료를 이용할 수 있다.

인공위성

최초의 **상층 구름 사진**을 어떻게 찍었나?

제2차 세계대전 중에 독일 V2 로켓에 장착한 카메라가 구름의 형태를 촬영하였다. 이에 고무된 기상학자들은 기상 위성을 제작할 계획을 세우게 되었다.

최초의 기상 관측용 **위성**은?

최초의 기상 관측용 인공위성은 1960년 4월 1일에 미국 국립항공우주국(NASA)이 발사한 TIROS I(Television and Infrared Observation Satellite)이다. 요즈음에 사용되는 고해상도의 사진은 아니었지만, 구름과 폭풍우가 놀라울 정도로 잘 조직화된 것을 보여 준 TIROS I의 위성 영상은 당시의 기상학자들을 놀라게 했다. TIROS I의 또

TIROS I에 장착된 각종 장비들을 보여 준다. (미국 국립해양대기국) (출처: NOAA)

다른 획기적인 업적은 발사된 지 9일 후에 오스트레일리아 근처에서 그때까지 감지되지 않았던 태풍을 정확하게 찾아낸 것이다. 오스트레일리아 동부 해안의 거주자들이 새로운 기상 위성 덕분에 태풍이 접근하는 것을 알게 된 최초의 사람들이 되었다.

공상 과학 소설의 저자인 **아서 클라크**가 제시한 **주목할 만한 발상**은 무엇인가?

아서 클라크(Arthur C. Clarke, 1917~2008)는 널리 알려진 공상 과학 소설의 저자이다. 그의 1948년 단편 소설인 『파수꾼(The Sentinel)』은 1968년에 제작된 영화 '2001: A Space Odyssey'의 바탕이 되었다. 제2차 세계대전 동안 영국 공군의 레이더 기술자였던 그는 인공위성에 큰 관심을 가지고 있었고, 1945년에는 인공위성을 이용한 통신 시스템을 설계하였다. 그는 인공위성이 시간당 35,797km의 속도로 비행하면서 적도 상공 위의 궤도에 자리를 잡는다면, 위성을 이용한 통신이 가능하다고 주장하였다. 이는 인공위성이 정지 궤도에 위치하여 지표면의 특정 위치의 상공에 움직이지 않고 머물러 있다는 것을 뜻한다. 그의 발상은 옳았고, 통신 및 기상 위성들은 현재 이 정지 궤도에 위치해 있다. 사람들은 정지 궤도 위성들이 위치한 적도 상공 35,800km 부근의 우주 영역을 클라크 벨트(Clarke Belt)라고 부르면서, 이 궤도를 처음으로 발견한 아서 클라크를 기념한다.

오늘날에는 **어떤 종류**의 **인공위성**들이 이용되고 있나?

기상 측정을 위해 사용되고 있는 두 종류의 인공위성은 정지 궤도 위성과 극궤도 위성이다. 정지 궤도 위성은 지구의 회전 속도와 같은 속도로 비행하면서 적도 상공의 고정된 위치에 자리 잡고 있다. 극궤도 위성은 남극과 북극의 상공을 통과하는 궤도를 도는 인공위성이다. 극궤도 위성은 '태양 동조 궤도(Sunsynchronous)'라고 불리는 궤도를 따라 지구 상의 동일 지역을 하루에 2번씩 지나가는 속도로 돈다.

극궤도 실용환경위성이란?

극궤도 실용환경위성(Polar Operational Environmental Satellite, POES)은 TIROS 위

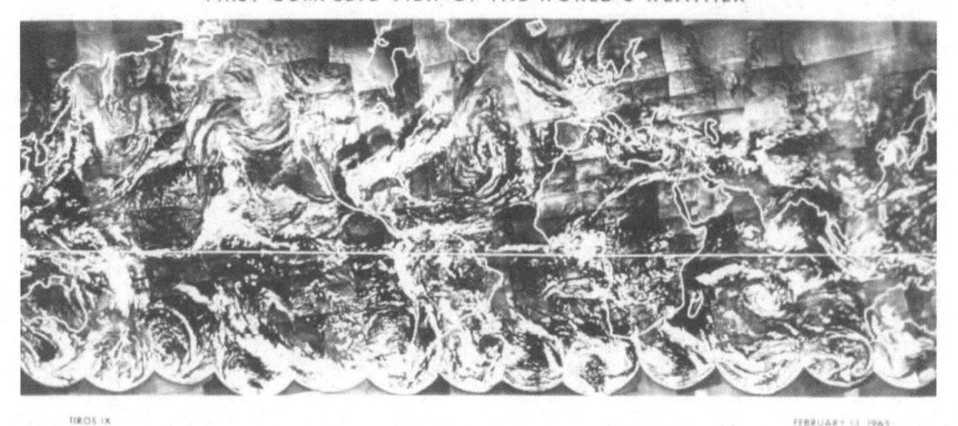

전 세계의 기상을 동시에 보여 주는 최초의 영상: TIROS IX가 찍은 사진들의 합성 사진이다. 이 사진은 1965년 2월 13일에 촬영된 것으로 전 세계의 기상을 동시에 보여 준 최초의 영상이다. (출처: NOAA)

성의 후속작들이라 Advanced Television Infrared Observation Satellite(ATN 혹은 TIROS-N)라고도 불렸다. 미국 국방부가 운용하는 군용 기상 위성 프로그램에 따라 2개의 극궤도 실용환경위성이 작동 중이다. 극궤도 실용환경위성은 830~870km의 상공에서 지구 궤도를 도는데, 오전 7시 30분과 오후 1시 40분에 적도를 통과한다. 관측된 자료는 버지니아 주 왈롭스 아일랜드와 알래스카 주 페어뱅크스에 위치한 지상 관제소로 전송된다.

정지궤도환경위성이란?

최초의 정지궤도환경위성(Geostationary Operational Environmental Satellite, GOES)은 1975년에 발사되었다. 지금은 미국 국립해양대기국이 국립항공우주국이 발사한 2개의 정지궤도환경위성인 GOES-10과 GOES-12를 담당한다. GOES-11은 현재 운용 중인 두 위성이 제대로 작동하지 않은 경우를 대비한 예비용 위성으로 언제든지 운용할 수 있다. GOES-West로 알려진 GOES-10이 미서부 지역을 중심으로 서반구를 관찰하는 반면, GOES-East로 알려진 GOES-12는 미동부 지역을 중심으로 동반구를 관찰한다. 각 위성은 약 3분의 1 정도의 지표면을 촬영할 수 있다.

기상 위성을 가진 **나라**는?

현재 기상 위성 프로그램을 가진 나라는 일본, 러시아, 인도, 중국, 한국 그리고 유럽연합(European Space Agency, 유럽우주국)이다. 일본은 1995년에 정지궤도위성(Geosynchronous Meteorological Satellite, GMS)을 발사했으나, 2003년에 작동이 정지되어 미국 국립해양대기국은 일본기상청이 미국의 오래된 GOES-9 위성을 사용할 수 있도록 허가하였다. 현재 유럽연합의 기상 위성개발기구(European Organization for the Exploitation of Meteorological Satellites, EUMETSAT)가 정지궤도위성을 운용 중이다. 1세대 METEOSAT 위성은 1995년에 발사되었고, 현재 사용 중인 2세대 METEOSAT-8 위성은 2004년부터 가동되고 있다. 이 기상 위성은 지표면을 매 15분마다 주사한다. 중국은 1990년에 Feng-yun을 발사하였고, 그 이후에 여러 기상 위성을 추가로 발사하였다. 같은 해, 러시아는 정지궤도기상위성인 GOMS(Geosynchronous Operational Meteorological Satellite)를 발사하였다. 인도의 INSAT(Indian Satellite)이 1990년에 정지 궤도에 올랐는데, 이 위성은 기상 관측뿐만 아니라 통신용으로도 사용되었다. 그 이후 INSAT-2부터 INSAT-4 위성 시리즈가 추가로 발사되었다. 2002년부터는 기상 관측을 목적으로 하는 인도 최초의 위성인 KALPANA-1이 운용되고 있다. 한국 최초의 정지궤도기상위성은 2005년에 발사된 통신해양대기위성(Communication, Ocean, and Meteorological Satellite, COMS)이다.

KALPANA-1 위성의 이름은 어디에서 왔나?

인도의 KALPANA-1 위성은 원래 METSAT(Meteorological Satellite)이라고 불렸다. 그러나 이 위성은 2003년 2월 1일에 발생한 컬럼비아 우주선 폭발 사고로 목숨을 잃은 인도의 우주인 칼파나 촐라(Kalpana Chawla)를 기념해서 KALPANA-1로 개명되었다.

기상 위성은 무엇을 **관측**하나?

초창기 기상 위성은 구름 영상을 전송했고, 밤낮으로 기상 관측이 가능한 적외선

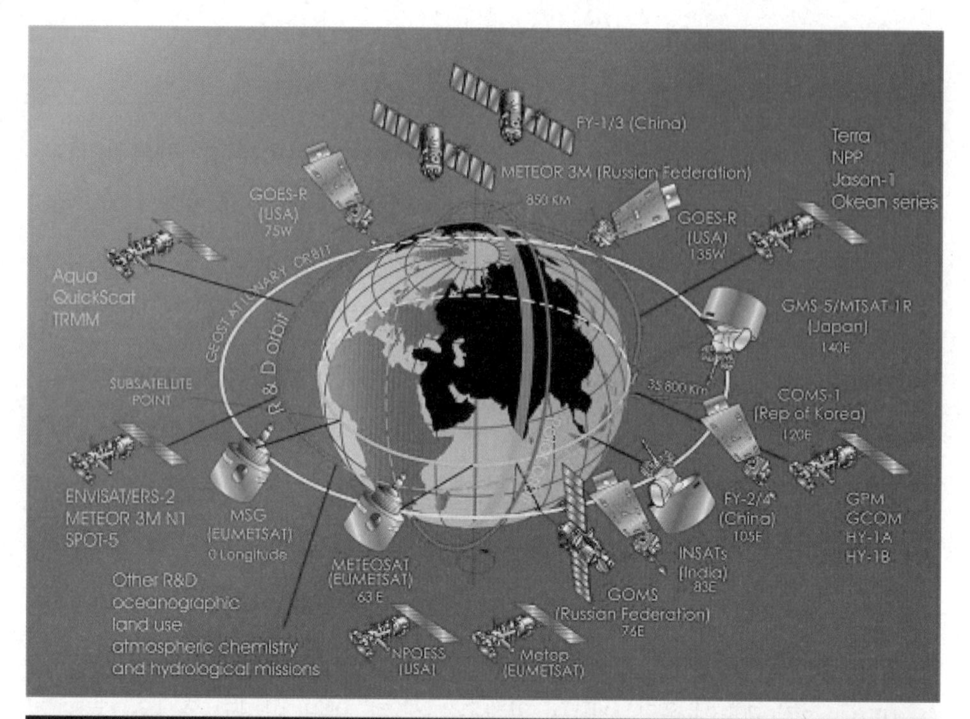

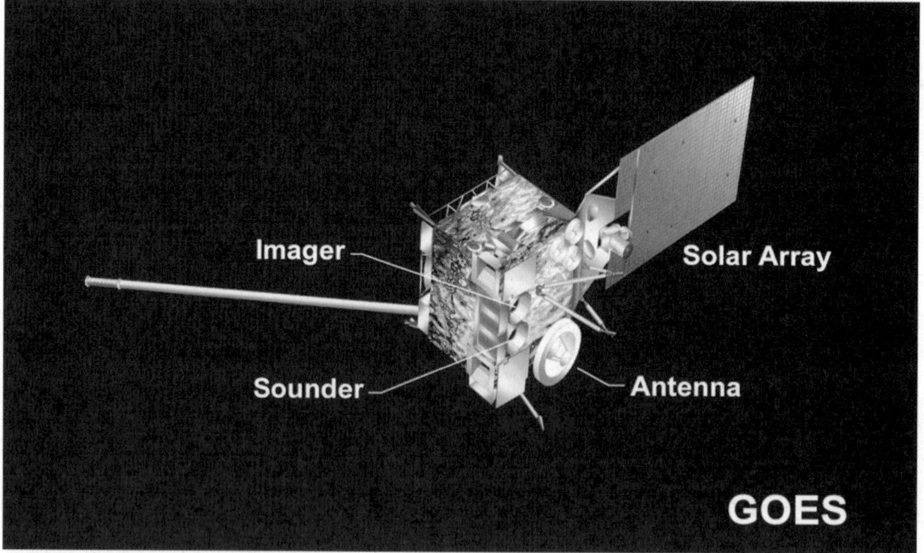

그림(위)은 세계의 정지기상위성들과 미국의 정지기상위성(GOES)이다. (출처: http://web.kma.go.kr/ICSFiles/artimage/2006/11/17/c_le2_601/wmo.jpg)
그림(아래)은 적도 상공에 위치한 세계 각국의 정지기상위상들과 미국 정지기상위성의 상세도이다.
(출처: http://scijinks.jpl.nasa.gov/en/educators/gallery/satellites/GOES_rendering_L.jpg)

소호 태양관측위성(Solar and Heliospheric Observatory, SOHO)이란?

미국 국립항공우주국과 유럽우주국의 합작 프로젝트로, 태양의 코로나와 태양풍을 관측하여 태양의 내부를 연구할 목적으로 1995년 12월 2일에 쏘아 올려진 인공위성이다. 이 위성은 태양 흑점의 구조와 태양풍의 속도를 측정했을 뿐만 아니라 태양 대류층을 관측하여 태양 표면에서 발생하는 토네이도와 코로나의 물결 등을 발견하였다.

영상도 제공하였다. 기상 위성은 적외선 센서를 이용하여 온도를 측정하는데, 이 온도를 이용하여 구름의 높이를 구할 수도 있다. 최신 기상 위성은 이외에도 다양한 관측이 가능하다. 지표와 해수면의 온도 및 구름의 자세한 영상은 안개, 눈, 비, 해류, 연무, 대기 오염, 오존 농도, 토양 수분, 대기 중 먼지의 양뿐만 아니라 화산과 산불 활동에 관한 각종 정보를 제공한다. 기상 위성은 농업 활동 및 식물의 성장을 조사하는 데 사용될 수도 있다.

소호 우주선: 소호 우주선이 찍은 태양이 코로나 질량 방출을 통해 플라스마를 우주로 쏟아내는 모습이다. 플라스마 질량 방출은 매주 발생하고 때로는 매일 발생하기도 한다. (출처: NASA/JPL)

랜드샛 프로그램이란?

1972년 미국 국립항공우주국은 미국 지질조사국과 함께 최초의 랜드샛(Land Satellite, Landsat)을 발사하였다. 랜드샛 위성은 위성 영상을 찍고, 지표면과 관련한 측정도 하지만 기상과 관련한 많은 양의 자료도 함께 제공한다. 예를 들어, 랜드샛 위성은 기상 재해에 따른 피해를 기록할 뿐만 아니라 홍수의 발생을 감시하고, 수문학자들이 관심을 가지는 여러 가지 측정들을 동시에 수행한다. 최근의 토지 이용에 관한 조사들은 인간의 활동이 기상에 어떠한 영향을 미치는지에 관한 연구로 이어졌다. 예를 들어, 2006년 대기 모델링 연구가 플로리다 주에서 이루어졌다. 과학자들은 1900년 삼림 면적의 추정치를 현재의 산림 면적과 비교하면서 어떻게 도시와 농촌에서의 인간의 활동이 강수량에 영향을 미쳤는지 증거를 들어 가며 보여 주었다. 이 연구는, 플로리다 주는 현재 강수량이 100년 전의 강수량에 비해 약 12%만큼 적은 것으로 추정하였다.

기상학 관련 직업

기상학자란?

사람들은 기상학자라면 TV에 나오는 기상 캐스터를 연상하곤 한다. 하지만 대부분의 기상학자는 사실 일반인들의 눈에 보이지 않는 곳에서 일한다. 기상학자는 주로 기상청이나 연구소, 대학에서 근무한다. 기상학자는 물리학, 화학, 수문학과 함께 자신들에게 주어진 일을 잘 수행하기 위해 필요한 그 이외의 학문에 깊은 이해가 있어야 한다. 미국기상학회는 기상학자를 "기상을 연구 및 관측함으로써 기상 현상을 설명하거나 예측할 수 있고, 기상 현상과 관련한 법칙들을 이해하여 기상 현상이 지구에 끼치는 영향을 올바로 파악하는 사람"이라고 정의하였다. 기상학자는 기상학 관련 학사 학위를 가지고 있지만, 석사나 박사 학위를 가진 사람도 많다. 기상학 이외에도 수문학과 기후학 등 다양한 부문의 전문가도 있다. 많은 기상학자들은 수학과 컴퓨터공학, 전기공학 등을 공부한다.

기상학은 **좋은 직업**인가?

수입, 스트레스 수준, 만족감, 노동 환경, 육체 노동 요구 정도, 고용 전망 등의 관점에서, 기상학은 틀림없이 좋은 직업 중의 하나이다. 2011년에 발간된 『직업에 관한 평가보고서 2011(Jobs Rated Report for 2011)』에 평가된 미국 내 200개의 직업 가운

취미로 기상학을 하는 사람도 있을까?

전 세계적으로 많은 기상 애호가가 있다. 사실 기상학은 누구나 쉽게 참여할 수 있는 가장 인기 있는 취미 활동 중의 하나이다. 폭풍 추격자에서부터 기상 관측 협조자, 그리고 아마추어 무선가까지, 단지 기상을 재미로 연구하는 다양한 동아리가 있다. 정기 간행물인 *Weather Observer*와 *Weatherwise*는 기상 애호가들이 즐겨 읽는 간행물이다.

데 기상학자는 6위를 차지하였다. 이 책의 5판에서 7위를 기록했던 것에 비하면 낮아졌지만, 4판에서의 38위에 비하면 훨씬 높아진 것으로 기상학자의 위치가 점차 높아지는 추세이다.

기상학 관련 전문 분야는 어떤 것이 있나?

기상학이 기상 예측만 하는 것은 아니다. 공학, 법의학, 컴퓨터공학부터 영상 매체, 폭풍 관찰자, 상품 중계에 이르기까지 기상과 관련 있는 전공이나 직업은 수없이 많다. 독자들이 관심을 가질 만한 전문 분야는 고기후학자와 교사, 국립 연구소 연구원, 기상 자문가, 기후학자, 농업 생산량 예측 전문가, 뇌우 연구자, 대기광학 연구원, 대기 오염 관련형 제작자, 대기 오염 관련 연구원, 대기화학자, 데이터 통신 기사, 라디오파 전송 관련 전문가, 레이더 기상학자, 방송인, 법의학자, 보험설계사, 산성비 연구원, 상품 중계자, 생물기후학자, 수문 기사, 수치 기상 예보 전문가, 원격 탐사 전문가, 위성 영상 기상학자, 재해 방지 전문가, 컴퓨터 영상 전문가, 태풍 전문가, 폭풍 예측 전문가, 폭풍 관찰자, 항공 교통 관제 보조사, 홍수 예측 전문가, 화재 기상 전문가 등이다.

기상학이 **나에게 적합한지** 어떻게 알 수 있나?

어떤 직업을 가질 것인가를 결정하는 것은 가장 어려운 선택이다. 하지만 이전 세대와는 달리 요즈음은 대부분의 사람들이 첫 번째 직업에 평생 머무르지 않고 세 번

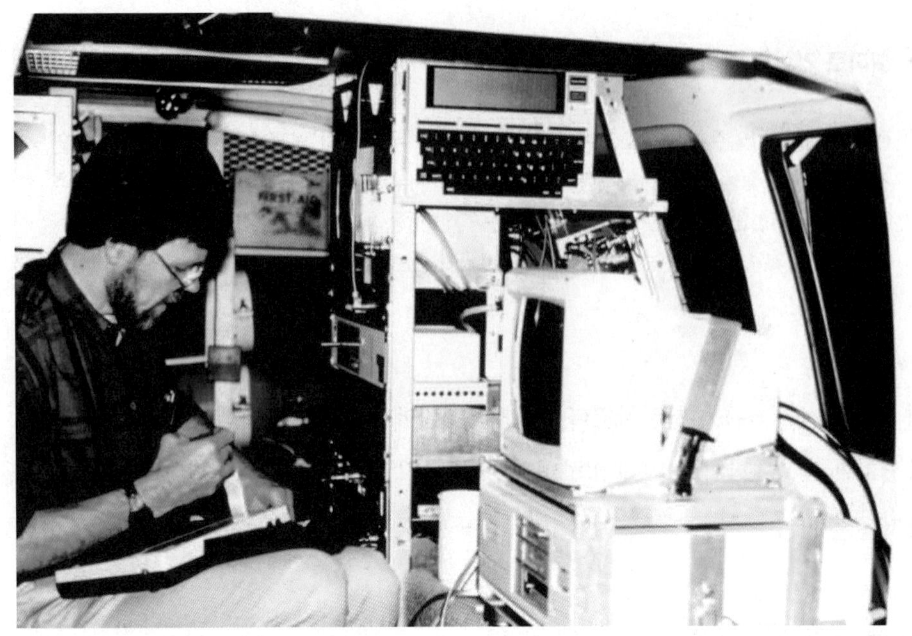

과학자가 기상 자료를 처리하는 국립폭풍연구소의 이동 관측소에서 일하고 있다. (출처: NOAA Photo Library, NOAA Central Library; OAR/EPL/National Severe Storms Laboratory)

혹은 그 이상 직업을 바꾼다. 이러한 이유로 다양한 전문 분야에 적용될 수 있는 기상학은 실제로 좋은 선택이다. 기상학을 선택하기 이전에 자신에게 해야 할 질문은 다음과 같다.

1. 나는 수학, 물리학, 화학을 좋아하고 잘할 수 있나?
2. 나는 원래부터 기상과 대기에 관심이 많았나? 달리 질문하면, 내가 기상과 대기에 관한 책을 읽기를 좋아했고, 실제로 여가 시간에 책을 읽었나?
3. 3차원 공간의 현상을 개념화할 수 있나?
4. 컴퓨터를 사용하는 것을 좋아하나?
5. 때로는 엄청난 폭풍이 치는 곳과 같은 위험한 장소처럼 지금껏 살아온 곳과 다른 환경에서도 기꺼이 일할 수 있나?

성공한 기상학자가 되기 위해 이 모든 질문에 반드시 그렇다고 답할 필요는 없다. 예를 들어 5번째 질문은 방송이나 기상 예측 분야에서 일하려는 사람들에게만 적용된다. 그러나 정말로 기상학을 전공하려면 최소한 이 조건들의 대부분을 만족시켜야 하고, 나머지 조건들도 괜찮은 수준은 되어야 한다.

어디서 **기상학 교육**을 받을 수 있나?

기상학 학위를 받을 수 있는 대학은 국내뿐만 아니라 외국에도 많다. 미국의 경우 미국기상학회(http://www.ametsoc.org)가 기상학 관련 학과에 관한 정보를 제공하고 있다. 온라인 강의나 통신 강좌를 통해서 기상학을 접할 수도 있지만, 학위 수여를 인가받은 대학에서 제공하는 것이 아니라면 단순히 정보 제공 목적이지 정식 교육 과정은 아니다.

대학에서 **수강해야 할 과목**은 어떤 것들이 있나?

기상 예보관과 같은 일반적인 기상 관련 직업을 갖기 위해서는 학부에서는 다양한 기상학 강의를 듣는 것이 좋고, 대학원에 진학하는 것도 도움이 된다. 만약 기상학과 관련하여 다른 특정한 직업에 관심이 있다면 화학, 물리, 수학, 그리고 공학 학사 학위를 받는 것이 현명하다. 점차 커지고 있는 환경과 기후 관련 연구들 때문에 생물학, 생태학, 해양학, 지구물리학을 전공한 기상학자들에게 많은 기회가 주어지고 있다. 기상학 관련 직업을 가질 기회를 확대시키기 위해서는 적어도 석사 학위를 가지는 것이 필요하다. 때로는 박사 학위를 가진 사람을 선호하기도 한다.

공인 기상 자문가란?

미국기상학회는 기상학에 대한 광범위한 경험을 가지고 있을 뿐만 아니라, 자문을 할 특정 분야에 관한 전문적인 지식을 가진 전문 기상학자에게 공인 기상 자문가라는 호칭을 부여한다. 교육과 경험에 더하여, 기상학자가 공인 기상 자문가가 되기 위해서는 전문가로서의 품행뿐만 아니라 봉사 활동 경력 등을 입증해야 한다. 법률

미국에서 기상학 전공을 설치한 최초의 대학은 어디일까?

매사추세츠 공과대학이 기상학을 설치한 최초의 대학이다. 스웨덴 출신 기상학자인 칼구스타프 로스비(Carl-Gustaf Rossby, 1898~1957)가 1928년 이 학교에 기상학 프로그램을 설치하였다. 로스비는 이외에도 캘리포니아 주립대학 로스앤젤레스 캠퍼스와 시카고 대학에도 기상학 프로그램을 설치하였다.

회사나 정부 기관, 사법 기관, 보험 회사, 그리고 다른 사기업들은 공인 기상 자문가들이 제공할 수 있는 전문 지식과 더불어 이들이 제공하는 정보가 신뢰할 만하고 권위가 있다는 확신이 필요하다. 미국기상학회 회원의 단지 5%만이 공인 기상 자문가이다. 전문 영역에 따라 공인 기상자문가의 목록은 미국기상학회의 웹사이트(http://www.ametsoc.org)에서 찾을 수 있다.

주 정부 기상학자란?

주 정부 기상학자는 주 정부나 주의 관련 기관에 의해 주 정부 공인 기상학자로 지정된 기상학 전문가이다. 이들은 주 정부뿐만 아니라 미국 국립해양대기국과 국립기후자료센터로부터 인정을 받아야 한다. 현재 테네시 주와 로드아일랜드 주, 워싱턴 D.C.를 제외한 48개 주가 주 정부 기상학자를 지정하고 있다. 심지어 푸에르토리코, 괌, 미국령 버진아일랜드에서도 주 정부 기상학자가 활동한다. 주 정부 기상학자들은 1976년에 설립된 미국주정부기상학자회(American Association of State Climatologists)로부터 지원을 받는다. 주 정부 기상학자는 그들의 임금을 주로 주 정부나 주립 대학으로부터 제공받는다. 물론 이들은 미국 국립기상청과도 긴밀한 협조를 한다.

기상학을 공부하기 위한 **재정 지원**을 어떻게 구할 수 있나?

대학의 기상학과나 재정 지원 관련 기관을 접촉하는 것도 좋지만, 장학금이나 우수 장학금, 혹은 인턴십에 관한 많은 정보를 얻을 수 있는 곳은 미국기상학회이다.

기상 예보관이 다양한 기상 영상을 이용하여 기상을 예측하고 있다. 기상학 관련 직업은 기상 예보관뿐만 아니라 화학부터 컴퓨터공학과 방송에 이르기까지 다양한 전공 및 관심과 관련이 있다. (출처: http://blogs.kxan.com/2010/04/)

전국산업기상학자위원회(National Council of Industrial Meteorologists)는 학부생에게 급여를 제공한다. 미국 해군이나 공군이 학생군사교육단(ROTC)의 사관 후보생을 위해 제공하는 기상학 프로그램을 이수한 후 사관훈련학교로 가는 방법도 있다. 이 경우 군이 교육에 필요한 경비를 지불한다.

기상학자의 **수입**은 얼마나 되나?

직업을 선택할 때 향후 수입이 얼마나 될 것인가를 따지기보다는 자기가 그 직업을 좋아하는지를 먼저 고려해야 한다. 사실 기상학자는 꽤 좋은 급여를 받는다. 미국의 경우 2009년 기준 기상학자의 연봉 평균은 70,000~10만 8,000달러 정도 된다. 기상학 학위를 가진 사람의 최저 연봉이 53,000달러 정도 되지만, 박사 학위를 가진 특정 영역의 기상학자는 연봉으로 12만 5,000달러를 받는 경우도 많다.

기상학자는 어디에 **취업**하나?

기상학자는 공공 기관 혹은 사기업에서 일한다. 미국의 경우 공공 기관은 연방 정부 기관이나 연방 정부 기구로서 미국 국립기상청, 연방항공국, 미국 국립해양대기국, 미국 국립항공우주국, 에너지부, 국립연구소들과 군대가 있다. 주 정부와 시 정부 등 지방 정부가 기상학자를 채용하기도 한다. 지방 정부는 대기 오염이나 환경 혹은 자원에 관련된 각종 문제들을 관찰하기 위해 기상학자들을 채용한다.

사기업 분야에서는, 기상학자는 기상 전문 방송을 포함하는 TV나 라디오 방송국, 항공사, 대학교, 공익 기업, 기후 연구소, 기상 장비 제조사, 사설 기상 예보 제공 회사, 기상 조절 회사, 사설 환경 단체나 회사, 법률 소송 지원 회사 등에서 직업을 구할 수 있다.

미국기상학회의 채용공고란(http://careercenter.ametsoc.org)이 기상학 관련 직업을 검색하기에 좋은 장소이다. 그리고 가능하다면 인턴십을 통하든지 아니면 기상학 교수나 다른 사람들과의 만남을 통해 최대한 일찍 구직을 위한 교류망을 구축하라. 대학교에 재학 중일 때가 가장 좋다.

방송국의 **기상 캐스터**가 되려면?

방송국의 기상 캐스터가 되려면 기상학뿐만 아니라 방송 관련 교육을 받아야 한다. 기상 캐스터는 카메라 앞에 나서는 것을 두려워해서는 안 될뿐더러, 방송에서 자신만의 개성을 보여 주는 것이 필요하다. 따라서 대학 재학 중에 방송 관련 인턴십을 경험하는 것이 큰 도움이 될 수 있다. 그리고 방송국에 진출하기 위해서는 자신이 실제로 방송하는 것을 직접 녹화하여 지원하고자 하는 방송국의 담당자에게 보내 자신을 홍보하는 것도 필요하다.

방송국의 기상 캐스터로서 입사한 초기에는 아주 이른 아침 혹은 매우 늦은 저녁에 일해야 하는 어려움을 견뎌야 할 뿐만 아니라, 적은 임금을 받고 일해야 할 각오도 해야 한다. 대학을 졸업하자마자 주요 TV 방송국에 취업할 수 있을 것이라고 기대하지 말라. 주요 방송국으로 진출하기까지 많은 시일이 걸릴 것이고, 또한 보다 나

범죄기상학자란?

미국의 인기 TV 드라마인 CSI가 인기를 끌면서, 범죄 관련 과목을 수강하는 학생들의 수가 급격히 증가하고 있다. 범죄 과학은 범죄 사건을 해결하기 위해 다양한 과학을 이용한다. 예를 들어, CSI의 한 편에서 한 요원은 살인 현장을 찾기 위해 천문학 지식을 이용한다. 기상학 원리들이 범죄나 보험 관련 조사에 널리 이용된다. 기상학자들은 법정에서 증언하고, 자문가로 역할하고, 혹은 정부 기관과 법률 회사, 기업들을 위하여 연구를 수행한다. 인공위성과 레이더, 그리고 다른 관측 장비들로부터 얻은 자료를 이용하여 기상학자들은 번개로 인해 건물에 불이 날 확률과 바람이 이륙 직후에 추락한 비행기에 영향을 미쳤는지의 여부, 그리고 교통사고를 일으킨 흐린 상태가 자연적인지 혹은 인근 공장의 매연으로 인한 것인지의 여부 등을 입증할 수 있다. 일반적으로 공인 기상 자문가가 되면 범죄기상학자로 활동하게 된다.

은 기회를 찾아 여러 번 직장을 바꾸게 될 것이다. 요즈음 방송국과 신문사들은 예산을 줄이고 각종 업무를 한곳으로 집중시키는 등 미디어 산업은 어려운 시기를 보내고 있다. 기상 캐스터는 아마 요즈음 가장 갖기 어려운 전문 직업 중의 하나일 것이다. 오히려 기상학의 많은 다른 분야가 보다 낳은 기회를 제공하고 있다.

환경 관련 회사가 **기상학자**를 **채용**하는 이유는?

기상 환경은 대기나 지표, 바다에서의 오염 물질의 분포에 중요한 영향을 미친다. 환경 관련 기업뿐만 아니라 환경부와 같은 공공 기관들도 발전소나 공장의 건설 프로젝트가 환경에 미치는 영향을 예측하기 위해 기상학자를 채용한다. 예를 들어, 석탄 화력발전소 예정지 주변의 탁월풍을 이해한다면 예상되는 대기 오염과 산성비, 오존 농도가 해당 지역뿐만 아니라 전국의 환경에 어떤 영향을 미칠 것인지를 파악하는 데 도움을 줄 수 있다.

어떤 기상 관련 **전문 단체**나 **조직**에 가입해야 하나?

미국의 기상학자들은 대부분 미국기상학회의 활발한 구성원들이다. 대기 과학에 특히 관심이 있는 사람들은 워싱턴 D.C.에 본부를 둔 미국지구물리학협회(American

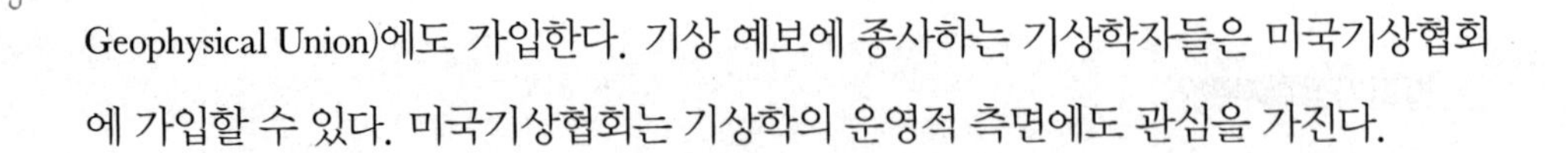

Geophysical Union)에도 가입한다. 기상 예보에 종사하는 기상학자들은 미국기상협회에 가입할 수 있다. 미국기상협회는 기상학의 운영적 측면에도 관심을 가진다.

색인 • Index

ㅇ

ㅈ

THE HANDY WEATHER ANSWER BOOK